食品理化检验学

（第2版）

刘兴友　刁有祥　主编

中国农业大学出版社

主　编　刘兴友　刁有祥

副主编　赵月兰　李道敏　庞向红　李　波

编　者　（按姓氏笔画为序）

刁有祥　刘方娜　刘兴友　张　磊　李　波

李道敏　庞向红　郑玉姝　赵月兰　唐光武

前 言

民以食为天，食以安为先，食品是人类赖以生存和发展的基本物质。食品工业在我国是一个很大的产业，生产的食品有28大类525种，共有食品生产加工企业44.8万家，2006年全国规模以上食品工业企业实现总产值21 586.95亿元人民币，占全国工业总产值的6.8%。消费量前10位的食品为食用油、酒类、水产制品、粮食加工品、饮料、肉制品、乳制品、调味品、淀粉及淀粉制品、食糖。我国也是食品进出口大国，2006年，食品进出口贸易总额为404.48亿美元，其中，出口食品2 417.3万t，出口到200多个国家和地区；进口食品2 027.3万t。

食品在生产加工过程中易受到污染，生产、运输、储藏过程中又易发生腐败变质，其质量和卫生状况关系到人类健康和生命安全，已成为各国关注的首要问题，也是世界食品贸易的焦点。近年来我国的食品质量与安全水平不断提高，出口食品合格率一直保持在99%以上。进口食品的质量总体平稳，2004年以来，进口食品口岸检验检疫合格率也均在99%以上。这表明我国的食品质量与卫生检验检疫已达到了国际先进水平。与此同时，我国在食品的质量与安全方面仍然存在诸多不容忽视的问题，有的已成为公共卫生领域的突出问题。食品质量与卫生状况的总体水平还有待于提高，如2006年食品国家监督抽查合格率仅达到77.9%，获得质量安全市场准入资格的食品生产企业才10.7万家，获得危害分析与关键控制点(HACCP)认证的食品生产企业只有2 675家；食源性疾病时有发生；食品生产及加工工艺创新也带来了新的危害，由此引起的食物中毒事件和食品贸易纠纷不断发生。这些都说明我国食品质量与卫生的总体状况与发达国家相比还存在一定的差距。食品安全检测技术体系发展不平衡，监测和预警体系起步晚，以及HACCP技术的使用尚未得到普及，已成为当前我国食品安全保障体系的科技瓶颈，也是制约我国食品产业发展、提升国际竞争力的主要因素。加强食品检验，保证食用安全，是维护消费者权益、保障人类健康、促进食品产业发展的重要保障。食品理化检验工作是开展食品质量与卫生监督工作的重要手段和方法，为此，我们编写了《食品理化检验学》一书，以满足教学、科研、生产的需要。

本书由河南科技学院、山东农业大学、河北农业大学、河南科技大学、河北北方学院等高等院校中长期从事食品理化检验学教学、科研工作的专家教授在《食品理化检验学》第1版的基础上精心修订而成。在修订过程中，以中华人民共和国国家标准《食品卫生检验方法——理化部分》为准绳，收集了国内外有关最新资料，总结了教学、科研和食品质量与卫生检验监督实践的有关经验。本书全面系统地介绍了食品理化检验的基础知识、食品理化检验的基本步骤、食品中营养成分、食品添加剂、重金属元素、农药残留、药物残留、化学致癌物质及各类食品的检验等，增加了新出现的有毒有害物质的检验方法，同时对国内外有关最新检验技术作了扼要介绍，具有科学性、系统性和实用性等特点，可作为高等院校相关专业的教材，也可作为食品行业相关企业、科研、管理部门及从事质量技术监督、食品质量安全、食品卫生检验、检验部门分析检验人员的参考用书。

在本书修订过程中，我们参考了许多书刊、资料，由于不能一一列出，谨在此向编著者表示衷心感谢！由于我们水平有限，书中难免有不妥之处，敬请读者指正。

编　者

2008 年 5 月

目　录

绪 论

一、食品理化检验学的概念

食品理化检验学是研究评定食品质量和食品卫生的原理、方法及检验技术的一门综合性应用性科学，具有很强的技术性和实践性，特别是要规范到食品卫生检验规程、食品质量检验规程、食品卫生标准、食品质量标准上来。食品理化检验学是在食品营养学、食品卫生学、食品毒理学的理论指导下，在食品卫生检验、仪器分析、食品分析等的基础上，运用现代科学技术和检测手段，检测和分析食品中与营养、卫生标准有关的化学物质，确定这些物质的种类和含量，从而决定其有无食用价值、是否符合卫生标准及食品安全的科学。

食品理化检验学对于研究开发食品资源、食品加工工艺，保证食品质量，保障食品安全具有重要的作用和意义。食品理化检验学的研究目的是研究食品的营养成分、化学污染的检测方法，依据食品质量标准和卫生标准，评价食品的安全性。

二、食品理化检验学的任务

食品理化检验学是食品分析的重要组成部分，其任务是根据制定的技术标准，运用现代科学技术和检测分析手段，对食品工业生产的原料、辅助材料、半成品、包装材料及成品进行监测和检验，从而对产品的品质、营养、安全与卫生等作出科学评定；对生产工艺过程及有关的工艺参数进行监控，以掌握生产情况，保证产品质量，为工厂成本核算、生产计划的制定提供基本数据，并为食品新资源、新产品开发，新工艺、新技术的研究及应用提供科学依据。其具体任务是：①对食品进行质量监督，使其符合质量标准，保证食品的质量。②对食品进行卫生监督，使其符合卫生标准，保证食品卫生与食用安全。③对食品中营养成分如蛋白质、脂肪、维生素、水分和微量元素等进行分析测定。④对食品进行感观鉴定，各种食品在正常和变化状态下，都有一定的感官特征，借助人的嗅觉、视觉、触觉和味觉可初步鉴定食品的卫生质量。

三、食品的化学性污染及其危害

食品的化学性污染是指食品中原来含有或者加工时人为添加的化学性物质，

其共同特点是对人体健康有急性或慢性危害。食品的化学污染物包括有害金属、非金属、有机化合物和无机化合物等。这些污染物常常以百万分之几甚至十亿分之几计量,其量甚微,容易被忽视。但是许多污染物是剧毒的,人摄入很少量即能引起中毒。环境污染是造成食品污染的主要原因,在造成环境污染的诸多因素中,化学物质占有很大的比例,是值得高度重视的问题。环境中的各种化学污染(chemical pollutants)主要来自工农业生产过程中,其中工业"三废"(废水、废气、废渣)是引起大气、水体、土壤及动植物污染的重要原因。这些环境污染物(environmental pollutants)可以通过食物链(food chain)危害人类。

食品的化学性污染根据污染源的不同可分为工业"三废"污染、农药污染、药物污染、饲料添加剂污染、食品添加剂污染及其他有毒化学物质污染等。其污染途径有内源性污染和外源性污染。食品的化学性污染根据化学毒物的种类和剂量不同,对人体造成的危害也不相同,主要表现为:食品中混入了大量有毒化学物质或者少量剧毒物质,引起食物中毒(food intoxication);长期摄入被低剂量有毒化学物质污染的食品,引起慢性疾病,如长期摄入低剂量的亚硝酸盐、黄曲霉毒素可导致癌症的发生;被污染食品不能食用或销售,造成食品资源浪费和经济损失。因此,学习食品理化检验学,开展对食品化学性污染的研究、检验、监测和控制,是提高食品的安全性、保障人类健康的重要措施。

四、开展食品理化检验工作的意义

食品是维持人体生命的必需物质,它为人体提供维持生命活动、生理功能和生长发育的营养物质。随着人类物质文明和精神文明的不断进步,人类生活水平得到了不断改善,对食品安全性的认识日益受到重视,对食品质量和卫生提出了越来越高的要求,在食品的生产、加工、储藏、运输和销售等环节中均要防止污染,确保食品的安全性。特别是中国加入世界贸易组织(WTO)后,中国的食品正经受着来自国际贸易的严峻挑战,质量问题已经成为"绿色壁垒",根据国际规则和标准来提高我国的食品质量与安全,已成为当务之急。要解决这些问题,只有加强我国食品检验包括理化检验的研究和实践工作,才能提高食品检验技术,生产出符合国内外质量标准和卫生标准的食品,增强我国食品工业的国际竞争力。

食品的质量和卫生状况的好坏,不仅是衡量一个国家、一个地区物质文明的标志,也是衡量精神文明的标志,更是构建社会主义和谐社会的基础。因此,食品理化检验工作是确保食品安全的重要工作之一,是食品从生产到食用的各个环节中发现污染和消除危害的重要手段,在保证人类健康和社会进步方面有着重要的作用和意义。

五、学习食品理化检验学的方法

食品理化检验是食品工业生产和食品科学研究的“眼睛”和“参谋”，是不可缺少的手段，在保证食品的营养与卫生，防止食物中毒及食源性疾病，确保食品的品质及食用安全，研究食品化学性污染的来源、途径以及控制污染等方面起着十分重要的作用。

由于食品在生产、加工、储运和销售过程中需经多个环节，易被化学物质、微生物所污染，所以，要成为一个合格的食品质量和卫生工作者，必须学习和掌握好食品理化检验学。学习食品理化检验学，除了应具有食品卫生学、食品营养学、食品化学、食品分析和仪器分析等知识外，还应掌握以下几点：①研究掌握食品的理化特性和营养价值，掌握各种食品的质量标准和卫生标准。②熟悉食品的生产过程和工艺流程，以掌握食品生产过程中可能被污染的环节。③熟悉食品质量控制体系，建立有效控制污染的措施。

第一章　食品理化检验学概论

第一节　食品理化检验基础知识

一、食品分析所用单位

容量单位一般使用升(L)和毫升(mL)。质量单位使用克(g)、毫克(mg)和微克(μg)。溶液浓度一般用质量分数、物质的量浓度(mol/L)来表示。质量分数是某物质的质量与混合物的质量之比。物质的量浓度是某物质的量除以混合物的体积。此外,也有写成盐酸(1∶3)或(1+3)者,这表示1份浓盐酸与3份水混合。

二、试剂的规格及配置

(一)试剂的规格

化学试剂主要分为4级:优级纯(GR)、分析纯(AR)和化学纯(CP)及实验试剂(LR)。此外,还有光谱纯试剂(SP)、色谱试剂(CR)、生物试剂(BR)、生物染色剂(BS)等,如表1-1所示。试剂的分级基本上是根据所含杂质的多少来划分的,其杂质的含量在化学试剂标签上都予以说明,并有国家统一质量标准。因此,我们选择试剂的主要依据是该试剂所含杂质对分析要求无影响,否则,则应对试剂进行纯度处理。

表1-1　化学试剂的等级标志和用途

名称	英文缩写	瓶签颜色	纯度和用途
优级纯	GR	绿色	纯度高,杂质含量低,适用于科学研究和配制标准溶液
分析纯	AR	红色	纯度较高,杂质含量较低,适用定性、定量分析
化学纯	CP	蓝色	纯度略低于分析纯,用途同上
实验试剂	LR	棕色或其他色	纯度较低,用于一般化学实验
生物试剂	BR	黄色或其他色	用于生化研究和分析试验
生物染色剂	BS	黄色或其他色	用于生物组织学、细胞学和微生物染色
光谱纯试剂	SP	绿色、红色、蓝色	纯度比优级纯高,用于光谱分析和标准液配制

（二）试剂配制要求

（1）配制前的准备　首先要了解实验所用试剂的组成、数量，然后取出所需试剂，并经仔细核对，以防发生错误。同时，要注意是否含结晶水以及有多少结晶水；还应注意试剂有无变质、潮解、变色等现象。

（2）试剂的称量　称量试剂要求准确和精确，应具有熟练的称量技能。必须做到：选用清洁干燥的器皿和器具；试剂一经取出，不应将多余的部分放回原瓶，以免因吸管或药匙不洁而污染整瓶试剂；试剂称后，应立即盖好、封好试剂瓶，放回试剂橱，用具及操作台要收拾干净。

（3）试剂的配制　试剂称好后，一般应先置于烧杯中，加少量水或其他溶剂溶解。溶解后的试剂用玻璃棒搅匀，将玻棒紧靠烧杯口，使溶液沿玻棒流入容量瓶，以少量水或其他溶剂洗涤烧杯，一并收入容量瓶中，最后用水或其他溶剂定容至刻度。

配置硫酸、硝酸、盐酸和磷酸等溶液时，均应将酸慢慢倒入水中，边加边搅拌，必要时以冷水冷却烧杯外壁。切忌直接在试管中配制，以免爆裂。

用有机溶剂配制溶液时，如溶解较慢，可在热水中温热溶解，并不断搅拌，切忌直接加热；易燃溶剂应远离明火，同时为防毒性，必须在通风橱内进行。

有腐蚀性及剧毒的试剂不要用手直接接触，必须套上橡皮手套；剧毒废液解毒处理后方可埋弃，切忌直接倒入下水道。

（4）试剂的装瓶　配好的试剂应妥善保管，保管方法应根据试剂的性质来定，一般试剂均可保存在无色玻璃瓶内。对于见光易分解的试剂，如高锰酸钾、硝酸银等，应装在棕色试剂瓶中，并放暗处；对于受热及遇空气易分解或挥发的试剂，如硝酸铵、盐酸等，应盖紧试剂瓶，并用蜡封口，还应存放在阴凉的地方；对于浓碱溶液及其他能与玻璃起化学反应的试剂，应存放在塑料试剂瓶中，若将碱溶液装在玻璃瓶中，须用橡皮塞塞好。

（5）试剂的标记　试剂瓶应贴上标签，标签上写明试剂名称、浓度和配制日期。最后按试剂的存放要求分别置于室温或冰箱及干燥器等处。

三、标准溶液的配制与标定

标准溶液是已知准确浓度的溶液，目前国际上使用摩尔浓度表示。标准溶液在食品理化分析中广泛应用，根据加入已知浓度和体积的标准溶液以求出被测物质的含量。因此，标准溶液必须准确可靠。其配制方法有两种，即直接法和间接法。

1. 直接法

如果使用的试剂是纯度较高的基准物质，可以直接配成某种浓度的标准溶液。配制时将一定量烘干的基准物质溶解，在容量瓶中稀释定容到一定体积，混匀后，就可以直接算出溶液的标准浓度。适合于这种方法配制的基准物质，必须具备：①纯度高，杂质含量不得超过 0.01%～0.02%，并且所含微量杂质不得影响测定；②物质的组成要与化学式完全相符，若含结晶水，其结晶水应与化学式相符；③性质稳定，组成固定，干燥过程中不发生变化与分解，测量时不吸湿，不吸收空气中的 CO_2。

2. 间接法

如果试剂不符合上述基准物质的条件，就必须采用间接法配制。如 NaOH 易吸收空气中的水分和 CO_2，HCl、I_2 易挥发，H_2SO_4 易吸水，$KMnO_4$ 易发生氧化还原反应等。这种情况下，应先配成接近所需浓度的溶液，再用基准物质精确地测定它的浓度。这种用基准物质准确地测定标准溶液浓度的过程称为标定。标定时应注意：①标定时应做 3 次平行测定，其符合程度应达 0.1%～0.2%；②称取基准物质的量不应太少，而且每一份基准物质都要经过 2 次称重，其相对误差应小于 0.1%；③标定时使用标准溶液的体积不应太少，否则误差太大，一般使用标准溶液 20～40 mL 之间，误差才能控制在 0.1%～0.2%之间；④标定时，使用溶液的体积不可超过一根滴定管的容量，也不要超过化学终点。

四、分析反应的灵敏性和特效性

（一）反应的灵敏性

1. 检出限量

用某一反应检出某离子时，在一定条件下待检离子可以产生明显反应的最小用量叫检出限量。如用 $AgNO_3$ 检出 Cl^- 时，试液中 Cl^- 的含量至少在 0.05 μg 以上才能产生明显反应，0.05 μg Cl^- 为此反应的检出限量。检出限量越小，反应的灵敏性越高。

2. 限界稀度

用某一分析反应检出某一离子时，在一定反应条件下，待检离子能够产生明显反应结果的最低浓度，称为限界稀度，用待检离子和溶剂的质量之比表示。如用 $AgNO_3$ 检出 Cl^- 时，限界稀度为 1∶1 000 000。限界稀度越小，反应的灵敏性越高。用灵敏性高的反应检出离子时，应做空白试验，以清除试剂及器皿中含有的与待检离子相同的离子的干扰。

(二)反应的特效性

1. 特效反应

在一定条件下,有许多离子共同存在时,能用单独试剂检出某一离子,这种反应属特效反应。

2. 选择反应

在一定条件下,一种试剂能和少数几种离子产生类似的反应,这种反应称为选择反应。

(三)提高特效性的方法

(1)改变试液的酸碱性,如:

$$Ag^{+} + Cl^{-} \longrightarrow AgCl \quad \text{加硝酸后不溶解}$$

$$2Ag^{+} + CO_3^{2-} \longrightarrow Ag_2CO_3\downarrow \quad \text{加硝酸后溶解}$$

(2)加入掩蔽剂消除干扰:加入与干扰离子能生成络合物的试剂,如用 S^{2-} 检出 Pb^{2+}:

$$Pb^{2+} + S^{2-} \longrightarrow PbS\downarrow \quad (\text{黑})$$

$$Cu^{2+} + S^{2-} \longrightarrow CuS\downarrow \quad (\text{黑})$$

但 CuS 可与 KCN 生成$[Cu(CN)_4]^{2-}$,消除了 Cu^{2+} 的干扰。

(3)将干扰离子破坏或分离出去:如用 $AgNO_3$ 检出 Cl^-,I_2 可干扰。先将 I_2 还原成 I^-,加 NH_4OH 和 $AgNO_3$ 生成 AgI 黄色沉淀,过滤,再加硝酸即生成 AgCl 白色沉淀。

$$2Ag^{+} + 2NH_4OH + Cl^{-} + I^{-} \longrightarrow [Ag(NH_3)_2]^{+} + Cl^{-} + AgI\downarrow + H_2O$$

$$[Ag(NH_3)_2]^{+} + Cl^{-} + 2H^{+} \longrightarrow AgCl\downarrow + 2NH_4^{+}$$

五、实验中的有效数字

在分析数据的记录、计算和报告时,要注意有效数字问题。有效数字表示数据的有效位数和精确度。

在数据处理时要遵守下列基本法则:

(1)记录数值时,可保留一位可疑数字,在结果报告中也只能报告到可疑那位数,不能列入后面的无意义数。

(2)可疑数以后的数字可根据 4 舍 6 入、奇进偶舍的原则处理,即可疑数字以后的数字若为 5 时,则根据前一数字决定或舍或入,5 之前为奇数则进 1,5 之前为偶数则舍去。例如:将 27.025 和 27.035 取为 4 位有效数字时,结果分别为 27.02

和27.04。

(3)在加减计算中,各数所保留的小数点后的位数,应与所给的各数中小数点后位数最少的相同。例如:2.03+1.0+1.203 4结果应为4.2,而不是4.233 4。在乘除计算中,应以有效数字位数最少的那个数字即相对误差最大的数据为准,弃去其余各数值中过多的位数,然后相乘除。有时也可以暂时多保留一位数,最后再弃去多余的位数。例如0.012 1,25.64,1.057 82三个数字相乘,因0.012 1只有3位有效数字,故应以此数为准,即0.012 1×25.6×1.06=0.328。

第二节　食品理化检验的基本步骤

食品理化检验一般分为采样、样品预处理、分析方法选择和分析结果记录与整理。

一、样品采集

(一)采样的目的

食品的检验结果常常和样品的采取有密切的关系。从样品中抽取一定量的具有代表性的样品供分析检验用称为采样,它是进行理化检验的基础。采样必须有足够的代表性,否则,检验结果会失去真实性,甚至会导致错误的结论,所以必须十分重视样品的采取。

(二)采样的一般规则

(1)树立正确的总体和样本的概念。食品采样,通常是从一批食品中抽取其中一部分来进行检验,将检验结果作为这一批食品的检验结论。因此,要求抽取的样品应该完全代表总体,但在实际工作中影响样品代表性的因素很多,如食品组织状态的差异、部位的不同以及采样过程中产生的采样误差等,都直接影响样品对总体的代表性。因此,在采样时应注意克服和消除这些因素,使样品最大限度地接近总体,保证样品对总体的代表性。

(2)要有明确的检验目的。食品种类繁多,属性千差万别,可以进行检验的项目非常多。因此,每一次采样都必须有明确而具体的检验目的,根据不同的检验目的,确定样品的种类、来源,采样的方法、部位和数量等问题。

(3)正确地设立和采集对照样品。这对于排除实验过程中各种正负干扰因素、保证检验结论的可靠性有很大作用。根据需要和可能可设立阳性对照及阴性对照。直接获得这样的对照样品有时较为困难，可通过实验手段，将加入或去除被检物的样品作为对照；也可根据现场调查将直接受到污染的食品作为阳性对照，将完全未被污染的食品作为阴性对照。

（三）采样方法

样品分检样、原始样和平均样3种。由整批样品的各部分采取的少量样品称为检样；把许多份检样综合在一起称为原始样；原始样经过处理再抽取其中一部分供分析检验用，称为平均样。如果采得的检样互不一致，则不能把它们放在一起做成原始样，而只能把质量相同的检样混在一起，作为若干份原始样。

1. 固体采样

固体样品的采取，可按不同批号分别进行，对同一批号的产品的采样应按下式决定：

$$S = \sqrt{N/2}$$

式中：N代表被检物质的数量（件、袋、桶、包等）；S代表应采数量。

例如：检验200袋食品，应从10袋中采样，或用分样器分取检样，把许多检样做成原始样，然后将原始样混匀堆集在清洁的玻璃上，压平，厚度在3 cm以下，按四分法制备平均样。所取平均样应不少于全部检测项目所需样品量的2倍，一般100～200 g即可，然后装入洁净干燥的广口瓶中，贴上标签。

2. 液体采样

一般可用虹吸法或简单地用玻璃管分层（不同深度）取样，黏稠或含有固体的悬浮液或非均匀液体应充分搅匀。大批材料亦可参照固定采样法的公式确定采样次数，试样保留500 g左右，装入小口瓶，贴上标签。

（四）平均样品制备

制备目的在于保证样品十分均匀，在分析时取任何部分都能代表全部被检物的成分。根据被检物的性质和检测要求，可以用摇动、搅拌、切细或搅碎、研磨或捣碎等方法进行制备。

（五）样品保存

为保证样品成分不发生变化，不使样品受潮、挥发、风干、污染及变质等，一般在收到样品后应尽快分析。如不能立即分析，可将制备好的样品装入具磨口玻塞的瓶中，易腐败变质的样品装入瓶中放冰箱中保存。在特殊情况下，允许加入适量不影响检验结果的防腐剂。

二、样品分析前的预处理

食品本身对分析常产生干扰，或有些物质含量甚微，在测定前须对样品进行处理，以消除干扰成分，或进行分离或浓缩，以保证检测得到理想结果。不同类型、特点的食品样品，其预处理的方法不同，即使是同一种食品，其前处理方法也随待测物质的性质不同或分析方法的不同而不相同。常用的食品样品预处理方法有有机质分解、溶剂提取、挥发与蒸馏、离子交换、层析、沉淀、透析、磺化与皂化等。

1. 有机质分解

在测定食品中金属或非金属的无机成分时，食品中含的大量有机质将干扰实验进行，故需先将有机质破坏，使金属或非金属元素呈游离状态。破坏有机质的操作称为样品的无机化处理。无机化处理的方法很多，应根据被检食品的基本性质和所需检测的金属或非金属元素的种类和性质加以选择，常用的有湿法消化、干法灰化、高压密封消化罐法、氧瓶燃烧法和低温消化法。应用最广的是湿法消化和干法消化。在实际分析中，究竟选用何种处理方法，要视分析元素和样品的性质以及用何种测定方法而定。

2. 酸碱提取法

本法是用盐酸或氢氧化钠与试样一起加热，在过滤或离心后测定某些元素的简单方法。与湿化消化法的测定结果比较，两者无显著差异。但试样煮沸时间要合适才能获得满意的回收率，因此，在采用本法之前，对各类型的食品需做回收实验。

作为此种方法的一种改进，也可以先用硝酸氧化碳水化合物，然后再用盐酸提取残渣。据报道用这种方法测定锡，要比单独用盐酸可靠。

3. 溶剂萃取法

萃取法是利用被测成分在两种互不相溶的溶剂中溶解度不同，使被测成分从原来的溶剂中定量地转入另一种溶解度大的溶剂中，然后再从该溶剂中将被测成分提取出来，这种方法也叫抽提法。如果从固体有机物中提取某成分，一般采用有机溶剂浸取，所用浸取溶剂应以既能大量溶解提取的成分又不破坏被提取成分的性质为度。

4. 挥发与蒸馏法

挥发法是将样品加热使待测成分生成挥发性物质逸出，然后根据样品质量的减少来计算其质量分数。如食品中水分的分析，就是利用挥发法测定食品干燥减失的质量，该质量包括水分和其他挥发性物质的总量，因此有时也称为干燥失重。

蒸馏法是利用样品液中各种成分汽化温度的不同而将其分离为纯物质的方法。其原理是利用组成试样的各成分在一定的温度下蒸馏，汽化温度低的物质，绝大部分变成蒸汽而被馏出，汽化温度高的物质则大部分留在原液中，经多次蒸馏可将样品液中的某种成分分离为纯物质。例如，食品中蛋白质的凯氏定氮分析，就是先用浓硫酸对有机物质进行预消化，将氮转化为硫酸铵，然后将铵盐样液加强碱碱化，用蒸馏法蒸馏，氨即被释放出来，将蒸出的氨收集在一定量的吸收液中，最后用标准酸溶液滴定，计算样品中的含氮量。

三、样品的净化

需要净化的样品一般都是比较复杂的样品。特别是分析食品中的农药残留、黄曲霉毒素、3,4-苯并芘等物质时，几乎都需要净化。

1. 液-液分配法

液-液分配法实质上就是萃取法，是一种与萃取液不相溶且能将待测物质萃取于其中，而使其他杂质保留在样品中的一种方法。对于含脂肪较多的食品多采用液-液分配法进行净化。常用于液-液分配的几种溶剂有乙腈-氯仿、二甲基甲酰胺（DMF）-正己烷（或石油醚）、二甲基亚砜（DMSO）-正己烷、丙酮-己烷和正己烷-甲醇等。

2. 柱层析法

柱层析法是净化食品抽提液最常用的方法。其基本原理是将提取液通过一支适宜的吸附柱，使样品中的被测成分与杂质吸附在表面活性的吸附剂上，然后用适当极性的溶剂来洗脱，被测成分（如农药或黄曲霉毒素）一般先被洗脱下来，而脂肪、蜡质和色素等杂质留在吸附柱上，从而达到分离、净化的目的。

柱层析常用的吸附剂有弗罗里土、硅藻土、氧化铝、硅胶、活性炭及三硅酸镁等。其作用如下：活性炭主要是吸附试样中的色素，但不能吸附油及脂肪；硅藻土可调节洗脱液的流速，起助滤作用；氧化铝、弗罗里土能吸附蜡质、脂肪和色素等，而弗罗里土保留脂肪和色素的能力比氧化铝强。

3. 硫酸磺化法

油脂遇到浓硫酸即发生磺化反应，生成极性大且易溶于水的化合物。利用磺化反应，可使样品中的脂肪磺化后溶于水而被除去，这就是硫酸磺化净化法。

磺化净化法是去除样品中脂肪的重要方法，可用于对酸稳定的有机氯农药，如六六六和 DDT 等，不能用于有机磷农药，但个别有机磷农药也可控制在一定酸度的条件下反应。

利用浓硫酸处理过的硅藻土做层析柱，将样品提取液过柱以磺化其中的油脂。一般取硅藻土 10 g,加入发烟硫酸 3 mL,研磨至烟雾消失,随即加入浓硫酸 3 mL,继续研磨,然后装柱,由上端加入待净化的样品,用正己烷或环己烷、苯、四氯化碳等洗脱。经此处理后,样品中的油脂即被磺化分离。

把浓硫酸直接加在样品溶液中,经振摇和分层处理,也可磺化除去样品中的油脂,此方法叫直接磺化法。直接磺化法可在分液漏斗中进行,全部操作只是加酸、振摇和静置分层,放掉下部的硫酸层。若油脂太多,需重复处理数次,最后用水洗涤样液。

四、食品理化检验的分析方法

在食品理化检验中,由于测定的目的不同且被检物质的性质各异,所用的方法也较多,但其常用的方法有感官检查法、物理检查法、化学分析法和物理化学分析法。

(一)感官检查法

感官检查法主要依靠人的感觉器官,即视觉、嗅觉、味觉和触觉等来鉴定被检物质的外观、颜色、气味、味道和质地等。这种方法在食品理化检验中具有重要意义。

(二)物理检查法

物理检查法用于测定某些被检物质的物理性质,如比重、冰点、沸点和燃点等,以此来判断物质的种类、纯度等。此外,还可根据某些物质的化学成分,用仪器来检查,如用折光仪测定物质的折光率,用旋光仪测定物质的旋光度等。

(三)化学分析法

根据已知的可以定性或定量进行的化学反应所设计的分析方法称为化学分析法。这种检验方法是当前食品理化检验中应用最广泛的方法。根据检测目的和被检物质的特性又可分为定性分析和定量分析。

1. 定性分析

定性分析的目的是检查某一物质是否存在。它是根据被检物质的化学性质,经适当分离后,与一定试剂产生化学反应,根据反应所呈现的特殊颜色或特定性状来判断其存在与否。

2. 定量分析

定量分析的目的是检查某一物质的含量。可供定量分析的方法较多,除利用质量和容量分析外，近年来，定量分析的方法正向着快速、准确、微量的仪器分析方向发展，如光学分析、电化学分析和层析分析等。

（1）质量分析　质量分析法是将被测成分与样品中的其他成分分离，然后测定该成分质量，计算出被测物质的含量。它是化学分析中最基本、最直接的定量方法。尽管操作繁琐、费时，但准确度较高，常作为检验其他方法的基础方法。

在食品理化检验中，目前仍有一部分项目采用质量法，如水分、油脂含量、总固形体、溶解固形体和灰分等的测定。由于红外线灯、热天平灯等近代仪器的使用，使质量分析操作正向着快速和自动分析的方向发展。根据使用的分离方法的不同，质量法又可分为挥发法、萃取法和沉淀法3种。

（2）容量分析法　容量分析是用一已知准确浓度的试剂，称为标准溶液，通过滴定管，逐滴加入被测溶液中。当标准溶液与被测组分通过一定的化学反应恰好进行完全时，根据所消耗标准溶液的体积和标准溶液的浓度，计算被测组分的含量。容量分析根据所选用反应的类型，又可分为酸碱滴定法、沉淀滴定法、结合滴定法和氧化还原滴定法等4种类型。容量分析法操作简单、迅速、所需仪器不多，并且有一定的准确度，因此，在常规分析中应用较多。

（3）气体分析法　在一定温度、一定压力下，依据反应中产生的气体或气体样品在反应前后体积的变化，测定、分析物质的含量的方法。例如在食品的气调保存中，测定储藏室中CO_2、O_2和N_2的含量就属于气体分析法。

（四）物理化学分析法

物理化学分析法是在化学分析基础上发展起来的分析方法。它是根据待测物质的物理或物理化学性质及其组成和浓度之间的关系，利用特殊的仪器进行分析。物理化学法操作简便、快速、准确，适用于微量或痕量组分的分析。在食品的理化分析中常用的有以下几种。

1. 比色分析法

比色分析是利用被测组分在一定条件下与试剂作用产生稳定的有色化合物，通过测定有色化合物对光的吸收并与标准溶液比较，从而测定被测组分的含量。

2. 分光光度法

利用物质对不同波长的光具有选择吸收的特性，使用分光能力很强的单色器，以获得连续的不同波段的单色光，测定溶液对各波段光的吸收，制成吸收光谱，在物质最大吸收波长下，测定其对光的吸收程度，从而判断被测物质的含量，这种测定方法叫分光光度法。分光光度法不只限于可见光，也可选择合适的光源获得200～400 nm波长的紫外光和760～3 000 nm波长的红外光。用紫外光进行分光光度测定的仪器叫做紫外分光光度计，用红外光进行分光光度测定的仪器叫红外分光光度计。分光光度法可以测定无色溶液的组分，从而扩大了分析领域。由于单色程度高，也提高了测定的灵敏度，对性质相似的组分可以不分离进行测定。红外吸收光谱常用于测定有机物的组成和结构。

3. 原子吸收分光光度法

简称原子吸收，是20世纪50年代发展起来的一种分析方法，对许多元素的测定具有快速、灵敏、精确和特效的优点。其基本原理是，当含有待测元素的溶液达到足够高的温度时，该元素可从化学键中解离出来，成为不激发不电离的基态原子蒸气。此基态原子可吸收它们自己特定共振波长的光辐射。若将这种波长的光通过该原子的蒸气层，则一部分光被吸收，一部分光透过。测定透过光的强度，可以确定试样中某元素的含量。原子吸收分光光度法具有灵敏度高、准确度高、选择性好和用途广泛等特点，广泛用于微量和痕量元素的测定。

4. 色层分析法

色层分析法是利用被测物质组分在固定相及流动相中分配系数的不同，当两相做相对对流运动时，使被测物质在两相之间进行反复多次分配，从而达到对不同物质分离的目的。色层分析依据其层析的机理可分为吸附层析、分配层析和离子交换层析3类。在滤纸上进行的层析叫纸上层析法，将吸附剂涂在薄板上进行的层析叫薄层层析，薄层层析目前应用较多。

气相色谱是以气体作为流动相进行的色层分析，它是根据试样中各气体组分性质的差别，在气固或气液两相间分配系数的不同，使被测组分分离并进行分析的一种方法，目前已广泛用于食品营养成分及有毒有害物质的分析。气相色谱法在分离、分析方面有其独特的优点，如选择性高、效能好、分析速度快、分析样品量极小、灵敏度高等，同时操作比较简单，应用范围广。

5. 荧光分析法

荧光物质受紫外线照射后发出的荧光强度在一定条件下与溶液浓度成正比，测定样品溶液的荧光强度，就可确定样品溶液的浓度，这种方法叫荧光分析法。荧光分析法灵敏度高，选择性好，取样量少，因此已广泛应用于各领域，在食品理化检验中可用于某些无机物与有机物的分析。

6. 电位分析法

利用测定原电池电动势以求物质含量的分析方法，称为电位分析法。通常是将待测溶液与指示电极、参比电极组成电池，由于电池电动势与溶液浓度之间存在一定的关系，因此，测出电池的电动势，即可求出待测溶液的浓度。电位分析法可分为两大类，即直接电位法和电位滴定法。

直接电位法是根据电池的电动势与有关离子浓度之间的函数关系，直接测出有关离子的浓度。应用最多的是测定溶液的 pH 值，近年来，在食品、水质、三废监测等方法都有应用。

电位滴定法是利用电位法测定滴定过程中溶液离子浓度的变化，从而确定滴定的终点，因此，电位滴定法实质就是容量分析法。用电位法确定终点，比一般容量分析更为准确。

物理化学分析方法发展很快、种类繁多。除上述分析方法外，还有比浊分析法、光谱分析法、质谱分析法等。随着科学技术的发展，物理化学分析法向着自动化、数字化的方向发展，使这一分析方法更快速、自动、准确、灵敏、简便和高效。

五、分析数据的统计学处理

在理化检验中，对记录的结果应进行统计学处理。常用的统计处理方法有以下几种：

1. 平均值

平均值是衡量测定试剂集中趋势的指标，在一般分析工作中最常用的是算术平均数。以 X_1、X_2、X_3、…、X_n 代表各次的测定值，n 代表测定次数，则算术平均数为：

$$\overline{X}=\frac{X_1+X_2+X_3+\cdots+X_n}{n}=\frac{\sum X_n}{n}$$

平均值只能反应分析资料的集中趋势，不能反应变异的程度。因此，在用平均值来说明事物数量上的关系时，还必须说明各个数值存在大小差异的情况。

2. 标准差

用平均值作为样本的代表，其代表性的强弱受样本资料中各观测值变异程度的影响。仅用平均值对一个资料的特征做统计描述是不全面的，还需引入一个表示资料中观测值变异程度大小的统计量。标准差是表示各个测定值之间的离散程度的数值，可作为实验误差或精密度的指示。标准差大，表示各个测定值分布得离散；标准差小，表示各个测定值在平均值附近分布比较密集。

当 $n<30$ 时

$$S=\sqrt{\frac{\sum(X-\overline{X})^2}{n-1}}$$

当 $n>30$ 时

$$S=\sqrt{\frac{\sum(X-\overline{X})^2}{n}}$$

式中：S 为标准差，X 为测定值。

3. 标准误

食品理化检验中对样品的处理采用的是抽样研究法，由于抽样而引起的样本均数与总体均数之间的差别叫做抽样误差。抽样误差是抽样研究中不可避免的，抽样误差的大小通常用标准误来表示：

$$S_{\overline{X}} = \frac{S}{\sqrt{1/n}}$$

式中：S 为标准差，n 为样本数。

标准差与标准误的区别是：前者表示个别值间的差异情况，而后者表示样品平均值间的差异情况。从公式可以看出标准误与标准差成正比，而与样本数倒数的平方根成反比。即样本越大，抽样误差越小。因而加大样本数可减少抽样误差。

因此，标准误越小，表示样本平均值与总体平均值愈接近。

4. 变异系数

变异系数是衡量资料中各观测值变异程度的另一个统计量。它可以用来检验分析结果的精密度。变异系数的大小取决于分析方法自身的稳定性、实验仪器的控制和恒定情况以及个人操作误差等。

标准差与平均值的比值称为变异系数，记为 CV。

$$CV = \frac{S}{\overline{X}}$$

注意，变异系数的大小，同时受平均值和标准差两个统计量的影响，因而在利用变异系数表示资料的变异程度时，最好将平均值和标准差也列出。在理化分析中，一般要求变异系数应小于 5%。

第三节 食品理化检验中的质量控制

实验室提供的分析数据准确与否，对卫生标准的评价、卫生防疫措施的实施及调查研究工作都至关重要。因此，为了提高测定方法的准确度和结果的可靠性，就必须采取相应的措施，实施全面质量控制，它包括样品分析前、分析过程中及分析后的质量控制。

1. 选择适合的检验方法

食品检验方法选择的原则是：准确性高，重复性好，可靠性大。在此基础上选择操作简便、省时、省力、试剂消耗少的方法。例如，食品中重金属的测定用原子吸收法，比用双硫腙比色法灵敏度、精确度都比较高。

2. 采用良好的设备

目前,随着电子技术、光学、核物理学、电子计算机的发展,食品的检测分析工作也从半定量过渡到定量、微量、自动化等测定。如紫外分光光度计、红外分光光度计、荧光计、原子吸收分光光度计、气相色谱、液相色谱的应用,大大提高了检测的速度、灵敏度、准确度,所以,要获得准确、完整、可靠的分析结果,必须有高、精、尖的分析仪器。

在日常的分析工作中,一方面要结合自己实验室的条件,充分利用现有的仪器进行食品分析;另一方面要努力创造条件,逐步实现食品分析的现代化、自动化。

3. 实施良好的实验室管理

(1)实验过程中所用器皿必须清洁,清洁度越高,准确度越高。

(2)良好的水质,食品检验所用的水应是去离子水或重蒸水,水中不允许有各种离子,否则会在食品检测中出现干扰,影响测定。

(3)正确地掌握仪器的性能和使用方法,经常维护、保护和校正仪器,保证仪器正常使用。对电器仪器有专人管理、经常维护,定期通电检查,防止霉锈。比色杯、比色管严禁用刷子刷洗,以免光学玻璃磨损而影响比色。

4. 选用合格的试剂和标准品

食品分析中所需试剂均应纯度较高,特别是在配制标准品时要求更为严格,一般应以优级纯或分析纯为主。

5. 设置空白、标准样品对照

在进行食品的测定过程中,需同时采用与待检样品操作完全相同的方法和试剂,但不加入或不含被测物质,设置空白对照。这样可消除试剂、仪器所带来的误差。同时还应按与样品完全相同的操作步骤,测定标准溶液的阳性对照组。

6. 做回收实验

在被测样品中加入标准物质,测定其回收率,这样可检验分析方法的正确与否和样品所引起的干扰误差,并可同时求出准确度。

7. 进行合理的采样与处理

样品的采集是食品的理化检验中的重要环节,采样部位、采样量、份数、新鲜度等都会影响分析结果。如测农药残留,应采集脂肪组织,如采集瘦肉则含量少。所以采样一定要有代表性,并要制备好平均样品。

8. 有良好素质和实践经验的技术人员

技术人员应当接受过专业培训,熟练掌握食品理化检验实验操作的全部技术环节,能够科学有效地管理实验室、实验设备,熟练地操作仪器设备,大型精密仪器要有专人操作和维护。

第二章　食品营养成分的测定

食品的种类繁多，成分复杂，各种成分的含量因食品的种类、生长时间、生长条件及加工方法等的不同而异。但水分、蛋白质、脂肪、碳水化合物、灰分和维生素等在各种食品中都存在，而且是人体所必需的营养物质。因此，在食品理化检验工作中，需要对各种营养成分进行测定，以此来衡量食品的营养价值，或对食品的加工方法进行评价和改进。

第一节　食品中水分的测定

一、食品中水分的存在形式及测定意义

食品中的水分按其存在的状态以及与非水组分结合强弱的不同，可分为自由水、胶体结合水和化学结合水3类。

自由水是以游离状态存在于食品中的，包括组织细胞间隙和组织结构中由毛细管力维系的毛细管水，动植物体内及细胞内可以相对自由流动的水分。特点是能够作为溶剂，容易被微生物所利用，参与食品内的生化反应。自由水由于流动性大，不被束缚，可借助毛细管作用和渗透作用向外或向内移动，所以在干燥过程中容易被排除。

胶体结合水是被吸附于食品内亲水胶体表面的，是靠氢键和静电引力维系的水。不能作为溶剂，不易被微生物和酶所利用，在干燥过程中自由水没有大量蒸发之前它不会被蒸发。

化学结合水又称束缚水，是存在于食品化学物质中的水分，它与非水组分的结合最牢固，一般不能用干燥的方法去除。

在食品中，胶体结合水和化学结合水比较难以蒸发，若对其进行长时间的加热，非但不能将其去除，反而会使食品中的其他成分发生变化，影响分析结果。所以水分测定要在一定的温度、时间和规定的操作条件下进行，才能得到满意的结果。

水分是食品的重要组成成分，其含量影响食品的感官性状、结构以及加工、储藏特性。各种食品的水分含量差别很大，如表2-1所示。食品去除水分后剩下的

干基称为总固形物，它是指导食品生产、评价食品营养价值的一个很重要的指标。食品中水分的测定对于计算生产中的物料平衡、实行工艺监督以及保证产品质量等方面，都具有很重要的意义。

表 2-1　部分食品的水分含量　%

食品名称	水分	食品名称	水分	食品名称	水分	食品名称	水分
蔬菜	80～97	牛肉	47～71	太仓肉松	≤20	牛乳	87
水果	87～89	猪肉	38～73	广式腊肉	≤25	面粉	12～14
鱼贝类	70～85	鸡肉	71.8	全脂乳粉	≤2.5～3.0	脱水蔬菜	6～9
鲜蛋	67～74	羊肉	39～67	奶油	≤16.0	面包	32～36

二、水分测定的方法

食品中水分测定的方法有直接测定法和间接测定法。直接测定法是利用水分本身的物理性质和化学性质，去掉样品中的水分，再对其进行定量的方法，如干燥法、蒸馏法、卡尔-费休法等。间接测定法是利用食品的密度、折射率、电导率和介电常数等物理性质进行测定，不需要除去样品中的水分。直接测定法精确度高、重复性好，但花费时间较多，且主要靠人工操作，广泛应用于实验室内。间接测定法所得结果的准确度一般比直接法低，而且往往需要进行校正，但间接法测定速度快，能够自动连续测量，可用于食品工业生产过程中水分含量的自动控制。在实际应用时，水分的测定方法要根据食品性质和测定目的而选定。

（一）干燥法

干燥法是在一定温度和压力下，通过加热方式将样品中的水分蒸发完全，根据样品加热前后的质量差来计算水分含量的方法。包括直接干燥法和减压干燥法。干燥法可同时测定大量样品，应用范围较广。应用干燥法测定水分的样品应符合以下条件：①水分是样品中唯一的挥发物质。②可以较彻底地去除水分。③加热过程中，如果样品中其他成分发生化学反应，由此引起的质量变化可以忽略不计。

1. 直接干燥法

食品中的水分一般是指在 100 ℃左右直接干燥的情况下所失去物质的总量。直接干燥法适用于在 95～105 ℃下，不含或含其他挥发性物质甚微的食品。

【试剂】

(1)6 mol/L 盐酸：量取 100 mL 盐酸，加水稀释至 200 mL。

(2)6 mol/L 氢氧化钠溶液：称取 24 g 氢氧化钠，加水溶解并稀释至 100 mL。

(3)海沙:取用水洗去泥土的海沙(或河沙),先用6 mol/L盐酸煮沸0.5 h,用水洗至中性,再用6 mol/L氢氧化钠溶液煮沸0.5 h,用水洗至中性,经105 ℃干燥备用。

【仪器】

称量瓶,分析天平,电热恒温干燥箱,干燥器。

【测定方法】

(1)固体样品　取洁净铝制或玻璃制的扁形称量瓶,置于(100±5)℃干燥箱中,瓶盖斜支于瓶边,加热0.5～1 h,取出盖好,置干燥器内冷却0.5 h,称量,并重复干燥至恒重。称取2.00～10.00 g切碎或磨细的样品,放入此称量瓶中,样品厚度约5 mm,加盖,精密称量后,置于(100±5)℃干燥箱中,瓶盖斜支于瓶边,干燥2～4 h后,盖好取出,放入干燥器内冷却0.5 h后称量。然后再放入(100±5)℃干燥箱中干燥1 h左右,取出,放干燥器内冷却0.5 h后再称量。至前后两次质量差不超过2 mg,即为恒重,计算其水分含量。

(2)半固体或液体样品　取洁净的蒸发皿,内加10.0 g海沙及一根小玻棒,置于(100±5)℃干燥箱中,干燥0.5～1 h后取出,放入干燥器内冷却0.5 h后称量,并重复干燥至恒重。然后精密称取5.00～10.00 g样品,置于蒸发皿中,用小玻棒搅匀放在沸水浴上蒸干,并随时搅拌,擦去皿底的水滴,置(100±5)℃干燥箱中干燥4 h后盖好取出,放入干燥器内冷却0.5 h后称量。以下按(1)中自“然后再放入(100±5)℃干燥箱中干燥1 h左右”起依法操作。

(3)鲜肉样品　将6.0～8.0 g海沙及一根小玻棒置于称量瓶中,于150 ℃烘箱中干燥至恒重。然后准确称取肉或肉制品(均匀和粉碎样品)3.00～4.00 g,放入恒重过的称量瓶中,用小玻棒搅匀,于150 ℃干燥1 h,盖好取出,放入干燥器内冷却0.5 h后称量。反复干燥、称量,直至恒重,并计算水分含量。

(4)乳样品　用吸管取5 mL乳,置于已恒重的含有10 g左右海沙的蒸发皿中,用小玻棒搅匀放在沸水浴上蒸干,擦去皿底的水滴,置100～105 ℃干燥箱中干燥2.5 h,盖好取出,放入干燥器内冷却0.5 h后称量。反复干燥、称量,直至恒重,并计算水分含量。

(5)甜炼乳　将2.0 g甜炼乳置于已恒重的含有10.0 g左右海沙的称量瓶中,用小玻棒搅匀,置100～105 ℃干燥箱中干燥3 h,盖好取出,放入干燥器内冷却0.5 h后称量。反复干燥、称量,直至恒重,并计算水分含量。

【计算】

$$X=\frac{m_1-m_2}{m_1-m_3}\times 100\%$$

式中：X 为样品的水分含量，%；m_1 为称量瓶（或蒸发皿加海沙、玻棒）和样品的质量，g；m_2 为称量瓶（或蒸发皿加海沙、玻棒）和样品干燥后的质量，g；m_3 为称量瓶（或蒸发皿加海沙、玻棒）的质量，g。

计算结果保留 3 位有效数字。

【说明】

（1）本法为国标方法 GB 5009.3—2003 中的第一法。设备操作简单，但时间较长，且不适宜胶体、高脂肪、高糖食品及含有较多的高湿、易氧化、易挥发物质的食品。

（2）本法测得的水分还包括微量的芳香油、醇、有机酸等挥发性物质。

（3）加入海沙，是为了增大受热与蒸发面积，防止食品结块，加速水分蒸发，缩短分析时间。

（4）水分蒸发干净与否，无直观指标，只能依靠恒重来判断。恒重是指两次烘烤称量的质量差不超过规定的毫克数，一般不超过 2 mg。

（5）精密度：在重复条件下获得的两次独立测定结果的绝对差值不得超过算术平均值的 5%。本方法最低检出量为 0.002 g，取样量为 2.0 g 时，方法检出限为 0.100 0 g/100 g。

2. 减压干燥法

食品中的水分是指在一定的温度及减压的情况下失去的物质的总量。适用于在 100 ℃以上加热容易分解、变质及含有不易除去结合水的食品，如淀粉制品、豆制品、罐头制品、糖浆、蜂蜜、味精、油脂、蔬菜和水果等。由于采用较低的蒸发温度，可以防止含脂肪高的样品在高温下的脂肪氧化；可以防止含糖高的样品在高温下的脱水炭化；还可以防止含高温易分解成分的样品在高温下分解等。

【仪器】

真空干燥箱，其他仪器同“直接干燥法”。

【测定方法】

（1）试样的制备　粉末和结晶试样直接称取；硬糖果经乳钵粉碎；软糖用刀片切碎，混匀备用。

（2）样品测定　取已恒重的称量瓶准确称取 2.00～10.00 g 试样，放入真空干燥箱内，将干燥箱连接至真空泵，抽出干燥箱内空气至所需压力（一般为 40～53 kPa），并同时加热至所需温度（60±5）℃。关闭连接真空泵的活塞，停止抽气，使干燥箱内保持一定的温度和压力。经 4 h 后，打开活塞，使空气经干燥装置缓缓通入干燥箱中，待压力恢复正常后再打开。取出称量瓶，放入干燥器中冷却 0.5 h 后称量，重复以上操作直至恒重。

【计算】

同“直接干燥法”。

【说明】

(1)铝制称量瓶导热性较强,常用于减压干燥法,但对酸性样品不适宜。

(2)干燥时在真空干燥箱内放置适量的硅胶,可吸收从样品中蒸发出的水分,降低环境的水蒸气分压,因而能够加快干燥速度,使样品中的水分蒸发更加彻底。

(3)精密度:在重复条件下获得的2次独立测定结果的绝对差值不得超过算术平均值的10%。

(二)蒸馏法

蒸馏法是基于两种互不相溶的混合液体——二元体系的沸点低于两种单独成分的沸点的原理,使用专门的水分蒸馏器,采用沸腾的有机溶剂,将样品中水分分离出来,从所得水分的体积,求得样品中水分的百分含量。常用的是共沸蒸馏法。

蒸馏法采用了一种有效的热交换方式,水分可被迅速移去,而且样品处于一个惰性气体的环境,因而食品组分所发生的化学变化如氧化、分解等作用都较干燥法小。蒸馏法可避免挥发性物质减少的质量以及脂肪氧化对水分测定造成的误差。适用于含较多其他挥发性物质的食品,如油脂、香辛料等,特别对于香料,蒸馏法是唯一公认的水分测定法。

【试剂】

甲苯或二甲苯:取甲苯或二甲苯,先以水饱和后,分去水层,进行蒸馏,收集馏出液备用。

【仪器】

蒸馏式水分测定器,如图2-1所示(带可调式电炉)。水分接收管容量5 mL,最小刻度值0.1 mL,容量误差小于0.1 mL。

【测定方法】

准确称取适量试样(估计含水2～5 mL),放入250 mL锥形瓶中,加入新蒸馏的甲苯(或二甲苯)75 mL,连接冷凝管与水分接收管,从冷凝管顶端注入甲苯,装满水分接收管。加热慢慢蒸馏,控制每秒钟得馏出液2滴,待大部分水分蒸出后,加速蒸馏,约每秒钟4滴。当水分全部蒸出,接收管内的水分体积不再增加时,从冷凝管顶端加入甲苯冲洗。如冷凝管壁附有水滴,可用附有小橡皮头的铜丝擦下。再蒸馏片刻至接收管上部及冷凝管壁无水滴附着,接收管水平面保持10 min不变,即为蒸馏终点,读取接收管水层的容积。

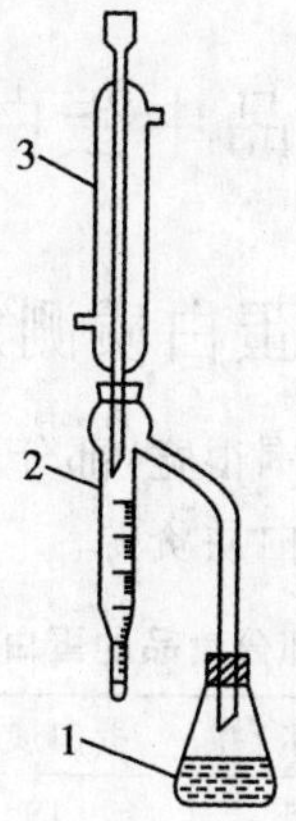

1. 250 mL 锥形瓶 2. 水分接收管 3. 冷凝管

图 2-1 蒸馏式水分测定器

【计算】

$$X = \frac{V}{m} \times 100$$

式中:X 为 100 g 样品中水分的体积,mL;V 为接收管内水的体积,mL;m 为样品的质量,g。

【说明】

(1)样品用量:一般谷类、豆类约 20 g,鱼、肉、蛋、乳制品 5～10 g,蔬菜、水果约 5 g。

(2)有机溶剂的选择:蒸馏法测定食品中水分含量所使用的有机溶剂,必须具备以下 3 个条件:①与水互不溶解;②相对密度比水轻;③沸点与水接近或可与水形成共沸混合物。常用的有机溶剂有甲苯、二甲苯和苯等。对热不稳定的食品,一般不采用二甲苯,因为它的沸点高,因此常选用低沸点的有机溶剂,如苯、甲苯或甲苯-二甲苯的混合液。对于一些含有糖分、可分解析出水分的样品,如脱水洋葱和脱水大蒜,宜选用苯作为溶剂。

(3)蒸馏法误差产生的原因有很多,如样品中水分没有完全蒸发出来,水分附集在冷凝管和连接管内壁,水分溶解在有机溶剂中,生成了乳浊液,馏出了水溶性的成分等。

(4)精密度:在重复条件下获得的两次独立测定结果的绝对差值不得超过算术平均值的 10%。

第二节 食品中蛋白质的测定

一、食品中蛋白质测定的意义

蛋白质在食品中的含量变化范围很宽，部分食品的蛋白质含量如表 2-2 所示，动物性食品和豆类食品是优良的蛋白质资源。

表 2-2 部分食品的蛋白质含量 %

名称	蛋白质含量	名称	蛋白质含量	名称	蛋白质含量
牛肉(瘦)	16.5～21.3	鸡肉	19.5	大米	7.9
牛肉(肥)	15.0～19.5	鸭肉	23.7	小麦粉	9.9
羊肉(瘦)	16.0～19.8	火腿	17.6	玉米	8.5
羊肉(肥)	13.9～14.7	鸡蛋	13.3	苹果	0.2
猪肉(瘦)	17.4～20.1	鲤鱼	17.3	柑橘	0.9
猪肉(肥)	12.4～14.5	牛乳	3.3	菠菜	2.4
兔肉	24.2	大豆	36.5	黄瓜	0.8

蛋白质是由 20 种氨基酸通过酰胺键以一定方式连接起来的，不同的蛋白质，其氨基酸构成比例和方式不同，故各种蛋白质的含氮量也不同。一般蛋白质含氮量为 16%，即 1 份氮相当于 6.25 份蛋白质，此数值(6.25)称为蛋白质换算系数。不同种类食品的蛋白质换算系数有所不同。氨基酸是构成蛋白质的最基本物质，虽然从各种天然物中分离得到的氨基酸已达 175 种以上，但是构成蛋白质的氨基酸主要是其中的 20 种，赖氨酸、苏氨酸、色氨酸、蛋氨酸、缬氨酸、亮氨酸、异亮氨酸和苯丙氨酸等 8 种氨基酸在人体中不能合成，必须依靠食物供给，被称为必需氨基酸，它们对人体有着极其重要的生理功能。食物蛋白质中必需氨基酸含量的高低及其比例，决定了蛋白质的生理效价，对合理搭配膳食有重要的指导意义。

测定食品中蛋白质、氨基酸的含量，对了解食品的质量、合理膳食、保证人体的营养需要、掌握食品营养价值和食品品质的变化以及合理利用食品资源、为食品生产加工提供依据等都十分重要。此外，在食品加工过程中，蛋白质及其分解产物对食品的色、香、味都有一定的作用。因此，测定食品中蛋白质和氨基酸的含量有重要意义。

二、食品中蛋白质的测定方法

蛋白质测定的方法很多，分为直接测定法和间接测定法。根据蛋白质的物理化学性质如蛋白质对紫外光的吸收、双缩脲呈色反应等得到蛋白质含量的方法称为直接法。用测定样品中的含氮量，而推断出蛋白质含量的方法称为间接法。虽然不同的蛋白质其组成成分各不相同，但各种蛋白质的含氮量大致相同，在15%～17%之间，平均为16%。因此。在测定样品的含氮量后乘以蛋白质换算系数即可计算出蛋白质的含量。蛋白质的定量是测定总氮量，除蛋白质外，还包括了非蛋白含氮化合物在内，如核酸、生物碱、含氮的类酯和含氮的色素，因此用定氮法求得的结果，不是纯蛋白的含氮量，故称为粗蛋白。间接法测定蛋白质最常用的方法为凯氏定氮法，其中又分为全量法和微量法。

凯氏定氮法是测定有机氮最准确、最简单和最标准的方法，最低可测出0.05 mg氮，约相当于0.3 mg的蛋白质。可用于大部分食品的分析，国内外应用较普遍，为法定的标准检验方法。近年来，凯氏定氮法经改进后，对硝基、偶氮类化合物也能获得良好的分析结果。

双缩脲法、染料结合法和酚试剂法等也常用于蛋白质含量测定，由于方法简便快速，故多用于生产单位质量控制分析。

(一)凯氏定氮法

凯氏定氮法由 Kieldahl 于 1883 年首先提出，有常量法、微量法、自动定氮仪法、半微量法及改良凯氏法等多种，被作为标准检验方法。样品与浓硫酸和催化剂一同加热消化，使蛋白质分解，其中碳和氢被氧化成二氧化碳和水逸出，有机氮转化为氨与硫酸结合成硫酸铵。然后加碱蒸馏，使氨蒸出，用硼酸吸收后以标准盐酸或硫酸溶液滴定。可分为 3 步，即消化、蒸馏和滴定。

【试剂】

所有试剂均用不含氨的蒸馏水配制。

(1)硫酸铜($CuSO_4 \cdot 5H_2O$)。

(2)硫酸钾。

(3)硫酸。

(4)硼酸溶液(20 g/L)。

(5)混合指示剂：1 份(1 g/L)甲基红乙醇溶液与 5 份 1 g/L 溴甲酚绿乙醇溶液，临用时混合。也可用 2 份(1 g/L)甲基红乙醇溶液与 1 份 1 g/L 次甲基蓝乙醇溶液，临用时混合。

(6)氢氧化钠溶液(400 g/L)。

(7)标准滴定溶液：盐酸标准溶液(c=0.050 0 mol/L)。

【仪器】

定氮蒸馏装置，如图 2-2 所示。

【测定方法】

称取 0.20～2.00 g 固体样品或 2.00～5.00 g 半固体样品或吸取 10.0～25.0 mL 液体样品(相当于 30～40 mg 氮)，移入干燥的 100 mL 或 500 mL 定氮瓶中，加入 0.2 g 硫酸铜，6 g 硫酸钾及 20 mL 硫酸，稍摇匀后于瓶口放一小漏斗，将瓶以 45°斜支于有小孔的石棉网上。小心加热，待内容物全部炭化，泡沫完全停止后，加强火力，并保持瓶内液体微沸，至液体呈蓝绿色澄清透明后，再继续加热 0.5～1 h。取下冷却，小心加 20 mL 水，冷却后，移入 100 mL 容量瓶中，并用少量水洗定氮瓶，洗液并入容量瓶中，再加水至刻度，混匀备用。同时做试剂空白试验。

按图 2-2 装好定氮装置，于蒸汽发生器内装水至约 2/3 处，加甲基红指示剂数滴及数毫升硫酸，以保持水呈酸性，加入数粒玻璃珠以防暴沸。

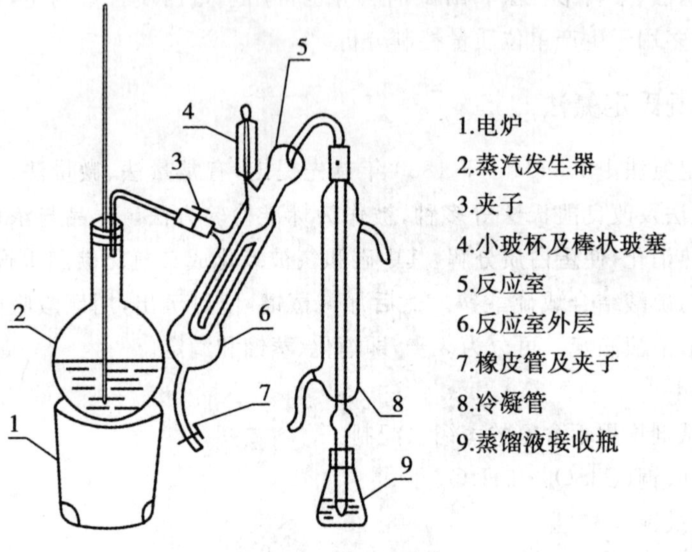

图 2-2　定氮蒸馏装置

向接收瓶内加入 10 mL 20 g/L 硼酸溶液及混合指示剂 2 滴，并使冷凝管下端插入液面下。吸取 10 mL 样品消化稀释液，由小漏斗流入反应室，并以10 mL水洗涤小烧杯使流入反应室内，塞好小玻杯的棒状玻塞。将 10 mL 400 g/L氢氧化钠溶液倒入小玻杯，提起玻塞，使其迅速流入反应室，立即将玻塞盖紧，并加水于小烧杯中，以防漏气。夹紧螺旋夹 7，开始蒸馏，蒸汽通入反应室，使氨通过冷凝管进入接收瓶内。蒸馏 5 min，移动接收瓶，使冷凝管下端离开液面，再蒸馏1 min，然后用少量水冲洗冷凝管下端外部。取下接收瓶，以盐酸标准溶液滴定至灰色或蓝紫色为终点。同时准确吸取 10.0 mL 试剂空白消化液按步骤(3)操作。

【计算】

$$X = \frac{(V_1 - V_2) \times c \times 0.0140}{m} \times F \times 100$$

式中：X 为 100 g(100 mL)样品中蛋白质的含量，g；V_1 为样品消耗盐酸标准溶液的体积，mL；V_2 为试剂空白消耗盐酸标准溶液的体积，mL；c 为盐酸标准溶液的浓度，mol/L；0.014 0 为与 1 mL 盐酸(c=1.000 mol/L)标准溶液相当的氮的质量，g；m 为样品的质量(或体积)，g(mL)；F 为氮换算为蛋白质的系数，一般食物为 6.25，乳制品为 6.38，小麦粉为 5.70，玉米、高粱为 6.24，花生为 5.46，大米为 5.95，大豆及其制品为 5.71，肉与肉制品为 6.25，大麦、小米、燕麦和裸麦为 5.83，芝麻、向日葵为 5.30，荞麦、青豆和鸡蛋 6.25。

计算结果保留 3 位有效数字。

【说明】

(1)本法为国标方法 GB 5009.5—2003 第一法，精密度为 10%。适用于各类食品中蛋白质的测定，但不适用于添加无机含氮物质或有机非蛋白质含氮物质的食品测定。

(2)消化过程中应注意不时转动凯氏烧瓶，以便利用冷凝酸液将附在瓶壁上的固体残渣洗下，并促进消化完全。

(3)蒸馏过程中，注意检查不能使系统漏气。

(4)蒸馏时，蒸汽发生要充足，均匀。加碱要够量，动作要快，防止氨损失。

(5)冷凝管出口应浸入吸收液中，防止氨损失。若吸收液面过低，可适当补充少量水分，以确保冷凝管出口浸入吸收液中。

(6)蒸馏过程中，宜始终保持蒸汽发生器中的水呈沸腾状态，以节约蒸馏时间，防止倒吸。

(7)硼酸吸收液的温度不应超过 40 ℃，否则对氨的吸收作用减弱而造成损失，此时可置于冷水浴中使用。

(8)混合指示剂在碱性溶液中呈绿色，在中性溶液中呈灰色，在酸性溶液中呈红色。

(二)改良的凯氏定氮法(GB 5009.5—2003，第二法)

样品与浓硫酸和催化剂一同加热消化。然后在 pH 值为 4.8 的乙酸钠-乙酸缓冲液中，铵与乙酰丙酮和甲醛反应生成黄色的3,5-二乙酰-2,6-二甲基-1,4-二氢化吡啶化合物。在波长400 nm处测定吸光度，与标准系列比较定量。精密度为5%。

【试剂】

所有试剂均用不含氨的蒸馏水配制。

(1)硫酸铜($CuSO_4 \cdot 5H_2O$)。

(2)硫酸钾。

(3)硫酸。

(4)氢氧化钠溶液(300 g/L)。

(5)对硝基苯酚指示剂溶液(1 g/L)：称取0.1 g对硝基苯酚指示剂溶于20 mL 95%乙醇中，加水稀释至100 mL。

(6)乙酸溶液(1 mol/L)：量取5.8 mL冰乙酸，加水稀释至100 mL。

(7)乙酸钠溶液(1 mol/L)：称取41 g无水乙酸钠或68 g乙酸钠($CH_3COONa \cdot 3H_2O$)，加水溶解后稀释至500 mL。

(8)乙酸钠-乙酸缓冲液：量取60 mL乙酸钠溶液(1 mol/L)与40 mL乙酸溶液(1 mol/L)混合，该溶液pH值为4.8。

(9)显色剂：15 mL 37%甲醛与7.8 mL乙酰丙酮混合，加水稀释至100 mL，剧烈振摇，混匀(室温下放置稳定3 d)。

(10)氨氮标准储备溶液(1.0 g/L)：精密称取105 ℃干燥2 h的硫酸铵0.472 g，加水溶解后移入100 mL容量瓶中，并稀释至刻度，混匀。此溶液每毫升相当于1.0 mg NH_3-N(10 ℃下冰箱内储存稳定1年以上)。

(11)氨氮标准使用液(0.1 g/L)：用移液管精密吸取10 mL氨氮标准储备液(1.0 mg/mL)于100 mL容量瓶中，加水稀释至刻度，混匀。此溶液相当于100 μg NH_3-N(10 ℃下冰箱内储存稳定1个月)。

【仪器】

分光光度计，电热恒温水浴锅(100±0.5)℃，10 mL具塞玻璃比色管。

【测定方法】

(1)试样消解　精密称取经粉碎过40目筛的固体样品0.1～0.5 g或半固体样品0.2～1.0 g或吸取液体样品1～5 mL，移入干燥的100 mL或500 mL定氮瓶中，加入0.1 g硫酸铜、1 g硫酸钾及4 mL硫酸，稍摇匀后于瓶口放一小漏斗，将瓶以45°斜支于有小孔的石棉网上。小心加热，待内容物全部炭化，泡沫完全停止后，加强火力，并保持瓶内液体微沸，至液体呈蓝绿色澄清透明后，再继续加热0.5 h。取下放冷，小心加20 mL水，冷却后移入50 mL或100 mL容量瓶中，并用少量水洗定氮瓶，洗液并入容量瓶中，再加水至刻度，混匀备用。同时做试剂空白试验。

(2)试样制备　精密吸取 2～5 mL 试样或试剂空白消化液于 50 mL 或 100 mL容量瓶中，加 1～2 滴对硝基苯酚指示剂(1 g/L)，摇匀后滴加氢氧化钠溶液(300 g/L)中和至黄色，再滴加乙酸(1 mol/L)至溶液无色，用水稀释至刻度，混匀。

(3)标准曲线的绘制　精密吸取 0,0.05,0.1,0.2,0.4,0.6,0.8,1.0 mL 氨氮标准使用液(相当于 NH_3-N 0,5.0,10.0,20.0,40.0,60.0,80.0,100.0 μg)，分别置于 10 mL 比色管中。加 4mL 乙酸钠-乙酸缓冲液(pH4.8)及 4 mL 显色剂，加水稀释至刻度，混匀。置于 100 ℃水浴中加热 15 min。取出用水冷却至室温后，移入 1 cm 比色皿内，以零管为参比，于波长 400 nm 处测量吸光度，绘制标准曲线或列写回归方程。

(4)试样测定　精密吸取 0.5～2.0 mL(约相当于氮小于 100 μg)试样溶液和同量的试剂空白溶液，分别置于 10 mL 比色管中。以下按步骤(3)中自“加 4 mL 乙酸钠-乙酸缓冲液……”起依次操作。试样吸光度与标准曲线比较定量求出含量。

【计算】

$$X = \frac{c - c_0}{m \times \frac{V_2}{V_1} \times \frac{V_4}{V_3} \times 10\ 000} \times F$$

式中：X 为 100 g(100 mL)试样中蛋白质的含量，g；c 为试样测定液中氮的含量，μg；c_0 为试样空白测定液中氮的含量，μg；V_1 为试样消化液定容体积，mL；V_2 为制备试样溶液的消化液体积，mL；V_3 为试样溶液总体积，mL；V_4 为测定用试样溶液体积，mL；m 为样品的质量(或体积)，g(mL)；F 为氮换算为蛋白质的系数。

三、氨基酸的测定方法

(一)氨基酸总量的测定方法

氨基酸具有酸性的羧基(—COOH)和碱性的氨基(—NH_2)，它们相互作用而使氨基酸成为中性的内盐。当加入甲醛溶液时，—NH_2 与甲醛结合，从而使其碱性消失。这样就可以用标准强碱溶液来滴定—COOH，并用间接的方法测定氨基酸的总量。

【试剂】

(1)36%甲醛，应不含有聚合物。

(2)0.05 mol/L 氢氧化钠标准溶液。

【仪器】

酸度计,磁力搅拌器,10 mL 微量滴定管。

【测定方法】

吸取含氨基酸约 20.0 mg 的样品溶液(如酱油,吸取 5.0 mL)于 100 mL 容量瓶中,加水至刻度,混匀后吸取 20.0 mL 置于 200 mL 烧杯中,加水 60 mL,开动磁力搅拌器,用 0.050 0 mol/L 氢氧化钠标准溶液滴定至酸度计指示 pH 值为 8.2,记录消耗氢氧化钠标准溶液的体积,据此计算总酸含量。

加入 10 mL 甲醛溶液,混匀,用氢氧化钠标准溶液继续滴定至 pH 值为 9.2,记录消耗氢氧化钠标准溶液的体积。

同时取 80 mL 蒸馏水置于 200 mL 烧杯中,先用氢氧化钠标准溶液滴定至 pH 值为 8.2,再加入 10 mL 中性甲醛溶液,用氢氧化钠标准溶液继续滴定至 pH 值为 9.2,作为空白试验。

【计算】

$$X = \frac{(V_1 - V_2) \times c \times 0.014\,0}{m \times 20/100} \times 100$$

式中:X 为 100 g(100 mL)样品中氨基酸态氮含量,g;V_1 为样品稀释液在加入甲醛后滴定至终点(pH 值为 9.2)所消耗氢氧化钠标准溶液的体积,mL;V_2 为空白试验加入甲醛后滴定至终点所消耗氢氧化钠标准溶液的体积,mL;c 为氢氧化钠标准溶液的浓度,mol/L;m 为测定用样品溶液相当于样品的质量,g(mL);0.014 0 为氮的毫摩尔质量,g/mmol。

【说明】

(1)本法准确快速,可用于各类样品游离氨基酸含量的测定。

(2)浑浊和色深样品可不经处理直接进行测定。

(3)脯氨酸与甲醛作用产生不稳定的化合物,使结果偏低;酪氨酸含有酚羟基,滴定时也会消耗一些碱而使结果偏高。

(4)酱油中的铵盐影响测定,可使结果偏高。因此要同时测定铵盐,将氨基氮的结果减去铵盐的结果比较准确。

(二)氨基酸自动分析仪法

氨基酸的组分分析采用离子交换法,并由自动化的仪器来完成。利用各种氨基酸的酸碱性、极性和相对分子质量大小等性质的不同,使用阳离子交换树脂在色谱柱上进行分离(阳离子交换树脂是由聚苯乙烯经交联再磺化而成,其交联度为8)。当样液加入色谱柱顶端后,采用不同的pH值和离子浓度的缓冲溶液即可将它们依次洗脱下来,即先是酸性氨基酸和极性较大的氨基酸,其次是非极性的芳香性氨基酸,最后是碱性氨基酸。相对分子质量小的比分子质量大的先被洗脱下来。洗脱下来的氨基酸可用茚三酮显色,从而定量测定各种氨基酸。定量测定的依据是氨基酸和茚三酮反应生成蓝紫色化合物的颜色深浅与各有关氨基酸的含量成正比。但脯氨酸和羟脯氨酸生成黄棕色化合物,需在另外波长下测定。

氨基酸分析仪有低速型(使用300～400目的离子交换树脂)和高速型(使用直径4～6 μm的树脂)两种,不论哪一种,在分析组成蛋白质的各种氨基酸时,都采用柠檬酸缓冲液为洗脱液,完全分离和定量40～46种游离氨基酸时则使用柠檬酸锂缓冲液。但分析后者时,由于所用缓冲液种类多,柱温也要变为3个梯度,因此一般不用低速型。

【仪器】

氨基酸自动分析仪。

【测定方法】

(1)样品处理　测定样品中各种游离氨基酸含量,可以除去脂肪杂质后,直接上柱进行分析。测定蛋白质的氨基酸组成时样品必须经酸水解,使蛋白质完全变成氨基酸后才能上柱进行分析。

酸水解的方法:称取干燥的蛋白质样品数毫克,加入2.0 mL 5.7 mol/L盐酸,置于110 ℃烘箱内水解24 h,然后除去过量的盐酸,加缓冲溶液稀释到一定体积,摇匀。取一定量的水解样品上柱进行分析。

如果样品中含有糖和淀粉、脂肪、核酸和无机盐等杂质,必须将样品预先除去杂质后再进行酸水解处理。去杂质的方法如下:

①去糖和淀粉:把样品用淀粉酶水解,然后用乙醇溶液洗涤,得到蛋白质沉淀物。

②去脂肪:先把干燥的样品经研碎后用丙酮或乙醚等有机溶液离心或过滤抽提,得到蛋白质沉淀物。

③去核酸:将样品在100 g/L氯化钠溶液中,85 ℃加热6 h,然后用热水洗涤,过滤后将固形物用丙酮干燥即可。

④去无机盐:样品经水解后含有大量无机盐时还必须用阳离子交换树脂进行去盐处理。其方法是用国产732型树脂,先用1 mol/L HCl使其转成H型,然后用水洗至中性,装在一根小柱内。将去除盐酸的水解样品用水溶解之后上柱,并

不断用水洗涤，直至洗出液中无氯离子为止(用硝酸银溶液检查)。此时氨基酸全被交换在树脂上，而无机盐被洗去，最后用 2 mol/L 的氨水溶液把交换的氨基酸洗脱下来。收集洗脱液进行浓缩，蒸干，然后上柱进行分析。

(2)样品分析　经过处理后的样品上柱进行分析。上柱的样品量根据所用自动分析仪的灵敏度来确定。一般为每种氨基酸 0.1 μmol 左右(水解样品干重为 0.3 mg 左右)。对于一些未知蛋白质含量的样品，水解后必须预先测定氨基酸的大致含量后才能分析，否则会出现过多或过少的现象。测定必须在 pH 值为 5～5.5、100 ℃下进行，反应进行时间为 10～15 min，生成的紫色物质在 570 nm 波长下进行比色测定，生成的黄色化合物在 440 nm 波长下进行比色测定。做一个氨基酸全分析一般只需 1 h 左右，同时可将几十个样品一起装入仪器，自动按序分析，最后自动计算给出精确的数据。仪器精确度在±(1%～3%)。用阳离子交换柱分离及测定氨基酸的图谱如图 2-3 所示。

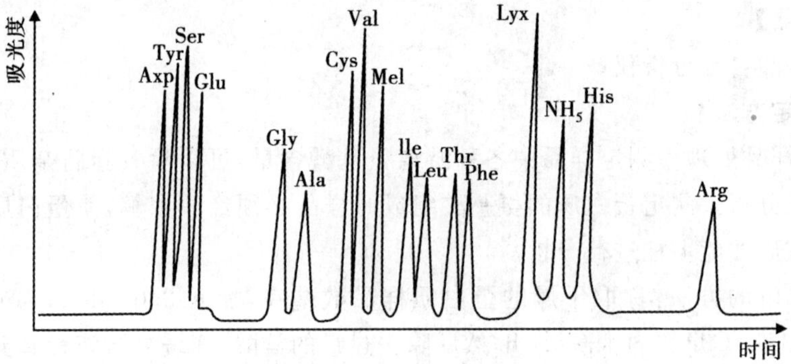

图 2-3　自动分析仪测定氨基酸的图谱

【计算】

带有数据处理机的仪器，各种氨基酸的定量结果能自动打印出来，否则，可用尺子测量峰高或用峰高乘以半峰宽确定峰面积进而计算出氨基酸的精确含量。另外，根据峰出现时间可以确定氨基酸的种类。

【说明】

(1)显色反应用的茚三酮试剂，随着时间推移发色率会降低，故在较长时间测样过程中应随时采用已知浓度的氨基酸标准溶液上柱测定以检验其变化情况。

(2)近年出现的采用反相色谱原理制造的氨基酸分析仪，可使蛋白质水解出的 17 种氨基酸在 12 min 内完成分离，且具有灵敏度高(最小检出量可达 10^{-12} mol/L)、重现性好、一机多用等优点。

第三节 食品中脂肪的测定

一、脂肪测定的意义

脂类是食品的重要组成成分，主要包括脂肪（甘油三酸酯）和一些类脂质，如脂肪酸、磷脂、糖脂、甾醇、固醇等。动物的脂肪可分为两类：一类是皮下、肾周围、肌肉块间的脂肪，称为蓄积脂肪；另一类是肌肉组织内、脏器组织内的脂肪，称为组织脂肪。蓄积脂肪主要为中性脂肪，它的含量和性质随动物种类、年龄、营养状况等变化。组织脂肪主要为磷脂，中性脂肪少。肉中磷脂的含量同肉的酸败速度有很大关系。部分食品的脂肪含量如表 2-3 所示。

表 2-3 部分食品的脂肪含量 %

名称	脂肪含量	名称	脂肪含量	名称	脂肪含量	名称	脂肪含量
牛肉（瘦）	7.9～13.7	鸡肉	7.8	硬质干酪	≥25.0	干杏仁	52.2
牛肉（肥）	18.7～35.7	鸭肉	2.7	鸡蛋	11.6	干核桃	56.6
羊肉（瘦）	12.4～16.3	消毒牛乳	≥3.0	鸭蛋	15.0	芝麻	50～57
羊肉（肥）	41.7～44.9	酸牛乳	≥3.0	比目鱼	2.3	稻米	0.4～3.2
猪肉（瘦）	6.6～12.7	全脂乳粉	25.0～30.0	鳕鱼	0.7	小麦粉	0.5～1.5
猪肉（肥）	34.2～50.0	脱脂乳粉	≤1.5～2.0	黄豆	12～20	小麦胚	10
兔肉	1.9	奶油	80～82	生花生仁	30～39	果蔬	≤1.1

在食品生产加工过程中，原料、半成品和成品的脂类含量对产品的风味、组织结构、外观和口感等都有直接的影响。例如，脂肪水解产生的短链脂肪酸能导致鲜牛乳产生异味；在冷冻储存期间，大多数种类的鱼中的磷脂发生大量水解，会引起变质。另一方面，在乳中添加微生物和乳脂酶可产生某种典型的干酪风味。因此，在含脂肪的食品中，其含量都有一定的规定，是食品质量管理中的一项重要指标。测定食品的脂肪含量，可以用来评价食品的品质，衡量食品的营养价值，并且对实行工艺监督、生产过程的质量管理、食品储藏稳定性的研究等都有重要的意义。

二、食品中脂肪的测定方法

食品的种类不同，其中脂肪的含量及其存在形式不相同，测定脂肪的方法也就不相同。常用的脂肪测定方法有索氏提取法、酸水解法、罗兹-哥特里法、巴布科克氏法、盖勃氏法和氯仿-甲醇法等。索氏提取法是普遍采用的经典方法，被认为是测定多种食品脂类含量的有代表性的方法，但对于某些样品测定结果往往偏低。酸水解法能对包括结合态脂类在内的全部脂类进行定量。罗兹-哥特里法主要用于乳及乳制品中脂类的测定。

(一)索氏提取法(GB 5009.6—2003，第一法)

样品用无水乙醚或石油醚等溶剂抽提后，蒸去溶剂所得的物质，即为粗脂肪(除脂肪外，还含有色素、挥发油、蜡和树脂等物质)。

【试剂】

无水乙醚或石油醚，海沙。

【仪器】

索氏提取器，如图 2-4 所示。

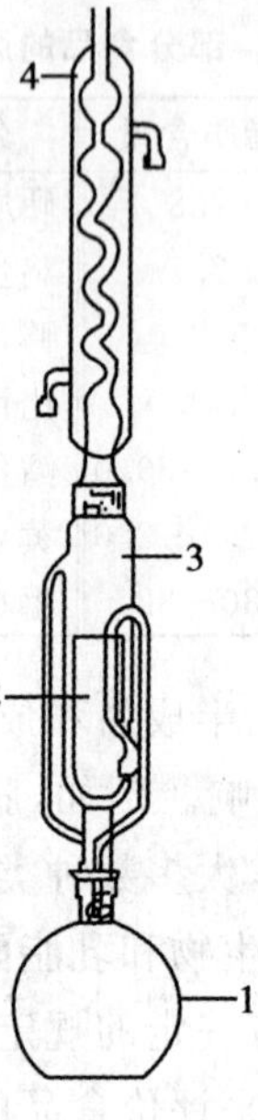

1. 接收瓶 2. 滤纸筒 3. 抽提瓶 4. 冷凝管

图 2-4 索氏提取器

【测定方法】

(1)样品处理

①固体样品：谷物或干燥制品用粉碎机粉碎过 40 目筛；肉用绞肉机绞两次；一般样品用组织捣碎机捣碎后，精密称取干燥并研细的样品 2.00～5.00 g(可取

测定水分后的样品)，必要时拌以海沙，全部移入滤纸筒内。

②液体或半干固体样品：称取 5.00～10.00 g 样品，置于蒸发皿中，加入约20 g 海沙，于沸水浴上蒸干后，在(100±5)℃干燥，研细，全部转移入滤纸筒内。蒸发皿及附有样品的玻璃棒，均用蘸有乙醚的脱脂棉擦掉，并将棉花放入滤纸筒内。

(2)抽提　将滤纸筒放入脂肪抽提器的抽提筒内，连接已干燥至恒重的接收瓶，由抽提器冷凝管上端加入无水乙醚或石油醚至瓶内容积的 2/3 处，于水浴上加热，使乙醚或石油醚不断回流提取，一般抽提 6～12 h。

(3)称重　取下接收瓶，回收乙醚或石油醚，待接收瓶内乙醚剩 1～2 mL 时在水浴上蒸干，再于(100±5)℃干燥 2 h，放干燥器内冷却 0.5 h 后称重，并重复操作直至恒重。

【计算】

$$X = \frac{m_2 - m_1}{m} \times 100$$

式中：X 为 100 g 样品中粗脂肪的含量，g；m_2 为接收瓶和粗脂肪的质量，g；m_1 为接收瓶的质量，g；m 为样品的质量，g。

计算结果表示到小数点后一位。

【说明】

(1)适用于肉制品、豆制品、谷物、坚果、油炸果品和中西式糕点等粗脂肪含量的测定，不适用于乳及乳制品。

(2)样品应干燥无水，水分有碍有机溶剂对样品的浸润。装样品的滤纸筒一定要严密，防止往外漏样品。放入滤纸筒的高度不要超过回流弯管，否则超过弯管部分的样品，其中的脂肪不能抽提，造成误差。

(3)提取时注意水浴的温度不可过高，以每分钟从冷凝管滴下 80 滴左右，每小时回流 6～12 次为宜。因冬天和夏天冷凝水温度有差别，故提取温度也有差别。

(4)抽提时，冷凝管上端最好塞一团干燥的脱脂棉球，这样可防止空气中的水分进入，也可避免乙醚在空气中挥发。

(5)本法主要测定食品中游离脂肪的含量，精密度为 10%。

(6)本法也可通过测定滤纸筒的减重来计算脂肪含量，这样一个索氏提取器可同时放几个滤纸筒，即可以同时测定几个样品。

(7)反复加热会因脂类氧化而增重。质量增加时，以增重前的质量为准。

(二)酸水解法(GB 5009.6—2003，第二法)

将样品与盐酸溶液一同加热进行水解，使结合或包藏在组织里的脂肪游离出来，再用乙醚和石油醚提取脂肪，除去溶剂即得脂肪含量，其结果为游离及结合脂肪的总量。

【试剂】

盐酸，95%乙醇，乙醚，石油醚(30～60 ℃沸程)。

【测定方法】

(1)样品处理　对于固体样品，按“(一)”法进行制备，精密称取约 2.00 g，置于 50 mL 大试管内，加 8 mL 水，混匀后再加 10 mL 盐酸。对于液体样品，称取 10.00 g，置于 50 mL 大试管内，加 10 mL 盐酸。

(2)样品水解　将试管放入 70～80 ℃水浴中，每隔 5～10 min 用玻璃棒搅拌一次，至样品消化完全为止，40～50 min。

(3)提取和称重　取出试管，加入 10 mL 乙醇，混合。冷却后将混合物移入 100 mL具塞刻度量筒中，以 25 mL 乙醚分次洗试管，一并倒入量筒中。待乙醚全部倒入量筒后，加塞振摇 1 min，小心开塞，放出气体，再塞好，静置 12 min，小心开塞，并用石油醚-乙醚等量混合液冲洗塞及筒内附着的脂肪。静置 10～20 min，待上部液体清晰，吸出上清液于已恒重的锥形瓶内，再加 5 mL 乙醚于具塞量筒内，振摇，静置后，仍将上层乙醚吸出，放入原锥形瓶内。将锥形瓶置于水浴上蒸干，置(100±5)℃烘箱中干燥 2 h，取出，放干燥器内冷却 0.5 h 后称重，并重复以上操作直至恒重。

【计算】

同索氏提取法。

【说明】

(1)适用于各类食品中的脂肪的测定，特别是由于样品易吸湿、不易烘干，不能使用索氏提取法时，本法效果较好。鱼类、贝类和蛋品中含有较多的磷脂，在盐酸溶液中加热时，磷脂几乎完全分解为脂肪酸和碱，因为仅定量前者，测定值偏低，故本法不适于测定含有大量磷脂的样品。本法也不适于含糖高的样品，因糖类遇强酸易碳化而影响测定结果。

(2)样品经加热、加酸水解，破坏蛋白质及纤维组织，可使结合脂肪游离，故本法测定结果为食品中的总脂肪，包括结合脂肪和游离脂肪。

(3)水解时，注意防止水分大量损失，以免使酸度过高。

(4)乙醇可使一切能溶于乙醇的物质留在溶液内。

(5)石油醚可使乙醇溶解物残留在水层，并使水层和醚层分离清晰。

(6)挥发干溶剂后，残留物中若有黑色焦油状杂质，是分解物与水一同混入所致，会使测定值增大，造成误差，可用等量的乙醚及石油醚溶解后过滤，再次进行挥发干溶剂的操作。

(三)罗兹-哥特里法

利用氨-乙醇溶液破坏乳的胶体性状及脂肪球膜,使非脂成分溶解于氨-乙醇溶液中,而脂肪游离出来,再用乙醚-石油醚提取出脂肪,蒸馏除去溶剂后,残留物即为脂肪。

【试剂】

氨水,乙醇,乙醚,石油醚(沸程 30～60 ℃)。

【仪器】

抽脂瓶:内径 2～2.5 cm,容积 100 mL,如图 2-5 所示。

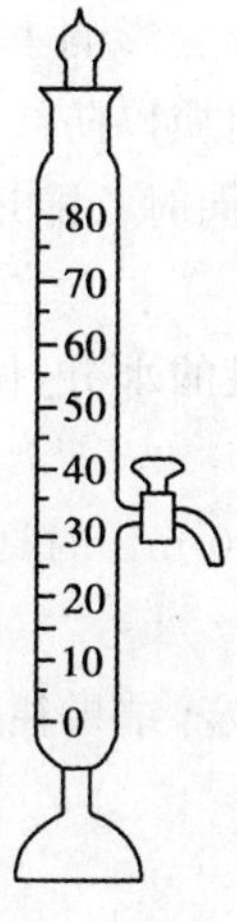

图 2-5　抽脂瓶

【测定方法】

吸取一定量样品(牛奶取 10 mL;乳粉精密称取约 1.00 g,用 10 mL 60 ℃水分数次溶解)于抽脂瓶中,加入 1.25 mL 氨水,充分混匀。置 60 ℃水浴中加热 5 min,再振摇 2 min,加入 10 mL 乙醇,充分摇匀。于冷水中冷却后,加入 25 mL 乙醚,振摇 0.5 min,加入 25 mL 石油醚,再振摇 0.5 min。静置 30 min,待上层液澄清时,读取醚层体积。放出一定体积醚层于一已恒重的烧瓶中,蒸馏回收乙醚和石油醚,挥干残余醚后,将烧瓶放入 98～100 ℃干燥 1 h 后称重,再置 98～100 ℃干燥 0.5 h 后称重,重复操作直至恒重。

【计算】

$$X=\frac{(m_2-m_1)\times V}{mV_1}\times 100$$

式中：X 为 100 g 样品中脂肪的含量，g；m_2 为烧瓶和脂肪质量，g；m_1 为空烧瓶的质量，g；m 为样品的质量，g(mL)数×相对密度；V 为读取醚层总体积，mL；V_1 为放出醚层体积，mL。

【说明】

(1)本法为乳及乳制品脂肪含量测定的国际标准方法，适用于各种液状乳（生乳、加工乳、部分脱脂乳和脱脂乳等）、各种炼乳、乳粉、奶油和冰淇淋等能在碱性溶液中溶解的乳制品。

(2)乳类脂肪虽然也属于游离态脂肪，但因脂肪球被乳中酪蛋白钙盐包裹，又处于高度分散的胶体体系中，故不能直接被乙醚、石油醚提取，需预先用氨水处理，使酪蛋白钙盐成为可溶性的钙盐，所以本法又叫碱性乙醚抽提法。

(3)加氨水后，要充分混匀，否则会影响下一步醚对脂肪的提取。

(4)加入乙醇的作用是沉淀蛋白质以防止乳化，并溶解醇溶性的物质，使其留在水中，避免进入醚层，影响结果。同时乙醇还能溶解卵磷脂等物质，防止其形成胶状物质。

(5)加入石油醚可驱除溶于乙醚的水分，使其只提出脂肪，并可使醚层和水层分层清晰。

(6)若无抽脂瓶时，可用容积 100 mL 的具塞量筒代替，待分层后读数，然后用移液管吸出一定量的醚层。

(7)对已结块的乳粉，用本法测定，结果往往偏低。

(四)氯仿-甲醇提取法

将样品分散于氯仿-甲醇混合溶液中，水浴中轻微沸腾，氯仿、甲醇与样品中的水分形成三元提取体系，可把包括结合态脂类在内的全部脂类提取出来。经过滤除去非脂成分，回收溶剂，残留的脂类用石油醚提取，蒸馏除去石油醚后定量。

【试剂】

(1)氯仿(97%以上)。

(2)甲醇(96%以上)。

(3)氯仿-甲醇混合溶液(CM 混合液)：氯仿和甲醇按 2∶1 混合。

(4)无水硫酸钠：特级，在 120～135 ℃干燥 1～2 h，保存于聚乙烯瓶中。

【仪器】

(1)提取装置，如图 2-6 所示。

(2)具塞离心管。

(3)离心机(3 000 r/min)。

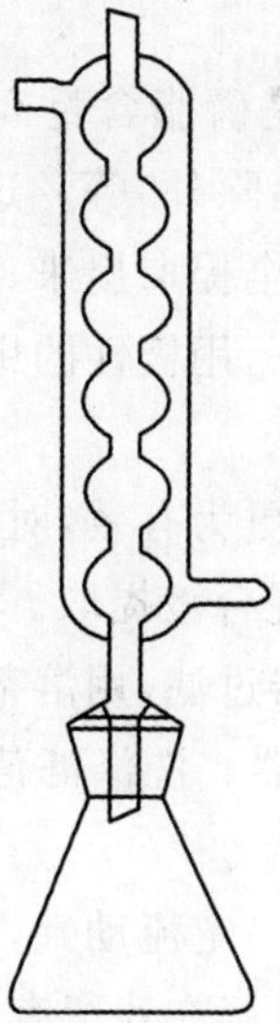

图 2-6　提取装置

【测定方法】

(1)样品提取　准确称取 5.00 g 样品，置于具塞三角瓶内(高水分食品可加适量硅藻土使其分散)，加入 60 mL CM 混合液(干燥食品加 2～3 mL 水)，连接提取装置，于 65 ℃水浴中加热，从微沸开始计时，提取 1 h。

(2)回收溶剂　取下三角瓶，用玻璃过滤器(G_3)过滤，用另一具塞三角瓶收集滤液。用 CM 混合液洗涤三角瓶、滤器及滤渣，洗涤液并入滤液中。把三角瓶置于 65～70 ℃水浴中蒸发回收溶剂，至瓶内物料呈浓稠态(不能使其干涸)，冷却。

(3)萃取、定量　加入 25 mL 石油醚溶解内容物，再加入 15 g 无水硫酸钠，立即加塞振荡 1 min。将醚层移入具塞离心管中，在 3 000 r/min 离心 5 min，用移液管迅速吸取离心管中澄清的醚层 10 mL，置已恒重的称量瓶内，蒸发去除石油醚后，于 100～105 ℃烘箱中烘至恒重(约需 30 min，与前次测定质量相比减量在 0.3 mg以下即认为达到恒重)。

【计算】

$$X=\frac{(m_2-m_1)\times 2.5}{m}\times 100$$

式中：X 为 100 g 样品中脂肪的含量，g；m_2 为称量瓶和脂肪的质量，g；m_1 为称量瓶的质量，g；m 为样品的质量，g(mL)数×相对密度；2.5 为从 25 mL 石油醚中取 10 mL 进行干燥，故乘以系数 2.5。

【说明】

(1)适合于结合态脂类，特别是磷脂含量高的样品，如鱼、贝类、肉、禽及其制品，大豆及其制品(发酵大豆类制品除外)等。这类样品，用索氏提取法测定时，脂蛋白、磷脂等结合态脂类不能被完全提取出来；用酸水解法测定时，又会使磷脂分解而损失。但在有一定水分存在下，用极性的甲醇和非极性的氯仿混合溶液却能有效地提取出结合态脂类。

(2)本法对高水分样品的测定更为有效，对于干燥样品，可先在样品中加入一定量的水，使组织膨润，再用 CM 混合液提取。

(3)提取结束后，用玻璃过滤器过滤，用溶剂洗涤三角瓶，每次 5 mL，洗 3 次，然后用 30 mL 溶剂洗涤滤渣及滤器。洗涤滤渣时，要一边用玻璃棒搅拌滤渣，一边用溶剂洗涤。

(4)溶剂回收到残留物尚具有一定流动性，不能完全干涸，否则脂类难以溶解于石油醚，使测定值偏低。因此，最好在残留有适量的水时停止蒸发。

(5)无水硫酸钠必须在石油醚之后加入，以免影响石油醚对脂肪的溶解。根据残留物中水分的多少，可加 5～15 g。

(6)从加入石油醚至用移液管吸取部分醚层的操作中，应注意避免石油醚挥发。

第四节 食品中碳水化合物的测定

一、食品中的碳水化合物及其测定意义

碳水化合物在不同食品中存在的形式和含量不同。葡萄糖和果糖等单糖主要存在于水果和蔬菜中，一般含量分别为 0.96%～5.82%和 0.85%～6.53%。蔗糖普遍存在于具有光合作用的植物中，一般含量较低，但甘蔗和甜菜含量较高，分别为 10%～15%和 15%～20%，西瓜、菠萝约为 4%和 8%。淀粉广泛存在于农作物的籽粒(如小麦、大米、玉米)、根(如甘薯、木薯)和块茎(马铃薯)中，含量高的可达干物质的 80%。纤维素主要存在于谷类的麸糠和果蔬的表皮中，果胶物质存在于果蔬的组织中，尤其在表皮中含量较高。

碳水化合物在动物组织中含量较少，但分布较广，主要有糖原、葡萄糖和核糖。葡萄糖含量为 0.01%，是动物肌肉收缩的能量来源。核糖是细胞中核酸的组成部分。糖原含量为 0.1%～0.3%，是动物体内糖的主要存在形式。糖原在动物肝脏中含量最多，高达 2%～8%，骨骼肌中含量为 0.3%～0.9%。肌肉中糖原含

量同生理作用有着重要的关系，运动剧烈或运动较多的肌肉糖原含量较高。禽蛋中的碳水化合物主要是葡萄糖、甘露糖和半乳糖，鸡蛋中含量为1.5%，鸭蛋为0.3%，鹅蛋为1.6%。乳中的碳水化合物主要是乳糖，牛乳中含量为4.5%。蜂蜜中的糖75%为还原糖。

碳水化合物对食品的性状、风味、加工和储藏等都有重要的影响。例如，食品加工中常需要控制一定量的糖酸比；糖的焦糖化作用和羰氨反应对于食品的色泽和风味有重要影响；动物屠宰后的肌肉糖原含量随着时间延长而逐渐减少，其结果使葡萄糖含量增加，而葡萄糖经糖酵解作用后生成乳酸，影响肉的品质；乳糖含量对发酵乳制品的生产有重要影响。

机体对糖类物质摄入量不足，会导致机体发育迟缓，体重减轻。而糖类物质摄入过多，则可转化为脂肪致使肌体发胖，并会造成血液中甘油三酯含量的增高，引起动脉粥样硬化等症状。食品中碳水化合物的含量必须得到合理控制。因此，测定食品中碳水化合物的含量具有重要的作用和意义。

二、食品中还原糖的测定方法

还原糖是指具有还原性的糖类。在糖类中，分子中含有游离醛基或酮基的单糖和含有游离的半羧醛羟基的双糖都具有还原性。葡萄糖分子中含有游离醛基，果糖分子中含有游离酮基，乳糖和麦芽糖分子含有半羧醛羟基，它们都是还原糖。蔗糖是非还原糖，而三糖至多糖的还原性逐渐减弱，但它们都可以通过水解生成相应的还原性单糖，测定水解液的还原糖含量就可以求得样品中相应糖类的含量。因此，还原糖的测定是糖类定量的基础。

还原糖的测定方法很多，常用的有直接滴定法、高锰酸钾滴定法、3,5-二硝基水杨酸法等。

(一)直接滴定法(GB 5009.7—2003，第一法)

又称快速法，适用于各类食品中还原糖的测定。样品经除去蛋白质后，在加热条件下，以次甲基蓝作指示剂，直接滴定标定过的碱性酒石酸铜溶液(用还原糖标准溶液标定碱性酒石酸铜溶液)，根据样品液消耗体积，计算还原糖含量。

【试剂】

(1)碱性酒石酸铜甲液：称取15 g硫酸铜($CuSO_4 \cdot 5H_2O$)及0.05 g次甲基蓝，溶于水中并稀释至1 000 mL。

(2)碱性酒石酸铜乙液：称取50 g酒石酸钾钠，75 g氢氧化钠，溶于水中，再加入4 g亚铁氰化钾，完全溶解后，用水稀释至1 000 mL，储存于橡胶塞玻璃瓶中。

(3)乙酸锌溶液：称取 21.9 g 乙酸锌[$Zn(CH_3COO)_2 \cdot 2H_2O$]，加 3 mL 冰乙酸，加水溶解并稀释至 100 mL。

(4)亚铁氰化钾溶液：称取 10.6 g 亚铁氰化钾[$K_4Fe(CN)_6 \cdot 3H_2O$]，溶于水中并稀释至 100 mL。

(5)盐酸。

(6)葡萄糖标准溶液：精密称取 1.000 0 g 经过(96±2)℃干燥 2 h 的纯葡萄糖，加水溶解后加入 5 mL 盐酸，并以水稀释至 1 000 mL。此溶液每毫升相当于 1.0 mg 葡萄糖。

(7)果糖标准溶液：按(6)操作，配制每毫升标准溶液相当于 1.0 mg 果糖。

(8)乳糖标准溶液：按(6)操作，配制每毫升标准溶液相当于 1.0 mg 乳糖(含水)。

(9)转化糖标准溶液：准确称取 1.052 6 g 纯蔗糖，用 100 mL 水溶解，置于具塞三角瓶中。加 5 mL 盐酸(1∶1)在 68～70 ℃水浴中加热 15 min，放置室温定容至 1 000 mL，每毫升标准溶液相当于 1.0 mg 转化糖。

【仪器】

(1)酸式或碱式滴定管。

(2)可调式电炉(带石棉网)。

【测定方法】

(1)样品处理

①乳类、乳制品及含蛋白质的冷食类：称取 2.50～5.00 g 固体样品(吸取 25.0～50.0 mL 液体样品)，置于 250 mL 容量瓶中，加 50 mL 水，慢慢加入 5 mL 乙酸锌溶液及 5 mL 亚铁氰化钾溶液，加水至刻度，混匀，沉淀，静置 30 min，用干燥滤纸过滤，弃去初滤液，滤液备用。

②酒精性饮料：吸取 100.0 mL 样品，置于蒸发皿中，用氢氧化钠(40 g/L)溶液中和至中性，在水浴上蒸发至原体积的 1/4 后，移入 250 mL 容量瓶中，加水至刻度。

③含多量淀粉的食品：称取 10.00～20.00 g 样品置于 250 mL 容量瓶中，加 200 mL 水，在 45 ℃水浴中加热 1 h，并时时振摇。冷却后加水至刻度，混匀，静置，沉淀。吸取 200 mL 上清液于另一 250 mL 容量瓶中，以下按①自“慢慢加入 5 mL 乙酸锌溶液”起依法操作。

④汽水等含有二氧化碳的饮料：吸取 100.0 mL 样品置于蒸发皿中，在水浴上除去二氧化碳后，移入 250 mL 容量瓶中，并用水洗涤蒸发皿，洗液并入容量瓶中，再加水至刻度，混匀后备用。

(2)碱性酒石酸铜溶液标定　吸取5.0 mL碱性酒石酸铜甲液及5.0 mL乙液，置于150 mL锥形瓶中，加水10 mL，加入玻璃珠2粒，从滴定管滴加约9 mL葡萄糖标准溶液(或其他还原糖标准溶液)，控制在2 min内加热至沸，趁热以每2 s一滴的速度继续滴加葡萄糖标准溶液(或其他还原糖标准溶液)，直至溶液蓝色刚好退去为终点，记录消耗葡萄糖(或其他还原糖)标准溶液的总体积。平行操作3次，取平均值，计算每10 mL(甲、乙液各5 mL)碱性酒石酸铜溶液相当于葡萄糖(或其他还原糖)的质量(mg)。也可按上述方法标定4～20 mL碱性酒石酸铜溶液，来适应样品中还原糖浓度的变化。

(3)样品溶液预测　吸取5.0 mL碱性酒石酸铜甲液及5.0 mL乙液，置于150 mL锥形瓶中，加水10 mL，加入玻璃珠2粒，控制在2 min内加热至沸，趁热以先快后慢的速度，从滴定管中滴加样品溶液，并保持溶液沸腾状态，待溶液颜色变浅时，以每2 s一滴的速度滴定，直至溶液蓝色刚好退去为终点，记录样液消耗体积。当样液中还原糖浓度过高时应适当稀释，再进行正式测定，使每次滴定消耗样液的体积控制在与标定碱性酒石酸铜溶液时所消耗的还原糖标准溶液的体积相近，约为10 mL。当浓度过低时则直接加入10 mL样品液，免去加水10 mL，再用还原糖标准溶液滴定至终点，记录消耗的体积与标定时消耗的还原糖标准溶液体积之差相当于10 mL样液中所含还原糖的量。

(4)样品溶液测定　吸取5.0 mL碱性酒石酸铜甲液及5.0 mL乙液，置于150 mL锥形瓶中，加水10 mL，加入玻璃珠2粒，从滴定管加比预测体积少1 mL的样品溶液，控制在2 min内加热至沸，趁热继续以每2 s一滴的速度滴定，至蓝色刚好退去为终点，记录样液消耗体积。平行操作3次，取其平均值。

【计算】

$$X=\frac{A}{m\times V/250\times 1\,000}\times 100$$

式中：X为100 g样品中还原糖含量(以某种还原糖计)，g；A为碱性酒石酸铜溶液相当于某种还原糖的质量，mg；m为样品质量，g；V为测定时消耗样品溶液的体积，mL。

计算结果表示到小数点后一位。

【说明】

(1)碱性酒石酸铜甲液和乙液应分别储存，用时才混合，否则酒石酸钾钠铜络合物长期在碱性条件下会慢慢分解析出氧化亚铜沉淀，使试剂有效浓度降低。

(2)滴定必须在沸腾条件下进行，其原因是次甲基蓝的变色反应是可逆的，还原型次甲基蓝遇空气中氧时，又会被氧化为还原型。此外，氧化亚铜也极不稳定，易被空气中的氧所氧化。加热还可加快还原糖与 Cu^{2+} 的反应速度。保持反应液沸腾可防止空气进入，避免次甲基蓝和氧化亚铜被氧化而增加耗糖量。滴定时不能随意摇动锥形瓶，更不能把锥形瓶从电炉上取下来滴定，以免空气进入反应溶液。

(3)为消除氧化亚铜沉淀对滴定终点观察的干扰，在碱性酒石酸铜乙液中加入了少量的亚铁氰化钾，它能与氧化亚铜生成可溶性的络合物，而不再析出红色沉淀，消除沉淀对观察滴定终点的干扰，使终点更为明显。因此，如果在滴定过程中发现仍有红色沉淀生成，则可适当增加乙液中亚铁氰化钾的用量(如增加至 6 g)。滴定终点是从蓝色变为淡黄色。

(4)本法对滴定操作条件要求很严，整个滴定工作必须控制在 3 min 内完成，其中 2 min 内加热至沸腾，然后以每 2 s 一滴的速度滴定至终点。碱性酒石酸铜溶液的标定、样品液的预测及测定条件均应保持一致。对每一次滴定所使用的锥形瓶规格、加热电炉功率、滴定速度、预加入大致体积和终点的确定方法等都尽量一致，以减少误差，并将滴定所需体积的绝大部分先加入碱性酒石酸铜试剂中共沸，使其充分反应，仅留 1 mL 左右进行滴定，以减少因滴定操作带来的误差。

(二)高锰酸钾滴定法(GB 5009.7—2003，第二法)

样品经除去蛋白质后，其中还原糖把铜盐还原为氧化亚铜，加硫酸铁后，氧化亚铜被氧化为铜盐，以高锰酸钾溶液滴定氧化后生成的亚铁盐，根据高锰酸钾消耗量，计算氧化亚铜含量，再查表得还原糖量。

【试剂】

(1)碱性酒石酸铜甲液：称取 34.639 g 硫酸铜($CuSO_4 \cdot 5H_2O$)，加适量水溶解，加 0.5 mL 硫酸，再加水稀释至 500 mL，用精制石棉过滤。

(2)碱性酒石酸铜乙液：称取 173 g 酒石酸钾钠与 50 g 氢氧化钠，加适量水溶解并稀释至 500 mL，用精制石棉过滤，储存于橡胶塞玻璃瓶内。

(3)精制石棉：石棉先用盐酸(3 mol/L)浸泡 2～3 d，用水洗净。加氢氧化钠溶液(10%)浸泡 2～3 d，倾去溶液，再用热碱性酒石酸铜乙液浸泡数小时，用水洗净。再以盐酸(3 mol/L)浸泡数小时，以水洗至不呈酸性。加水振摇，使成细微的浆状软纤维，用水浸泡并储存于玻璃瓶中，即可用于充填古氏坩埚。

(4)高锰酸钾标准溶液[$c(1/5KMnO_4)=0.100\,0$ mol/L]。

(5)氢氧化钠溶液(40 g/L)：称取 4 g 氢氧化钠，加水溶解并稀释至 100 mL。

(6)硫酸铁溶液：称取 50 g 硫酸铁，加入 200 mL 水溶解后，慢慢加入 100 mL 硫酸，冷后加水稀释至 1 000 mL。

(7)盐酸(3 mol/L):量取 30 mL 盐酸,加水稀释至 120 mL。

【仪器】

(1)25 mL 古氏坩埚或 G4 垂融坩埚。

(2)真空泵或水泵。

【测定方法】

(1)样品处理

①乳类、乳制品及含蛋白质的冷食类:称取 2.00～5.00 g 固体样品(吸取 25.00～50.00 mL 液体样品),置于 250 mL 容量瓶中,加水 50 mL,摇匀后加 10 mL碱性酒石酸铜甲液及 4 mL 氢氧化钠(40 g/L)溶液,加水至刻度,混匀。静置 30 min,用干燥滤纸过滤,弃去初滤液,滤液备用。

②酒精性饮料:吸取 100.0 mL 样品,置于蒸发皿中,用氢氧化钠(40 g/L)中和至中性,在水浴上蒸发至原体积的 1/4 后,移入 250 mL 容量瓶中。加50 mL水,混匀。以下按①中自"加 10 mL 碱性酒石酸铜甲液"起依法操作。

③含多量淀粉的食品:称取 10.00～20.00 g 样品,置于 250 mL 容量瓶中,加 200 mL 水,在 45 ℃水浴中加热 1 h,并时时振摇。冷后加水至刻度,混匀,静置。吸取 200 mL 上清液于另一 250 mL 容量瓶中,以下按①中自"加 10 mL 碱性酒石酸铜甲液"起依法操作。

④汽水等含有二氧化碳的饮料:吸取 100.0 mL 样品置于蒸发皿中,在水浴上除去二氧化碳后,移入 250 mL 容量瓶中,并用水洗涤蒸发皿,洗液并入容量瓶中,再加水至刻度,混匀后备用。

(2)测定　吸取 50.00 mL 处理后的样品溶液置于 400 mL 烧杯中,加入 25 mL 碱性酒石酸铜甲液及 25 mL 乙液,于烧杯上盖一表面皿,加热,控制在 4 min 沸腾,再准确煮沸 2 min。趁热用铺好石棉的古氏坩埚或 G4 垂融坩埚抽滤,并用 60 ℃热水洗涤烧杯及沉淀,至洗液不呈碱性为止。将坩埚放回原 400 mL 烧杯中,加 25 mL 硫酸铁溶液及 25 mL 水,用玻璃棒搅拌使氧化亚铜完全溶解,以高锰酸钾标准溶液至微红色为终点,记录高锰酸钾标准溶液消耗量。同时吸取 50 mL 水代替样液,按上述方法做试剂空白试验,记录空白试验消耗高锰酸钾溶液的量。

【计算】

$$X = (V - V_0) \times c \times 71.54$$

式中:X 为滴定时所消耗的高锰酸钾标准溶液相当的氧化亚铜的质量,mg;V 为测定时样品溶液消耗高锰酸钾标准溶液的体积,mL;V_0 为试剂空白消耗高锰酸钾标准溶液的体积，mL；c 为高锰酸钾溶液的实际浓度，mol/L；71.54 为 1 mL 高锰酸钾标准溶液[$c(1/5KMnO_4)$=0.1 mol/L]相当的氧化亚铜的质量，mg。

计算所得氧化亚铜质量，查附录一，再按下式计算样品中还原糖含量：

$$x=\frac{m_1}{m_2V}\times 25$$

式中：x 为 100 g 样品中还原糖的含量，g；m_1 为查表得还原糖质量，mg；m_2 为样品质量或体积，g(mL)；V 为测定用样品溶液的体积，mL。

【说明】

(1)本法又称贝尔德蓝(Bertrand)法，方法的准确度和重现性都优于直接滴定法，并适用于各类食品中还原糖的测定，有色样液也不受限制。但该法操作复杂、费时，需使用专用的检索表。

(2)取样量视样品含糖量而定，所取样品中含糖应在 25～1 000 mg 范围内。测定用样液含糖浓度应调整到 0.01%～0.45%范围内，浓度过大或过小都会带来误差。通常先进行预试验，确定样液的稀释倍数后再进行正式测定。

(3)此法以反应过程中产生的定量的 Fe^{2+} 为计算依据，因此在样品处理时，不能用乙酸锌和亚铁氰化钾作为澄清剂，以免引入 Fe^{2+}。

(4)测定必须严格按规定的操作条件进行，必须控制好热源强度，保证在 4 min 内加热沸腾，否则误差较大。实验时可先取 50 mL 水，加 25 mL 碱性酒石酸铜甲液及 25 mL 乙液，调整热源温度，使其在 4 min 内沸腾。然后维持热源强度不变，再正式测定。

(5)本法所用碱性酒石酸铜溶液是过量的，即保证把所有的还原糖全部氧化后，还有过剩的二价铜存在。所以，煮沸后的反应液应呈蓝色(酒石酸钾钠铜络离子)。如不呈蓝色，说明样液含糖量过高，应调整样液浓度。

(6)在过滤及洗涤氧化亚铜沉淀的整个过程中，应使沉淀始终在液面以下，避免氧化亚铜暴露于空气中而被氧化。

(7)还原糖与酒石酸铜的反应过程十分复杂，而且不同的还原糖的还原能力也不同，因此不能根据反应式来直接计算还原糖含量，而需利用经验检索表。

(三)3,5-二硝基水杨酸法

在氢氧化钠和丙三醇存在下，还原糖能将 3,5-二硝基水杨酸中的硝基还原为氨基，生成氨基化合物。此化合物在过量的氢氧化钠碱性溶液中呈橘红色，在 540 nm 波长处有最大吸收，其吸光度与还原糖含量有线性关系。

【试剂】

3,5-二硝基水杨酸溶液:称取 6.5 g 3,5-二硝基水杨酸溶于少量水中,移入 1 000 mL容量瓶中,加入 2 mol/L NaOH 溶液 325 mL,再加入 45 g 丙三醇,摇匀,冷却后定容到 1 000 mL。

【测定方法】

取 0,1.0,2.0,3.0,4.0,5.0,6.0,7.0 mg/mL 的葡萄糖标准溶液各 1.0 mL,样液 1 mL(含糖 3～4 mg),分别置于 25 mL 容量瓶(或比色管)中,各加入 3,5-二硝基水杨酸溶液 2 mL,置沸水浴中煮 2 min 进行显色。然后以流水迅速冷却,用水定容到 25 mL,摇匀。以空白调零,在 540 nm 处测定吸光度,制作标准曲线,并计算样品中还原糖的含量。

【说明】

(1)本法适用于各类食品中还原糖的测定,具有准确度高、重现性好、操作简便和快速等优点,尤其适用于大批样品的测定。

(2)样品溶液应清澈,无浑浊和沉淀,以防止对比色分析的干扰。可采取过滤或离心的方法达到上述要求。

(3)若样品显酸性,可加入 2% NaOH 溶液调至中性。

(4)此法的相对误差为 2.2%,分析结果与直接滴定法基本一致。

三、食品中蔗糖的测定方法

蔗糖是非还原性双糖,由一分子葡萄糖和一分子果糖缩合而成,不能用碱性铜盐试剂直接测定。蔗糖在一定条件下水解后产生两分子单糖,即可按还原糖进行测定。

样品经除去蛋白质后,其中蔗糖经盐酸水解转化为还原糖,再按还原糖测定。水解前后还原糖的差值即为蔗糖含量。本法为国标方法 GB 5009.8—2003。

【试剂】

盐酸(1+1);20%氢氧化钠溶液;0.1%甲基红乙醇溶液;其余试剂同“直接滴定法”。

【测定方法】

吸取 2 份 50.0 mL 按本节二(一)“直接滴定法”制备的样品处理液,分别置于 100 mL 容量瓶中,其中一份加 5 mL 盐酸(1+1),在 68～70 ℃水浴中加热 15 min,冷却后加 2 滴甲基红指示剂,用 20%氢氧化钠溶液中和,加水至刻度,混匀。另一份直接加水稀释至 100 mL,然后按本节二(一)“直接滴定法”的步骤分别测定还原糖。

【计算】

以葡萄糖为标准滴定溶液时,按下式计算样品中蔗糖含量:

$$X=(R_2-R_1)\times 0.95$$

式中:X 为 100 g(100 mL)样品中蔗糖的含量,g;R_2 为 100 g(100 mL)样品水解处理后还原糖的含量,g;R_1 为 100 g(100 mL)样品不经水解处理的还原糖含量,g;0.95 为还原糖(以葡萄糖计)换算为蔗糖的系数。

【说明】

蔗糖是一种呋喃果糖苷,其水解速度比其他双糖、低聚糖和多糖快很多,故可利用此特点进行测定。但必须严格控制水解条件,取样液体积、酸的浓度及用量、水解温度和时间等都不能随意改动,到达规定时间后应迅速冷却和中和,以防止低聚糖、多糖的水解和果糖的分解。

四、食品中乳糖的测定方法

(一)比色法

牛乳或乳粉中的乳糖在苯酚、氢氧化钠、苦味酸和亚硫酸氢钠的作用下,生成橘红色的络合物,在波长 520 nm 处有最大的吸收,由标准乳糖含量可计算出样液中的乳糖含量。

【试剂】

(1)沉淀剂:4.5%氢氧化钡溶液,5%硫酸锌溶液。

(2)显色剂:1%苯酚溶液,5%氢氧化钠溶液,1%苦味酸溶液,1%亚硫酸氢钠溶液,按次序以 1∶2∶2∶1(V/V)配成,保存于棕色瓶中,有效期 2 d。

(3)乳糖标准溶液:称取含有结晶水的乳糖($C_{12}H_{22}O_{11}\cdot H_2O$)1.052 0 g 或经 100 ℃烘干至恒重的乳糖 1.000 0 g,经水解后移入 1 000 mL 容量瓶中,并用水稀释至刻度,此溶液每毫升含 1 mg 的乳糖。

【仪器】

分光光度计,离心机。

【测定方法】

(1)样品处理　准确吸取 2.0 mL 牛乳或 1.00 g 乳粉,用水溶解后移入 100 mL 容量瓶中,用水稀释至刻度,摇匀。吸取 2.5 mL 样品稀释液,移入离心管中,添加 5%硫酸锌溶液 2 mL 和 4.5%氢氧化钡溶液 0.5 mL,用小玻璃棒轻轻搅拌后,于 2 000 r/min 离心 2 min,上层澄清液为样品测定溶液。

(2)标准曲线绘制　准确吸取每毫升相当于 1 mg 乳糖的标准溶液 0,0.2,

0.4,0.6,0.8,1.0 mL,分别移入 25 mL 比色管中,加入 2.5 mL 显色剂,用塑料塞或橡皮塞紧后,在沸水浴中准确加热 6 min,取出,立即在冷水中冷却,加水稀释至刻度,于 520 nm 处测定吸光度,绘制标准曲线或回归方程。

(3)样品分析 准确吸取 1.0 mL 经离心澄清后的样品溶液或 0.5 mL 经离心澄清后的乳粉溶液,移入 25 mL 比色管中,加入 2.5 mL 显色剂,以下操作按标准曲线绘制的步骤进行,测定样液的吸光度,由标准曲线或回归方程计算乳糖的含量。

【计算】

$$X=\frac{c}{m}\times 100$$

式中:X 为 100 g(100 mL)样品中乳糖含量,mg;c 为由标准曲线或回归方程计算乳糖的含量,mg;m 为吸取经离心澄清后的样品溶液相当于样品的质量,mL 或 g。

【说明】

本法有效乳糖检验范围为 0.2～2.0 mg,适用于牛乳、乳粉和酪蛋白中乳糖的测定。如果样液中有蔗糖、乙醇等存在,不会影响测定结果。

(二)直接滴定法

乳糖具有还原性,可根据这一特性采用直接滴定法进行测定。该方法可用于牛乳中乳糖含量的测定,也可用于其他种类还原糖含量很少的乳及其制品。

【试剂】

碱性酒石酸铜甲液和乙液、乙酸锌溶液、亚铁氰化钾溶液,配制方法同本节二(一)“直接滴定法”;1 mg/mL 乳糖标准溶液。

【测定方法】

(1)样品处理:同本节二(一)“直接滴定法”。

(2)碱性酒石酸铜的标定以及样品溶液的测定:同本节二(一)“直接滴定法”,只是在标定时改用乳糖标准溶液。

【计算】

同本节二(一)“直接滴定法”。

【说明】

牛乳中乳糖的测定也可采用蒽酮比色法,它是根据乳糖分子结构中存在的已糖可与蒽酮反应,反应后溶液呈蓝绿色,在 620 nm 波长处有最大吸光度值。蒽酮比色法与直接滴定法测得的牛奶中乳糖含量接近,相对误差为 1.08%。

五、食品中淀粉的测定方法

淀粉是人类食物的重要组成部分，广泛存在于植物的根、茎、叶和种子等组织中。淀粉是由葡萄糖构成的聚合体，聚合度为100～3 000。常用的淀粉测定方法有酸水解法、酶水解法、旋光法和酸化酒精沉淀法等。

(一)酶水解法(GB 5009.9—2003，第一法)

样品经除去脂肪及可溶性糖类后，其中淀粉被淀粉酶水解成麦芽糖和低分子糊精，再用盐酸将双糖水解成单糖，最后按还原糖的方法测定，并折算成淀粉含量。

【试剂】

(1)0.5%淀粉酶溶液：称取0.5 g淀粉酶，加100 mL水溶解，加入数滴甲苯或三氯甲烷(防止长霉)，储于冰箱冷藏室中。

(2)碘溶液：称取3.6 g碘化钾，溶于20 mL水中，加入1.3 g碘，溶解后加水稀释至100 mL。

(3)乙醚。

(4)85%乙醇。

(5)6 mol/L盐酸溶液。

(6)甲基红指示液：称取甲基红0.1 g，用60%乙醇溶解并定容到100 mL。

其余同还原糖测定。

【测定方法】

(1)样品处理　称取2.00～5.00 g样品(含淀粉0.50 g左右)，置于放有折叠滤纸的漏斗内。先用50 mL乙醚分5次洗涤，以除去脂肪，再用约100 mL 85%乙醇分5次洗去可溶性糖类。用50 mL水将残渣移至250 mL烧杯中。

(2)酶水解　将烧杯置沸水浴上加热15 min，使淀粉糊化，冷却至60 ℃以下，加20 mL淀粉酶溶液，在55～60 ℃保温1 h，并时时搅拌。取1滴此液于白色滴板上，加1滴碘溶液应不显现蓝色。若显蓝色，再加热糊化并加20 mL淀粉酶溶液，继续保温，直至加碘不显蓝色为止。加热至沸，使酶失活，冷却后移入250 mL容量瓶中，加水至刻度。混匀后过滤，弃去初滤液，收集滤液备用。

(3)酸水解　取50.0 mL上述滤液于250 mL锥形瓶中，加5 mL 6 mol/L盐酸，装上回流冷凝装置，在沸水浴中回流1 h。冷却后加2滴甲基红指示液，用20%氢氧化钠溶液中和至红色刚好消失。溶液转入100 mL容量瓶中，洗涤锥形瓶，洗液并入100 mL容量瓶中，加水至刻度，混匀备用。

(4)测定　按本节二(一)“直接滴定法”进行测定。同时取 50 mL 水及与样品处理时相同量的淀粉酶溶液，按同样方法做试剂空白试验。

【计算】

$$X=\frac{(A_1-A_2)\times 0.9}{mV\times 2}\times 100$$

式中：X 为 100 g 样品中淀粉的含量，g；A_1 为测定用样品中还原糖的含量，mg；A_2 为试剂空白中还原糖的含量，mg；0.9 为还原糖(以葡萄糖计)换算成淀粉的换算系数；m 为称取样品质量，g；V 为测定用样品处理液的体积，mL。

计算结果表示到小数点后一位。

【说明】

(1)精密度为 10%。淀粉酶具有严格的选择性，只水解淀粉而不会水解其他多糖，故不受半纤维素、多缩戊糖、果胶等多糖的干扰，适用于多糖含量高的样品。

(2)脂肪的存在会妨碍酶对淀粉的作用及可溶性糖的去除，故应用乙醚脱脂。若样品中脂肪含量较少，可省略此步骤。

(3)使用淀粉酶前，应确定其活力及水解时加入量。可用已知浓度的淀粉溶液少许，加入一定量淀粉酶液，置 55～60 ℃水浴中保温 1 h，用碘液检验淀粉是否水解完全，以确定酶的活力及水解时的用量。

(4)配制的酶液活性降低很快，需临用时现配，并储存于冰箱中。

(二)酸水解法(GB 5009.9—2003，第二法)

样品经乙醚除去脂肪，乙醇除去可溶性糖后，用酸水解淀粉为葡萄糖，按还原糖方法测定还原糖含量，再折算成淀粉含量。

【试剂】

(1)乙醚。

(2)85%乙醇。

(3)6 mol/L 盐酸：1 份盐酸加 1 份水。

(4)40%氢氧化钠。

(5)10%氢氧化钠溶液。

(6)0.2%甲基红乙醇溶液。

(7)精密 pH 试纸。

(8)20%中性乙酸铅溶液。

(9)10%硫酸钠溶液。其余同还原糖测定。

【仪器】

(1)水浴锅。

(2)高速组织捣碎机，转速 1 200 r/min。

(3)回流装置并附250 mL锥形瓶。

【测定方法】

(1)样品处理

①粮食、豆类、糕点、饼干等较干的样品:称取 2.00～5.00 g(含淀粉 0.50 g 左右)磨碎、过 40 目筛的样品,置于放有慢速滤纸的漏斗中,用 30 mL 乙醚分 3 次洗去样品中脂肪。再用 150 mL 85%乙醇分数次洗涤残渣,以除去可溶性糖类。以 100 mL 水洗涤漏斗中残渣并全部转移至 250 mL 锥形瓶中。

②蔬菜、水果、各种粮豆含水熟食制品:按 1∶1 加水,在组织捣碎机中捣成匀浆。称取 5～10 g 匀浆(含淀粉 0.5 g 左右)于 250 mL 锥形瓶中,加 30 mL 乙醚振摇提取脂肪,用滤纸过滤除去乙醚,再用 30 mL 乙醚清洗 2 次,弃去乙醚。用 150 mL 85%乙醇分数次洗涤残渣,以除去可溶性糖类。以 100 mL 水把残渣全部转移至 250 mL 锥形瓶中。

(2)水解　于上述 250 mL 锥形瓶中加入 30 mL 6 mol/L 盐酸,接好冷凝管,置沸水浴中回流 2 h。回流完毕,立即用流水冷却,待样品水解液冷却后,加入 2 滴甲基红指示液,先用 40%氢氧化钠溶液调至黄色,再用 6 mol/L 盐酸调至溶液刚好变成红色,再用 10%氢氧化钠调至红色刚好退去。若水解液颜色较深,可用精密 pH 试纸测试,使样品水解液的 pH 值约为 7。然后加入 20 mL 10%乙酸铅溶液,摇匀后放置 10 min,以沉淀蛋白质、果胶等杂质。再加入 20 mL 10%硫酸钠溶液,以除去过多的铅。摇匀后将全部溶液及残渣用水转移至 500 mL 容量瓶中,加水稀释至刻度,过滤,弃去初滤液,收集滤液供测定用。

(3)测定　按还原糖的测定方法进行。

【计算】

$$X = \frac{(A_1 - A_2) \times 0.9}{m \times \frac{V}{500} \times 1\,000} \times 100$$

式中:X 为 100 g 样品中淀粉的含量,g;A_1 为测定用样品水解液中还原糖的含量,mg;A_2 为试剂空白中还原糖的含量,mg;0.9 为还原糖(以葡萄糖计)换算成淀粉的换算系数;m 为称取样品的质量,g;V 为测定用样品水解液的体积,mL;500 为样品水解液总体积,mL。

【说明】

(1)精密度为 10%。本法简便易行,适用于淀粉含量较高,而半纤维素和多缩戊糖等其他多糖含量较少的样品。

(2)样品中加入乙醇后,混合液中乙醇的浓度应在 80%以上,以防止糊精随可溶性糖类一起被洗掉。如要求测定结果不包括糊精,则用 10%乙醇洗涤。

(3)因水解时间较长,应采用回流装置,以保证水解过程中盐酸的浓度不发生大的变化。

(三)熟肉制品中淀粉的测定

将淀粉与氢氧化钾酒精溶液共热,使蛋白质、脂肪溶解,而淀粉和粗纤维不溶解。过滤后,用氢氧化钾水溶液溶解淀粉,使之与粗纤维分离,然后用醋酸酸化的乙醇使淀粉重新沉淀,过滤后将沉淀于 100 ℃烘干至恒重,再于 550 ℃灼烧至恒重,灼烧前后质量之差即为淀粉的含量。

【试剂】

(1)氢氧化钾酒精溶液:50 g KOH 溶于 1 000 mL95%酒精中。

(2)2 mol/L 氢氧化钾溶液。

(3)醋酸酸化乙醇:1 000 mL 90%乙醇中加入 5 mL 冰醋酸。

【测定方法】

称取 10.00 g 捣碎并混合均匀的样品,置于 400 mL 烧杯中,加入 150 mL 氢氧化钾酒精溶液,盖上表面皿,置沸水浴中加热并不断用玻璃棒搅拌,至样品完全溶解(约需 30 min)。用滤纸过滤,用氢氧化钾酒精溶液洗涤沉淀和滤纸 3 次,每次 20 mL。将沉淀移入烧杯中,加 10 mL 2 mol/L 氢氧化钾溶液和 60 mL 水,加热至淀粉溶解。将溶液用棉花塞滤入 100 mL 容量瓶中,水洗烧杯,洗液通过棉花塞滤入容量瓶中,冷却后定容。吸取 10 mL 滤液(含淀粉 20 mg 以上)于 400 mL 烧杯中,加入 75 mL 30～40 ℃的醋酸酸化乙醇,搅拌后盖上表面皿,放置过夜。用干燥至恒重的古氏坩埚过滤,用醋酸酸化乙醇洗涤沉淀,再用乙醚洗涤坩埚及内容物。坩埚于 100 ℃烘干至恒重,再于 550 ℃灼烧至恒重。

【计算】

$$X=\frac{(m_1-m_2)\times 100}{m\times V}\times 100$$

式中:X 为 100 g 样品中淀粉的含量,g;m_1 为坩埚和内容物干燥后的质量,g;m_2 为坩埚和内容物灼烧后的质量,g;m 为样品质量,g;V 为测定时取样液体积,mL;100 为样液总体积,mL。

【说明】

(1)本法是北欧食品分析委员会的标准方法。

(2)测定肉制品中淀粉也可采用容量法。即把样品与氢氧化钾共热,使样品完全溶解,再加入乙醇使淀粉沉淀析出,经乙醇洗涤后,加酸水解为葡萄糖,然后按测定还原糖的方法测定葡萄糖含量,再换算为淀粉含量。此方法没有将淀粉与其他多糖分离开,如果在水解条件下这些多糖也能水解为还原糖,将产生正误差。

六、食品中粗纤维的测定方法

粗纤维是植物性食品的主要成分之一。在食品生产和开发中，常需要测定粗纤维的含量。

在硫酸作用下，样品中的糖、淀粉、果胶质和半纤维素经水解除去后，再用碱处理除去蛋白质和脂肪酸，残渣即为粗纤维。如其中含有不溶于碱、酸的杂质，可灰化后除去。

【试剂】

(1)1.25%硫酸溶液。

(2)1.25%氢氧化钾溶液。

(3)5%氢氧化钠溶液。

(4)石棉：石棉用5%氢氧化钠溶液浸泡，在水浴上回流 8 h 以上，再用热水充分洗涤。然后用盐酸(1+4)在沸水浴上回流 8 h 以上，再用热水充分洗涤，干燥。在 600～700 ℃中灼烧后，加水使成混悬物，储存于玻塞瓶中。

【测定方法】

(1)称取 20.00～30.00 g 捣碎样品(或 5.00 g 干样品)，移入 500 mL 锥形瓶中，加入 200 mL 煮沸的 1.25%硫酸溶液，加热使微沸，保持体积恒定，维持 30 min，每隔 5 min 摇动锥形瓶一次，以充分混合瓶内的物质。

(2)取下锥形瓶，立即用亚麻布过滤，用沸水洗涤至洗液不呈酸性。

(3)再用 200 mL 煮沸的 1.25%氢氧化钾溶液，将亚麻布上残留物洗入原锥形瓶内。加热微沸 30 min 后，取下锥形瓶，立即以亚麻布过滤，以沸水洗涤 2～3 次后，移入已干燥称重的 G2 垂融坩埚(或同型号的垂融漏斗)中抽滤。用热水充分洗涤后，抽干，再依次用乙醇和乙醚洗涤 1 次。将坩埚和内容物在 105 ℃烘箱中烘干后称量，重复烘干，直至恒重。

如样品中含较多的不溶性杂质，则可将样品移入石棉坩埚，烘干称量后，再移入 550 ℃马弗炉中灰化，使含碳的物质全部灰化，置于干燥器内，冷却至室温，称量，所损失的量即为粗纤维的量。

【计算】

$$X = \frac{G}{m} \times 100$$

式中：X 为 100 g 样品中粗纤维的含量，g；G 为残余物的质量或经马弗炉损失的质量，g；m 为样品的质量，g。

【说明】

(1)本法为国标方法 GB 5009.10—2003，目前我国的食品成分表中“纤维”项的数据都是用此法测定的。本法中，纤维素、半纤维素和木质素等食物成分都发生了不同程度的降解，且残留物包含了少量的无机物、蛋白质等成分，所以测定结果称为“粗纤维”。

(2)样品应尽量磨碎，以使消化完全。一般要求过 40 目筛，过粗过细都不好。过粗则难以水解充分；过细则会造成过滤困难。

(3)消化时，溶液体积保持恒定，过少要加水，否则酸度太大，使纤维素消化或炭化。沸腾不能过于剧烈，防止样品脱离液体，附着于液面以上的瓶壁上。过滤时间不能太长，一般不超过 10 min，否则应适当减少称样量。

(4)严格控制酸、碱处理过程，确保测定结果的准确性。酸、碱消化时，如产生大量泡沫，可加入 2 滴硅油或辛醇消泡。

(5)样品中脂肪含量高于 1%时，应先用石油醚脱脂，然后再测定，否则结果将偏高。

(6)用亚麻布过滤时，由于其孔径不稳定，结果出入较大。最好采用 200 目尼龙筛绢过滤，既耐高温，孔径又稳定，本身不吸收水分，洗残渣也较容易。

第五节　食品中灰分的测定

一、食品中灰分测定的意义

食品中除含有大量有机物质外，还含有丰富的无机成分，其中含量较多的有 Ca、Mg、K、Na、S、P、Cl 等元素。还有 Fe、Cu、Zn、Mn、I、F、Co、Se 等微量元素。这些元素在维持机体的正常生理功能、构成机体组织方面，有着十分重要的作用。当这些组分经高温灼烧时，有机成分挥发逸散，而无机成分(主要是无机盐和氧化物)则残留下来，这些残留物称为灰分。灰分是表示食品中无机成分总量的一项指标。

食品的灰分与食品中原来存在的无机成分在数量和组成上并不完全相同，故又称为粗灰分。这是因为在灰化时，Cl、I、Pb、P、S 等易挥发的元素会挥发散失，这部分无机物减少了；某些金属氧化物会吸收有机物分解产生的二氧化碳而形成碳酸盐，又使无机成分增多了。

食品的灰分常称为总灰分(或粗灰分)，按其溶解性还可分为水溶性灰分、水不溶性灰分和酸不溶性灰分。水溶性灰分主要是钾、钠、钙、镁等氧化物的盐类。

水不溶性灰分主要是污染的泥沙和铁、铝及碱土金属的碱式磷酸盐。酸不溶性灰分主要是污染入产品中的泥沙及样品组织中的微量氧化硅。

测定灰分具有十分重要的意义。①无机成分及某些无机元素的含量是一项重要的营养指标。例如，肉类食品是人体补充铁和锌的良好食物，乳是补钙的最佳食品。②无机成分含量对食品加工有一定的影响。例如，牛乳中的无机成分含量很少，但在牛乳加工上，特别是在牛乳的热凝固方面具有重要意义。牛乳中钙、镁与磷酸盐、柠檬酸盐之间保持适当的平衡，是保持牛乳对热稳定性的必要条件。通常由于可溶性的钙、镁含量过高，在比较低的温度下就会发生凝固，尤其是高浓度的钙离子对酪蛋白的稳定性影响较大。③判断食品受污染的程度。某种食品的灰分常在一定范围之内，如果灰分超过了正常范围，说明食品生产过程中，使用了不合乎卫生标准的原料或食品添加剂，或食品在生产、加工、储藏过程中受到了污染。④对于某些食品，灰分可作为评价食品的质量指标。例如面粉生产中，其加工的精度可由灰分含量表示，这是由于小麦麸皮中的灰分含量比胚乳中高 20 倍左右。生产果胶、明胶等胶质食品时，灰分是这些制品胶冻性能的标志。部分食品的灰分含量如表 2-4 所示。

表 2-4 部分食品的灰分含量 %

食品	灰分含量	食品	灰分含量	食品	灰分含量	食品	灰分含量
牛乳	0.6～0.7	罐装甜炼乳	1.9～2.1	鲜肉	0.5～1.2	纯油脂	无
乳粉	5.0～5.7	鲜果	0.2～1.2	鲜鱼	0.8～2.0	精制糖	痕量～1.8
脱脂乳粉	7.8～8.2	蔬菜	0.2～1.2	蛋白	0.6	糖果	痕量～1.8
罐装淡炼乳	1.6～1.7	小麦胚乳	0.5	蛋黄	1.6	糖浆、蜂蜜	痕量～1.8

二、灰分的测定方法

（一）总灰分的测定（GB 5009.4—2003）

样品经炭化后置于 500～600 ℃马弗炉内灼烧，样品中的水分及挥发物质以气态放出，碳、氢、氮等物质生成二氧化碳、水蒸气、氮氧化物而挥发，无机物以硫酸盐、磷酸盐、碳酸盐、氯化物等无机盐和金属氧化物的形式残留下来，即为灰分。

【仪器】

马弗炉、坩埚、分析天平、干燥器。

【测定方法】

(1)坩埚的准备　将坩埚用盐酸(1＋4)煮 1～2 h，洗净晾干后，用 0.5%三氯

化铁溶液和等量蓝墨水的混合液在坩埚外壁及盖上写上编号,置马弗炉500～550 ℃灼烧1 h,冷却至200 ℃左右后取出,放入干燥器中冷却至室温,精密称量,并重复灼烧至恒重(两次称量之差不超过0.5 mg)。

(2)取样　在坩埚中加入2～3 g固体样品或5～10 g液体样品后,准确称量。液体样品须先在沸水浴上蒸干。富含脂肪的样品,应先提取脂肪,再将残渣进行炭化和灰化。

(3)炭化　将坩埚置于电炉上,半盖坩埚盖,小心加热使试样在通气条件下逐渐炭化,直至无黑烟产生。炭化时若发生膨胀,可滴橄榄油数滴。炭化时应先用小火,避免样品溅出。

(4)灰化　炭化后,将坩埚移入马弗炉中,在(500±25)℃灼烧4 h。打开炉门,将坩埚移至炉口处冷至200 ℃左右,移入干燥器中冷却至室温。在称量前如灼烧残渣有炭粒时,向试样中滴入少许水润湿,使结块松散,蒸出水分后再次灼烧直至无炭粒即灰化完全,准确称重。重复灼烧至前后两次称量相差不超过0.5 mg为恒重。

【计算】

$$X = \frac{m_1 - m_2}{m_3 - m_2} \times 100$$

式中:X为100 g样品中灰分的含量,g;m_1为坩埚和灰分的质量,g;m_2为坩埚的质量,g;m_3为坩埚和样品的质量,g。

计算结果保留3位有效数字。

【说明】

(1)精密度为5%。

(2)灰化容器的选择:坩埚分素烧瓷坩埚、石英坩埚、铂坩埚等,其中素烧瓷坩埚最常用,它具有耐高温(1 200 ℃)、内壁光滑、耐稀酸及价格低廉等优点,但耐碱性较差。当灰化碱性样品时,瓷坩埚内壁的釉层会部分溶解,反复使用多次后,往往难以保持恒重。另外,当温度骤变时,易发生破裂,在使用时要注意。铂坩埚耐高温,耐碱性较好,但价格昂贵。

(3)取样量的多少应根据样品的种类和性状来决定,同时考虑称量误差。一般以灼烧后得到的灰分量为10～100 mg来决定取样量。通常情况下,乳粉、麦乳精、大豆粉、调味料、鱼类及海产品等取1～2 g;谷物及其制品、肉及其制品、牛乳和糕点等取3～5 g;蔬菜及其制品、砂糖及其制品、蜂蜜和奶油等取5～10 g;水果及其制品取20 g;油脂取50 g。

(4)灰化温度的高低对测定结果影响很大。由于各种食品中无机成分的组成性质及含量不同，灰化温度也应有所不同，一般为 525～600 ℃。

(5)灰化时间一般以灼烧至灰分呈白色或浅灰色，无炭粒存在并达到恒重为止，一般需 2～5 h。对有些样品，即使灰化完全，残灰也不一定为白色或浅灰色，如铁含量高的食品，残灰呈褐色，锰、铜含量高的食品，残灰呈蓝绿色。

(6)对于难以灰化的样品，可改变操作方法来加速灰化。样品经初步灼烧后，取出冷却，从灰化容器边缘慢慢加入(不可直接洒在灰上，以防残灰飞扬)少量去离子水，使水溶性盐类溶解，被包裹的炭粒暴露出来，在水浴上蒸发至干，然后置于 120～130 ℃烘箱中充分干燥，再灼烧至恒重。也可加入硝酸(1＋1)或双氧水，蒸干后再灼烧至恒重，利用它们的氧化作用来加速炭粒灰化。也可加入 10%碳酸铵等疏松剂，在灼烧时分解为气体逸出，使灰分呈现松散状态，促进未灰化的炭粒灰化。

(7)样品在放入马弗炉灼烧之前要先进行炭化，其原因是防止在灼烧时，因温度高样品中的水分急剧蒸发使样品飞扬，防止糖、蛋白质、淀粉等易发泡膨胀的物质在高温下发泡膨胀而溢出坩埚，不经炭化而直接灰化，炭粒易被包裹住，灰化不完全。

(二)水溶性灰分和水不溶性灰分的测定

向测定总灰分所得残留物中加入 25 mL 去离子水，加热至沸，用无灰滤纸过滤，然后用 25 mL 热的去离子水分多次洗涤坩埚、滤纸及残渣。将残渣连同滤纸移回原坩埚中，在水浴上蒸发至干，放入干燥箱中干燥，再进行灼烧，冷却，称重，直至恒重。按下式计算水不溶性灰分和水溶性灰分的含量。

$$X=\frac{m_4-m_2}{m_3-m_2}\times 100\%$$

式中：X 为水不溶性灰分的含量，%；m_4 为不溶性灰分和坩埚的质量，g；其他符号意义同总灰分的计算。

水溶性灰分＝总灰分－水不溶性灰分

(三)酸不溶性灰分的测定

向总灰分或水不溶性灰分中加入 25 mL 浓度为 0.1 mol/L 的盐酸，以下操作同水不溶性灰分的测定，按下式计算酸不溶性灰分含量：

$$X=\frac{m_5-m_2}{m_3-m_2}\times 100\%$$

式中：X 为酸不溶性灰分的含量，%；m_5 为酸不溶性灰分和坩埚的质量，g；其他符号意义同总灰分的计算。

第六节　食品中维生素的测定

一、食品中维生素测定的意义

维生素是维持机体正常生命活动所必需的低分子有机化合物，目前认为对维持机体健康和促进发育至关重要的有20余种，可分为脂溶性维生素和水溶性维生素两大类。

脂溶性维生素能溶于脂肪或脂溶剂，在食物中与脂类共存，包括维生素A、维生素D、维生素K和维生素E等，多存在于动物性食品中，特别是畜禽内脏器官和蛋黄中。脂溶性维生素的共同特点是摄入后存在于脂肪组织中，不能从尿中排除，大剂量时可引起中毒。

水溶性维生素能溶于水，包括维生素B_1、维生素B_2、维生素C、维生素PP、维生素B_6、泛酸、生物素、叶酸和维生素B_{12}等。水溶性维生素多存在于植物性食品中，满足组织需要后都能从机体排出。

维生素或其前体化合物都在天然食物中存在，不能供给机体热能，也不是构成组织的基本原料，主要功能是通过作为辅酶的成分调节代谢过程，需要量很少；一般不能在体内合成，或合成量不足以满足生理需要，必须经常从食物中摄取。长期缺乏任何一种维生素都会导致相应的疾病，但是，摄入量过多，超过生理需要量时，可导致体内积存过多而引起中毒。因此，为了避免人及动物体内维生素的供给不足而引起维生素缺乏性疾病，或因为摄入过多而引起的维生素中毒症，必须对食品中维生素的含量进行检测。

二、脂溶性维生素的测定

脂溶性维生素包括维生素A、维生素D、维生素E和维生素K，其理化性质如下：①溶解性：不溶于水，易溶于脂肪、丙酮、三氯甲烷、乙醚、苯和乙醇等有机溶剂。②耐酸碱性：维生素A、维生素D对酸不稳定，对碱稳定；维生素E在无氧情况下，对热、酸和碱稳定；维生素K对酸、碱都不稳定。③耐热、耐光、耐氧化性：四者均耐热，但维生素A易被氧化，光和热促进其氧化，维生素D性质稳定，不易被氧化，维生素E容易被氧化，对可见光稳定，易被紫外线破坏，维生素K对热稳定，但易被光、氧化剂及醇破坏。

测定脂溶性维生素时通常先用皂化法处理样品，水洗除去类脂物，然后用有机溶剂提取脂溶性维生素（不皂化物），浓缩后溶于适当的溶剂中进行测定。在皂化和浓缩时，为防止维生素的氧化分解，常加入抗氧化剂（如焦性没食子酸、抗坏血酸等）。对于某些脂肪含量低、脂溶性维生素含量较高的样品，可以先用有机溶剂抽提，然后皂化，再提取。对于那些对光敏感的维生素，分析操作一般需要在避光下进行。

（一）HPLC法测定食品中的维生素A和维生素E（GB 5009.82—2003，第一法）

维生素A又称视黄醇，是不饱和的一元醇类，包括维生素A_1和维生素A_2两种结构形式。是条状淡黄色晶体，熔点62～64 ℃，不溶于水，能溶于乙醇、甲醇、氯仿、乙醚和苯等有机溶剂。易被氧化破坏，对酸不稳定，却能经受沸腾的碱处理。

维生素E又称生育酚，属于酚类物质。目前已经确认的有8种异构体：α-、β-、γ-、δ-生育酚和α-、β-、γ-、δ-生育三烯酚，其中以α-生育酚的活性最高。维生素E为黄色油状液体，溶于脂溶性溶剂，对热稳定，在酸性环境下比在碱性环境下稳定。在无氧条件下，对热与光以及对碱性环境也相对比较稳定。

试样中的维生素A及维生素E经皂化提取处理后，将其从不可皂化部分提取至有机溶剂中。用高效液相色谱C_{18}反相柱将维生素A和维生素E分离，经紫外检测器检测，并用内标法定量测定。

【试剂】

（1）无水乙醚：不含有过氧化物。

过氧化物检查方法：用5 mL乙醚加1 mL 10%碘化钾溶液，振摇1 min。如有过氧化物则放出游离碘，水层呈黄色；或加4滴0.5%淀粉溶液，水层呈蓝色。该乙醚需处理后使用。

去除过氧化物的方法：重蒸乙醚时，瓶中放入纯铁丝或铁末少许。弃取10%初馏液和10%残馏液。

（2）无水乙醇：不得含有醛类物质。

检查方法：取2 mL银氨溶液于试管中，加入少量乙醇，摇匀，再加入氢氧化钠溶液，加热，放置冷却后，若有银镜反应则表示乙醇中有醛。

脱醛方法：取2 g硝酸银溶于少量水中。取4 g氢氧化钠溶于温乙醇中。将两者倾入1 L乙醇中，振摇后，放置暗处两天（不时摇动，促进反应），经过滤，置蒸馏瓶中蒸馏，弃去初蒸出的50 mL。当乙醇中含醛较多时，硝酸银用量适当增加。

（3）无水硫酸钠。

（4）甲醇：重蒸后使用。

(5)重蒸水:水中加少量高锰酸钾,临用前蒸馏。

(6)抗坏血酸溶液(100 g/L):临用前蒸馏。

(7)氢氧化钾溶液(1+1)。

(8)氢氧化钠溶液(100 g/L)。

(9)硝酸银溶液(50 g/L)。

(10)银氨溶液:加氨水至硝酸银溶液中,直至生成的沉淀重新溶解为止,再加氢氧化钠溶液数滴,如发生沉淀,再加氨水直至溶解。

(11)维生素 A 标准液:视黄醇(纯度 85%)或视黄酸乙酸酯(纯度 90%)经皂化处理后使用。用脱醛乙醇溶解维生素 A 标准品,使其浓度大约为1 mL相当于1.0 mg 视黄醇。临用前用紫外分光光度法标定其准确浓度。

(12)维生素 E 标准液:α-生育酚(纯度 95%),γ-生育酚(纯度 95%),δ-生育酚(纯度 95%)。用脱醛乙醇分别溶解以上 3 种维生素 E 标准品,使其浓度大约为 1 mL相当于 1.0 mg。临用前用紫外分光光度计分别标定此 3 种维生素 E 溶液的准确浓度。

(13)内标溶液:称取苯并(e)芘(纯度 98%),用脱醛乙醇配制成每 1 mL 相当 10.0 μg 苯并(e)芘的内标溶液。

(14)pH1～14 试纸。

【仪器】

(1)实验室常用仪器。

(2)高效液相色谱仪带紫外检测器。

(3)旋转蒸发器。

(4)高速离心机。

(5)恒温水浴锅。

(6)紫外分光光度计。

【色谱条件】

预柱:ultrasphere ODS 10 μm,4 mm×4.5 cm。分析柱:ultrasphere ODS 5 μm,4.6 mm×25 cm。

流动相:甲醇+水=98+2。混匀。临用前脱气。

紫外检测器:波长为 300 nm,量程为 0.02。

进样量:20 μL。流速:1.7 mL/min。

【测定方法】

(1)试样处理

①皂化:准确称取 1.00～10.00 g 试样(含维生素 A 约 3 μg,维生素 E 各异构

体约为 40 μg)于皂化瓶中,加 30 mL 无水乙醇,进行搅拌,直到颗粒物分散均匀为止。加 5 mL 10%抗坏血酸,苯并(e)芘标准液 2.00 mL,混匀。10 mL 氢氧化钾(1+1),混匀。于沸水浴回流 30 min,使皂化完全。皂化后立即放入冰水中冷却。

②提取:将皂化后的试样移入分液漏斗中,用 50 mL 水分 2~3 次洗皂化瓶,洗液并入分液漏斗中。用约 100 mL 乙醚分两次洗皂化瓶及其残渣,乙醚液并入分液漏斗中。如有残渣,可将此液通过有少许脱脂棉的漏斗滤入分液漏斗。轻轻振摇分液漏斗 2 min,静置分层,弃去水层。

③洗涤:用约 50 mL 水洗分液漏斗中的乙醚层,用 pH 试纸检验直至水层不显碱性(最初水洗轻摇,逐渐振摇强度可增加)。

④浓缩:将乙醚提取液经过无水硫酸钠(约 5 g)滤入与旋转蒸发器配套的 250~300 mL 球形蒸发瓶内,用约 100 mL 乙醚冲洗分液漏斗及无水硫酸钠 3 次,并入蒸发瓶内,并将其接至旋转蒸发器上,于 55 ℃水浴中减压蒸馏并回收乙醚,待瓶中剩下约 2 mL 乙醚时,取下蒸发瓶,立即用氮气吹掉乙醚。立即加入 2.0 mL 乙醇,充分混合,溶解提取物。

⑤将乙醇液移入一小塑料离心管中离心 5 min(5 000 r/min),上清液供色谱分析。如果试样中维生素含量过少,可用氮气将乙醇液吹干后,再用乙醇重新定容,并记下体积比。

(2)标准曲线制备

①维生素 A 和维生素 E 标准浓度的标定:取维生素 A 和各维生素 E 标准液若干微升,分别稀释至 3.0 mL 乙醇中,并分别给定波长测定各维生素的吸光值。用比吸光系数计算出该维生素的浓度。测定条件如表 2-5 所示。

表 2-5 维生素 A 和维生素 E 标准浓度的标定

标准	加入标准液的量 $V/\mu L$	比吸光系数 $E_{cm}^{1\%}$	波长 λ/nm
视黄醇	10.00	1 835	325
α-生育酚	100.0	71	294
γ-生育酚	100.0	92.8	298
δ-生育酚	100.0	91.2	298

浓度计算:

$$c_1 = \frac{A}{E} \times \frac{1}{100} \times \frac{3}{V \times 10^{-3}}$$

式中:c_1 为维生素浓度,g/mL;A 为维生素的平均紫外吸光值;V 为加入标准液的量,μL;E 为某种维生素 1%比吸光系数;$3/(V\times10^{-3})$为标准液稀释倍数。

②标准曲线的制备:本标准采用内标法定量。把一定量的维生素 A、α-生育酚、γ-生育酚、δ-生育酚及内标苯并(e)芘液混合均匀。选择合适灵敏度,使上述

物质的各峰高约为满量程 70%，为高浓度点。高浓度的 1/2 为低浓度点（其内标苯并(e)芘的浓度值不变），用此种浓度的混合标准进行色谱分析。维生素标准曲线绘制是以维生素峰面积与内标物峰面积之比为纵坐标，维生素浓度为横坐标绘制，或计算直线回归方程。如有微处理机装置，则按仪器说明用二点内标法进行定量。

本标准不能将 β-生育酚和 γ-生育酚分开，故 γ-生育酚峰中包含有 β-生育酚峰。

(3)试样分析　取试样浓缩液 20 μL，待绘制出色谱图及色谱参数后，再进行定性和定量。

定性：用标准物色谱峰的保留时间定性。

定量：根据色谱图求出某种维生素峰面积与内标物峰面积的比值，以此值在标准曲线上查得其含量，或用回归方程求出其含量。

【计算】

$$X = \frac{c}{m} \times V \times \frac{100}{1\,000}$$

式中：X 为 100 g 样品中维生素的含量，mg；c 为由标准曲线查得的某种维生素含量，μg/mL；V 为试样浓缩定容体积，mL；m 为试样质量，g。

计算结果保留 3 位有效数字。

【说明】

适用于各种食品和饲料中维生素 A 和维生素 E 的测定，方法精密度为 10%。最小检出限分别为维生素 A 0.8 ng、α-生育酚 91.8 ng、γ-生育酚 36.6 ng、δ-生育酚 20.6 ng。

（二）比色法测定维生素 A(GB 5009.82—2003，第二法)

维生素 A 在三氯甲烷中与三氯化锑相互作用，产生蓝色物质，其深浅与溶液中所含维生素 A 的含量成正比。该蓝色物质虽不稳定，但在一定时间内可用分光光度计于 620 nm 波长处测定其吸光度。

【试剂】

(1)无水硫酸钠。

(2)乙酸酐。

(3)乙醚。

(4)无水乙醇。

(5)三氯甲烷：应不含分解物，否则会破坏维生素 A。

检查方法：三氯甲烷不稳定，放置后易受空气中氧的作用生成氯化氢和光气。检查时可取少量三氯甲烷置试管中加水少许振摇，使氯化氢溶到水层。加入几滴硝酸银溶液，如有白色沉淀即说明三氯甲烷中有分解产物。

处理方法：试剂应先测验是否含有分解产物，如有，则应于分液漏斗中加水洗数次，加无水硫酸钠或氯化钙使之脱水，然后蒸馏。

(6)三氯化锑-三氯甲烷溶液(250 g/L)：用三氯甲烷配制三氯化锑溶液，储于棕色瓶中(注意勿使吸收水分)。

(7)氢氧化钾溶液(1+1)。

(8)维生素A或视黄醇乙酸酯标准液：配制方法和标定方法同本节(一)。

(9)酚酞指示剂(10 g/L)：用95%乙醇配制。

【仪器】

分光光度计；回流冷凝装置。

【测定方法】

维生素A极易被光破坏，实验操作应在微弱光线下进行，或用棕色玻璃仪器。

(1)试样处理 根据试样性质，可采用皂化法或研磨法。

①皂化法：适用于维生素A含量不高的试样，可减少脂溶性物质的干扰，但全部试验过程费时，且易导致维生素A损失。

皂化：根据试样中维生素A含量的不同，准确称取0.50～5.00 g试样于三角瓶中，加入10 mL氢氧化钾(1+1)及20～40 mL乙醇，于电热板上回流30 min至皂化完全为止。

提取：将皂化瓶内混合物移至分液漏斗中，以30 mL水洗皂化瓶，洗液并入分液漏斗。如有残渣，可用脱脂棉漏斗滤入分液漏斗内。皂化瓶再用约30 mL乙醚分两次冲洗，洗液倾入第二个分液漏斗中。振摇后，静置分层，水层放入三角瓶中，醚层与第一个分液漏斗合并。重复至水液中无维生素A为止。

洗涤：用约30 mL水加入第一个分液漏斗中，轻轻振摇，静置片刻后，放去水层。加15～20 mL 0.5 moI/L氢氧化钾溶液于分液漏斗中，轻轻振摇后，弃去下层碱液，除去醚溶性酸皂。继续用水洗涤，每次用水约30 mL，直至洗涤液与酚酞指示剂呈无色为止(大约3次)。醚层液静置10～20 min，小心放出析出的水。

浓缩：将醚层液经过无水硫酸钠滤入三角瓶中，再用约25 mL乙醚冲洗分液漏斗和硫酸钠两次，洗液并入三角瓶内。置水浴上蒸馏，回收乙醚。待瓶中剩约5 mL乙醚时取下，用减压抽气法至干，立即加入一定量的三氯甲烷使溶液中维生素A含量在适宜浓度范围内。

②研磨法:适用于每克试样维生素 A 含量大于 5～10 μg 试样的测定,如肝的分析。步骤简单,省时,结果准确。

研磨:精确称 2.00～5.00 g 试样,放入盛有 3～5 倍试样质量的无水硫酸钠研钵中,研磨至试样中水分完全被吸收,并均质化。

提取:小心地将全部均质化试样移入带盖的三角瓶内,准确加入 50～100 mL 乙醚。紧压盖子,用力振摇 2 min,使试样中维生素 A 溶于乙醚中。使其自行澄清(需 1～2 h),或离心澄清(因乙醚易挥发,气温高时应在冷水浴中操作。装乙醚的试剂瓶也应事先放入冷水浴中)。

浓缩:取澄清的乙醚提取液 2～5 mL,放入比色管中,在 70～80 ℃水浴上抽气蒸干。立即加入 1 mL 三氯甲烷溶解残渣。

(2)测定

①标准曲线的制备:准确取一定量的维生素 A 标准液于 4～5 个容量瓶中,以三氯甲烷配制标准系列。再取相同数量比色管顺次取 1.0 mL 三氯甲烷和标准系列使用液 1.0 mL,各管加入乙酸酐 1 滴,制成标准比色系列,于 620 nm 波长处以三氯甲烷调节吸光度至零点,将其标准比色系列按顺序移入光路前,迅速加入 9 mL三氯化锑至三氯甲烷溶液,于 6 s 内测定吸光度。以吸光度为纵坐标,维生素 A 含量为横坐标绘制标准曲线图。

②试样测定:于一个比色管中加入 10 mL 三氯甲烷,加入 1 滴乙酸酐为空白液。另一个比色管中加入 1 mL 三氯甲烷,其余比色管中分别加入 1 mL 试样溶液及 1 滴乙酸酐。其余步骤同标准曲线的制备。

【计算】

$$X=\frac{c}{m}\times V\times\frac{100}{1\ 000}$$

式中:X 为 100 g 试样中维生素 A 的含量(如按国际单位,1 IU＝0.3 μg 维生素 A),mg;c 为由标准曲线上查得的试样中维生素 A 的含量,μg/mL;m 为试样质量,g;V 为提取后加三氯甲烷定量之体积,mL;100 为以每 100 g 试样计。

计算结果保留 3 位有效数字。

【说明】

(1)适用于食品中维生素 A 的测定,精密度为 10%。

(2)三氯化锑有腐蚀性,不能沾到手上。三氯化锑与水能生成白色沉淀,故不能遇水。

(3)三氯化锑与维生素 A 生成的蓝色物质很不稳定,要在 6 s 内完成吸光度的测定，否则蓝色反应逐渐消失，使结果精度偏低。

(三)HPLC法测定食品中的维生素D(GB 5413.9—1997)

维生素D又称钙(或骨)化醇，系类固醇的衍生物。具有D活性的化合物约有10种，其中最重要的是维生素D_2、维生素D_3及维生素D原。维生素D_2无天然存在，维生素D_3只存在于某些动物性食品中，但它们都可由维生素D原(麦角固醇和7-脱氢胆固醇)经紫外线照射形成。

维生素D的测定方法有比色法、紫外分光光度法、HPLC法和薄层层析法等。比色法灵敏度较高，但操作十分复杂、费时。HPLC法是目前分析维生素D的最好方法，灵敏度高，分析速度快，是国标GB 5413.9—1997所采用的方法。

样品在焦性没食子酸保护下皂化，用石油醚萃取不皂化物，萃取物经正相色谱柱分离富集，再用反相色谱柱进一步分离，紫外检测器测定，与标准样品比较定量。

【测定方法】

(1)样品处理　样品溶液中加入2%焦性没食子酸乙醇溶液，混匀，再加入75%KOH溶液加热回流皂化30 min，冷却后移入分液漏斗中，用石油醚反复萃取，萃取液浓缩，最后用1.0 mL正己烷溶解备用。

(2)正相硅胶柱富集

推荐HPLC条件：

色谱柱：硅胶柱，4 mm×30 cm。

流动相：正己烷与环己烷按体积比1∶1混合，并按体积分数0.8%加入异丙醇。

流速：1 mL/min。柱温：20 ℃。检测波长：265 nm。

注射50 μL维生素D标样(1 μg/mL)和200 μL样品溶液，根据维生素D标样保留时间收集样品于试管中，用氮气吹干，准确加入0.2 mL甲醇溶解，供检测用。

(3)反相C_{18}柱检测

推荐HPLC条件：

色谱柱：4.6 mm×25 cm C_{18}或同等性能色谱柱。

流动相：甲醇。流速：1 mL/min。

柱温：20 ℃。检测波长：265 nm。

注射50 μL维生素D标样和50 μL样品溶液，得到标样和样品溶液中维生素D峰面积或峰高，根据峰面积或峰高的比值计算出样品中维生素D的含量。

【说明】

本法摘自婴幼儿配方食品和乳粉通用检测方法中维生素 D 的测定，适用于食品或强化食品及饲料中维生素 D 含量的测定。本法对维生素 D_2 和维生素 D_3 不予区别，两者混合存在时，以总维生素 D 定量。

三、水溶性维生素的测定

水溶性维生素都易溶于水，不溶于苯、乙醚、氯仿等大多数有机溶剂。在酸性介质中很稳定，即使加热也不破坏；在碱性介质中不稳定，若再进行加热，则更易于破坏或分解。易受空气、光、热、酶、金属离子等的影响。

测定水溶性维生素的方法有 HPLC 法、荧光法、比色法和微生物法等。

(一)维生素 C 的测定

维生素 C 又称抗坏血酸，具有较强的还原性，对光敏感，氧化后的产物称为脱氢抗坏血酸，仍具有生理活性。脱氢抗坏血酸进一步水解为 2,3-二酮古乐糖酸，则失去生理作用。在食品中，这三种形式均有存在，但主要是前两者，故许多国家的食品成分表均以抗坏血酸和脱氢抗坏血酸的总量表示。

测定维生素 C 常用的方法有靛酚滴定法、苯肼比色法、荧光法和 HPLC 法等。靛酚滴定法测定的是还原型抗坏血酸，特异性差，测定值偏高，对深色样液终点不易辨别。苯肼比色法和荧光法测得的都是抗坏血酸和脱氢抗坏血酸的总量。苯肼比色法操作复杂，特异性较差，测定值往往偏高。荧光法受干扰的影响较小，且结果中不包括二酮古乐糖酸，准确度较高，重现性好，灵敏度与苯肼比色法基本相同。HPLC 法可同时测定抗坏血酸和脱氢抗坏血酸的含量，具有干扰少、准确度高、重现性好等优点，是上述方法中最先进和可靠的方法。

1. 荧光法(GB 5009.86—2003,第一法)

试样中还原型抗坏血酸经活性炭氧化为脱氢抗坏血酸后，与邻苯二胺(OPDA)反应生成有荧光的喹唔啉(quinoxaline)，其荧光强度与抗坏血酸的浓度在一定条件下成正比，以此测定食品中抗坏血酸和脱氢抗坏血酸的总量。脱氢抗坏血酸与硼酸可形成复合物而不与 OPDA 反应，以此排除试样中荧光杂质产生的干扰。

【试剂】

(1)偏磷酸-乙酸液：称取 15 g 偏磷酸，加入 40 mL 冰乙酸及 250 mL 水，加温，搅拌，使之逐渐溶解，冷却后加水至 500 mL。于 4 ℃冰箱可保存 7～10 d。

(2)0.15 mol/L 硫酸：取 10 mL 硫酸，小心加入水中，再加水稀释至 1 200 mL。

(3)偏磷酸-乙酸-硫酸液：以 0.15 mol/L 硫酸液为稀释液，其余同(1)法配制。

(4)乙酸钠溶液(500 g/L)：称取 500 g 乙酸钠($CH_3COONa \cdot 3H_2O$)，加水至 1 000 mL。

(5)硼酸-乙酸钠溶液：称取 3 g 硼酸，溶于 100 mL 乙酸钠溶液中。临用前配制。

(6)邻苯二胺溶液(200 mg/L)：称取 20 mg 邻苯二胺，临用前用水稀释至 100 mL。

(7)抗坏血酸标准溶液(1 mg/mL)(临用前配制)：准确称取 50 mg 抗坏血酸，用偏磷酸-乙酸溶液溶于 50 mL 容量瓶中，并稀释至刻度。

(8)抗坏血酸标准使用液(100 μg/mL)：取 10.0 mL 抗坏血酸标准液，用偏磷酸-乙酸溶液稀释至 100 mL，定容前测 pH 值，如其 pH 值$>$2.2，则应用偏磷酸-乙酸-硫酸溶液稀释。

(9)0.04%百里酚蓝指示剂溶液：称取 0.1 g 百里酚蓝，加 0.02 mol/L 氢氧化钠溶液，在玻璃研钵中研磨至溶解，氢氧化钠的用量约为 10.75 mL，磨溶后用水稀释至 250 mL。变色范围：pH 值等于 1.2 为红色；pH 值等于 2.8 为黄色；pH 值大于 4 为蓝色。

(10)活化活性炭：加 200 g 炭粉于 1 L 盐酸(1+9)中，加热回流 1～2 h，过滤，用水洗至滤液中无铁离子为止，置于 110～120 ℃烘箱中干燥，备用。

【仪器】

(1)荧光分光光度计或具有 350 nm 及 430 nm 波长的荧光计。

(2)捣碎机。

【测定方法】

(1)试样的制备　称取 100.00 g 鲜样，加 100 mL 偏磷酸-乙酸溶液，倒入捣碎机内打成匀浆，用百里酚蓝指示剂调试匀浆酸碱度。如呈红色，即可用偏磷酸-乙酸溶液稀释；若呈黄色或蓝色，则用偏磷酸-乙酸-硫酸溶液稀释，使其 pH 值为 1.2。均浆的取量需根据试样中抗坏血酸的含量而定。当试样液含量在 40～100 μg/mL 之间时，一般取 20.00 g 匀浆，用偏磷酸-乙酸溶液稀释至 100 mL，过滤，滤液备用。

(2)测定　分别取试样滤液及抗坏血酸标准使用液各 100 mL 于 200 mL 带盖三角瓶中，加 2 g 活性炭，用力振摇 1 min，过滤，弃去最初数毫升滤液，分别收集其余全部滤液，即试样氧化液和标准氧化液，待测定。

各取 10 mL 标准氧化液于 2 个 100 mL 容量瓶中，分别标明“标准”及“标准空白”。

各取 10 mL 氧化液于 2 个 100 mL 容量瓶中，分别标明“试样”及“试样空白”。

于“标准空白”及“试样空白”溶液中各加 5 mL 硼酸-乙酸钠溶液混合摇动 15 min，用水稀释至 100 mL，在 4 ℃冰箱中放置 2～3 h，取出备用。

于“试样”及“标准”溶液中各加入 5 mL 500 g/L 乙酸钠液，用水稀释至 100 mL，备用。

(3)标准曲线的制备　取上述“标准”溶液（抗坏血酸含量 10 μg/mL）0.5，1.0，1.5，2.0 mL 标准系列，取双份分别置于 10 mL 带盖试管中，再用水补充至 2.0 mL。荧光反应按下一步操作。

(4)荧光反应　取“标准空白”溶液、“试样空白”溶液及“试样”溶液各 2 mL，分别置于 10 mL 带盖试管中。在暗室迅速向各管中加入 5 mL 邻苯二胺溶液，振摇混合，在室温下反应 35 min，于激发光波长 338 nm、发射光波长 420 nm 处测定荧光强度。标准系列荧光强度分别减去标准空白荧光强度为纵坐标，对应的抗坏血酸含量为横坐标，绘制标准曲线或进行相关计算，其直线回归方程供计算使用。

【计算】

$$X=\frac{c\times V}{m}\times F\times\frac{100}{1\,000}$$

式中：X 为 100 g 试样中抗坏血酸及脱氢抗坏血酸总含量，mg；c 为由标准曲线查得或由回归方程算得的试样溶液浓度，μg/mL；m 为试样的质量，g；V 为荧光反应所用试样体积，mL；F 为试样溶液的稀释倍数。

计算结果表示到小数点后一位。

【说明】

适用于蔬菜、水果及其制品中总抗坏血酸的测定，检出限为 0.022 μg/mL，线性范围 5～20 μg/mL，方法精密度为 10%。

2. 2,4-二硝基苯肼比色法(GB 5009.86—2003，第二法)

总抗坏血酸包括还原型、脱氢型和二酮古乐糖酸，还原型抗坏血酸经活性炭氧化为脱氢抗坏血酸，再与 2,4-二硝基苯肼作用生成红色脎，根据脎在硫酸溶液中的含量与总抗坏血酸含量成正比，进行比色定量。

【试剂】

(1)4.5 mol/L 硫酸：小心加入 250 mL 浓硫酸于 700 mL 水中，冷却后用水稀释至 1 000 mL。

(2)硫酸(9+1)：小心将 900 mL 浓硫酸加入 100 mL 水中。

(3)20 g/L 2,4-二硝基苯肼溶液：溶解 2 g 2,4-二硝基苯肼于 100 mL 4.5 mol/L硫酸内，过滤。不用时存于冰箱内，每次用前必须过滤。

(4)20 g/L 草酸溶液:溶解 20 g 草酸于 700 mL 水中,稀释至 1 000 mL。

(5)10 g/L 草酸溶液:稀释 500 mL 20 g/L 草酸溶液到 1 000 mL。

(6)10 g/L 硫脲溶液:溶解 5 g 硫脲于 500 mL 10 g/L 草酸溶液中。

(7)20 g/L 硫脲溶液:溶解 10 g 硫脲于 500 mL 10 g/L 草酸溶液中。

(8)1 mol/L 盐酸:取 100 mL 盐酸,加入水中,并稀释至 1 200 mL。

(9)抗坏血酸标准溶液:溶解 100 mg 纯抗坏血酸于 100 mL 10 g/L 草酸溶液,配成每毫升相当于 1 mg 抗坏血酸。

(10)活性炭:将 100 g 活性炭加到 750 mL 1 mol/L 盐酸中,回流 1～2 h,过滤,用水洗数次,至滤液中无铁离子(Fe^{3+})为止,然后置于 110 ℃烘箱中烘干。

利用普鲁士蓝反应检验铁离子:将 20 g/L 亚铁氰化钾与 1%盐酸等量混合,将上述洗出滤液滴入,如有铁离子则产生蓝色沉淀。

【仪器】

(1)恒温箱或恒温水浴:(37±0.5)℃。

(2)可见-紫外分光光度计。

(3)捣碎机。

【测定方法】

(1)样品制备(全部实验过程应避光)

①鲜样制备:称 100.00 g 鲜样和 100 g 20 g/L 草酸溶液,倒入捣碎机中打成匀浆,取 10～40 g 匀浆(含 1～2 mg 抗坏血酸)倒入 100 mL 容量瓶中。用10 g/L 草酸溶液稀释至刻度,混匀。

②干样制备:称 1.00～4.00 g 干样(含 1～2 mg 抗坏血酸)放入乳钵内,加入 10 g/L 草酸溶液磨成匀浆,倒入 100 mL 容量瓶内,用 10 g/L 草酸溶液稀释至刻度,混匀。

将上述两种制备液过滤,滤液备用。不易过滤的样品可用离心机沉淀后,倾出上清液,过滤,备用。

(2)氧化处理　取 25 mL 上述滤液,加入 2 g 活性炭,振摇 1 min,过滤,弃去最初数毫升滤液。取 10 mL 此氧化提取液,加入 10 mL 20 g/L 硫脲溶液,混匀,此溶液为稀释液。

(3)呈色反应　于 3 个试管中各加入 4 mL 稀释液。其中一个试管作为空白,另两个试管各加入 1.0 mL 20 g/L 2,4-二硝基苯肼溶液。将 3 个试管放入(37±0.5)℃恒温箱或水浴中,保温 3 h。取出试管(空白管除外)放入冰水中。空白管取出后冷至室温,然后加入 1 mL 20 g/L 2,4-二硝基苯肼溶液,在室温中放置 10～15 min 后放入冰水内。

(4)硫酸(9+1)处理　当试管放入冰水中后，向每个试管中加入 5 mL 硫酸(9+1)，滴加时间至少需要 1 min，且边加边摇动试管。加完硫酸后将试管自冰水中取出，室温放置 30 min 后比色。

(5)比色　用 1 cm 比色杯，以空白液调零点，于 520 nm 波长下测吸光值。

(6)标准曲线绘制　加 2 g 活性炭于 50 mL 抗坏血酸标准溶液中，摇动 1 min，过滤。取 10 mL 滤液放入 500 mL 容量瓶中，加 5 g 硫脲，用 10 g/L 草酸溶液稀释至刻度，抗坏血酸浓度为 20 μg/mL。取 5.0，10.0，20.0，25.0，40.0，50.0，60.0 mL 稀释液，分别放入 7 个 100 mL 容量瓶中，用 10 g/L 硫脲溶液稀释至刻度，使最后稀释液中抗坏血酸的浓度分别为 1.0，2.0，4.0，5.0，8.0，10.0，12.0 μg/mL。按样品测定步骤形成脎并比色。以吸光值为纵坐标，以抗坏血酸浓度(μg/mL)为横坐标绘制标准曲线。

【计算】

$$X=\frac{c\times V}{m}\times F\times\frac{100}{1\,000}$$

式中：X 为 100 g 样品中总抗坏血酸含量，mg；c 为由标准曲线查得或由回归方程算得的“样品氧化液”中总抗坏血酸的浓度，μg/mL；V 为试样用 10 g/L 草酸溶液定容的体积，mL；F 为样品氧化处理过程中的稀释倍数；m 为试样质量，g。

【说明】

(1)本方法检出限为 0.1 μg/mL，线性范围 1～12 μg/mL，方法精密度为 10%。

(2)活性炭对抗坏血酸的氧化作用，是基于其表面吸附的氧进行界面反应。活性炭加入量过低，氧化不充分，测定结果偏低；加入量过高，对抗坏血酸有吸附作用，使结果也偏低。

(3)硫脲可防止抗坏血酸继续氧化，同时促进脎的形成。最后溶液中硫脲的浓度要一致，否则影响测定结果。

(4)试管从冰浴中取出后，因糖类的存在造成显色不稳定，颜色会逐渐加深，30 min 后影响将减小，故在加入硫酸 30 min 后准时比色。

(5)测定波长一般在 495～540 nm，样品杂质多时在 540 nm 较合适，但灵敏度较最大吸收波长 520 nm 降低 30%。

3. 2,6-二氯靛酚滴定法

还原型抗坏血酸可以还原染料 2,6-二氯靛酚。该染料在酸性溶液中呈粉红色(在中性或碱性溶液中呈蓝色)，被还原后颜色消失。

【试剂】

(1)1%、2%草酸溶液。

(2)抗坏血酸标准溶液:准确称取 20 mg 抗坏血酸,溶于 1%草酸中,稀释至 100 mL,置冰箱中保存。用时取出 5 mL,置于 50 mL 容量瓶中,用 1%草酸溶液定容,配成 0.02 mg/mL 的标准溶液。

标定:吸取标准使用液 5 mL 于三角瓶中,加入 6%碘化钾溶液 0.5 mL,1%淀粉溶液 3 滴,以 0.001 0 mol/L 碘酸钾标准溶液滴定,终点为淡蓝色。

计算:
$$c = V_1 \times 0.088/V_2$$
式中:c 为抗坏血酸标准溶液的浓度,mg/mL;V_1 为滴定时消耗 0.001 mol/L 碘酸钾标准溶液的体积,mL;V_2 为滴定时所取抗坏血酸的体积,mL;0.088 为1 mL 0.001 mol/L 碘酸钾标准溶液相当于抗坏血酸的量,mg/mL。

(3)2,6-二氯靛酚溶液:称取 2,6-二氯靛酚 50 mg,溶于 200 mL 含有 52 mg 碳酸氢钠的热水中,冷却后置于冰箱中过夜。次日过滤于 250 mL 棕色容量瓶中,定容,在冰箱中保存。每周标定 1 次。

标定:取 5 mL 已知浓度的抗坏血酸标准溶液,加入 1%草酸溶液 5 mL,摇匀,用 2,6-二氯靛酚溶液滴定至溶液呈粉红色,15 s 不退色为终点。

计算:
$$T = c \times V_1/V_2$$
式中:T 为每毫升染料溶液相当于抗坏血酸的质量,mg/mL;c 为抗坏血酸的浓度,mg/mL;V_1 为抗坏血酸标准溶液的体积,mL;V_2 为消耗 2,6-二氯靛酚的体积,mL。

(4)0.100 0 mol/L 碘酸钾标准储备液:精确称取干燥的碘酸钾(GR 或 AR 级)2.140 0 g,用水稀释至 100 mL。

(5)0.001 mol/L 碘酸钾标准溶液:取上述碘酸钾标准储备液 1 mL,用水稀释至 100 mL。此溶液 1 mL 相当于抗坏血酸 0.088 mg。

(6)1%淀粉溶液。

(7)6%碘化钾溶液。

【测定方法】

(1)样品制备　同苯肼比色法。

(2)滴定　吸取 5.0～10.0 mL 滤液,置于 50 mL 三角瓶中,快速加入 2,6-二氯靛酚溶液滴定,直到红色不能立即消失。而后再尽快地一滴一滴地加入(样品中可能存在其他还原性杂质,但一般杂质还原染料的速度均比抗坏血酸慢),以呈现的粉红色在 15 s 内不消失为终点。同时做空白。

【计算】

$$X = \frac{(V - V_0) \times T}{m} \times 100$$

式中：X 为 100 g 样品中抗坏血酸含量，mg；V 为滴定样液时消耗染料的体积，mL；V_0 为滴定空白时消耗染料的体积，mL；T 为 1 mL 染料溶液相当于抗坏血酸标准溶液的量，mg/mL；m 为滴定时所取滤液中含有的样品的质量，g。

【说明】

(1)本法源自 AOAC 方法 967.21.45.1.14，所得结果是样品中还原型抗坏血酸的含量。

(2)所有试剂最好用重蒸馏水配制。

(3)样品采取后，应浸泡在已知量的 2%草酸溶液中，以防止维生素 C 氧化损失。测定时整个操作过程要迅速，防止抗坏血酸被氧化。

(4)若测动物性样品，须用 10%三氯乙酸代替 2%草酸溶液提取。

(5)若样品滤液颜色较深，影响滴定终点观察，可加入白陶土再过滤。白陶土使用前应测定回收率。

(6)若样品中含有 Fe^{2+}、Cu^{2+}、Sn^{2+}、亚硫酸盐和硫代硫酸盐等还原性杂质时，会使结果偏高。有无这些干扰离子可用以下方法检验：

取样品提取液、偏磷酸-醋酸溶液各 5 mL 混合均匀，加入 0.05%亚甲蓝水溶液 2 滴。如亚甲蓝颜色在 5～10 s 内消失，即证明有干扰物存在。此检验对 Sn^{2+} 无反应，可在另一份 10 mL 的样品溶液中加入 1∶3 盐酸溶液 10 mL，加 0.05%靛胭脂红水溶液 5 滴，若颜色在 5～10 s 内消失，证明有亚锡或其他干扰性物质存在。

为消除上述杂质带来的误差，可采取以下测定方法：取 10 mL 提取液两份，各加入 0.1 mL 10%硫酸铜溶液，在 110 ℃加热10 min(或煮沸 15 min)，冷却后用染料滴定。有铜存在时，抗坏血酸完全被破坏，从样品滴定值中扣除校正值，即得抗坏血酸含量。

(二)维生素 B_1 的测定(GB 5009.84—2003)

维生素 B_1 是由一个嘧啶环和一个噻唑环组成的化合物，因分子中既含有氮又含有硫，又称硫胺素。硫胺素常以盐酸盐的形式出现，为白色结晶，溶于水，微溶于乙醇，不易被氧化，比较耐热，特别是在酸性介质中相当稳定，但在碱性介质中对热极不稳定。维生素 B_1 的测定方法有比色法、荧光法和 HPLC 法等，此处介绍荧光法。

硫胺素在碱性铁氰化钾溶液中被氧化成噻嘧色素，在紫外线照射下，噻嘧色素发出荧光。在给定的条件下，以及没有其他荧光物质干扰时，此荧光强度与噻嘧色素量成正比。

【试剂】

(1)正丁醇：需经重蒸馏后使用。

(2)无水硫酸钠。

(3)淀粉酶和蛋白酶。

(4)0.1 mol/L 盐酸：8.5 mL 浓盐酸（相对密度 1.19 或 1.20）用水稀释至 1 000 mL。

(5)0.3 mol/L 盐酸：25.5 mL 浓盐酸用水稀释至 1 000 mL。

(6)2 mol/L 乙酸钠溶液：164 g 无水乙酸钠溶于水中稀释至 1 000 mL。

(7)氯化钾溶液(250 g/L)：250 g 氯化钾溶于水中稀释至 1 000 mL。

(8)酸性氯化钾溶液(250 g/L)：8.5 mL 浓盐酸用 25%氯化钾溶液稀释至 1 000 mL。

(9)氢氧化钠溶液(150 g/L)：15 g 氢氧化钠溶于水中稀释至 100 mL。

(10)铁氰化钾溶液(10 g/L)：1 g 铁氰化钾溶于水中稀释至 100 mL，放于棕色瓶内保存。

(11)碱性铁氰化钾溶液：取 4 mL 10 g/L 铁氰化钾溶液，用 150 g/L 氢氧化钠溶液稀释至 60 mL。用时现配，避光使用。

(12)乙酸溶液：30 mL 冰乙酸用水稀释至 1 000 mL。

(13)活性人造浮石：称取 200 g 40～60 目的人造浮石，以 10 倍于其体积的热乙酸溶液(12)搅洗 2 次，每次 10 min；再用 5 倍于其容积的 250 g/L 热氯化钾溶液(7)搅洗 15 min；然后再用稀乙酸溶液(12)搅洗 10 min；最后用热蒸馏水洗至没有氯离子。于蒸馏水中保存。

(14)硫胺素标准储备液(0.1 mg/mL)：准确称取 100 mg 经氯化钙干燥 24 h 的硫胺素，溶于 0.01 mol/L 盐酸中，并稀释至 1 000 mL。于冰箱中避光保存。

(15)硫胺素标准中间液(10 μg/mL)：将硫胺素标准储备液用 0.01 mol/L 盐酸稀释 10 倍，于冰箱避光保存。

(16)硫胺素标准使用液(0.1 μg/mL)：将硫胺素标准中间液用水稀释 100 倍，用时现配。

(17)溴甲酚绿溶液(0.4 g/L)：称取 0.1 g 溴甲酚绿，置于小研钵中，加入 1.4 mL 0.1 mol/L 氢氧化钠溶液研磨片刻，再加入少许水继续研磨至完全溶解，用水稀释至 250 mL。

【仪器】

(1)电热恒温培养箱。

(2)荧光分光光度计。

(3)Maizel-Gerson 反应瓶:如图 2-7 所示。

(4)盐基交换管:如图 2-8 所示。

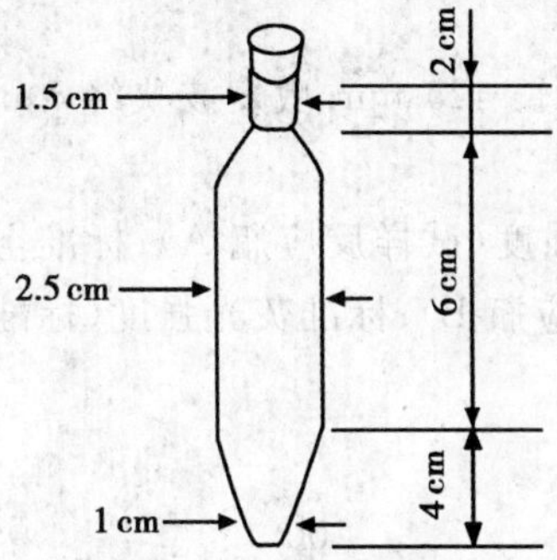

图 2-7　Maizel-Gerson 反应瓶

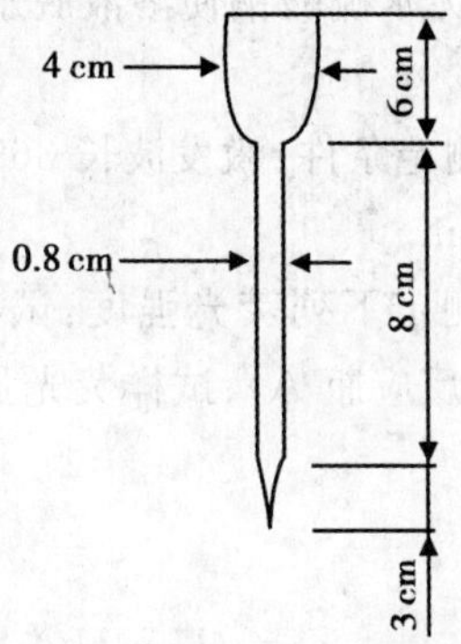

图 2-8　盐基交换管

【测定方法】

(1)试样制备

①试样准备:试样采集后用匀浆机打成匀浆于低温冰箱中冷冻保存,用时将其解冻后混匀使用。干燥试样要将其尽量粉碎后备用。

②提取:准确称取一定量试样(估计其硫胺素含量约为 10～30 μg,一般称取 2.00～10.00 g 试样),置于 100 mL 三角瓶中,加入 50 mL 0.1 mol/L 或 0.3 mol/L 盐酸使其溶解,放入高压锅中加热水解,121 ℃ 30 min,凉后取出。用 2 mol/L 乙酸钠调其 pH 值为 4.5(以 0.4 g/L 溴甲酚绿为外指示剂)。按每克试样加入 20 mg淀粉酶和 40 mg 蛋白酶的比例加入淀粉酶和蛋白酶。于 45～50 ℃恒温箱中过夜保温(约 16 h)。凉至室温,定容至 100 mL,然后混匀过滤,即为提取液。

③净化:用少许脱脂棉铺于盐基交换管的交换柱底部,加水将棉纤维中气泡排出,再加约 1 g 活性人造浮石使之达到交换柱的 1/3 高度。保持盐基交换管中液面始终高于活性人造浮石。用移液管加入提取液 20～60 mL(使通过活性人造浮石的硫胺素总量为 2～5 μg)。加入约 10 mL 热蒸馏水冲洗交换柱,弃去洗液。如此重复 3 次。加入 20 mL 50 g/L 酸性氯化钾(温度为 90 ℃左右),收集此液于 25 mL 刻度试管内,凉至室温,用 250 g/L 酸性氯化钾定容至 25 mL,即为试样净

化液。重复上述操作,将 20 mL 硫胺素标准使用液加入盐基交换管以代替试样提取液,即得到标准净化液。

④氧化:将 5 mL 试样净化液分别加入 A、B 两个反应瓶。在避光条件下将 3 mL 150 g/L 氢氧化钠加入反应瓶 A,将 3 mL 碱性铁氰化钾溶液加入反应瓶 B,振摇约 15 s,然后加入 10 mL 正丁醇;将 A、B 两个反应瓶同时用力振摇 1.5 min。重复上述操作,用标准净化液代替试样净化液。静置分层后吸去下层碱性溶液,加入 2~3 g 无水硫酸钠使溶液脱水。

(2)测定

①荧光测定条件:激发波长 365 nm;发射波长 425 nm;激发波狭缝 5 nm;发射波狭缝 5 nm。

②依次测定下列荧光强度:试样空白荧光强度(试样反应瓶 A);标准空白荧光强度(标准反应瓶 A);试样荧光强度(试样反应瓶 B);标准荧光强度(标准反应瓶 B)。

【计算】

$$X=(U-U_b)\times\frac{c\cdot V}{S-S_b}\times\frac{V_1}{V_2}\times\frac{1}{m}\times\frac{100}{1\,000}$$

式中:X 为 100 g 试样中硫胺素含量,mg;U 为试样荧光强度;U_b 为试样空白荧光强度;S 为标准荧光强度;S_b 为标准空白荧光强度;c 为硫胺素标准使用液浓度,μg/mL;V 为用于净化的硫胺素标准使用液体积,mL;V_1 为试样水解后定容之体积,mL;V_2 为试样用于净化的提取液体积,mL;m 为试样质量,g;100/1 000 为试样含量由微克每克(μg/g)换算成毫克每 100 克(mg/100 g)的系数。

计算结果保留 2 位有效数字。

【说明】

适用于各类食品中硫胺素的测定,检出限为 0.05 μg,线性范围为 0.2~10 μg,精密度为 10%。如果试样中含杂质过多,应经过离子交换剂处理,使硫胺素与杂质分离,然后以所得溶液进行测定。

(三)维生素 B_2 的测定(GB 5009.85—2003,第一法)

维生素 B_2 又名核黄素,是由核糖醇与异咯嗪连接而成的化合物。维生素 B_2 能溶于水,水溶液呈现强的黄绿色荧光,对空气、热稳定,在中性和酸性溶液中即使短时间高压加热也不至于破坏,如在 120 ℃下加热 6 h 仅有少量破坏,但在碱性溶液中较易被破坏。游离核黄素对光敏感,特别是紫外线,可产生不可逆分解。在碱性溶液中受光线照射很快降解为光黄素,有较强的荧光强度。

维生素 B_2 分布很广，青菜、黄豆、小麦以及动物肝脏、肾脏、心脏、乳和蛋中含量较多，酵母中也很丰富。核黄素常用的测定方法有荧光法、HPLC 法等，此处介绍荧光法。

核黄素在 440～500 nm 波长光照射下发生黄绿色荧光。在稀溶液中其荧光强度与核黄素的浓度成正比。在波长 525 nm 下测定其荧光强度。试液再加入低亚硫酸钠($Na_2S_2O_4$)，将核黄素还原为无荧光的物质，然后再测定试液中残余荧光杂质的荧光强度，两者之差即为食品中核黄素所产生的荧光强度。

【试剂】

(1)硅镁吸附剂：60～100 目。

(2)5 mol/L 乙酸钠溶液。

(3)木瓜蛋白酶(100 g/L)：用 2.5 mol/L 乙酸钠溶液配制，使用时现配制。

(4)淀粉酶(100 g/L)：用 2.5 mol/L 乙酸钠溶液，使用时现配制。

(5)0.1 mol/L 盐酸。

(6)1 mol/L 氢氧化钠。

(7)0.1 mol/L 氢氧化钠。

(8)低亚硫酸钠溶液(200 g/L)：此液用时现配。保存在冰水浴中，4 h 内有效。

(9)洗脱液：丙酮＋冰乙酸＋水(5＋2＋9)。

(10)溴甲酚绿指示剂(0.4 g/L)。

(11)高锰酸钾溶液(30 g/L)。

(12)过氧化氢溶液(3%)。

(13)核黄素标准液(纯度 98%)：

①核黄素标准储备液(25 μg/mL)：将标准品核黄素粉状结晶置于真空干燥器或盛有硫酸的干燥器中。经过 24 h 后，准确称取 50 mg，置于 2 L 容量瓶中，加入 2.4 mL 冰乙酸和 1.5 L 水。将容量瓶置于温水中摇动，待其溶解，冷至室温，稀释至 2 L，移至棕色瓶内，加少许甲苯盖于溶液表面，于冰箱中保存。

②核黄素标准使用液：吸取 2.00 mL 核黄素标准储备液，置于 50 mL 棕色容量瓶中，用水稀释至刻度。避光，储于 4 ℃冰箱，可保存一周。此溶液每毫升相当于 1.00 μg 核黄素。

【仪器】

(1)高压消毒锅。

(2)电热恒温培养箱。

(3)核黄素吸附柱：如图 2-9 所示。

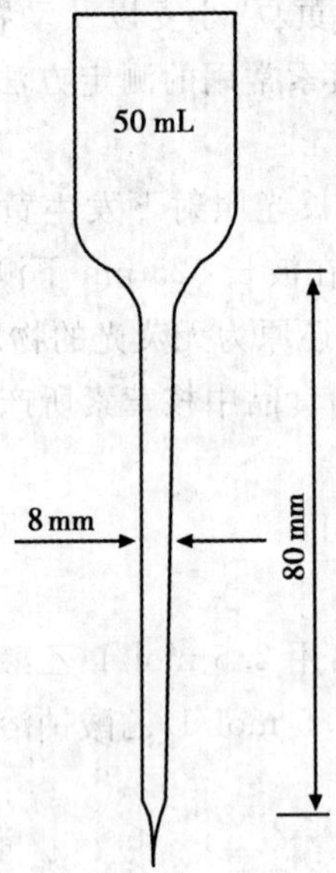

图 2-9 核黄素吸附柱

(4)荧光分光光度计。

【测定方法】

整个操作过程需避光进行。

(1)试样提取

①试样的水解:准确称取 2.00～10.00 g 样品(含 10～200 μg 核黄素)于 100 mL 三角瓶中,加 50 mL 0.1 mol/L 盐酸,搅拌直到颗粒物分散均匀。用 40 mL瓷坩埚为盖扣住瓶口,置于高压锅内,1.03×10^5 Pa(121 ℃)高压水解 30 min。水解液冷却后,滴加 1 mol/L 氢氧化钠,取少许水解液,用 0.4 g/L 溴甲酚绿检验呈草绿色,pH 值为 4.5。

②试样的酶解:对含有淀粉的水解液,加入 3 mL 10 g/L 淀粉酶溶液,于37～40 ℃保温约 16 h。对含高蛋白的水解液,加 3 mL 10 g/L 木瓜蛋白酶溶液,于 37～40 ℃保温约 16 h。

③过滤:上述酶解液定容至 100 mL,用干滤纸过滤。此提取液在 4 ℃冰箱中可保存 1 周。

(2)氧化去杂质 视试样中核黄素的含量取一定体积的试样提取液及核黄素标准使用液(含1～10 μg 核黄素)分别于 20 mL 的带盖刻度试管中,加水至 15 mL。各管加 0.5 mL 冰乙酸,混匀。加 30 g/L 高锰酸钾溶液 0.5 mL,混匀,放置 2 min，使用氧化去杂质。滴加 3％双氧水溶液数滴，直至高锰酸钾的颜色退掉。剧烈振摇此管，使多余的氧气逸出。

(3)核黄素的吸附和洗脱

①核黄素吸附柱：硅镁吸附剂约 1 g 用湿法装入柱，占柱长 1/2～2/3（约 5 cm）为宜（吸附柱下端用一小团脱脂棉垫上），勿使柱内产生气泡，调节流速约为 60 滴/min。

②过柱与洗脱：将全部氧化后的样液及标准液通过吸附柱后，用约 20 mL 热水洗去样液中的杂质。然后用 5.00 mL 洗脱液将试样中核黄素洗脱并收集于一带盖 10 mL 刻度试管中，再用水洗吸附柱，收集洗出的液体并定容至 10 mL，混匀后待测荧光。

(4)标准曲线的制备　分别精确吸取核黄素标准使用液 0.3，0.6，0.9，1.25，2.5，5.0，10.0，20.0 mL（相当于 0.3，0.6，0.9，1.25，2.5，5.0，10.0，20.0 μg 核黄素）或取与试样含量相近的单点标准，按“(3)核黄素的吸附和洗脱”操作。

(5)测定

①于激发光波长 440 nm，发射光波长 525 nm，测量试样管及标准管的荧光值。

②待试样及标准的荧光值测量后，在各管的剩余液（5～7 mL）中加0.1 mL 20％低亚硫酸钠溶液，立即混匀，在 20 s 内测出各管的荧光值，作各自的空白值。

【计算】

$$X=\frac{(A-B)\times S}{(C-D)\times m}\times f\times\frac{100}{1\ 000}$$

式中：X 为 100 g 试样中核黄素的含量，mg；A 为试样管荧光值；B 为试样管空白荧光值；C 为标准管荧光值；D 为标准管空白荧光值；f 为稀释倍数；m 为试样质量，g；S 为标准管中核黄素质量，μg；100/1 000 为将试样中核黄素含量由微克每克（μg/g）换算成毫克每 100 克（mg/100 g）的系数。

计算结果表示到小数点后两位。

【说明】

适用于各类食品中核黄素的测定，检出限为 0.006 μg，线性范围为 0.1～20 μg，精密度为 10％。

第三章　食品中有害元素的检测

第一节　食品中有害元素概述

一、食品中的微量元素

对人体有害的元素，在自然界中一般都以微量的形式存在。食品中的微量元素很多，其中一部分是人体内不可缺少的营养素，如铁、钴、镍、锰、碘等，而大部分是对人体有毒性的元素，如汞、镉、砷、铅等。越来越多的研究证明，微量元素与人体的关系十分密切，又非常复杂。人体的微量元素可分为 3 类：①作为体内重要物质的原料，具有生理功能，是维持人体生命所必需的，称为必需微量元素。②无生理功能的微量元素，由于广泛存在于空气、土壤和饮用水中，经常被人们摄入。③对人体具有毒性的微量元素，称为有害元素。

世界卫生组织已确证的人体必需微量元素有 14 种，即铁、碘、铜、锌、锰、钴、钼、硒、铬、镍、锡、硅、氟和钒。其中铜、锌、锰和钴曾被认为是不具有生理功能的，现在却发现有重要的生理功能。近年证明，砷也是人体中的微量元素，目前正对其进行研究。

必须指出，微量元素摄入人体中的数量，往往决定着该元素对机体的毒性程度。有些微量元素，摄入一定量时是机体所必需的，但是，当超过一定量时则会引起人体中毒。这里面主要是量的关系。即使是必需微量元素，也有个维持机体正常生理功能的需要量范围。摄入量不足，可产生缺乏的症状；摄入量过多，可产生中毒的现象（表 3-1）。

从表 3-1 可以看出，即使对人体有重要作用的不可缺少的元素，也有一定限量，超过时对人体则有害。每一必需微量元素都有一个安全和适宜的摄入范围，在该范围内，通过体内平衡的作用，使组织浓度和功能维持在最佳状态，超过安全和适宜范围时，就有潜在毒性。

表 3-1　某些必需微量元素对人体的作用(按体重 70 kg 计)

元素	每日需要量/mg	缺乏时引起的症状	过多时引起的症状
Fe	15	贫血	血色病
Cr	0.05～0.1	葡萄糖利用降低	呼吸道新生物
Zn	8～15	味觉减退	胃肠炎
Cu	3.2	贫血、味觉减退	胃肠炎、肝炎
Mn	2.2～8.8	未证明	震颤麻痹综合症、肺炎
Co	0.3	维生素 B_{12} 缺乏	红细胞增多
Se	0.068	贫血	腹泻、神经官能症

二、食品中的有毒重金属元素

地球上 100 多种元素中约有 80 种金属元素，其中比重大于 5 的称为重金属元素。在这些金属中，有些是人类所必需的营养物质，称为必需元素；但有些尚未能证实其具有正常的生理功能，且呈现毒性作用，称为有毒重金属元素。

有毒重金属元素主要有汞、镉、砷、铅、铬、铜、锌、锡等，可分为中等毒性(铜、锡、锌等)和毒性很强的元素(汞、砷、镉、铅、铬等)。其中砷本属非金属，但根据其化学性质，又鉴于其毒性，所以把它列入重金属来讨论。

食品中的有毒重金属元素，少部分作为天然组分而存在，但本底很少，主要是在食品生产、加工、贮运等过程中受到污染而产生。它们主要是通过人类的有关活动进入环境，首先造成环境污染，再通过食物链把重金属的浓度提高千万倍，最后通过食品进入人体，造成危害。如污染到水中的重金属被鱼、虾、贝类所富集；污染到土壤中的重金属被土壤和作物所富集，再由家禽、家畜进一步浓缩。进入人体的重金属要经过一段时间的积累才显示出毒性，往往不易被人们所察觉，更加重了其危害性。它们对人体的毒性随着食品受污染情况、含量及种类不同而异。有毒重金属元素大都可在体内蓄积，随着蓄积量的增加，机体便出现各种反应，引起人体的急性或慢性中毒，有些金属毒物还具有致畸、致癌或致突变作用。

第二节　食品中镉的测定

镉(Cadmium)是相对的稀有元素，在自然界中的含量很少，地壳中的平均含量在 0.02 mg/kg 左右，主要存在于各种锌、铅和铜矿中。镉是一种毒性很强的金属，且在体内有蓄积作用，危害性较大，所以测定食品中的镉含量具有重要意义。

一、镉对食品的污染及危害

1."三废"污染

环境中的镉主要来自冶炼、农药及化肥制造和化学工业等所产生的废水、废气和废渣。在土壤、大气及水域中都含有微量的镉。土壤含镉量为0.01～2 mg/kg,平均值为0.5 mg/kg。据报道,大气中镉的浓度,郊区为0.003 μg/m³、市区为0.02 μg/m³、工业区为0.6 μg/m³。镉在天然水中的含量甚低(0.1～10 μg/kg),海水中含镉为0.024～0.25 μg/kg,平均为0.11 μg/kg。在工业城市附近水域和沿海地区可具有较高的镉含量。如日本"骨痛病"地区神通川流域水体中的镉含量高达100 μg/kg,其土壤含镉超过50 mg/kg。

各种含镉工业"三废"的排放可直接污染土壤,作物可从土壤中吸收镉并把它富集于体内。加拿大曾对燕麦进行过测定,生长在未被镉污染的土壤上的燕麦根部含镉量为1.11 mg/kg,而生长在被镉污染的土壤上的燕麦根部含镉量高达237 mg/kg;当土壤中镉含量为9.7 mg/kg时,生长的稻米含镉0.12～1.91 mg/kg,最高可达4.2 mg/kg,食用这种镉含量高的稻米对人体可产生严重危害。

2. 水体和水生生物的污染

含镉工业废水排入水体,可使水中镉的含量增高,水中生长的鱼、贝类等水生生物可将镉浓缩数千倍。如非污染区贝类含镉量为0.05 mg/kg,而在污染区的贝类含镉量可高达420 mg/kg。日本东京湾海水含镉达10 μg/L,底质含镉高达1.0～1.7 mg/kg,在该地区捕获的鱼虾,体内含镉0.1～0.3 mg/kg,为海水含镉量的10～30倍。

3. 大量使用含镉化肥

主要是磷肥(磷肥含镉量:粗磷肥100 mg/kg,过磷酸钙50～170 mg/kg),磷肥的施用面广而量大,所以从长远来看,土壤、作物和食品中来自磷肥和某些农药的镉,可能会超过来自其他污染源。

4. 容器污染

因镉具有耐高热又有鲜艳颜色,因此常用硫化镉和硫酸镉做玻璃、搪瓷上色颜料和塑料稳定剂;另外,大多数金属容器都含有镉,例如不锈钢容器即含有微量镉。食品加工、储存容器或食品包装材料等所含的镉,在与食品接触的过程中,可溶于食品中的乳酸、柠檬酸和醋酸中,从而造成镉污染。

5. 食品中镉的危害

进入体内的镉大部分蓄积于肾脏和肝脏中,大约有1/3在肾脏、1/6在肝脏,其次为皮肤、甲状腺、骨骼、睾丸和肌肉等组织,主要是与半胱氨酸结合成金属硫蛋白。镉在体内排泄很慢，其生物半衰期长达16～33年，所以会在体内积累。经由食品长期摄入低浓度的镉可呈现慢性蓄积性中毒，主要表现在骨骼和肾脏的变化：使肾脏严重受损，发生肾炎及肾功能不全；骨质软化、疏松和变形，如1946年3月至1968年5月，日本富山县神通川流域由于镉的污染而发生"骨痛病"，发病258例，死亡128例，患病后关节和骨疼痛，有的上牙齿出现黄色镉环；可引起高血压、动脉粥样硬化、贫血及睾丸损害，破坏精原上皮细胞和间质，引起睾丸酮合成减少，生育率下降；致癌、致畸作用，镉能诱发大、小白鼠的恶性肿瘤，可引起实验动物发生横纹肌肉瘤和皮下肉瘤，对各种动物都有致畸作用。

二、镉在食品中的允许含量

1. 食品中的镉含量

食品含镉量受自然环境中镉含量的影响。据估计，成人每天从食品中摄入的镉达20～50 μg。海产品中如龙虾、牡蛎和鱼类含镉量稍高，这与镉在生物体内浓缩作用有关。鱼贝类的肝脏中镉浓度特别高，例如乌贼和贻贝中可达100 mg/kg；其次为畜禽类的内脏，达1 mg/kg；蔬菜通常在0.1 mg/kg以下，果实类则低于0.01 mg/kg。在水源、土壤受镉污染严重的地区，食品中含镉量可显著增高。部分食品中镉含量如表3-2所示。

表3-2 部分动物性食品中镉的含量 mg/kg

食品名称	含量	食品名称	含量
小猪及小鸡	0.03～0.05	比目鱼	0.02
鱼类(淡水)	0.02～0.03	黄鱼	0.01
墨鱼	0.02～0.16	金枪鱼	0.03
鲭鱼	0.01	奶制品	0.27
蛤	0.16	带壳蛋	0～0.04
牛奶	0.02	(海带)	0.30～0.99
鸡蛋白	<0.01～0.02	鸡蛋黄	<0.01～0.1

摘自：中国医学科学院卫生研究所和上海第一医学院编《食品毒理学》。

2. 食品中镉的允许量标准

对镉在食品中允许含量的限制非常严格。我国食品卫生标准(GB 15201—94)规定，镉的MRL(最高残留限量)为(以Cd计)：肉类、鱼类≤0.1 mg/kg，蛋≤0.05 mg/kg。1972年WHO建议，镉的ADI(日许量)应为"无"，而暂时允许每周摄入量为0.4～0.5 mg/(成人)或每千克体重0.008 3 mg。第十六次世界卫生组织与粮农组织(FAO)食品添加剂联合委员会建议，每人每周从食品中允许摄取的镉为0.4～0.5 mg。

三、食品中镉的测定

因食品中镉的含量均很低，必须采用灵敏度和精密度高的测定方法才能满足要求。目前常用的测定食品中镉的方法有原子吸收法、比色法和电化学分析法。原子吸收法简便，灵敏度高，精密度也较好，是目前测定食品中镉的主要方法。比色法也是测定食品中镉的常用方法。过去经常使用双硫腙比色法，但因灵敏度较低，现在已改用镉试剂比色法。新的国家标准中增加了氢化物原子荧光光谱法作为第四法。

（一）石墨炉原子吸收光谱法

试样经灰化或酸消解后，注入原子吸收分光光度计石墨炉中，电热原子化后吸收 228.8 nm 共振线，在一定浓度范围，其吸收值与镉含量成正比，与标准系列比较定量。

【试剂】

(1)硝酸。

(2)硫酸。

(3)过氧化氢(30%)。

(4)高氯酸。

(5)硝酸(1+1)：取 50 mL 硝酸慢慢加入 50 mL 水中。

(6)硝酸(0.5 mol/L)：取 3.2 mL 硝酸加入 50 mL 水中，稀释至 100 mL。

(7)盐酸(1+1)：取 50 mL 盐酸慢慢加入 50 mL 水中。

(8)磷酸铵溶液(20 g/L)：称取 2.0 g 磷酸铵，以水溶解稀释至 100 mL。

(9)混合酸：硝酸+高氯酸(4+1)。取 4 份硝酸与 1 份高氯酸混合。

(10)镉标准储备液：准确称取 1.000 g 金属镉(99.99%)，分次加 20 mL 盐酸(1+1)溶解，加 2 滴硝酸，移入 100 mL 容量瓶，加水至刻度。混匀。此溶液每毫升含 1.0 mg 镉。

(11)镉标准使用液：每次吸取镉标准储备液 10.0 mL 于 100 mL 容量瓶中，加硝酸(0.5 mol/L)至刻度。如此经多次稀释成每毫升含 100.0 ng 镉的标准使用液。

【仪器】

所用玻璃仪器均需以硝酸(1+5)浸泡过夜，用水反复冲洗，最后用去离子水冲洗干净。

(1)原子吸收分光光度计(附石墨炉及铅空心阴极灯)。

(2)马弗炉。

(3)恒温干燥箱。

(4)瓷坩埚。

(5)压力消解器、压力消解罐或压力溶弹。

(6)可调式电热板,可调式电炉。

【测定方法】

(1)试样预处理

①粮食、豆类去杂质后,磨碎,过20目筛,储于塑料瓶中,保存备用。

②蔬菜、水果、鱼类、肉类及蛋类等水分含量高的鲜样用食品加工机或匀浆机打成匀浆,储于塑料瓶中,保存备用。

(2)试样消解　可根据实验室条件选用以下任何一种方法消解。

①压力消解罐消解法:称取1.00～2.00 g试样(干样、含脂肪高的试样<1.00 g,鲜样<2.0 g或按压力消解罐使用说明书称取试样)于聚四氟乙烯内罐,加硝酸2～4 mL浸泡过夜。再加过氧化氢2～3 mL(总量不能超过罐容积的1/3)。盖好内盖,旋紧不锈钢外套,放入恒温干燥箱,120～140 ℃保持3～4 h,在箱内自然冷却至室温,用滴管将消化液洗入或过滤入(视消化液有无沉淀而定)10～25 mL容量瓶中,用水少量多次洗涤罐,洗液合并于容量瓶中并定容至刻度,混匀备用;同时做试剂空白。

②灰化法。称取1.00～5.00 g(根据镉含量而定)试样于瓷坩埚中,先小火在可调式电炉上炭化至无烟,移入马弗炉500 ℃灰化6～8 h,冷却。若个别试样灰化不彻底,则加1 mL混合酸在可调式电炉上小火加热,反复多次直到消化完全,放冷,用硝酸(0.5 mol/L)将灰分溶解,用滴管将试样消化液洗入或过滤入(视消化液有无沉淀而定)10～25 mL容量瓶中,用水少量多次洗涤瓷坩埚,洗液合并于容量瓶中并定容至刻度,混匀备用;同时做试剂空白。

③过硫酸铵灰化法:称取1.00～5.00 g试样于瓷坩埚中,加2～4 mL硝酸浸泡1 h以上,先小火炭化,冷却后加2.00～3.00 g过硫酸铵盖于上面,继续炭化至不冒烟,转入马弗炉,500 ℃恒温2 h,再升至800 ℃,保持20 min,冷却,加2～3 mL硝酸(1.0 mol/L),用滴管将试样消化液洗入或过滤入(视消化液有无沉淀而定)10～25 mL容量瓶中,用水少量多次洗涤瓷坩埚,洗液合并于容量瓶中并定容至刻度,混匀备用:同时做试剂空白。

④湿式消解法:称取试样1.00～5.00 g于三角瓶或高脚烧杯中,放数粒玻璃

珠，加 10 mL 混合酸，加盖浸泡过夜，加一小漏斗电炉上消解，若变棕黑色，再加混合酸，直到冒白烟，消化液呈无色透明或略带黄色，放冷用滴管将试样消化液洗入或过滤入(视消化后试样的盐分而定)10～25 mL 容量瓶中，用水少量多次洗涤三角瓶或高脚烧杯，洗液合并于容量瓶中并定容至刻度，混匀备用；同时做试剂空白。

(3)测定

①仪器条件：根据各自仪器性能调至最佳状态参考条件为波长 228.8 nm，狭缝 0.5～1.0 nm，灯电流 8～10 mA，干燥温度 120 ℃，20 s；灰化温度 350 ℃，15～20 s，原子化温度 1 700～2 300 ℃，4～5 s，背景校正为氘灯或塞曼效应。

②标准曲线绘制：吸取上面配制的镉标准使用液 0.0，1.0，2.0，3.0，5.0，7.0，10.0 mL 于 100 mL 容量瓶中稀释至刻度，相当于 0.0，1.0，3.0，5.0，7.0，10.0 ng/mL，各吸取 10 μL 注入石墨炉，测得其吸光值并求得吸光值与浓度关系的一元线性回归方程。

③试样测定：分别吸取样液和试剂空白液各 10 μL 注入石墨炉，测得其吸光值，代入标准系列的一元线性回归方程中求得样液中镉含量。

④基本改进剂的使用：对有干扰试样，则注入适量的基体改进剂磷酸铁溶液(20 g/L)(一般为<5 μL)消除干扰。绘制镉标准曲线时也要加入与试样测定时等量的基体改进剂。

【计算】

$$X = \frac{(A_1 - A_2) \times V}{m}$$

式中：X 为试样中锡含量，μg/kg(μg/L)；A_1 为测定试样消化液中镉含量，ng/mL。A_2 为空白液中镉含量，ng/mL；V 为试样消化液总体积，mL；m 为试样质量或体积，g 或 mL。

【说明】

(1)计算结果保留 2 位有效数字。

(2)精密度在重复性条件下获得的两次独立测定结果的绝对差值不得超过算术平均值的 20%。

(3)本法的检出限为 0.1 pg/kg。

(二)原子吸收法(碘化钾-4-甲基戊酮-2 即 KI-MIBK 法)

样品经处理后，在酸性溶液中镉离子与碘离子形成络合物，并经甲基异丁酮(MIBK)萃取分离，导入原子吸收仪中，在空气-乙炔火焰中原子化以后，吸收 228.8 nm 波长的共振线，其吸光度与镉含量成正比，与标准系列比较定量。

【试剂】

要求使用去离子水、优级纯或高纯试剂。

(1)1∶10 磷酸。

(2)25%碘化钾溶液。

(3)1 mol/L 盐酸:取 10 mL 盐酸加水稀释至 120 mL。

(4)5 mol/L 盐酸:取 50 mL 盐酸加水稀释至 120 mL。

(5)混合酸:硝酸与高氯酸按 3∶1 混合。

(6)1∶1 硫酸。

(7)镉标准储备液(1 mg/mL):精密称取 1.000 0 g 金属镉(99.99%),溶于 20 mL 5 mol/L 盐酸中,加入 2 滴硝酸后,移入 1 000 mL 容量瓶中,以水稀释至刻度,混匀,储存于聚乙烯瓶中。此溶液每毫升相当于 1 mg 镉。

(8)镉标准使用液(0.2 μg/mL):吸取 10.0 mL 镉标准溶液,置于 100 mL 容量瓶中,以 1 mol/L 盐酸稀释至刻度,混匀。如此多次稀释至每毫升相当于 0.2 μg 镉。

(9)甲基异丁酮(MIBK,又名 4-甲基戊酮-2)。

【仪器】

原子吸收分光光度计。

【测定方法】

(1)样品处理

①肉、蛋、水产及乳制品:取可食部分充分混匀,称取 5.0～10.0 g 置于瓷坩埚中(乳类样品经混匀后,量取 50 mL,置于瓷坩埚中,加 1 mL 1∶10 磷酸,在水浴上蒸干),小火炭化至无烟后移入马弗炉中,500 ℃以下灰化约 8 h 后,取出坩埚,放冷后再加少量混合酸,小火加热,不使干涸,必要时再加少许混合酸,如此反复处理,直至残渣中无炭粒,待坩埚稍冷,加 10 mL 1 mol/L 盐酸溶解残渣并移入 50 mL 容量瓶中,再用 1 mol/L 盐酸反复洗涤坩埚,洗液并入容量瓶中,并稀释至刻度,混匀备用。同时做试剂空白试验。

②蔬菜、瓜果及豆类:取可食部分洗净晾干,充分切碎或打碎混匀。称取 10.00～20.00 g 置于瓷坩埚中,加 1 mL 磷酸(1+10),小火碳化,以下按上述自“至无烟后移入马弗炉中……”起依法操作。

(2)萃取分离

①吸取 25 mL 上述制备的样液及试剂空白液,分别置于 125 mL 分液漏斗中,加 10 mL 1∶1 硫酸,再加 10 mL 水,混匀。

②吸取 0.00,0.25,0.50,1.50,2.50,3.50,5.0 mL 镉标准使用液(相当于 0,

0.05,0.1,0.3,0.5,0.7,1.0 μg 镉),分别置于 125 mL 分液漏斗中,各加 1 mol/L 盐酸至 25 mL,再加 10 mL 1∶1 硫酸及 10 mL 水,混匀。

③于样品溶液、试剂空白液及镉标准溶液中各加 10 mL 25%碘化钾溶液,混匀,静置 5 min,再各加 10 mL 甲基异丁酮,振摇 2 min,静置分层约 30 min,弃去下层水相,以少许脱脂棉塞入分液漏斗颈部,将有机相经脱脂棉滤入 10 mL 具塞试管中,备用。

(3)测定　将有机相喷入空气-乙炔火焰进行原子吸收测定。测定条件:灯电流 6～7 mA,波长 228.8 nm,狭缝宽度 0.15～0.2 nm,空气流量 5 L/min,乙炔流量0.4 L/min,炉头高度 1 mm,氘灯背景校正(也可根据仪器型号,调至最佳条件)。以镉标准溶液的浓度与对应的吸光度,绘制标准曲线比较。

【计算】

$$X=\frac{(A_1-A_2)V_1}{m \cdot V_2}$$

式中:X 为样品中镉的含量,mg/kg(mg/L);A_1 为 测定用样液中镉的含量,μg;A_2 为试剂空白液中镉的含量,μg;m 为样品质量(体积),g(mL);V_1 为样品处理液的总体积,mL ;V_2 为测定用样液的体积,mL。

【说明】

(1)用本法测定镉非常稳定,而且灵敏度高。不同的仪器灵敏度有所不同,一次测定如在 0.3 μg 以上,则测定误差只有 3%～5%。

(2)本法可以将镉、铅、铜 3 种元素同时提取并进行测定。操作简易,可最有效地用于镉的定量。采用此法时,将 3 种元素混合制备成各种浓度的测定用标准溶液使用。其余测定操作与上述完全相同。

(3)本法为火焰原子吸收法,如使用石墨炉原子化法,测定条件应予改变,石墨炉原子化法灵敏度高,样品可不经萃取直接进样。

(三)比色法(镉试剂比色法)

样品经消化后,在碱性溶液中 Cd^{2+} 与 6-溴苯并噻唑偶氮萘酚形成红色络合物,溶于氯仿中,于波长 585 nm 处进行比色测定,与标准系列比较定量。

【试剂】

(1)40%酒石酸钾钠溶液。

(2)20%氢氧化钠溶液。

(3)25%柠檬酸钠溶液。

(4)氯仿。

(5)混合酸:硝酸与高氯酸按3∶1混合。

(6)镉标准使用液(1 μg/mL):同本节(二)原子吸收法中试剂(8),但稀释至每毫升相当于1 μg镉。

(7)镉试剂:称取38.4 mg 6-溴苯并噻唑偶氮萘酚,溶于50 mL二甲基甲酰胺中,储于棕色瓶保存。

【仪器】

分光光度计。

【测定方法】

(1)样品消化 称取5.00~10.00 g样品,置于150 mL锥形瓶中,加入15~20 mL混合酸(如在室温放置过夜,则次日易于消化),小火加热,待泡沫消失后,再慢慢加大火力,必要时再加少量硝酸,直至溶液澄清无色或微带黄色,冷至室温。同时做试剂空白试验。

(2)测定

①将消化好的样液及试剂空白液用20 mL水分次洗入125 mL分液漏斗中,以20% NaOH溶液调节至pH值为7左右。

②吸取0.0,0.5,1.0,3.0,5.0,7.0,10.0 mL镉标准使用液(相当于0,0.5,1.0,3.0,5.0,7.0,10.0 μg镉),分别置于125 mL分液漏斗中,各加水至20 mL,以20%NaOH溶液调节至pH值为7左右。

③于样品消化液、试剂空白液及镉标准溶液中各依次加入3 mL 25%柠檬酸钠溶液,4 mL 40%酒石酸钾钠溶液,1 mL 20%NaOH溶液,混匀。再各加5.0 mL氯仿及0.2 mL镉试剂,立即振摇2 min,静置分层后,将氯仿层经脱脂棉滤于1 cm比色杯中,以零管调节零点,于波长585 nm处测吸光度,绘制标准曲线比较。

【计算】

$$X = \frac{A_1 - A_2}{m}$$

式中:X为样品中镉的含量,mg/kg;A_1为测定用样液中镉的含量,μg;A_2为试剂空白液中镉的含量,mg;m为样品质量,g。

第三节 食品中汞的测定

汞(Mercury)又称水银,是一种对人体有害的元素,汞中毒已成为世界上严重公害之一。汞的挥发性及生物传递(食物链)这两个特性使汞在环境污染中特别被重视。

一、汞对食品的污染及危害

1. 汞的污染

金属汞及其化合物在仪表、化工、医药、冶金、印染、造纸、鞣革、涂料等工业部门广泛使用。它们所产生的“三废”物质，可以直接污染大气、水体及土壤，进而污染食品。例如，使用汞为电极的制碱工业，估计每生产 1 t 氢氧化钠将排出0.11～0.23 kg 汞；生产氯乙烯和乙醛用汞盐作触媒，其废水污染水体。土壤中汞的本底浓度为 0.03～0.3 mg/kg，大气中为 0.1～1.0 ng/kg，水中汞的本底浓度：内陆地下水为 0.1 μg/kg，海水为 0.03～2 μg/kg，泉水在 80 μg/kg 以上，湖水、河水不超过 0.1 μg/kg。

食品中的汞来源于环境的自然释放和工业污染。汞在人类环境中分布非常普遍。通过火山活动和岩石风化而进入环境中的汞，据估计每年约有 5 000 t，其数量虽然也很大，但并未或很少对环境造成严重危害。当前环境中的汞污染，主要是工业生产和含汞农药的使用所造成的人为污染。环境中的汞对食品的污染，主要有以下几种形式：

(1)汞在鱼体内的甲基化　食品中污染的汞可分为无机汞和有机汞，无机汞溶解度小，不易吸收，但经鱼体及微生物作用，便可转化成毒性更强的有机汞，特别是甲基汞。进入水体中的汞离子，被水中胶状颗粒、悬浮物、细粒泥土、浮游生物所吸附，以重力沉降于水底淤泥中，最后通过微生物作用转化为甲基汞而溶于水中，这是鱼体中甲基汞的主要来源。鱼体中的汞几乎都以甲基汞的形式存在(可达体内含汞总量的 80%～100%)，故也是甲基汞进入人体的主要途径。甲基汞脂溶性大，它随食物进入人体后，排泄甚慢，逐渐渗透进入细胞或脑中，进入脑中后就不能再排出。鱼体中的甲基汞用冻干、油炸、烹调等办法均无法除去。无机汞在鱼体中也能转化成甲基汞，其肠道细菌有很微弱的甲基化作用；但体表黏液中的微生物却具有很强的甲基化作用，可吸收进入鱼体内。高等脊椎动物不能将无机汞转化为甲基汞。

(2)汞的生物浓缩　环境中的汞均可通过自然界的生物浓缩作用得到加强，并最终通过食物链进入人体。主要食物链有：

①水中甲基汞→浮游生物→浮游植物→甲壳类和草食鱼类→杂食鱼类→人。

②土壤中汞→植物→动物→人。

其中水中生物的浓缩作用更强。实验证明，藻类可将水中的汞浓缩 2 000～17 000 倍，某些水生昆虫可达 11 700 倍。当水中汞含量为 0.001～0.01 mg/L 时，通过小球藻→小软体动物→鱼的转移浓缩，35 d 后鱼体中汞的含量可达水中的 800 倍，淡水浮游植物和水生植物为 1 007 倍，淡水无脊椎动物竟高达 10 万倍。由此可见，通过食物链可使生活在含汞环境中的鱼体汞含量增高。

(3)汞的植物内吸作用 无机汞和有机汞可以被植物的根、茎、叶所吸收，直接或经动物浓缩而进入人体。生长在土壤中的植物一般并不能将汞浓缩，故植物中汞含量很低。但如用含汞废水灌溉或含汞农药使用不当，往往可使农作物含汞量增高。用含汞废水灌溉农作物时，则可以从土壤和污水中吸收汞，蓄积在作物的籽实中。美国曾用一污水处理厂的含汞污泥做肥料，结果使大米含汞量高达 0.5～1.4 mg/kg。有机汞农药残留于作物的途径，一是直接喷洒后引起的表面吸附，再吸收到作物组织；二是散落在土壤和水中后经根部吸收。用含汞农药对种子进行消毒或杀菌，也可致使粮食中的汞污染严重。我国过去曾用有机汞农药及含汞废水灌溉农田，也发生过作物含汞量高并引起中毒的事故。有的地区调查食品中汞含量均在卫生标准之内，但鱼、蛋和奶中汞的检出率较高，均在 90%以上。

2. 汞污染的危害

各种汞化合物都有毒，但其毒性差别很大，凡能溶于水和稀酸的汞化合物毒性都很大，一般有机汞的毒性比无机汞和金属汞为强。元素汞(金属汞)因不溶于胃肠液中，不易经消化道吸收，其吸收率低于 0.01%，对人体基本无毒。对人体有剧毒的是汞蒸气，它可经呼吸道及皮肤进入体内。无机汞的肠道吸收率也较低，一般均在 15%以下，无机汞主要损害肾脏。其毒性大小取决于它们的溶解度。毒性最强的是易溶于水的硝酸汞，成人致死量为 0.06～0.25 g；升汞次之，其中毒量为 0.1～0.2 g，致死量为 0.3～0.5 g；甘汞的成人致死量为 2～3 g；辰砂(HgS)的溶解度很低，毒性最小。有机汞化合物中，引起人中毒的主要是短链的烃基汞化合物。其中毒性较大的是有机汞农药，包括西力生、赛力散、富民隆和谷仁乐生。甲基汞是毒性最强的有机汞，这不仅是因为它的毒性强，还因为它在体内的吸收率最高，达 90%以上。通过食品摄入体内的汞主要是甲基汞。甲基汞进入人体后不易降解，排泄很慢，特别是容易在脑中积累，造成脑神经中枢损伤。日本的"水俣病"就是甲基汞中毒的典型例子。甲基汞在体内的代谢很慢，体内的生物学半衰期平均为 65 d，而甲基汞在脑中的生物学半衰期约为 240 d。因此，甲基汞属于蓄积性毒物。

人体长期食用含汞食品，尤其是含甲基汞的鱼类，由于汞的富集可致慢性汞中毒。动物性食品中所含的汞，主要是以甲基汞的形式而存在。因此，从动物性食品中摄入汞所引起的毒性主要为慢性甲基汞中毒。

慢性甲基汞中毒初期缺乏特异性症状，主要为中枢神经机能障碍，表现为神经衰弱症。发展下去,逐渐产生汞中毒的典型症状,即汞中毒性易兴奋症、汞中毒性震颤、汞中毒性口腔炎等三大症候。1956 年日本熊本县水俣湾地区发生"水俣病",是世界上第一次由环境污染所致慢性甲基汞中毒事件,当时有 41 人死亡,到 1972 年病人增加到 784 人,1979 年 1 月病人增到 1 004 人,其中死亡 206 人。当时该地区鱼体内汞含量曾高达 20～24 mg/kg。

甲基汞对遗传的影响最近也引起注意,它可引起染色体断裂及基因突变。例如我国某江渔民,检查发现汞含量不断升高,淋巴球染色体发生断裂。甲基汞还可通过胎盘而损害胎儿。例如日本水俣病患区的妇女食用被甲基汞污染的鱼,摄入量少的本身可以不发病,但可引起胎儿先天性汞中毒,初生婴儿出现畸形、发育不良、智力减退,甚至发生脑麻痹而死亡。

二、汞在食品中的允许含量

1. 食品中汞的含量

食品中均含有微量的汞,其中以水产品最多。部分食品中汞的含量见表 3-3。

表 3-3 汞在动物性食品中的含量 mg/kg

食品名称	含量	食品名称	含量
火腿	0.005～0.048	金枪鱼	0.033～0.860
猪肾	0.041	鲭鱼	0.020～0.140
猪脑	0.026	鲑鱼	0.140～0.550
牛肉	0.002～0.074	鳟鱼	0.022～0.130
牛肝	0.014～0.023	鲋鱼	0.060
鹿肉	0.005～0.023	蟹	0.060～0.150
鸡蛋白	0.090～0.099	海虾	0.080～0.200
鸡蛋黄	0.061～0.091	蛤	0.020～0.110
全奶	0.003～0.010	牡蛎	0.068
鲤鱼	0.011	比目鱼	0.037～0.064
鳕鱼	0.024～0.110		

摘自:中国医学科学院卫生研究所和上海第一医学院编《食品毒理学》。

2. 食品中汞的允许量标准

世界卫生组织(WHO)1973 年规定:成人每周暂定汞的允许摄入量为0.3 mg,其中甲基汞不得超过 0.2 mg;以平均 60 kg 体重计算,则应分别为0.005 mg/kg(体重)和 0.003 3 mg/kg(体重)。我国食品卫生标准规定汞的 MRL 为:鱼及其他水产品≤0.30 mg/kg,肉、去壳蛋≤0.05 mg/kg,牛乳≤0.01 mg/kg。

三、食品中汞的测定

定量测定食品中的总汞常用双硫腙比色法和冷原子吸收法(测汞仪法)。双硫腙比色法灵敏度较低。冷原子吸收法测汞是较灵敏的方法,干扰因素较少,简便、快速,其灵敏度随测汞仪型号而定。

甲基汞可用气相色谱的方法予以测定。

(一)总汞的测定

1. 冷原子吸收法

汞蒸气对波长 253.7 nm 的共振线具有强烈的吸收作用。样品经过硝酸—硫酸或硝酸—硫酸—五氧化二钒消化使汞转为离子状态,在强酸性中被氯化亚锡还原成元素汞,以氮气或干燥清洁空气作为载体,将汞吹出,进行冷原子吸收测定。

【试剂】

(1)浓硝酸。

(2)浓硫酸。

(3)5%高锰酸钾溶液:配好后煮沸 10 min,静置过夜,过滤,储于棕色瓶中。

(4)30%氯化亚锡溶液:称取氯化亚锡($SnCl_2 \cdot 2H_2O$)30 g,加少量水,再加硫酸 2 mL,使其溶解后,加水至 100 mL,置冰箱中保存。

(5)混合酸液:硫酸、硝酸各 10 mL,慢慢倒入 50 mL 水内,冷后再加水至 100 mL。

(6)汞标准溶液(1 mg/mL):精密称取于干燥器干燥过的氯化汞 0.135 4 g,加混合酸溶解后移入 100 mL 容量瓶中,并稀释至刻度,混匀。

(7)汞标准使用液(0.1 μg/mL):吸取 1.0 mL 汞标准溶液,置于 100 mL 容量瓶中,加混合酸稀释至刻度,此溶液每毫升相当于 10 μg 汞。再吸取此液 1.0 mL 置于 100 mL 容量瓶中,加混合酸稀释至刻度即可,临用时配制。

(8)20%盐酸羟胺溶液。

(9)五氧化二钒。

【仪器】

(1)消化装置:250 或 500 mL 磨口锥形瓶,附磨口球形冷凝管。

(2)汞蒸气发生器(反应器或还原瓶):如图 3-1 所示。

(3)测汞仪:F732 型或其他。

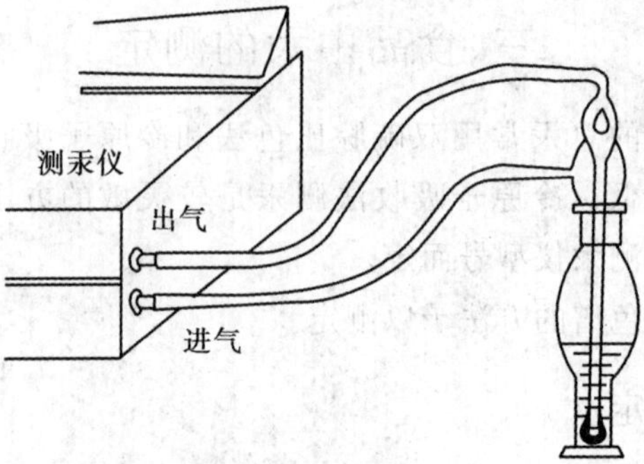

图 3-1 汞蒸气发生器(反应器,还原瓶)

【测定方法】

(1)样品消化

①肉、蛋类(回流消化法):称取 10.00 g 捣碎混匀的样品,置于消化装置锥形瓶中,加玻璃珠数粒及硝酸 30 mL、硫酸 5 mL,转动锥形瓶防止局部炭化。装上冷凝管后,小火加热,待开始发泡即停止加热。发泡停止后,加热回流 2 h(如加热过程中溶液变棕,再加硝酸 5 mL,继续回流 2 h)。放冷后,从冷凝管上端小心加入水 20 mL,继续加热回流 10 min,冷却,用适量水冲洗冷凝管,洗液并入消化液中。将消化液经玻璃棉过滤至 100 mL 容量瓶内,用少量水洗锥形瓶、滤器,洗液并入容量瓶内,加水至刻度,混匀。取与消化样品相同量的硝酸、硫酸,按同一方法做试剂空白试验。

②乳与乳制品:称取牛乳或酸牛乳 20.00 g,或相当于 20 g 牛乳的乳制品(全脂乳粉 2.40 g,甜炼乳 8.00 g,淡炼乳 5.00 g),置于消化装置锥形瓶中,加玻璃珠数粒及硝酸 30 mL;牛乳加硫酸 10 mL,乳制品加硫酸 5 mL,转动锥形瓶防止局部炭化。装上冷凝管后,自“小火加热"起,以下操作与“肉、蛋类”相同。

③动物油脂:称取样品 5.00 g 于消化装置锥形瓶中,加玻璃珠数粒,加硫酸 7 mL,小心混匀至溶液颜色变棕,然后加硝酸 40 mL。装上冷凝管,自“小火加热”起,以下操作与“肉、蛋类”,相同。

④水产品(五氧化二钒消化法):取可食部分,洗净、晾干,切碎混匀。称取 2.50 g,置于 50～100 mL 锥形瓶中,加 50 mg 五氧化二钒粉末,再加 8 mL 硝酸,振摇,放置 4 h,加 5 mL 硫酸,混匀,然后移至 140 ℃砂浴上加热,开始作用较猛烈,以后逐渐缓慢,待瓶口上基本无棕色气体逸出时,用少量水冲洗瓶口,再加热 5 min,冷却,加 5 mL 5%高锰酸钾溶液,放置 4 h(或过夜),滴加 20%盐酸羟胺溶

液使紫色退去，振摇，放置数分钟，移入 100 mL 容量瓶中，并稀释至刻度。同时做试剂空白试验。

(2)标准曲线的绘制

①用于肉、蛋、乳、油等食品的标准曲线：吸取 0.00，0.10，0.20，0.30，0.40，0.50 mL 汞标准使用液(相当于含 0，0.01，0.02，0.03，0.04，0.05 mg 汞)，置于试管中，各加 10 mL 混合酸，以下按样品测定自“置于汞蒸气发生器还原瓶内”起依法操作，绘制标准曲线。

②用于水产品的标准曲线：吸取 0.0，1.0，2.0，3.0，4.0，5.0 mL 汞标准使用液(相当 0，0.1，0.2，0.3，0.4，0.5 mg 汞)，置于 6 个 50 mL 容量瓶中，各加 1 mL 1∶1 硫酸、1 mL 5％高锰酸钾溶液，加 20 mL 水，混匀，滴加 20％盐酸羟胺溶液使紫色退去，加水至刻度，混匀。分别吸取 10.0 mL(相当于含 0，0.02，0.04，0.06，0.08，0.10 μg 汞)，以下按样品测定自“置于汞蒸气发生器还原瓶内”起依法操作，绘制标准曲线。

(3)样品测定　吸取 10.0 mL 样品消化液，置于汞蒸气发生器还原瓶内，沿瓶壁迅速加入2 mL 30％氯化亚锡溶液，随即加塞，使汞蒸气进入测汞仪中，读取测汞仪上最大读数，同时做试剂空白试验。

【计算】

$$X=\frac{(A_1-A_2)\cdot V_1}{m\cdot V_2}$$

式中：X 为样品中汞的含量，mg/kg；A_1 为测定用样品消化液中的汞含量，μg；A_2 为试剂空白液中的汞含量，μg；m 为样品质量，g；V_1 为样品消化液总体积，mL ；V_2 为测定用样品消化液的体积，mL。

2. 双硫腙比色法

样品经消化后，生成的汞离子在酸性溶液(pH＝1～2)中可与双硫腙生成橙色络合物，溶于氯仿中，进行比色测定。

【试剂】

(1)浓硝酸。

(2)浓硫酸。

(3)氨水。

(4)氯仿：不应含氧化物。

检查方法；取氯仿 10 mL，加新煮沸过冷却的水 25 mL，振摇 3 min，静置分层后，取水液 10 mL，加 15％碘化钾溶液及 0.5％淀粉指示液各数滴，振摇后应不显蓝色。

处理方法：于氯仿中加入1/20～1/10体积的20％硫代硫酸钠溶液洗涤，再用水洗，弃去水层，加入少量无水氯化钙脱水后进行蒸馏，弃去最初及最后的1/10馏出液，收集中间馏出液备用。

(5)0.5％淀粉指示液：取可溶性淀粉0.5 g，加水5 mL搅匀后，慢慢倒入沸水100 mL中，随倒随搅拌，煮沸2 min，放冷备用(临用时配制)。

(6)5％硫酸：量取5 mL硫酸，缓缓倒入90 mL水中，冷后加水至100 mL。

(7)麝香草酚蓝指示液：0.1％乙醇溶液。

(8)20％盐酸羟胺溶液：吹清洁空气，可使含有的微量汞挥发出去。

(9)0.5 mol/L硫酸：取硫酸5 mL，缓缓倒入150 mL水中，冷后加水至180 mL。

(10)双硫腙溶液：0.05％氯仿溶液，保存于冰箱中。双硫腙必要时需纯化，纯化方法为：取双硫腙于乳钵中研细，称取0.5 g，溶于100 mL氯仿中(如有不溶物，需过滤除去)。将溶液倾于250 mL分液漏斗中，加1∶99氨水提取双硫腙3次，每次100 mL(氨液不再变橙色)。此时，双硫腙转入氨液，而氧化物残留在氯仿中。将氨液用脱脂棉过滤于500 mL分液漏斗中，滴加盐酸(1∶1)，直至双硫腙完全析出为止。将沉淀出的双硫腙用氯仿提取2～3次，每次20 mL。合并氯仿层，用等量水洗涤数次，至水不呈黄色。弃去水层，于50 ℃蒸去氯仿，置干燥器中干燥备用 。

(11)双硫腙使用液：取双硫腙溶液1.0 mL，加氯仿至10 mL，混匀。用1 cm比色杯，以氯仿调零点，于波长510 nm处测吸光度值为A，用下式算出配制100 mL双硫腙使用液(70％透光率)所需双硫腙溶液的体积V(mL)：

$$V=\frac{10\times(2-\lg 70)}{A}=\frac{1.55}{A}$$

(12)汞标准溶液(1 mg/mL)：精密称取经干燥器干燥过的二氯化汞0.135 4 g，加0.5 mol/L硫酸溶解并移入100 mL容量瓶中，稀释至刻度，混匀。

(13)汞标准使用液(1 μg/mL)：吸取1.0 mL汞标准溶液，置于100 mL容量瓶中，加0.5 mol/L硫酸稀释至刻度，此溶液每毫升相当于10 μg汞。再吸取此溶液5.0 mL于50 mL容量瓶中，加10.5 mol/L硫酸稀释至刻度，此溶液每毫升相当于1 μg汞。

(14)5％高锰酸钾溶液：见“冷原子吸收法”。

【仪器】

(1)消化装置：同“冷原子吸收法”。

(2)分光光度计。

【测定方法】

(1)样品消化

①肉、蛋、水产品：称取 20.00 g 捣碎混匀样品，置于消化装置锥形瓶中，加玻璃珠数粒及硝酸 45 mL、硫酸 15 mL。装上冷凝管，小火加热，待开始发泡即停止加热，发泡停止后再加热回流 2 h(如加热过程溶液变棕色，再加硝酸 5 mL，继续回流 2 h)，冷却，用适量水洗冷凝管，洗液并入消化液中，取下锥形瓶，加水至总体积为 150 mL。取与消化样品相同量的硝酸、硫酸，按同一方法做试剂空白试验。

②牛乳及乳制品：称取牛乳、酸牛乳 50.00 g，或相当于牛乳 50 g 的乳制品(全脂乳粉 6.00 g，甜炼乳 20.00 g，淡炼乳 12.50 g)，置于消化装置锥形瓶中，加玻璃珠数粒及硝酸 45 mL；牛乳、酸牛乳加硫酸 15 mL，乳制品加硫酸 10 mL。装上冷凝管，以下操作与“肉、蛋、水产品”消化相同。

③动物油脂类：称取样品 10.00 g 于消化装置锥形瓶中，加玻璃珠数粒及硫酸 15 mL，小心混匀至溶液变棕色，然后加入硝酸 45 mL。装上冷凝管，以下操作与肉类样品相同。

(2)测定

①取样品消化液(全量)，加 20 mL 水，在电炉上煮沸 10 min，除去二氧化氮等，冷却。

②于样品消化液及试剂空白液中各加 5%高锰酸钾溶液至溶液呈紫色，然后再加 20%盐酸羟胺溶液使紫色退去，加 2 滴麝香草酚蓝指示液，用氨水调节 pH 值，使橙红色变为橙黄色(pH 值为 1～2)。定量转移至 250 mL 分液漏斗中。

③吸取 0.0，0.5，1.0，2.0，3.0，4.0，5.0，6.0 mL 汞标准使用液(相当于 0.0，0.5，1.0，2.0，3.0，4.0，5.0，6.0 μg 汞)，分别置于 125 mL 分液漏斗中，加10 mL 5%硫酸，再加水至 40 mL，混匀，再各加 1 mL 20%盐酸羟胺溶液，放置20 min，并时时振摇。

④于样品消化液、试剂空白液及标准液振摇放冷后的分液漏斗中加 5.0 mL 双硫腙使用液，剧烈振摇 2 min，静置分层后，经脱脂棉将氯仿层滤入 1 cm 比色杯中，以氯仿调零点，在波长 490 nm 处测吸光度，标准管吸光度减去零管吸光度，绘制成标准曲线。

【计算】

$$X = \frac{A_1 - A_2}{m}$$

式中：X 为样品中汞的含量，mg/kg；A_1 为样品消化液中的汞含量，μg；A_2 为试剂空白液中的汞含量，μg；m 为样品质量，g。

(二)甲基汞的测定(气相色谱法)

样品中的甲基汞,用 NaCl 研磨后,加入含有 Cu^{2+} 的 1 mol/L 盐酸(Cu^{2+} 与组织中结合的 CH_3Hg^+ 交换),完全萃取后,经离心或过滤,将上清液调至一定的酸度,用巯基棉吸附,再用 2 mol/L 盐酸洗脱,最后以苯萃取甲基汞,用带有电子捕获检测器的气相色谱仪分析。

【试剂】

(1)2 mol/L 盐酸:取优级纯盐酸,加等体积水,恒沸蒸馏,蒸出的盐酸为 6 mol/L,稀释配制。

(2)苯:色谱上无杂峰,否则应重蒸馏。

(3)无水硫酸钠:用苯提取,浓缩液在色谱上无杂峰。

(4)氯化钠。

(5)4.25%氯化铜溶液。

(6)0.1%甲基橙指示液。

(7)1 mol/L 氢氧化钠溶液:称取 40 g NaOH,加水稀释至 1 000 mL。

(8)1 mol/L 盐酸:取 83.3 mL 盐酸(优级纯),加水稀释至 1 000 mL。

(9)淋洗液(pH 值为 3～3.5):用 1 mol/L 盐酸调节水的 pH 值为 3～3.5。

(10)巯基棉:在 250 mL 具塞锥形瓶中依次加入 35 mL 乙酸酐、16 mL 冰乙酸、50 mL 硫代乙醇酸、0.15 mL 硫酸、5 mL 水,混匀冷却后,加入 14 g 脱脂棉,不断翻压,使棉花完全浸透,盖好瓶塞,置于恒温培养箱中,在(37±0.5)℃保温 4 d(注意切勿超过 40 ℃),取出后用水洗至近中性,除去水分后摊于瓷盘中,再于(37±0.5)℃恒温箱中烘干,成品放入棕色瓶中,置冰箱保存备用(使用前应先测定,巯基棉对甲基汞的吸附效率为 95%以上方可使用)。

(注:所有试剂用苯萃取后,不应在气相色谱上出现甲基汞的峰。)

(11)甲基汞标准溶液(1 mg/mL):精密称取 0.125 2 g 氯化甲基汞,用苯溶解于 100 mL 容量瓶中,加苯稀释至刻度,此溶液每毫升相当于 1 mg 甲基汞,置于冰箱保存。

(12)甲基汞标准使用液(0.1 μg/mL):吸取 1.0 mL 甲基汞标准溶液,置于 100 mL 容量瓶中,用苯稀释至刻度,此溶液每毫升相当于 10 μg 甲基汞。吸取此液 1.0 mL,置于 100 mL 容量瓶中,用 2 mol/L 盐酸稀释至刻度,此溶液每毫升相当于 0.1 μg 甲基汞,临用时现配。

【仪器】

(1)气相色谱仪:附 Ni^{63} 电子捕获检测器或氚源电子捕获检测器。

(2)酸度计。

(3)离心机：带 50～80 mL 离心管。

(4)巯基棉管：用内径 6 mm、长度 20 cm、一端拉细(内径 2 mm)的玻璃滴管，内装 0.1～0.15 g 巯基棉，均匀填塞，临用现装。

(5)玻璃仪器：均用 5%硝酸浸泡一昼夜，用水冲洗干净。

【色谱条件】

Ni^{63}电子捕获检测器：柱温 185 ℃，检测器温度为 260 ℃，汽化室温度 215 ℃。

氚源电子捕获检测器：柱温 185 ℃，检测器温度为 190 ℃，汽化室温度 185 ℃。

载气：高纯氮，流量为 70 mL/min(选择仪器的最佳条件)。

色谱柱：内径 3 mm、长 1.5 m 的玻璃柱，担体为 60～80 目 Chromosorb WAW DMCS，涂有 7%丁二酸乙二醇聚酯(PEGS)或涂上 1.5%OV-17 和 1.95% QF-1 或 5%丁二酸二乙二醇酯(DEGS)固定液。

【测定方法】

(1)样品处理　称取 5.0～10.0 g 样品的可食部分，剁碎混匀，加入等量氯化钠，在乳钵中研成糊状，加入 0.5 mL 4.25% $CuCl_2$ 溶液，轻轻研匀，用 30 mL 1 mol/L盐酸分次完全转入 100 mL 具塞锥形瓶中，剧烈振摇 5 min，放置 30 min 以上(也可用振荡器振摇 30 min)，样液全部转入 50 mL 离心管中，用 5 mL 1 mol/L盐酸淋洗锥形瓶，洗液与样液合并，离心 10 min(2 000 r/min)，将上清液全部转入 100 mL 分液漏斗中，于沉淀中再加 10 mL 1 mol/L 盐酸，用玻璃棒搅匀后再离心，合并两份离心液。

(2)吸附和洗脱　加入与 1 mol/L 盐酸等量的 1 mol/L NaOH 溶液中和，加 1～2滴甲基橙指示液，再调至溶液变黄色，然后滴加 1 mol/L 盐酸至溶液从黄色变橙色，此溶液的 pH 值在 3～3.5 范围内(可用 pH 计校正)。

将塞有巯基棉的玻璃滴管接在分液漏斗下面，控制流速为 4～5 mL/min，然后用 pH 值为 3～3.5 的淋洗液冲洗漏斗和玻璃管，取下玻璃管，用玻璃棒压紧巯基棉，用洗耳球将水尽量吹尽，然后加入 1 mL 2 mol/L 盐酸洗脱一次，再加1 mL 2 mol/L盐酸洗脱一次，用洗耳球将洗脱液吹尽，收集于 10 mL 具塞比色管内。

(3)萃取和测定　另取 2 支 10 mL 比色管，各加 2.0 mL 甲基汞标准使用液。于样品及甲基汞标准的比色管中各加 1.0 mL 苯，提取振摇 2 min，分层后吸出苯液，加少许无水硫酸钠，摇匀，静置，吸取一定量进行气相色谱测定，记录峰高，与标准峰高比较定量。

【计算】

$$X = \frac{A \times h_1 \times V_1}{V_2 \times h_2 \times m}$$

式中：X 为样品中甲基汞的含量，mg/kg；A 为甲基汞标准量，μg；h_1 为样品峰高，mm；h_2 为甲基汞标准峰高，mm；V_1 为样品苯萃取溶剂的总体积，μL；V_2 为测定用样品的体积，μL；m 为样品质量，g。

第四节　食品中铅的测定

铅(Lead)在自然界中分布很广，水、土壤、大气和各种食品中均含有微量的铅。铅及其化合物在工农业生产中广泛应用，造成的污染也很普遍，是常见的环境和食品污染物之一。

一、铅对食品的污染及危害

1. 铅对食品的污染

煤及含铅汽油的燃烧和由此产生的废水、废气、废渣等是环境和食品中铅的主要来源。在自然条件下，大气中的铅浓度为 0.000 1～0.001 μg/m³，来自火山爆发的烟尘、地面粉尘、海洋的含盐雾等。据国外调查，农村地区大气中铅含量仅为 0.1 μg/m³；而工业城市大气中达 1～3 μg/m³，闹市区大气中可高达 6～30 μg/m³，显然是由于污染所致。天然水中溶解的铅很少，河水中铅浓度的代表值为3 μg/kg，海水中为 0.01～0.03 μg/kg。被污染的河水含铅量最高可达 120 μg/kg；同工业城市毗邻的沿海地区，海水含铅量可高达 13 μg/kg。土壤中平均含铅 35 mg/kg，城市和矿山、冶炼厂附近的土壤含铅量因大气降尘而剧增。

环境中的铅污染是食品中铅的主要来源，工业“三废”可直接或间接地污染食品。例如，土壤中的铅可被作物吸收而转入食品当中，植物可通过根部吸收土壤中溶解状态的铅。当土壤中含铅量为 28 mg/kg 时，用以种植的蔬菜含铅量达 1.72 mg/kg。

水生生物的浓缩是铅对食品污染的另一主要途径。某些水生生物对海水中铅的浓缩系数可高达 1 400 倍以上。据统计，近 20 年来北半球沿海表层海水的含铅量增加了 10 倍。

在农业上使用含铅杀虫剂(如用砷酸铅防治害虫)，能对作物造成污染。如我国目前果园使用该农药杀虫，在粮食和水果中铅的残留量可达 1 mg/kg。

造成大气尘埃污染的主要是汽车尾气。自 1923 年用四乙基铅作为汽油防爆剂以来，汽车尾气已构成大气中铅的主要污染来源。一辆汽车一年可向空气中排放 2.5 kg 铅，其中一半可飘落在公路两侧 30 m 内的作物上，使作物受到污染。有人化验，公路附近的作物铅含量可高达 3 000 mg/kg。

食品加工、储藏及运输过程中所使用的容器、包装材料中含铅，可直接进入食品之中。如铅合金、搪瓷、陶瓷和马口铁等。陶制容器的釉料中含有氧化铅，长时间存放酸性食品即可溶出，食具为达到防腐的目的而镀一层锡，也可带来铅污染，罐头食品的马口铁焊锡中含铅 40%～60%。此外，食品加工用的机械设备、管道等含铅，有些非金属如聚氯乙烯塑料管材用铅作稳定剂，在一定条件下铅均会逐渐迁移于食品中。

食品添加剂造成铅污染。有些非食品用化工产品含有铅和其他杂质，用作食品添加剂可造成食品的污染。某些食品加工时接触铅，如加工皮蛋时要放黄丹粉（氧化铅），铅会逐渐渗透、迁移到蛋内，加入量过多，蛋白上出现黑斑，此时每千克食品中含铅量可高达数十毫克。

2. 铅的危害

铅及其化合物都具有一定毒性，铅化合物的毒性大小决定于在体液内溶解度的大小，如极难溶于水的硫化铅的毒性远较易溶于水的硫酸铅为小。一般有机铅比无机铅的毒性大。铅对人的中毒量为 0.04 g，致死量大于 20 g。

有机铅化合物毒性很强。其中最危险的是四乙基铅及其同系物（汽油防爆剂）。四乙基铅能溶于类脂化合物，也能被皮肤所吸收而迅速作用于中枢神经，对大鼠经口的最低致死量为 10 mg/kg，在大鼠的背部涂上 0.1 mL 的四乙基铅，8～24 h 之内死亡。

摄入体内的铅主要分布在肝、肾中，其次为脾、肺、脑和肌肉等组织内，最后 95%以上的铅转移到骨骼中，以不溶性的磷酸铅[$Pb_3(PO_4)_2$]形式沉积下来。铅在体内的生物半衰期为 1 460 d。

铅中毒主要是慢性中毒。长期摄入的铅量较高，则可引起慢性中毒。国外报道，每日经口摄入 0.1 g/kg 的硫酸铅或碳酸铅即可引起慢性中毒。铅对人体很多系统都有损害，主要表现在神经系统、造血系统和消化系统。中毒性脑病是铅中毒的最重要表现，主要是呈现增生性脑膜炎或局部脑损害等综合症状。铅可导致肝硬化、动脉硬化，对心、肺、肾、生殖系统及内分泌系统甚至免疫系统均有损害。动物实验证明，铅可引起大鼠肾脏肿瘤，四乙基铅可引起小鼠肝癌的发生。铅能透过胎盘侵入胎儿体内，特别是侵入胎儿脑组织，危及后代。铅对儿童的危害很大，主要影响儿童的智力发育，严重的可造成高度的脑障碍。

二、铅在食品中的允许含量

1. 食品中铅的含量

部分食品中铅的含量如表 3-4 所示。

表 3-4 动物性食品中的铅含量 mg/kg

食品名称	铅含量	食品名称	铅含量
牛颈肉	0.20	小虾	0.31～0.45
鲜牛肝	0.29～0.40	大红虾	2.50
牛肾	0.35	鲜鱼	0.54
牛骨髓	0.07	干鱼	1.31～1.64
猪排	0.16	牡蛎	0.51
羔羊排骨	0.15	贝类	3.00
羔羊骨髓	0.37	蛋	0.00～0.15
熟碎肉	0.15～0.18	奶	0.02～0.14
熟香肠	0.16～1.60	家禽	＜0.30
		乳粉	0.41

摘自:《食品毒理学》。中国医科院卫生研究所和上海第一医学院编。

2. 食品中铅的允许量标准

我国食品卫生标准(GB 14935—94)规定铅的 MRL 为(以 Pb 计):肉类、鱼虾类≤ 0.5 mg/kg,蛋类≤0.2 mg/kg,皮蛋≤2.0 mg/kg,鲜乳类≤0.05 mg/kg,全脂乳粉、炼乳≤0.5 mg/kg。

三、食品中铅的测定

测定食品中铅的方法很多,一般采用双硫腙比色法、原子吸收分光光度法和极谱法。

(一)双硫腙比色法(混色法)

样品经消化后,加入盐酸羟胺使双硫腙氧化的高价态离子还原为低价态,并与加入的柠檬酸铵和氰化钾一起除去铁、铜、锌等离子的干扰。在微碱性(pH 值为 8.5～9.0)溶液中,铅离子与双硫腙反应生成红色络合物,用氯仿提取后进行比色测定。

【试剂】

(1)硝酸。

(2)硫酸。

(3)1∶1 氨水。

(4)1∶1 硝酸(灰化用)。

(5)6 mol/L 盐酸:取 100 mL 盐酸,加水稀释至 200 mL。

(6)酚红指示液:0.1%乙醇溶液。

(7)20%盐酸羟胺溶液:必要时进行除铅处理,方法如下:取盐酸羟胺 20 g,加水溶解至约 50 mL,加酚红指示液 2 滴,加 1∶1 氨水调 pH 值至 8.5～9.0(由黄色变红色,再多加 2 滴),用双硫腙氯仿溶液提取至氯仿层绿色不变为止。再用氯仿洗 2 次,弃去氯仿层,水层加 6 mol/L 盐酸成酸性,加水至 100 mL。

(8)20%柠檬酸铵溶液:取柠檬酸铵 50 g,溶于水 100 mL 中,加酚红指示液 2 滴,加 1∶1 氨水使 pH 值为 8.5～9.0(由黄色变红色,再多加 2 滴),用双硫腙氯仿溶液提取数次,每次 10～20 mL,至氯仿层绿色不变为止,弃去氯仿层。再用氯仿洗 2 次,每次 5 mL,弃去氯仿层,加水稀释至 250 mL。

(9)10%氰化钾溶液:在通风橱内溶解 10 g 氰化钾于 100 mL 水中。

(10)氯仿:不应含氧化物;检查方法及处理方法见本章第三节三(一)2"双硫腙比色法"中试剂(4)。

(11)淀粉指示液:见本章第三节三(一)2"双硫腙比色法"中试剂(5)。

(12)1%硝酸溶液:取硝酸 1 mL,用水稀释至 100 mL。

(13)双硫腙溶液:见本章第三节三(一)2"双硫腙比色法"中试剂(10)。

(14)双硫腙使用液:见本章第三节三(一)2"双硫腙比色法"中试剂(11)。

(15)铅标准溶液(1 mg/mL):精密称取硝酸铅 0.159 8 g,加 1%硝酸 10 mL,全部溶解后移入 100 mL 容量瓶中,加水至标线,混匀。

(16)铅标准使用液(10 μg/mL):吸取 1.0 mL 铅标准溶液,置于 100 mL 容量瓶中,加水至标线,混匀。

【仪器】

(1)分光光度计。

(2)所用玻璃仪器均用 10%～20%硝酸浸泡 24 h 以上,用自来水反复冲洗,最后用去离子水冲洗干净。

【测定方法】

(1)样品消化

①硝酸-硫酸法:称取样品 5.00 g,置于 250 mL 定氮瓶中,加玻璃珠数粒,加硝酸 10 mL,混匀后放置片刻,小火缓缓加热,待作用缓和,放冷。沿瓶壁加入硫酸 10 mL,再加热,至瓶中液体开始变成棕色时,不断沿瓶壁滴加硝酸至有机质分

解完全。再加大火力，至发生白烟，溶液应澄清无色或微带黄色，放冷。加水 20 mL 煮沸，以除去残余的硝酸至产生白烟（可如此处理 2 次），放冷后移入50 mL 容量瓶中，用水洗涤定氮瓶，洗液并入容量瓶中，冷却，加水至刻度（混匀）。同时做试剂空白试验。

②灰化法：称取 5.0 g 或吸取 5.0 mL 样品，置于坩埚中，先在水浴上蒸干，加热至炭化，然后移入马弗炉中，500 ℃灰化 4 h（必要时加助消化剂，即 500 ℃灰化 3 h，冷却，取出坩埚，加 1 mL 硝酸润湿灰分，用小火蒸干，在 500 ℃灼烧 1 h），冷却，取出坩埚，加 1 mL 1∶1 硝酸，加热，使灰分溶解，移入 50 mL 容量瓶中，用水洗涤坩埚，洗液并入容量瓶中，加水至刻度，混匀备用。

(2)测定

①吸取 10.0 mL 上述制备的样品消化液及相同量的试剂空白液，分别置于 125 mL 分液漏斗中，各加水至 20 mL。

②吸取 0.00，0.10，0.20，0.30，0.40，0.50 mL 铅标准使用液（相当于 0，1.0，2.0，3.0，4.0，5.0 μg 铅），分别置于 125 mL 分液漏斗中，各加 1%硝酸至 20 mL。

③于样品消化液、试剂空白液和铅标准液中各加入 20%柠檬酸铵溶液2 mL，20%盐酸羟胺溶液 1 mL，酚红指示液 2 滴，摇匀，滴加氨水中和至溶液呈粉红色，再各加 10%氰化钾 2 mL，摇匀。各加 10.0 mL 双硫腙使用液，剧烈振摇1 min，静置分层后，氯仿层经脱脂棉滤入 1 cm 比色杯中，以零管调节零点，于波长 510 nm 处测吸光度，绘制标准曲线比较。

【计算】

$$X = \frac{(A_1 - A_2)V_1}{mV_2}$$

式中：X 为样品中铅的含量，mg/kg；A_1 为从曲线上查出的测定用样品消化液中的铅含量，μg；A_2 为从曲线上查出的试剂空白液中的铅含量，μg；m 为样品质量（或体积），g(mL)；V_1 为样品消化液的体积，mL；V_2 为测定用样品消化液的体积，mL。

（二）原子吸收分光光度法

样品经消化后，导入原子吸收分光光度计中，经空气-乙炔火焰原子化后，吸收 283.3 nm 波长的共振线，其吸光度与铅含量成正比，与标准系列比较定量。本法为国家标准检验方法，也可用“KI-MIBK 法”进行铅的原子吸收测定，参见本章第二节“食品中镉的测定”。

【试剂】

(1)硝酸。

(2)石油醚。

(3)6 mol/L 硝酸:量取 38 mL 硝酸,加水稀释至 100 mL。

(4)0.5%硝酸;取 1 mL 硝酸,加水稀释至 200 mL。

(5)10%硝酸:量取 10.0 mL 硝酸,加汞稀释至 100 mL。

(6)0.5%硫酸钠溶液。

(7)过硫酸铵。

(8)铅标准溶液(1 mg/mL):精密称取 1.000 0 g 金属铅(99.99%以上),分次加入 6 mol/L 硝酸溶解,总量不超过 37 mL,移入 1 000 mL 容量瓶中,加水稀释至刻度。此溶液每毫升相当于 1 mg 铅。

(9)铅标准使用液(1 μg/mL):吸取 10.0 mL 铅标准溶液,置于 100 mL 容量瓶中,加 0.5%硝酸稀释至刻度。如此多次稀释至每毫升相当于 1 μg 铅。

【仪器】

(1)原子吸收分光光度计。

(2)所用玻璃仪器均以 10%～20%硝酸浸泡 24 h 以上(如等急用,可用 10%～20%硝酸煮沸 1 h),用水反复冲洗,最后用去离子水冲洗晾干后,方可使用。

【测定方法】

(1)样品处理

①肉类、水产类:取可食部分捣成匀浆,称取 1.00～5.00 g,置于石英或瓷坩埚中,加 5 mL 硝酸,放置 0.5 h,小火蒸干,继续加热炭化,移入马弗温中,500 ℃灰化 1 h,取出放冷,再加 1 mL 硝酸浸湿灰分,小火蒸干。加 2 g 过硫酸铵覆盖灰分,再移入马弗炉中,800 ℃灰化 20 min,冷却后取出,以 0.5%硫酸钠溶液少量多次洗入 10 mL 容量瓶中,并稀释至刻度,备用。同时做试剂空白试验。

②乳、炼乳、乳粉:称取 2.0 g 混匀或磨碎样品,置于瓷坩埚中,加热炭化后,置马弗炉 420 ℃灰化 3 h,放冷后加水少许,稍加热,然后加 1 mL1∶1 硝酸,加热溶解后。移入 100 mL 容量瓶中,加水稀释至刻度,备用。

③油脂类:称取 2.00 g 混匀样品,固体油脂先加热融化,置于 100 mL 锥形瓶中,加 10 mL 石油醚,用 10%硝酸提取 2 次,每次 5 mL,振摇 1 min,合并硝酸液于 50 mL 容量瓶中,加水稀释至刻度,混匀备用。

(2)测定

①吸取 0,0.5,1.0,2.0,3.0,4.0 mL 铅标准使用液,分别置于 100 mL 容量瓶

中，加 0.5%硝酸稀释至刻度，混匀（容量瓶中每毫升分别相当于 0，5.0，10.0，20.0，30.0，40.0 ng 铅）。

②将处理后的样液、试剂空白液和各个铅标准溶液分别导入空气-乙炔火焰进行测定。测定条件：灯电流 7.5 mA，波长 283.3 nm，狭缝 0.2 nm，空气流量 7.5 L/min，乙炔流量 1 L/min，炉头高度 3 mm，氘灯背景校正（也可根据仪器型号选择最佳条件），以铅含量对应的浓度和吸光度，绘制标准曲线进行比较。

【计算】

$$X=\frac{(A_1-A_2)V}{m\times 1\,000}$$

式中：X 为样品中铅的含量，mg/kg；A_1 为测定用样液中铅的含量，ng/mL；A_2 为试剂空白液中铅的含量，ng/mL；V 为样品处理后的总体积，mL；m 为样品质量（体积），g(mL)。

（三）极谱法（电化学分析法）

样品经消解后，铅以离子形式存在。在酸性介质中，Pb^{2+} 与 I^- 形成的 PbI_4^{2-} 络离子具有电活性，在滴汞电极上产生还原电流。峰电流与铅含量呈线性关系，可与标准系列比较定量。

【试剂】

(1)底液：称取 5.0 g 碘化钾、8.0 g 酒石酸钾钠、0.5 g 抗坏血酸于 500 mL 烧杯中，加 300 mL 水溶解后，再加入 10 mL 盐酸，移入 500 mL 容量瓶中，加水至刻度（储藏冰箱中，可保存 1 个月）。

(2)铅标准储备液：准确称取 0.100 0 g 金属铅（含量 99.99%）于烧杯中，加 2 mL(1＋1)硝酸溶液，微火加热溶解，冷后定量移入 100 mL 容量瓶并加水至刻度，混匀（此溶液为 1.0 mg/mL Pb）。

(3)铅标准使用液：临用时，吸取铅标准储备液 1.00 mL 于 100 mL 容量瓶中，加水至刻度，混匀（此溶液为 10.0 μg/mL Pb）。

(4)混合酸：硝酸-高氯酸（4＋1）。量取 80 mL 硝酸，加入 20 mL 高氯酸，混匀。

【仪器】

(1)所用玻璃仪器均须 10%硝酸溶液浸泡过夜，用水反复冲洗，最后用蒸馏水洗干净，干燥备用。

(2)微机极谱分析仪。

(3)带电子调节器万用电炉。

【测定方法】

(1)极谱分析参考条件 单扫描极谱法(SSP 法)。选择起始电位为−0.35 mV,终止电位−0.95 mV,扫描速度 300 mV/s,三电极,二次导数,静置时间 5 s 及适当量程。于峰电位(EP)−0.47 mV(vs. SCE)处记录铅的峰电流。

(2)标准曲线绘制 准确吸取铅标准使用溶液 0,0.05,0.10,0.20,0.30,0.40 mL(相当于含 0,0.5,1.0,2.0,3.0,4.0 μg Pb)于 6 支 10 mL 比色管中,加底液至 10.0 mL,混匀。将各管依次移入电解池,置三电极系统。按上述极谱分析参考条件下测定,记录各管中铅的峰电流。以铅含量为横坐标,其对应的峰电流为纵坐标,绘制标准曲线。

(3)样品处理 称取 1.00~2.00 g 样品于 50 mL 烧杯中,加入 10~20 mL 混合酸,加盖浸泡放置过夜后,置于电热板上,用低温加热消解,消解液颜色逐渐加深,呈现棕黑色时,移开冷却,补加适量混合酸或硝酸,继续加热消解,待溶液颜色呈无色透明或略带黄色并冒白烟,直到呈白色残渣湿盐状时,待测。同时做试剂空白。

(4)样品测定 于上述待测样品及试剂空白瓶中加入 10 mL 底液,溶解残渣后转入电解池。以下按"标准曲线绘制"项下操作。分别记录样品及试剂空白的峰电流,用标准曲线法计算样品中铅含量。

【计算】

$$X = \frac{A_1 - A_2}{m}$$

式中:X 为样品中铅含量,mg/kg(mg/L);A_1 为由标准曲线上查得测定样液中铅含量,μg;A_2 为由标准曲线上查得试剂空白液中铅含量,μg;m 为样品的质量(或体积),g(mL)。

【说明】

(1)本标准测定方法检出限为 0.17 μg,若取样品 2.0 g(或 mL),其检出浓度为 0.085 mg/kg(或 mL)。标准曲线的线性范围为 0.5~4.0 μg;平均添加回收率为 96.0%,相对标准偏差≤5.0%。

(2)单扫描极谱法测定食品中铅,操作简便、快捷,方法较灵敏、稳定、准确;样品用量较少,消解较容易,成本低廉,适用于食品中铅含量测定,与计算机联用后的新型极谱仪,特别适合于大量样品分析或基层实验室使用。

第五节 食品中砷的测定

砷(Arsenic)属于类金属。砷及砷化合物是常见的环境和食品的污染物之一。

砷在自然界中分布很广，正常的食品中均具有砷的本底浓度。砷及其化合物在工农业生产中广泛应用，所造成的环境污染是食品中砷的重要来源。砷是人体的必需微量元素之一。

一、砷对食品的污染

1. 砷对食品的污染

砷在地壳中的丰度约为1.8 mg/kg，主要存在于矿石中。自然界中含砷矿物主要是硫化物，有砷硫铁矿、雄黄（As_2S_2）和砷石等，但多伴生于铜、铅、锌等硫化物矿中。各类煤中砷含量为3～45 mg/kg，原油中小于1 mg/kg。因此金属冶炼和燃料燃烧会将砷引入环境。全球每年从岩石风化的砷为6 000 t，但是人为活动加入循环的量大于天然的量。大气中的砷除岩石风化、火山爆发等自然原因外，主要来自工业部门。大气中砷含量为1.5～53 ng/m^3，淡水大多在1 μg/kg左右，海水平均值为2 μg/kg。

(1)“三废”污染　工农业生产中的各种含砷废气、废水和废渣污染环境，都将造成食品中含砷量的增加。据报道，海水含砷量为2～30 μg/kg，而工业城市毗邻的沿海水域可达140～1 000 μg/kg；在冶炼厂附近的海底污泥中高达290～980 mg/kg。因此，在这些地区生长的作物和水生生物均可受到污染，如我国渤海中的海带含砷30～40 mg/kg；我国有的矿石冶炼厂附近的稻谷，砷含量超过一般地区2.4倍。用含砷废水灌溉农田，砷可在农作物中残留，如灌溉水含砷1 mg/L，大米中残留量1.77 mg/kg，为对照区的2.1倍；灌溉水含砷100 mg/L，大米中残留量为对照区的6倍。

(2)使用含砷农药　例如防治水稻纹枯病的稻脚青、田间除草剂亚砷酸钠等。

(3)食品加工过程中的污染　在食品加工中使用含砷过高的原料，如无机酸、葡萄糖、碱、食用色素和其他添加剂等，均可造成食品污染。例如，日本曾发生过酱油中毒事件，系在生产酱油的过程中使用含砷量高的工业盐酸的结果；英国因啤酒发酵过程中使用含砷量高的葡萄糖而引起7 000人中毒，1 000人死亡。

(4)海水对水产品的污染　由于污染的海水含有较多的砷，通过水生生物的“食物链”富集，可将砷浓缩3 300倍。海生生物体内存在的砷是一种高度稳定的毒性较低的有机砷。鱿鱼中含砷量最高，平均在16 mg/kg左右，牡蛎、乌贼含量在2～4 mg/kg。我国海产如海带、紫菜等含砷也较高，可达30～40 mg/kg。

(5)含砷药物污染　某些药物的使用，也是造成动物性食品砷污染的原因。如有机砷可用于畜禽驱虫和疾病防治，也有用于促进家畜生长的饲料添加剂（如对氨基苯砷酸等），其体内的残留量都可能威胁食用者的安全。

2. 砷的危害

元素砷无毒,砷化合物,如氧化物、盐类及有机砷化合物均有毒性,三价砷的毒性大于五价砷,无机砷的毒性大于有机砷,可溶性砷的毒性大于不溶性砷,亚砷酸盐的毒性大于砷酸盐。溶解度很小的单质砷和化合物如雄黄、雌黄等毒性很低,而砷的氢化物和盐类大多属于高毒物质。

砒霜(As_2O_3)是剧毒物,可引起急性中毒,也可因蓄积而致慢性中毒,其中毒量为0.005～0.05 g,敏感者1 mg即可中毒,致死量为0.1～0.2 g。亚砷酸钠具强烈毒性。砷化氢是具有大蒜气味的剧毒气体。砷酸铅的毒性也较大。

有机砷或五价砷在体内均可还原成毒性大的三价砷,再经代谢作用转化为亚砷酸盐,与巯基结合而蓄积于组织中。进入人体的砷在富含胶质的毛发和指甲中高度浓集,骨和皮肤次之,在其他组织中则平均分布。

砷的急性中毒多因误食引起,长期少量摄入砷主要引起慢性中毒,慢性砷中毒主要表现为感觉异常,进行性虚弱、眩晕、气短、心悸、食欲不振、呕吐、皮膜黏膜病变和多发性神经炎、颜面、四肢色素异常(称为砷源性黑皮症和白斑);心、肝、脾、肾等实质脏器发生退行性病及并发溶血性贫血、黄疸等,严重时可导致中毒性肝炎、心肌麻痹而死亡。砷还能通过胎盘影响胎儿。1955—1966年期间日本发生的奶粉中毒事件,12 000余人中毒、死亡128人,其中大部分是儿童,造成严重残废或发育畸形,原因是奶粉加工时使用了含砷过高的中和剂NaH_2PO_4(奶粉含As_2O_3达25～28 mg/kg)。台湾省台南与嘉义县曾发生“黑足病(乌脚病)”地方病,原因是长期饮用砷浓度高的井水(达1.2～2.0 mg/L)所致慢性中毒。

二、砷在食品中的允许含量

1. 食品中的砷含量

正常食品中含有微量的砷,其含量随地区和品种而异,一般每千克约含十分之几至数毫克,其中又以海产品的含砷量较高。部分食品中砷含量如表3-5所示。

表3-5　部分食品中的砷含量　mg/kg

食品名称	含量	食品名称	含量
牡蛎	3.96	小鲨鱼	4.13
虾	1.50	乌贼	2.67
蛤蜊	2.52	鱿鱼	16.58
螃蟹	3.88	大海虾	174.00

摘自:《食品毒理学》。中国医学科学院卫生研究所和上海第一医学院编。

2. 食品中砷的允许量标准

我国规定砷(均以As计)的MRL为:肉、蛋(去壳)、鱼类≤0.5 mg/kg,乳≤0.2 mg/kg,乳制品按牛乳折算。WHO暂定ADI≤0.05 mg/kg体重。

三、食品中砷的测定

定量测定总砷含量的方法常用砷斑法和银盐比色法。砷斑法采用目测与标准色斑比较,精密度较差,仅适用于半定量测定。银盐比色法灵敏度和准确度都比较好,是较常用的方法。原子吸收分光光度法是目前较好的测定总砷的方法,可以测定微量的砷。

(一)总砷的测定

1. 银盐比色法

样品经消化后,以碘化钾和氯化亚锡将五价砷还原成三价砷,然后与锌粒和酸作用所产生的新生态氢生成砷化氢气体,用银盐溶液吸收,与二乙氨基二硫代甲酸银反应生成红色胶态物,进行比色测定。

【试剂】

(1)硝酸。

(2)盐酸(灰化法)。

(3)硫酸。

(4)氧化镁(灰化法)。

(5)20%氢氧化钠溶液。

(6)硝酸镁及15%硝酸镁溶液(灰化法)。

(7)10%乙酸铅溶液。

(8)6 mol/L盐酸溶液(灰化法)。

(9)硝酸-高氯酸混合液(4∶1):量取80 mL硝酸,加20 mL高氯酸,混匀。

(10)15%碘化钾溶液:储于棕色瓶中,临用前配制。

(11)酸性氯化亚锡溶液:称取氯化亚锡4 g,加盐酸溶解至10 mL,加两颗锡粒,储存于棕色瓶中,放冰箱保存或临用前配制。

(12)无砷锌粒:15~20粒/g。

(13)乙酸铅棉花:用10%乙酸铅溶液浸透脱脂棉后,压除多余溶液,使其疏松,在100 ℃下干燥后,储于玻璃瓶中,塞紧瓶口。

(14)10%硫酸:量取5.7 mL硫酸加于80 mL水中,冷后再加水稀释至100 mL。

(15)银盐溶液：称取 0.25 g 二乙氨基二硫代甲酸银[$(C_2H_5)_2NCS_2Ag$]置于乳钵中，加少量氯仿研磨，移入 100 mL 量筒中，加入 1.8 mL 三乙醇胺或加 0.1 g 番木鳖碱，再用氯仿稀释至 100 mL，放置过夜。滤入棕色瓶中，储于冰箱保存。

(16)砷标准储备溶液(0.1 mg/mL)：精密称取在硫酸干燥器中干燥过的或在 100 ℃干燥 2 h 的三氧化二砷 0.132 0 g，加 20%氢氧化钠溶液 5 mL，溶解后加 25 mL 10%硫酸，移入 1 000 mL 容量瓶中，加新煮沸冷却后的水稀释至刻度，混匀，储于棕色玻璃瓶中。此溶液每毫升相当于 0.1 mg 砷。

(17)砷标准使用液(1 μg/mL)：吸取 1.0 mL 砷标准储备溶液，置于 100 mL 容量瓶中，加 1 mL 10%硫酸，加水稀释至刻度，混匀。此溶液每毫升相当于 1 μg 砷。

【仪器】

(1)测砷装置：如图 3-2 所示，又称砷化氢发生器(玻璃弯管：内径 5～6 mm，一端通过插于橡皮塞的锥形瓶内，靠近塞的上部装入乙酸铅棉花，长约 4 cm，另一端内径渐细至 1.0 mm。橡皮塞应经碱处理后洗净)。

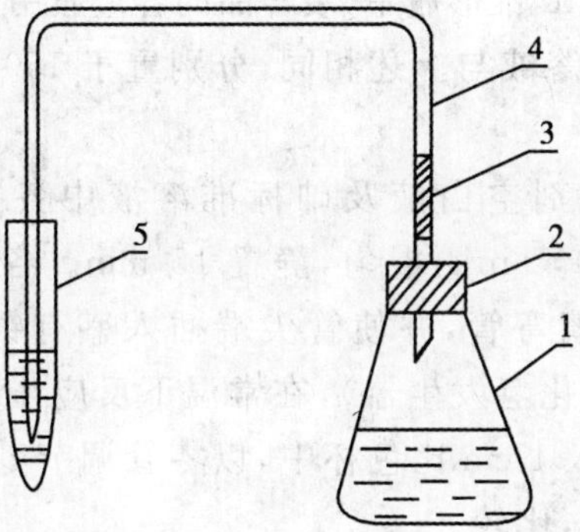

1.150 mL 锥形瓶　2. 橡皮塞　3. 乙酸铅棉花　4. 玻璃弯管　5. 10 mL 刻度离心管

图 3-2　银盐法测砷装置

(2)凯氏定氮瓶。

(3)分光光度计。

(4)马弗炉(灰化法)。

【测定方法】

(1)样品消化

①硝酸-硫酸法：同本章第四节“食品中铅的测定方法”。

②硝酸-高氯酸-硫酸法：以硝酸-高氯酸混合液代替硝酸进行操作。

③灰化法：称取样品5 g于坩埚中，加氧化镁1 g及15%硝酸镁溶液10 mL，混匀；浸泡4 h，于低温或置水浴锅上蒸干。先用小火炭化至无烟后，移入马弗炉中，加热至550 ℃，灼烧3～4 h，冷却后取出。加水5 mL湿润灰分后，用细玻璃棒搅拌，再用少量水洗玻璃棒上附着的灰分至坩埚内。放水浴上蒸干后移入马弗炉中550 ℃灰化2 h，冷却后取出。加水5 mL湿润灰分，慢慢加入6 mol/L盐酸10 mL，将溶液移入50 mL容量瓶中。坩埚先用6 mol/L盐酸、后用水各洗涤3次，每次各5 mL，洗液并入容量瓶内，加水至刻度(混匀)。同时做试剂空白试验。

(2)测定

① 精密吸取硝酸-硫酸法制备的消化液25 mL及同量试剂空白液，分别置于150 mL锥形瓶中，加硫酸2.5 mL，加水至总体积为50 mL。

②另精密吸取砷标准溶液0，2.0，4.0，6.0，8.0，10.0 mL(相当于砷0，2.0，4.0，6.0，8.0，10.0 μg)，分别置于150 mL锥形瓶中，加水至40 mL，再加1∶1硫酸10 mL。

如用灰化法消化样品，可取半量消化液(25 mL)，加水至50 mL，另取同量试剂空白液，分别移入150 mL锥形瓶中，装样品的容量瓶用少量水冲洗后并入锥形瓶中，另精密吸取砷标准溶液与上述相同，分别置于150 mL锥形瓶中，加水至43 mL，加盐酸7 mL。

③于样品消化液、试剂空白液及砷标准溶液中各加15%碘化钾溶液3 mL、酸性氯化亚锡溶液0.5 mL，混匀，静置15 min。各加锌粒3 g，立即分别塞上装乙酸铅棉花的玻璃弯管，并使管尖端插入盛有银盐溶液4 mL的离心管中的液面下(即连接砷化氢发生器)，在常温下反应45 min后，取下离心管，加氯仿补足至4 mL，转入1 cm比色杯中，以零管调节零点，于波长520 nm处测吸光度，绘制标准曲线，比较。

【计算】

$$X = \frac{(A_1 - A_2) \times V_1}{m \times V_2}$$

式中：X为样品中砷的含量，mg/kg(mg/L)；A_1为测定用样品消化液中的砷含量，μg；A_2为试剂空白液中的砷含量，μg；m为样品质量(或体积)，g(mL)；V_1为样品消化液的总体积，mL；V_2为测定用样品消化液的体积，mL。

2. 砷斑法

锌与酸作用，产生新生态氢，在KI和$SnCl_2$存在下，使As^{5+}还原成As^{3+}。三价砷与新生态氢生成砷化氢气体。通过乙酸铅棉花除去硫化氢的干扰，然后与溴化汞试纸生成由黄色至棕褐色的色斑，斑点颜色的深度与砷的浓度成正比，与标准色斑比较定量。

【试剂】

(1)5%溴化汞、乙醇溶液(存于棕色瓶中)。

(2)溴化汞试纸:滤纸剪成直径为 2 cm 的圆形滤纸片,在 50 g/L 溴化汞-乙醇溶液中浸渍 1 h 以上,保存于冰箱中,临用时取出置暗处阴干备用。

(3)其他试剂同银盐比色法中(1)～(14)、(16)、(17)。

【仪器】

测砷装置如图 3-3 所示。

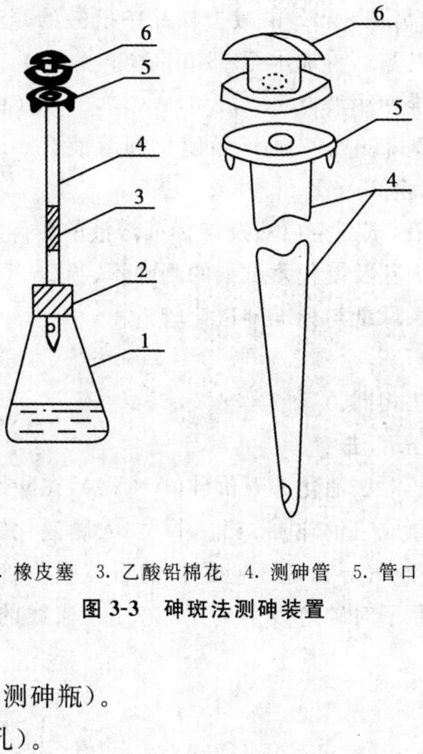

1. 锥形瓶　2. 橡皮塞　3. 乙酸铅棉花　4. 测砷管　5. 管口　6. 玻璃帽

图 3-3　砷斑法测砷装置

①100 mL 锥形瓶(测砷瓶)。

②橡皮塞(中间具孔)。

③玻璃测砷管:全长 18 cm,上粗下细,自管口向下至 14 cm 一段的内径约为 6.5 mm,再往下逐渐狭细,末端内径为 1～3 mm,近末端 1 cm 处有一孔,直径 2 mm;狭细部分紧密插入橡皮塞中,使下部伸出至小孔恰在橡皮塞下面。管的中部装入乙酸铅棉花,长 5～6 cm,上端距管口处至少 3 cm。测砷管顶端为圆形扁平的管口,上面磨平,下面两侧各有一钩,供固定玻璃帽用。

④玻璃帽:下面磨平,上面有弯月形的凹槽,中央有圆孔,直径 6.5 mm;使用时将玻璃帽盖在测砷管的管口,使圆孔相吻合,中间夹一溴化汞试纸,用橡皮圈把

玻璃帽与测砷管固定。

【测定方法】

(1)样品消化　与银盐法相同。

(2)测定

①精密吸取一定量样品消化液(硝酸-硫酸法或硝酸-高氯酸-硫酸法消化的肉类消化液10.0 mL,水产类消化液5.0 mL;灰化法消化的肉类消化液20.0 mL,水产类消化液10.0 mL)及同量的试剂空白液,分别置于测砷瓶中,加15%碘化钾溶液5 mL,酸性氯化亚锡溶液5滴,盐酸5 mL(样品如用硝酸—高氯酸—硫酸法或硝酸—硫酸法消化,则需从5 mL中减去样品中硫酸的毫升数;如用灰化法消化,则减去过量的盐酸毫升数),再加水至35 mL。

②精密吸取砷标准使用液0,0.5,1.0,2.0,3.0 mL(相当砷0,0.5,1.0,2.0,3.0 μg),分别置于测砷瓶中,各加15%碘化钾溶液5 mL,酸性氯化亚锡溶液5滴,盐酸5 mL,各加水至35 mL。

③于盛样品消化液、试剂空白液及砷标准溶液的测砷瓶中各加锌粒3 g,立即塞上预先装有乙酸铅棉花及溴化汞试纸的测砷管,于25 ℃避光放置1 h。取出样品及试剂空白的溴化汞试纸与标准砷斑比较。

【计算】

计算公式与银盐法相同。

3. 原子吸收分光光度法

食品中的微量砷经湿法消化为五价砷(As(V)),在酸性溶液中用碘化钾-抗坏血酸溶液将五价砷还原成三价砷[As(Ⅲ)]。加入硼氢化钾(KBH_4)为还原剂,使三价砷生成砷化氢,经载气导入原子吸收仪的石英吸收管(原子化器)中原子化。然后在光路中测定砷原子对砷灯发射的193.7 nm谱线的吸收,用标准曲线法算出食品中砷的含量。

【试剂】

(1)浓硫酸。

(2)浓硝酸。

(3)1∶1硫酸。

(4)10%NaOH溶液。

(5)1 mol/L碘化钾-10%抗坏血酸溶液:碘化钾16.6 g,抗坏血酸10 g,用水溶解并定容至100 mL,临用现配。

(6)0.5%硼氢化钾溶液:硼氢化钾0.5 g,溶于100 mL 0.01 mol/L氢氧化钠溶液中,临用现配。

(7)五价砷标准储备液(100 μg/mL):精称预先干燥过的五氧化二砷0.153 4 g,用10%NaOH溶液10 mL溶解后,再用1.5 mol/L硫酸稀释至1 000 mL,此液含 As^{5+} 100 μg/mL。

(8)五价砷标准使用液(1 μg/mL):用1.5 mol/L硫酸溶液稀释至1 μg/mL,临用现配。

【仪器】

原子吸收分光光度计;氢化物发生器。

【测定方法】

(1)样品处理　取样品5~20 g(视含砷量而定)于250 mL凯氏烧瓶中,加玻璃珠数粒,加硝酸10 mL,硫酸5~10 mL,徐徐加热至发泡,停止加热,待反应平息后,再加热消化至有机质完全分解、溶液澄清无色或微黄色并产生大量白烟为止。冷却,定量地转移入50 mL容量瓶中,用水定容。

(2)预还原　准确吸取消化液1.0 mL于10 mL容量瓶中,加1∶1硫酸3 mL和适量蒸馏水至总体积约为8 mL(使溶液酸度不大于9 mol/L)。冷却后,加1 mol/L碘化钾-10%抗坏血酸溶液1 mL,用水稀释至刻度(摇匀);放置1 h,待 As^{5+} 全部还原为 As^{3+}。

(3)原子吸收测定　按表3-6所列条件将仪器调好并预热1 h。精确吸取上述还原好的样品消化液1.0 mL,放入氢化物发生器底部,插好导气管,待系统中的空气赶尽,检流计指针稳定在零点时,用注射器吸取0.5% KBH_4 溶液2 mL,通过发生器支臂上的橡皮塞注入样液中,此时溶液中 As^{3+} 被还原成砷化氢气体,并被氮气载入石墨炉中,在高温下转化为原子砷,进而吸收元素灯发射出来的1 937 nm谱线,在检流计上读取最大吸光度值。继续通 N_2 直至指针回零(表示系统中砷蒸气已排净),取下发生瓶。氢化物发生装置如图3-4所示。同时做试剂空白试验。

表3-6　原子吸收分光光度法测砷最佳工作条件

项目	条件	项目	条件
波长/nm	193.7	管炉电压/V	140
狭缝宽度/nm	0.5	管炉温度/℃	850
灯功率/W	7.5(无极放电灯)	N_2 流速/(L/min)	0.94
灯电流/mA	8(空心阴极灯)	N_2 压力/(kg/cm^2)	0.5(约 4.9×10^4 Pa)

(4)绘制标准曲线　准确吸取砷标准溶液(1 μg/mL)0,0.5,1.0,1.5,2.0,2.5 mL于6个50 mL容量瓶中,加入16 mL硫酸(1∶1)和适量水至总体积为

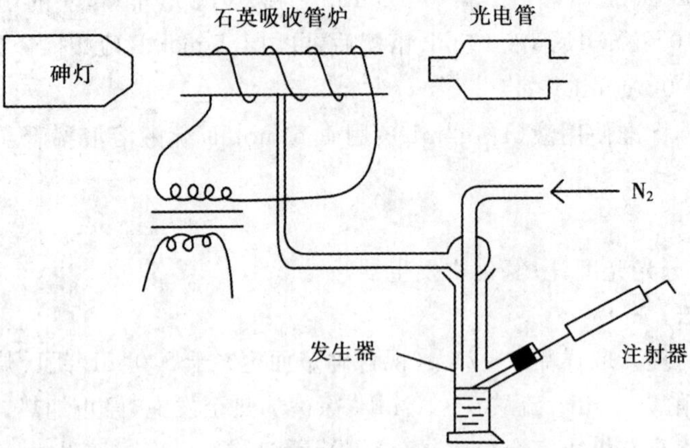

图 3-4 氢化物发生装置图

40 mL;冷却后加 1 mol/L 碘化钾-10%抗坏血酸溶液 5 mL,用水定容,放置 1 h 后,按上法测定其吸光度。以扣除空白的吸光度,对砷量(μg)作图。

【计算】

$$X=\frac{500A}{m}$$

式中:X 为样品中砷的含量,mg/kg;A 为测定用样液从标准曲线上查得的含砷量,μg;m 为样品质量,g。

(二)无机砷的测定(萃取法)

样品中五价砷经碘化钾还原为三价砷,在酸性介质中被乙酸丁酯、苯等有机溶剂所萃取,再将有机溶剂中三价砷反萃取于水中,用银盐法测定其砷含量。

【试剂】

(1)9 mol/L 盐酸:量取 375 mL 盐酸,加水稀释至 500 mL。

(2)乙酸丁酯或苯。

(3)其余同银盐比色法。

【仪器】

(1)离心机:4 000 r/min,50 mL 离心管。

(2)抽滤装置:真空泵(或水泵),抽滤瓶,垂融漏斗或布氏漏斗,上加 2 号滤纸。

(3)测砷装置:见银盐比色法。

【测定方法】

(1)样品处理　取样品 10 g 于具塞三角瓶中,加 50%碘化钾溶液 1 mL,9 mol/L盐酸 12 mL,水 5 mL,摇匀浸泡,放置过夜。离心后吸取上清液移入 250 mL分液漏斗中,用 9 mol/L 盐酸 5 mL 洗残渣,离心,一并收入分液漏斗中。

(2)分离　将上述样液加 30 mL 乙酸丁酯,轻轻振摇 120 次,静置分层,分出盐酸置另一个分液漏斗中,加 30 mL 乙酸丁酯第二次萃取,合并乙酸丁酯萃取液,加 15 mL 9 mol/L 盐酸,振摇洗涤乙酸丁酯,静置分层,分出盐酸。在乙酸丁酯提取液中加 10 mL 水,振摇 120 次,静置分层,分出水溶液于 100 mL 锥形瓶中,再用 10 mL、5 mL 水重复萃取 2 次,合并 3 次水溶液,备用。同时做试剂空白试验。

(3)测定　于 25 mL 提取水溶液与试剂空白水溶液中,分别加 6.5 mL 盐酸,2 mL 5%碘化钾溶液,2.5 mL 酸性氯化亚锡溶液,混匀,放置 15 min,以下按本节三(一)"银盐比色法"中【测定方法】(2)测定③自"各加锌粒 3 g"起依法操作。

【计算】

$$X = \frac{A_1 - A_2}{m}$$

式中:X 为样品中无机砷的含量,mg/kg;A_1 为测定用样品溶液中砷的含量,μg;A_2 为试剂空白液中砷的含量,μg;m 为样品质量,g。

(三)有机砷的测定

从测定的样品中总砷含量中减去无机砷含量,即为有机砷的含量。

第六节　食品中氟的测定

氟(Fluorine)为气态的非金属元素,广泛存在于自然界中,但都是以氟化物的形式存在。人体许多组织中均含有氟,但主要存在于骨骼和牙齿中。

一、氟对食品的污染及危害

1. 氟对食品的污染

氟在地壳中的含量是 0.065%～0.09%。在自然界中 3 个最普通的含氟化物的矿石是萤石(CaF_2)、冰晶石(Na_3AlF_6)和磷灰石[$3Ca_3(PO_4)_2 \cdot CaF_2$]。氟化物存在于空气、水、土壤和一切有生命的物质中。调查表明,工业城市附近空气、水和土壤中氟的含量要比农村、偏远和无人居住区高得多，如城市的空气含氟量在0.05～0.2 μg/m^3，而在偏远农村则很少检出，氟化物含量高是由于工业污染之故。海水中氟化物的含量为1.0～1.4 mg/kg。

造成氟污染食品的主要来源是工业废水、废气、废渣，如矿石开采、有色金属冶炼、煤炭燃烧、磷肥及磷酸盐生产等。通过"三废"污染大气、土壤、水源等，使牧草、饲料和农作物含氟量增高。据四川、云南等地调查，非污染区粮食中含氟量多在2 mg/kg以下，而污染区玉米中含量为261.3 mg/kg。某制冷剂厂附近种植的蔬菜含氟量高达180 mg/kg。牧草和饲料被氟化物污染后，不仅造成畜禽等动物食品的污染，严重时还可造成动物中毒、死亡。如果牧草中的氟含量超过30～70 mg/kg，即会引起动物中毒。

含氟肥料和杀虫剂的使用。磷肥中含氟量相当高，大量施用可引起农作物的污染。含氟杀虫药可造成食品污染，曾报道有人食用氟乙酰胺中毒致死的畜肉而引起急性中毒。

食物链的富集作用。有毒的氟化物可通过水、陆食物链而得以富集，从而危害人体健康。饲草的富集作用最高可达20万倍，牲畜食用后体内（尤其是骨骼）含氟量显著增加。某磷肥厂把废水排入附近的湖中，使湖水中含氟量达0.3～0.4 mg/L，湖水中生长的藻类含氟量上升为60～70 mg/kg；鲫鱼吃了这些藻类，其骨骼含氟量为50～100 mg/kg，虾为200 mg/kg；当地饲养的鸭由于大量食用鱼虾，使鸭体内的含氟量高达4 515 mg/kg。

2. 氟的危害

氟化物种类很多，但均有一定的毒性，其毒性差别很大，一般在水中溶解度越大则毒性越大。高毒类的无机氟有氟化氢（HF）、氧化二氟（OF_2）、氟化钠，中毒类的有三氟化硼（BF_3）、四氟化硅（SiF_4）、氟硅酸（H_2SiF_6）、氟硅酸钠（Na_2SiF_6）等。而有机氟的毒性均比无机氟大，如有机氟醋酸盐的毒性比无机氟大550倍，氟乙酰胺为剧毒类。

吸收进入体内的氟主要分布和储存于骨组织及牙齿中，约占95%。若食品和饮水中含氟量高，人体摄入量多，氟在体内蓄积，可引起慢性氟中毒（fluorine poisoning）。慢性中毒的主要症状是发生氟斑牙和氟骨症。

二、食品中氟的允许含量

1. 食品中的氟含量

一般食品均含有微量的氟，部分食品中氟的含量如表3-7所示。

表 3-7　动物性食品中氟的含量　mg/kg

食品名称	含量	食品名称	含量
牛肉	0.20～2.00	沙丁鱼	5.00
羊肉	1.20	草鱼	0.32～2.20
猪肉	0.20～3.30	鲤鱼	0.58～2.90
牛肝	5.20～5.80	鲫鱼	0.92～6.08
牛心	2.30～2.70	鸡蛋	0.48
牛肾	6.90～10.10	鸭蛋	0.19
猪肝	0.29	牛奶	0.18

2. 食品中氟的允许含量标准

机体对氟化物的吸收量大于排泄量，氟可在体内蓄积。成人每日摄取氟化物的量大于 7 mg 时，就会出现氟的蓄积。一些国家规定的每日从膳食中摄取氟的平均量(mg/kg)：英国 0.2～0.5，加拿大 0.18～0.3，美国 0.2～0.3，日本 0.47～2.66(包括茶叶)。

我国规定食品中氟允许量标准(mg/kg)：肉类≤2.0；鱼类(淡水)≤2.0；蛋类≤1.0。

三、食品中氟的测定

测定食品中氟的常用方法有氟试剂比色法和氟离子选择电极法。其中氟离子选择电极法的检测灵敏度高，几乎没有共存离子的干扰。

(一)氟试剂比色法(扩散法)

食品中氟化物在扩散盒内与酸作用，产生氟化氢气体，经扩散后被氢氧化钠吸收。氟离子与镧(Ⅲ)、氟试剂(茜素氨羧络合剂)在适宜 pH 值下生成蓝色三元络合物，其颜色深浅与样品中氟离子浓度成正比，用含胺类有机溶剂提取，与标准比较定量(扩散单色法)；或不用含胺类有机溶剂提取，直接与标准系列比较定量(扩散复色法)。

【试剂】

所用水均为不含氟的去离子水，全部试剂储于聚乙烯塑料瓶中。

(1)丙酮。

(2)25％乙酸钠溶液。

(3)10％硝酸镁溶液。

(4)1 mol/L 乙酸：取 3 mL 冰乙酸，加水稀释至 50 mL。

(5)2%硫酸银-硫酸溶液：称取 2 g 硫酸银，溶于 100 mL 硫酸(3∶1)中。

(6)1 mol/L 氢氧化钠-乙醇溶液：取 4 g 氧氧化钠，溶于乙醇并稀释至 100 mL。

(7)氟试剂(茜素氨羧络合剂溶液)：称取 0.19 g 茜素氨羧络合剂，加少量水及 1 mol/L 氢氧化钠溶液使其溶解，加 0.125 g 乙酸钠，用 1 mol/L 乙酸调节至红色(pH 值为 5.0)，加水稀释至 500 mL，置冰箱内保存。

(8)硝酸镧溶液：称取 0.22 g 硝酸镧，用少量 1 mol/L 乙酸溶解，加水至约 450 mL，用 25%乙酸钠溶液调节 pH 值为 5.0，再加水稀释至 500 mL，置冰箱内保存。

(9)缓冲液(pH 值为 4.7)：称取 30 g 无水乙酸钠，溶于 400 mL 水中，加 22 mL冰乙酸，再缓缓加冰乙酸调节 pH 值为 4.7，然后加水稀释至 500 mL。

(10)二乙基苯胺-异戊醇溶液(5∶100)：取 25 mL 二乙基苯胺，溶于 500 mL 异戊醇中。

(11)1 mol/L 氢氧化钠溶液：取 4 g 氢氧化钠，溶于水并稀释至 100 mL。

(12)氟标准溶液(1.0 mg/mL)：精密称取 0.221 0 g 经 100 ℃干燥 4 h 冷的氟化钠，溶于水，移入 100 mL 容量瓶中，加水至刻度，混匀，置冰箱中保存。

(13)氟标准使用液(5 μg/mL)：吸取 1.0 mL 氟标准溶液，置于 200 mL 容量瓶中，加水至刻度，混匀。

【仪器】

(1)塑料扩散盒：内径 4.5 cm，深 2 cm，盖内壁顶部光滑，并带有凸起的圈(盛放氢氧化钠吸收液用)，盖紧后不漏气。其他类型塑料盒亦可使用。

(2)恒温箱：(55±1)℃。

(3)分光光度计。

(4)酸度计。

(5)高温电炉。

【测定方法】

1. 扩散单色法

(1)样品处理　取样品 1.00 g 于坩埚(镍、银、瓷等)内，加 4 mL 10%硝酸镁溶液，加 10%氢氧化钠溶液使呈碱性，混匀后浸泡 30 min，将样品中的氟固定。然后在水浴上挥干，再加热炭化至不冒烟，再于 600 ℃马弗炉内灰化 6 h，待灰化完全，取出放冷，备用。

(2)测定

①取塑料盒若干个，分别于盒盖中央加 0.2 mL 1 mol/L 氢氧化钠-乙醇溶液，

在圈内均匀涂布，于 55 ℃恒温箱中烘干，形成一层薄膜，取出备用。

②将样品经灰化处理后的灰分全部移入塑料盒内，用 4 mL 水分数次将坩埚洗净，洗液均倒入塑料盒内，并使灰分均匀分散，如坩埚还未完全洗净，可加 4 mL 2%硫酸银-硫酸溶液于坩埚内继续洗涤，将洗液倒入塑料盒内，立即盖紧，轻轻摇匀。然后置(55±1)℃恒温箱内保温 20 h 。

③分别于 6 个塑料盒内加 0，0.4，0.8，1.2，1.6，2.0 mL 氟标准使用液(相当于含 0，2.0，4.0，6.0，8.0，10.0 μg 氟)，补加水至 4 mL，各加 2%硫酸银-硫酸溶液 4 mL，立即盖紧，轻轻摇匀(切勿将酸溅在盖上)，置恒温箱内保温 20 h。

④将盒(样品盒与标准氟溶液盒)取出，取下盒盖，分别用 20 mL 水少量多次地将盒盖内氢氧化钠薄膜溶解，用滴管小心完全地移入 100 mL 分液漏斗中。

⑤分别于分液漏斗中加 3.0 mL 茜素氨羧络合剂溶液，3.0 mL 缓冲液，8.0 mL 丙酮，3.0 mL 硝酸镧溶液，13.0 mL 水，混匀，放置 10 min。各加入 10.0 mL 5%二乙基苯胺-异戊醇溶液，振摇 2 min，待分层后，弃去水层，分出有机层，并用滤纸过滤于 10 mL 具塞比色管中。

⑥用 1 cm 比色杯于 580 nm 波长处以零管调节零点，测吸光度并绘制标准曲线比较。

2. 扩散复色法

(1)样品处理　同扩散单色法。

(2)测定

①～③同扩散单色法①～③。

④将盒取出，取下盒盖，分别用 10 mL 水分次将盒盖内的氢氧化钠薄膜镕解，用滴管小心完全地移入 25 mL 具塞比色管中。

⑤分别于比色管中加 2.0 mL 茜素氨羧络合剂溶液，3.0 mL 缓冲液，6.0 mL 丙酮，2.0 mL 硝酸镧溶液，再加水至刻度，混匀，放置 20 min，以 3 cm 比色杯，用零管调节零点，于波长 580 nm 处测各管吸光度，绘制标氟线比较。

【计算】

$$X = \frac{A}{m}$$

式中：X 为样品中氟的含量，mg/kg；A 为测定用样品中氟的含量，μg；m 为样品质量，g。

(二)氟试剂比色法(灰化蒸馏法)

样品加硝酸镁固定氟，经高温灰化后，在酸性条件下蒸馏分离氟，蒸出的氟被氢氧化钠溶液吸收，再与氟试剂、硝酸镧作用，生成蓝色三元络合物，与标准比较定量。

【试剂】

(1)1 mol/L 盐酸：取 10 mL 盐酸，加水稀释至 120 mL。

(2)丙酮。

(3)25％乙酸钠溶液。

(4)10％硝酸镁溶液。

(5)10％氢氧化钠溶液。

(6)硫酸(2∶1)。

(7)1 mol/L 乙酸：同扩散法。

(8)氟试剂：同扩散法。

(9)硝酸镧溶液：同扩散法。

(10)缓冲液(pH 值为 4.7)：同扩散法。

(11)酚酞指示液：1％乙酸溶液。

(12)1 mol/L 氢氧化钠溶液：同扩散法。

(13) 氟标准使用液：同扩散法。

【仪器】

(1)电热恒温水浴锅。

(2)酸度计。

(3)马弗炉。

(4)分光光度计。

(5)蒸馏装置。

【测定方法】

(1)样品处理　同扩散法样品处理。

(2)蒸馏

①于坩埚中加 10 mL 水，将数滴 2∶1 硫酸慢慢加入坩埚中，防止溶液飞溅，中和至不产生气泡为止。将此液移入 500 mL 蒸馏瓶中，用 20 mL 水分数次洗涤坩埚，并入蒸馏瓶中。

②于蒸馏瓶中加 60 mL 2∶1 硫酸和数粒无氟小玻珠，连接蒸馏装置，加热蒸馏。馏出液用事先盛有 5 mL 水、7～20 滴 10％NaOH 溶液和 1 滴酚酞指示液的 50 mL 烧杯吸收，当蒸馏瓶内溶液温度上升至 190 ℃时停止蒸馏(整个蒸馏时间为 15～20 min)。

③取下冷凝管，用滴管加水洗涤冷凝管 3～4 次，洗液合并于烧杯中。再将烧杯中的吸收液移入 50 mL 容量瓶中，并用少量水洗涤烧杯 2～3 次，合并于容量瓶中。用 1 mol/L 盐酸中和至红色刚好消失，用水稀释至刻度，混匀。

④分别吸取 0.0，1.0，3.0，5.0，7.0，9.0 mL 氟标准使用液置于蒸馏瓶中，补加水至 30 mL，以下按②和③操作。此蒸馏标准液每 10 mL 分别相当于 0，1.0，3.0，5.0，7.0，9.0 μg 氟。

(3)比色　分别吸取标准蒸馏液和样品蒸馏液 10.0 mL 于 25 mL 具塞比色管中，分别加 2.0 mL 茜素氨羧络合剂溶液，3.0 mL 缓冲液，6.0 mL 丙酮，2.0 mL 硝酸镧溶液，再加水至刻度，混匀，放置 20 min，以 3 cm 比色杯，用零管调节零点，测各管吸光度，绘制标准曲线比较。

【计算】

$$X = \frac{A \cdot V_2}{m \cdot V_1}$$

式中：X 为样品中氟的含量，mg/kg；A 为测定用样液中氟的含量，μg；V_1 为比色时吸取蒸馏液的体积，mL；V_2 为蒸馏液总体积，mL；m 为样品质量，g。

（三）氟离子选择电极法

氟离子选择电极的氟化镧单晶膜对氟离子产生选择性的对数响应，氟电极和饱和甘汞电极在被测试液中产生的电位差可随溶液中氟离子的活度的变化而改变，电位变化规律符合能斯特方程式。在稀溶液中，溶液活度和浓度基本相等，可通过氟标准溶液的电极电位测定，相应地求出样液中氟的含量。

$$E = E^0 - \frac{2.303RT}{F}\lg c_{F^-}$$

E 与 $\lg c_{F^-}$ 呈线性关系。$2.303RT/F$ 为该直线的斜率，于 25 ℃时斜率为 59.16。E 为测定电池的电动势。

测量溶液的 pH 值为 5～6，与氟离子形成络合物的 Fe^{3+}、Al^{3+} 及 SiO_3^{2-} 等干扰测定，其他常见离子无影响。用总离子强度调节缓冲液来保证氟离子活度及维持酸度，以消除干扰离子的影响。

【试剂】

本法所用水均为去离子水，全部试剂储于聚乙烯塑料瓶中。

(1)3 mol/L 乙酸钠溶液：称取 204 g 乙酸钠（$CH_3COONa \cdot 3H_2O$），溶于 300 mL水中，加 1 mol/L 乙酸调节 pH 值至 7.0，加水稀释至 500 mL。

(2)0.75 mol/L 柠檬酸钠溶液：称取 110 g 柠檬酸钠($Na_3C_6H_5O_7 \cdot 2H_2O$)溶

于 300 mL 水中，加 14 mL 高氯酸，再加水稀释至 500 mL。

(3)总离子强度调节缓冲液：3 mol/L 乙酸钠溶液与 0.75 mol/L 柠檬酸钠溶液等量混合，临用时配制。

(4)1 mol/L 盐酸溶液：同比色法。

(5)氟标准溶液：同比色法。

(6)氟标准使用液(1 μg/mL)：吸取 10.0 mL 氟标准溶液置于 100 mL 容量瓶中，加水稀释至刻度，如此反复稀释至每毫升相当于 1 μg 氟的溶液。

【仪器】

(1)氟电极：CSB-F-1 型或其他型号。

(2)酸度计或离子计。

(3)磁力搅拌器。

(4)237 型甘汞电极。

【测定方法】

(1)样品处理　同比色法中的样品处理。

(2)测定

①样品经灰化处理后用 10 mL 1 mol/L 盐酸分次溶解灰分并洗涤坩埚，全部转入 50 mL 容量瓶中，密闭浸泡 1 h，提取后加 25 mL 总离子强度调节缓冲液，加水至刻度，混匀，备用。

②吸取 0，1.0，2.0，5.0，10.0 mL 氟标准使用液(相当于含 0，1.0，2.0，5.0，10.0 μg 氟)，分别置于 50 mL 容量瓶中，于各容量瓶中分别加入 25 mL 总离子强度调节缓冲液和 10 mL 1 mol/L 盐酸，加水至刻度，混匀。

③将氟电极和甘汞电极与测量仪器的负端与正端相连接，电极插入盛有水的 25 mL 塑料杯中，杯中放有套聚乙烯管的铁棒，在电磁搅拌下，读取平衡电位值，更换 2～3 次水后，待电位值平衡后，即可进行样液与标准液的电位测定。

(4)以电极电位为纵坐标，氟离子浓度为横坐标，在半对数坐标纸上绘制标准曲线比较。

【计算】

$$X = \frac{A \times 50}{m}$$

式中：X 为样品中氟的含量，mg/kg；A 为测定用样液中氟的浓度，μg/mL；m 为样品质量，g；50 为样液总体积，mL。

第七节 食品中铜的测定

铜(Copper)是人体的必需微量元素之一,具有参与酶催化的功能,成年人对铜的需要量约为 2 mg/d,婴儿每天为 42~135 μg/kg 体重。人体内积累过量的铜也会引起中毒。

一、铜对食品的污染及危害

铜在自然界分布很广,地壳中含铜量的平均值为 38 mg/kg。已知大约有 150 种含铜的矿石,主要有黄铜矿($CuFeS_2$)、辉铜矿(CuS)、赤铜矿(Cu_2O)、孔雀石($Cu(OH)_2CO_3$)及天然铜等。海水中的铜浓度通常在 1 μg/kg 以下,在深海底泥中为 100~200 mg/kg;河水中为 1.4 μg/kg,与海水中铜浓度大致在同一水平。城市大气飘尘中铜的浓度为 0.01~0.05 $\mu g/m^3$。土壤中的铜含量在 2~100 mg/kg 之间,平均值为 20 mg/kg。据报道,石油中含铜量最高可达 19 mg/kg,而沥青中最高达 1 600 mg/kg。

含铜工业污水灌溉农田或土壤中含铜量过高,均可在农作物中蓄积,并使畜、禽体内含铜量过高。海洋生物对铜均有不同程度的蓄积、浓缩能力。美国贝壳类含铜量高达 1 500 mg/kg,日本牡蛎也有 16.64 mg/kg。容器污染为食品中铜来源的主要原因之一。使用铜锅炒菜、熬糖,盛装酸性食物,能产生铜的溶蚀现象,而使铜进入到食品之中。

铜是具有中等毒性的重金属。可溶性的铜盐(尤其是 $CuSO_4$ 和 $CuAc_2$)的毒性较大,口服 10~15 mg 即可引起呕吐等中毒反应,严重的可引起肝、肾障碍,甚至死亡。硫酸铜(胆矾)对成人的致死量为 10 g,碱性醋酸铜(铜绿)为 15~20 g。

由食物和饮水中摄取过量的铜可造成慢性中毒,目前尚未发现人慢性铜中毒的例子。但澳大利亚等地的牛、羊等家畜曾因饲料而引起慢性铜中毒。

二、铜在食品中的允许含量

1. 食品中铜的含量

一般食品中都含有铜。铜含量最少的食品有牛奶、乳制品、奶油、干酪等,都在 0.5 mg/kg 以下。蔬菜和谷类中铜含量为 1~2 mg/kg,谷类由于精制而失去铜。铜含量较高的食品有肉类(尤其是内脏肝、肾等)、坚果以及甲壳类。部分食品中铜的含量如表 3-8 所示。

表 3-8 部分食品中铜的天然含量 mg/kg

食品名称	含量	食品名称	含量
猪肉	8.87	鲱鱼	11.1
牛肉	4.00～15.6	鳗鱼	10.3
兔肉	8.10	羊肾	17.8
鹅肉	8.30	牛胃	6.50
鸡肉	4.49～12.55	羊心	7.90
鸭肉	7.30	牛奶	1.20～2.59
猪肝	16.46～46.82	鸡蛋	8.20
牛肝	12.0～182.0	鸡蛋白	痕量～19.60
羊肝	212.50～497.50	鸡蛋黄	2.50～8.00
兔肝	10.60	鸭蛋黄	11.1～15.3
鸡肝	12.40	鸭蛋白	12.6～14.5
猪肾	7.58～41.03	牡蛎	24.40～156
牛肾	10.48～39.74	小虾	14.4
鲑鱼	7.80	龙虾	38.8
鲭鱼	15.4	比目鱼	7.30
鳕鱼	9.70		

摘自：刘立群. 毒物分析. 中国医学科学院北京医院.

2. 食品中铜的允许含量标准

我国食品卫生标准规定（均以 Cu 计）：全脂牛乳粉、淡炼乳和甜炼乳中含铜量≤4 mg/kg；肉类罐头≤10 mg/kg；冷饮食品≤10 mg/kg。对其他食品尚未作明确规定。

三、食品中铜的测定

铜试剂比色法是我国国家规定的标准分析方法；原子吸收法灵敏度和精密度都较好，不易受其他共存元素的干扰，更普遍应用于食品中铜的测定。

（一）二乙基二硫代氨基甲酸钠比色法

样品经消化后，在碱性溶液（pH 值为 9.0～9.2）中，Cu^{2+} 与二乙基二硫代氨基甲酸钠（铜试剂）生成黄色络合物，溶于四氯化碳中，于 440 nm 波长进行比色测定，与标准比较定量。

【试剂】

（1）硝酸。

（2）硫酸。

(3)1∶1氨水。

(4)四氯化碳。

(5)1 mol/L硫酸：取硫酸20 mL，缓缓倒入300 mL水中，冷后再加水至360 mL。

(6)6 mol/L硝酸：量取60 mL硝酸，加水稀释至160 mL。

(7)柠檬酸铵-EDTA溶液：柠檬酸铵($(NH_4)_2HC_6H_5O_7$)20 g及乙二胺四乙酸二钠5 g溶于水中，加水稀释至100 mL(必要时纯化：以0.1%铜试剂溶液及10 mL CCl_4 提取除去可能存在的铜，直至 CCl_4 层无色)。

(8)铜试剂溶液：0.1%二乙基二硫代氨基甲酸钠[$(C_2H_5)_2NCS_2Na \cdot 3H_2O$]溶液，必要时可过滤，储存于棕色瓶置冰箱保存，一周内可用。

(9)酚红指示剂：0.1%乙醇溶液。

(10)铜标准溶液(1 mg/mg)：精密称取1.000 0 g金属铜(99.99%以上)，分次加入6 mol/L硝酸溶解，总量不超过37 mL，移入1 000 mL容量瓶中，用水稀释至刻度。此溶液每毫升相当于1 mg铜。

(11)铜标准使用液(10 μg/mg)：吸取10.0 mL铜标准溶液，置于100 mL容量瓶中，加1 mol/L硫酸稀释至刻度。如此再稀释一次，至每毫升相当于10 μg铜。

【仪器】

分光光度计。

【测定方法】

(1)样品消化　同本章第四节三(一)“双硫腙比色法”。

(2)测定

①精密吸取样品消化液和试剂空白液各10.0 mL，分别置于125 mL分液漏斗中，加水稀释至20 mL。

②吸取铜标准使用液0.0，0.5，1.0，1.5，2.0，2.5 mL(相当于含铜0，5.0，10.0，15.0，20.0，25.0 μg)，分别置于125 mL分漏斗中，各加1 mol/L硫酸至20 mL。

③于样品消化液、试剂空白液及铜标准液中各加柠檬酸铵-EDTA溶液5 mL及酚红指示液3滴，混匀，用1∶1氨水调至红色(此时pH值约为9)。各加铜试剂2 mL和10.0 mL四氯化碳，剧烈振荡2 min，静置分层后，于分液漏斗颈部堵一脱脂棉塞，使四氯化碳层通过棉花，弃去最初的1～2 mL后，滤入2 cm比色杯中，以零管调节零点，于波长440 nm处测吸光度；绘制标准曲线比较。

【计算】

$$X=\frac{(A_1-A_2)\cdot V_1}{m\cdot V_2}$$

式中：X 为样品中铜的含量，mg/kg；A_1 为测定用样品消化液中的铜含量，μg；A_2 为试剂空白液中的铜含量，μg；m 为样品质量，g；V_1 为样品消化液总体积，mL；V_2 为测定用样品消化液的体积，mL。

（二）原子吸收分光光度法

样品处理后，导入原子吸收分光光度计中，原子化以后，吸收 324.8 nm 共振线，其吸收量与铜含量成正比，与标准系列比较定量。

【试剂】

要求使用去离子水、优级纯或分析纯试剂。

(1)铜标准溶液：同"二乙基二硫代氨基甲酸钠比色法"。

(2)铜标准使用液(1 μg/mL)：吸取 10 .0 mL 铜标准溶液，置于 100 mL 容量瓶中，加 0.5%硝酸稀释至刻度。如此多次稀释至每毫升相当于 1 μg 铜。

(3)其他试剂同本章第四节三(二)"原子吸收分光光度法"试剂(1)～(7)。

【仪器】

原子吸收分光光度计。

【测定方法】

(1)样品处理　同本章第四节三(二)"原子吸收分光光度法"。

(2)测定

①吸取 0.0，1.0，2.0，4.0，6.0，8.0 mL 铜标准使用液，分别置于 100 mL 容量瓶中，加 0.5%硝酸稀释至刻度，混匀。容量瓶中每毫升分别相当于 0，10，20，40，60，80 ng 铜。

②将样品消化液、试剂空白液和各个铜标准液分别导入空气-乙炔火焰进行原子吸收测定。测定条件：灯电流 6 mA，波长 324.8 nm，狭缝 0.19 nm，空气流量 9 L/min，乙炔流量 2 L/min，炉头高度 3 mm，氘灯背景校正(也可根据仪器型号，调至最佳条件)。以铜含量对应浓度、吸光度，绘制标准曲线比较。

【计算】

$$X=\frac{(A_1-A_2)\cdot V}{1\,000m}$$

式中：X 为样品中铜的含量，mg/kg；A_1 为测定用样品中铜的含量，ng/mL；A_2 为试剂空白液中铜的含量，ng/m；V 为样品消化液的总体积，mL；m 为样品质量，g。

第八节　食品中锌的测定

锌(Zinc)在人体及动物体内均有重要作用,是人体 14 种必需微量元素中较重要的一种,也是人体中含量最多的微量元素,达 2～3 g。锌广泛存在于自然界中,动、植物性食品中均含有锌。人体对锌的每日需要量为 10～15 mg,可由各种食品中获得。

一、锌对食品的污染及危害

锌矿物中最普通的是闪锌矿(ZnS),还有菱锌矿($ZnCO_3$)、红锌矿(ZnO)等。锌在风化过程中,以硫化物及氯化物的形式处于溶液中,可在地表水及地下水中迁移。土壤中含锌量在 10～300 mg/kg,平均 80 mg/kg。城市地区大气飘尘中锌含量达 1.1～5.8 $\mu g/m^3$。据报道,降水中锌的平均浓度为 4.2 μg/kg,河水中上游为 5 μg/kg,越往下游浓度越高,最高可达 200 μg/kg,这是工业废水污染所致,海水中含锌一般为 5 μg/kg。

污染到环境中的锌经河流、海洋被进一步富集。海洋生物对锌的富集能力很强,被锌污染的水域内的鱼贝类含锌量特别高,如牡蛎肉中的锌含量可高达 2 500～3 000 mg/kg(干重)。

使用镀锌容器盛放酸性食品或饮料,可使被酸溶解的锌混入食品,以有机酸盐的形式存在,食用后可引起中毒。如用镀锌铁桶盛放酸梅汤等清凉饮料,饮用后即可引起中毒,也有因食用镀锌白铁容器盛装的醋而引起中毒者。

锌为中等毒性的重金属。锌及其化合物可使蛋白质沉淀,对皮肤及黏膜有较强的刺激和腐蚀性,一次摄入 80～100 mg 以上的锌盐即可引起急性中毒。锌的中毒量为 0.2～0.4 g,氯化锌的致死量为 3～5 g,硫酸锌的致死量为 5～15 g。

锌过多时,可引起急性中毒,出现一系列病变。锌中毒呈急性发作,潜伏期很短,由数分钟至 1 h,主要是胃肠道刺激症状,如恶心、持续性呕吐,腹绞痛、腹泻,眩晕,口中烧灼感,并能引起中枢神经系统的抑制、四肢发生震颤与麻痹等。严重中毒者可因剧烈呕吐、腹泻虚脱而死亡。

慢性锌中毒多表现为顽固性贫血、食欲不振、血红蛋白含量降低、血清铁及体内铁储存量减少等。

二、锌在食品中的允许含量

1. 食品中的锌含量

人类食品中,不论来自动物或植物的,几乎都含有锌。一般动物性食品中锌的含量高，且锌的生物活性大，较易被吸收和利用，植物性食品含锌量少，并较难吸收。部分食品中锌含量如表 3-9 所示。

表 3-9 部分食品中含锌量 mg/kg

食品名称	含量	食品名称	含量
猪肉	148	鸡蛋白	0
牛肉	148	鸡蛋黄	99.0
羊肉	148	鱼肉	33.0～41.0
兔肉	73.0	比目鱼	101
鸡肉	29.0～141	牡蛎	140～270
牛肝	283	牛奶	23.0

2. 食品中锌的允许含量标准

我国对动物性食品及其加工制品中锌的含量标准尚未作出规定，规定味精和食盐中锌的含量≤5 mg/kg，蜂蜜≤25 mg/kg。国外标准（mg/kg），加拿大：水产品≤100，动物肝脏≤100；捷克和波兰：肉≤50.0；匈牙利：肉≤70.0，肝、肾≤100。

三、食品中锌的测定

食品中锌的测定方法，过去一直采用双硫腙比色法，近年来已改用原子吸收法，但双硫腙比色法仍然使用。应用原子吸收法测定锌，即使有较多的其他元素共存，也不受干扰。

（一）原子吸收分光光度法

样品经处理后，导入原子吸收分光光度计中，经空气-乙炔火焰原子化后，吸收 213.8 nm 共振线，其吸光度与锌浓度成正比，与标准系列比较定量。

【试剂】

要求使用去离子水、GR 或高纯试剂。

（1）1∶10 磷酸。

（2）1 mol/L 盐酸：取 10 mL 盐酸加水稀释至 120 mL。

（3）混合酸：硝酸与高氯酸按 3∶1 混合。

（4）锌标准溶液：精密称取 0.500 0 g 金属锌（99.99%），溶于 10 mL 盐酸中，在水浴上蒸发至近干，用少量水溶解后移入 1 000 mL 容量瓶中，以水稀释至刻度，储于聚乙烯瓶中。此溶液每毫升相当于 0.5 mg 锌。

（5）锌标准使用液（100 μg/mL）：吸取 10.0 mL 锌标准溶液置于 50 mL 容量

瓶中，以 0.1 mol/L 盐酸稀释至刻度。

【仪器】

原子吸收分光光度计。

【测定方法】

(1)样品处理 同本章第二节三“食品中镉的测定”中“KI-MIBK 法”的样品处理。

(2)测定

①吸取 0.0，0.1，0.2，0.4，0.8 mL 锌标准使用液，分别置于 50 mL 容量瓶中，以 1 mol/L 盐酸稀释至刻度，混匀(各容量瓶中每毫升分别相当于 0，0.2，0.4，0.8，1.6 μg 锌)。

②将样品消化液、试剂空白液和各锌标准液分别导入空气-乙炔火焰中进行原子吸收测定。测定条件：灯电流 6 mA，波长 213.8 nm，狭缝 0.38 nm，空气流量 10 L/min，乙炔流量 2.3 L/min，炉头高度 3 mm，氘灯背景校正(也可根据仪器型号，调至最佳条件)，以锌含量对应吸光度绘制标准曲线比较。

【计算】

$$X=\frac{(A_1-A_2)\times V}{m}$$

式中：X 为样品中锌的含量，mg/kg(mg/L)；A_1 为测定用样液中锌的含量，μg/mL；A_2 为试剂空白液中锌的含量，μg/mL；m 为样品质量(体积)，g(mL)；V 为样品消化液的总体积，mL。

（二）双硫腙比色法

锌离子在 pH 值为 4.0～5.5 时能与双硫腙生成紫红色络合物，此络合物溶于四氯化碳、氯仿等有机溶剂中，根据有机溶剂中所呈紫红色的深浅与标准比较定量。对于 Ca^{2+}、Hg^{2+}、Pb^{2+}、Cd^{2+}、Ag^{+}、Bi^{2+}、Sn^{2+} 等的干扰，可加入硫代硫酸钠和盐酸羟胺进行掩蔽。

【试剂】

(1)浓硫酸。

(2)浓硝酸。

(3)1∶1 氨水。

(4)酚红指示液：0.1%乙醇溶液。

(5)0.02 mol/L 盐酸：取 2 mol/L 盐酸(盐酸 10 mL，加水稀释至 60 mL) 1 mL，加水稀释至 100 mL。

(6)乙酸缓冲液(pH 值为 4.75)：2 mol/L 乙酸钠溶液($NaAc\cdot 3H_2O$ 68 g，溶

于水至 250 mL)与 2 mol/L 乙酸(冰乙酸 10 mL,加水至 8 5 mL)等体积混合(此液为 pH4.7 左右)。用 0.01%双硫腙-四氯化碳溶液提取数次,每次 10 mL,除去其中的锌,至四氯化碳层绿色不变为止,弃去四氯化碳层,再用四氯化碳提取缓冲液中残留的双硫腙,直至四氯化碳层无色,弃去四氯化碳层。

(7)25%硫代硫酸钠溶液:用 2 mol/L 乙酸调节 pH 值至 4.0～5.5,以下按(6)用 0.01%双硫腙-四氯化碳溶液处理。

(8)20%盐酸羟胺溶液:取盐酸羟胺 20 g,加水 60 mL,滴加 1∶1 氨水调节 pH 值至 4.0～5.5(可用甲基橙为指示剂刚变黄色或用 pH 试纸),用 0.01%双硫腙-四氯化碳溶液照制备 25%$Na_2S_2O_3$溶液的方法处理。

(9)0.01%双硫腙-四氯化碳溶液。

(10)双硫腙使用液:吸取 1.0 mL 0.01%双硫腙-四氯化碳溶液,加四氯化碳至 10.0 mL,混匀。用 1 cm 比色杯,以四氯化碳调节零点,于波长 530 nm 测吸光度(A),根据下式算出配制 100 mL 双硫腙使用液(57%透光率)需用 0.01%双硫腙-四氯化碳溶液的体积(V):

$$V = \frac{10(2 - \lg 57)}{A} = \frac{2.44}{A}$$

(11)锌标准溶液(100 μg/mL):精密称取 0.100 0 g 锌,加 2 mol/L 盐酸 10 mL,溶解后移入 1 000 mL 容量瓶中,加水稀释至刻度。

(12)锌标准使用液(1 μg/mL):吸取 1.0 mL 锌标准溶液,置于 100 mL 容量瓶中,加 2 mol/L 盐酸 1 mL,以水稀释至刻度,混匀。

【仪器】

分光光度计。

【测定方法】

(1)样品处理　同本章第四节三"食品中铅的测定"中"双硫腙比色法"。

(2)测定

①吸取 5.0～10.0 mL 定容的消化液和相同量的试剂空白液,分别置于 125 mL 分液漏斗中,加 5 mL 水,0.5 mL 20%盐酸羟胺溶液,摇匀,再加 2 滴酚红指示液,用 1∶1 氨水调节至红色,再多加 2 滴。加入 5 mL0.01%双硫腙-四氯化碳溶液,剧烈振摇 2 min,静置分层。将下层溶液(四氯化碳层)移入另一分液漏斗中,水层再用少量双硫腙-四氯化碳振摇提取,每次 2～3 mL,直至双硫腙-四氯化碳溶液绿色不变为止。合并双硫腙提取液,用 5 mL 水洗涤,分去水层后,四氯化碳层用 0.02 mol/L 盐酸提取 2 次,每次 10 mL,提取时剧烈振摇 2 min;静置分层后,弃去四氯化碳层,合并盐酸提取液,并用少量四氯化碳洗涤,以除去残留的双

硫腙。

②吸取 0,1.0,2.0,3.0,4.0,5.0 mL 锌标准使用液(相当 0,1.0,2.0,3.0,4.0,5.0 μg 锌),分别置于 125 mL 分液漏斗中,各加 0.02 mol/L 盐酸至 20 mL。

③于样品提取液、试剂空白液及锌标准液中各加乙酸缓冲液 10 mL,25%硫代硫酸钠溶液 4 mL,摇匀,再各加入 10.0 mL 双硫腙使用液,剧烈振摇 2 min,静置分层后,经脱脂棉将四氯化碳层滤入 1 cm 比色杯中,以零管为参比调零,于波长 530 nm 处测吸光度,绘制标准曲线比较。

【计算】

$$X = \frac{(A_1 - A_2)V_1}{mV_2}$$

式中:X 为样品中锌的含量,mg/kg;A_1 为测定用样品消化液中的锌含量,μg;A_2 为试剂空白液中的锌含量,μg;V_1 为样品消化液总体积,mL;V_2 为测定用样品消化液的体积,mL;m 为样品质量,g。

第四章 食品中农药残留的检测

第一节 农药污染及农药残留

农药(pesticides)是用于防治、消灭或者控制危害农业、林业的病、虫、草和其他有害生物,以及有目的地调节植物、昆虫生长的药物的通称,但不包括肥料、动植物营养素、食品添加剂及动物用药品等。农药可以是化学合成的,也可以是来源于生物或其他天然物质的一种或者几种物质的混合物及其制剂。

农药是重要的农业生产资料,可有效地控制病虫害、消灭杂草、提高农作物的产量和质量,杀灭一些病原生物和传播媒介,使人和动物的某些疾病得到有效控制。但是农药使用不当会产生残留、污染环境和农产品、危害人畜健康和生命安全。加入 WTO 以来,农药残留作为技术壁垒在农产品国际贸易中起着越来越重要的作用,引起各国政府的重视。

一、农药对食品的污染

农药污染食品的途径主要有以下几种。

(1)直接污染　直接污染是直接施用农药造成食品及食品原料的污染。给农作物施用农药后,被植物的根、茎、叶和果实吸收而受到污染。渗透性农药主要黏附在蔬菜、水果等作物表面,大部分可以洗去。内吸性农药可进入作物体内。从作物本身角度而言,作物种类不同,对各种农药表现出的吸收情况也不同,所造成的污染程度也不同。对动物使用农药会污染食用动物。粮食、水果、蔬菜等食品储存期间为防止病虫害、抑制生长而施用农药,也可造成食品的污染。例如粮仓用杀虫剂,香蕉和柑橘用杀菌剂,洋葱、土豆和大蒜用抑芽剂等。农药用于公共卫生事业方面,特别是用于食品生产、加工、储藏和销售场所,以消灭蚊、蝇、蚤、蟑螂和鼠害等,可直接污染食品。

(2)间接污染　农作物施用农药时农药可残留在土壤中,有些性质稳定的农药,在土壤中可残留数十年。农药的微粒还可随空气飘移至很远的地方,污染食品和水源。环境中残存的农药又会被作物吸收、富集而造成食品间接污染。农药在生产过程中通过废水、废气、废渣的排放,尤其是未经处理或处理不达标的废水,污染大气、土壤和水体,不同程度地污染动物和农作物。

(3)食物链和生物富集作用对食品造成的污染 农药残留被一些生物摄入后积累于体内,再通过食物链转移至另一生物,通过食物链的逐级富集后,可使进入人体的农药残留量成千倍甚至成万倍地增加,从而严重影响人体健康。动物体内的农药有些可随乳汁进入人体,有些则可转移至蛋中,进行富集。鱼、虾等水生动物摄入水中污染的农药后,通过生物富集和食物链可使体内农药的残留浓缩至数百至数万倍。

(4)意外事故造成的食品污染 运输及储存过程中食品与农药混放,可造成食品污染。尤其是运输过程中包装不严或农药容器破损,会导致运输工具污染,这些被农药污染的运输工具,往往未经彻底清洗,再用于装运粮食或其他食品。印度博帕尔毒气灾害就是化工厂泄漏农药中间体硫氰酸酯引起的,中毒者数以万计,同时造成大量孕妇流产和胎儿死亡。

二、农药残留

农药残留(pesticide residue)是指农药使用后生物体、农副产品和环境中残存有农药原体、有毒代谢物、降解物和杂质。残留的数量称为残留量(pesticide residual dose)。

为了保护人类健康,控制环境污染,2001 年 5 月 22 日联合国环境会议上通过了《关于持久性有机污染物的斯德哥尔摩公约》,决定在全世界范围内禁用或严格限用 12 种有机污染物,其中 9 种为有机氯农药:艾氏剂、狄氏剂、异狄氏剂、氯丹、七氯、灭蚁灵、毒杀芬、六氯苯和滴滴涕。

(一)食品中农药残留毒性与限量

由于大量使用农药,我国农药中毒事件时常发生。1994 年我国农药中毒人数已超过 10 万人,其中生产性中毒和非生产性中毒比例为 1∶1,非生产性中毒除了误食农药外,大部分是由于食物农药残留而引起。

1. 农药残留的危害

环境中的农药被生物摄入蓄积于体内,通过食物链传递并富集,严重地威胁人类健康。农药对人体的危害可概括为急性毒性中毒和慢性毒性中毒两方面。

急性中毒主要由于职业性(生产和使用)中毒、自杀或他杀以及误食、误服农药,或者食用刚喷洒过高毒农药的蔬菜和瓜果,或者食用因农药中毒而死亡的畜禽肉和水产品而引起。食品中大多数残留农药进入机体后,也可引起食用者中毒。中毒后常出现神经系统功能紊乱和胃肠道症状,严重时会危及生命。摄入超量的有机磷酸酯类等农药后，能迅速抑制胆碱酯酶而阻断胆碱能传递，引起一系列神经症状，为急性神经毒性。有些有机磷农药能对人产生迟发性神经毒性，中毒者常常在急性中毒后 7～20 d 出现肢体麻痹和运动失调、精神障碍等症状。

绝大多数有机合成农药都是脂溶性的，易残留于食品原料中。若长期食用农药残留量较高的食品，农残则会在人体内逐渐蓄积，损害人体的神经系统、内分泌系统、生殖系统、肝脏和肾脏。这种中毒过程较为缓慢，症状短时间内不很明显，容易被人们所忽视，而其潜在的危害性很大。

长期或大剂量摄入农药残留的食品后，还可能对食用者产生遗传毒性、生殖毒性、致畸和致癌作用。据 Daniels 报道，儿童某些肿瘤（脑癌、白血病）与父母在围产期接触化学农药有一定相关性。怀孕母亲接触农药，其子女患脑癌的危险度明显增加。有人报道用苯菌灵灌胃给药可引起动物畸形。

2. 食品中农药残留限量标准

继 FAO/WHO 和世界其他国家对食品中农药的最大残留限量（maximum residue limits，MRLs）做出规定之后，我国也相继出台了一系列标准，并于 1994 年正式颁发了农药残留限量标准，包括 20 种农药。2005 年 10 月我国又修订了食品中农药最大残留限量标准，其中包括 136 种农药。这些标准的制定对指导合理使用农药、减少食品中农药残留、维持生态平衡等起了重要作用。随着科学技术的发展和人民生活水平的提高，人们对食品质量的要求也越来越高，使得一些标准已不能完全适应社会发展的需要，这就要求进一步制定和完善相关标准，不断加强对食品中农药残留量的监督管理工作，以维护和提高食品的安全性，保障人民身体健康。

（二）控制食品中农药残留的措施

尽管农药具有毒性，污染环境，危害人体健康，但全面禁止使用农药是不现实的。应该高度重视农药污染，积极面对农药残留毒性问题，制定有效的控制措施。

（1）加快农药安全使用标准体系建设。建立健全农药生产和使用的法律法规，加强对原料作物的生产管理。严格按照《农药安全使用标准》、《农药合理使用准则》等规定用药。

（2）严格农药的生产管理。按照《农药生产管理办法》，严格农药的生产管理，积极发展高效、低毒、低残留的农药品种。

（3）健全监测体系，积极开展农药残留监测工作。健全农药残留监测体系是做好农药残留监控工作的重要保障。

（4）切实加强安全用药技术指导、宣传和培训。加强安全意识、合理地使用农药。加强安全教育、提高农药安全知识水平，从根本上防止农药污染及危害人类。

(5)采用科学合理的加工食用方法。食品在食用前要去皮、充分洗涤、烹饪和加热处理。在碱性条件下加工食品，有利于有机磷农药的消除。

第二节　食品中有机磷农药的检测

有机磷农药(organophosphorus pesticide)是研究使用较早的农药。由于其防治对象多，应用范围广，被广泛地应用于各类农作物中。有机磷农药是一类有相似化学结构的化合物，但在具体结构组分和物理以及药理诸多方面有差异。一般为磷酸或膦酸的酯、酰胺或硫羟衍生物。

有机磷农药品种不同，经口服毒性差别很大。经口服 LD_{50} 按体重计为 10～3 000 mg/kg。依经口服急性毒性可将有机磷农药分为高毒、中毒、低毒 3 类，其中，高毒农药不准用于蔬菜、茶叶、果树和中药材，也不准用于防治卫生害虫及人、畜皮肤病。

一、有机磷农药对食品的污染及危害

有机磷农药在农业生产中的广泛应用，导致食品不同程度的污染。食品中有机磷农药的残留量可因食品种类、农药使用量和残效期以及施用与收获的间隔期不同而异。有机磷农药一般残留时间较短，在根类、块茎类作物中相对比叶菜类、豆类作物中残留时间要长。具有内吸性的有机磷可被植物吸收到体内。对水域及水生生物的污染，大多是由于农药生产厂废水的排放及降水使农药转移到水中而引起的。有机磷农药主要残留在植物性食品中，不易在动物体内残留。如果经口或体表涂擦给动物驱虫，饲喂含有机磷农药残留的饲料，食品加工过程中用有机磷杀虫剂杀灭蚊蝇和蟑螂等也可造成食品的污染。动物性食品在运输、储存过程中也可被农药污染。食品中残留的有机磷农药对人体可造成不同程度的危害，主要表现为急性毒性和慢性毒性。

有机磷农药的毒性以急性中毒为主，对人的毒性属于一种神经毒，主要抑制体内乙酰胆碱酯酶的活性，导致乙酰胆碱在体内的蓄积，引起神经功能紊乱等一系列中毒症状。

有机磷农药在体内能迅速转化而解毒，残留期短，慢性中毒问题过去未引起人们注意。近年来发现长期接触或随食品摄入有机磷农药可呈现一系列病理变化，呈现慢性毒性，如肝功能下降、血糖升高、白细胞吞噬功能减退等，并具有致畸、致癌、致突变作用。

二、有机磷农药在食品中的允许残留量

我国食品中有机磷农药的最大残留限量标准如表 4-1 所示。

表 4-1 食品中有机磷农药最大残留限量 mg/kg

农药名称	标准	食物	MRLs*	食物	MRLs*
马拉硫磷	GB 2763—2005	原粮、大豆	8.0	梨果类水果	2.0
		叶菜类蔬菜	8.0	核果类水果	6.0
		甘蓝类、果菜类蔬菜	0.5	草莓	1.0
		豆类蔬菜	2.0	葡萄	8.0
		芹菜	1.0	柑橘类水果	4.0
		块根类蔬菜	0.5		
敌敌畏	GB 276—2005	原粮	0.1	蔬菜、水果	0.2
水胺硫磷	GB 276—2005	稻谷	0.1	蔬菜、水果	0.2
甲胺磷	GB 276—2005	稻谷、棉籽	0.1	蔬菜	0.05**
倍硫磷	GB 2763—2005	稻谷、小麦、蔬菜、水果	0.05	食用植物油	0.01
喹硫磷	GB 276—2005	大米	0.2	柑橘	0.5
杀螟硫磷	GB 276—2005	原米、全麦粉	5.0	小麦粉	2.0
		大米	1.0	蔬菜、水果、茶叶	0.5
久效磷	GB 276—2005	稻谷、小麦、甘蔗	0.02	棉籽油	0.05
乐果	GB 2763—2005	稻谷、小麦、大豆	0.05	块根类蔬菜	0.5
		叶菜类、甘蓝类蔬菜	1.0	梨果类水果	1.0
		果菜类、豆类、茎类蔬菜	0.5	核果类、柑橘类水果	2.0
		鳞茎类蔬菜	0.2	食用植物油	0.05
甲拌磷	GB 2763—2005	小麦、高粱	0.02	花生油、棉籽	0.05
		花生	0.1		
对硫磷	BG 2763—2005	原粮、棉籽油	0.1	蔬菜、水果	0.01**
		马铃薯	0.05		
甲基对硫磷	GB 2763—2005	稻谷、小麦、玉米、棉籽油	0.1	苹果	0.01**
辛硫磷	GB 2763—2005	原粮、蔬菜、水果	0.05		
甲基嘧啶磷	GB 2763—2005	稻谷、小麦、全麦粉	5.0	大米	1.0
		糙米、小麦粉	2.0		
乙酰甲胺磷	GB 2763—2005	稻谷、小麦、玉米	0.2	棉籽	2.0
		蔬菜	1.0	茶叶	0.1
		水果	0.5		

* MRLs：最大残留限量(maximum residue limits)；

** 不得在该类食物中使用此农药，该项数值为检验方法的测定限。

三、有机磷农药残留的检测

有机磷农药残留量的测定，早期较为广泛采用的是酶化学法及单项比色法等，后来用薄层色谱与酶化学抑制法相结合的方法取代。近年来广泛采用了气相色谱法，灵敏度和精密度高，可同时测定多种有机磷农药，已成为国内外测定有机磷农药的标准方法。

（一）食品中有机磷农药残留量的测定

本方法适用于施过敌敌畏等 20 种农药制剂的水果、蔬菜、谷类等作物的残留量分析。含有机磷的试样在富氢焰上燃烧，以 HPO 碎片的形式放射出波长 526 nm 的特征光；这种光通过滤光片选择后，由光电倍增管接收，转换成电信号，经微电流放大器放大后被记录下来。试样的峰面积或峰高与标准品的峰面积或峰高进行比较定量。

【试剂】

(1)二氯甲烷。

(2)丙酮。

(3)氯化钠。

(4)无水硫酸钠。

(5)助滤剂 Celite 545。

(6)农药标准品：

①敌敌畏(DDVP)：99%；

②速灭磷(mevinphos)：顺式 60%，反式 40%；

③久效磷(monocrotophos)：99%；

④甲拌磷(phorate)：98%；

⑤巴胺磷(propetumphos)：99%；

⑥二嗪农(diazinon)：98%；

⑦乙嘧硫磷(etrimfos)：97%；

⑧甲基嘧啶硫磷(paratehion-methyl)：99%；

⑨甲基对硫磷(parethion-methyl)：99%；

⑩稻瘟净(kitazine)：99%；

⑪水胺硫磷(isocarbophos)：99%；

⑫氧化喹硫磷(po-quinalphos)：99%；

⑬稻丰散(phenthoate)：99.6%；

⑭甲喹硫磷(methdathion):99.6%;

⑮克线磷(phenamiphos):99.9%;

⑯乙硫磷(ethion):95%;

⑰乐果(dimethoate):99.0%;

⑱喹硫磷(quinaphos):98.2%;

⑲对硫磷(parathion):99.0%;

⑳杀螟硫磷(fenitrothion):98.5%。

(7)农药标准溶液的配制:分别准确称取以上标准品①至⑳,以二氯甲烷为溶剂,分别配制成1.0 mg/mL的标准储备液,储于冰箱(4 ℃)中,使用时用二氯甲烷稀释配成单一品种的标准使用液(1.0 μg/mL)。再根据各农药品种的食品相应值或最小检测限,吸取不同量的标准储备液,用二氯甲烷稀释成混合标准使用液。

【仪器】

(1)组织捣碎机。

(2)旋转蒸发仪。

(3)气相色谱仪:附有火焰光度离子化检测器(FPD)。

【色谱条件】

色谱柱:①玻璃柱2.6 m×3 mm(i.d),填装涂有4.5%DC-200+2.5%OV-17的Chromosorb WAW DMCS(80～100目)担体。②玻璃柱2.6 m×3 mm(i.d),填装涂有1.5%DCOE-1的Chromosorb WAW DMCS(60～80目)担体。

气体流速:氮气50 mL/min,氢气100 mL/min,空气50 mL/min。

温度:柱箱240 ℃,汽化室260 ℃,检测器270 ℃。

【测定方法】

(1)试样的制备　取粮食样品粉碎机粉碎,过20目筛制成粮食试样;取水果、蔬菜样品洗净,晾干,去掉非可食部分后制成待分析试样。

(2)提取

①水果、蔬菜:称取50.00 g试样,置于300 mL烧杯中,加入50 mL水和100 mL丙酮(提取液总体积为150 mL),用组织捣碎机提取1～2 min。匀浆液经铺有二层滤纸和约10 g Celite 545的布氏漏斗减压抽滤。从滤液中分取100 mL移至500 mL分液漏斗中。

②谷物:称取25.00 g试样,置于300 mL烧杯中,加入50 mL水和100 mL丙酮,以下按水果、蔬菜提取方法操作。

(3)净化　向水果、蔬菜和谷物提取的滤液中加入10～15 g氯化钠使溶液处于饱和状态,猛烈振摇2～3 min,静置10 min,使丙酮从水相中盐析出来,水相用

50 mL二氯甲烷振摇 2 min,再静置分层。

将丙酮与二氯甲烷提取液合并,经装有 20～30 g 无水硫酸钠的玻璃漏斗脱水滤入 250 mL 圆底烧瓶中,再以约 40 mL 二氯甲烷分数次洗涤容器和无水硫酸钠。洗涤液也并入烧瓶中,用旋转蒸发器浓缩液定量转移至 5～25 mL 容量瓶中,加二氯甲烷定容至刻度。

(4)测定　吸取 2～5 μL 混合标准液及样品净化液注入色谱仪中,以保留时间定性。以试样的峰高或峰面积与标准比较定量。

【计算】

$$X=\frac{A\times V_1\times V_3\times E_{si}\times 1\,000}{A_{si}\times V_2\times V_4\times m\times 1\,000}$$

式中:X 为 i 组分有机磷农药的含量,mg/kg;A 为试样中 i 组分的峰面积,积分单位;A_{si}为混合标准液中 i 组分的峰面积,积分单位;V_1 为试样提取液的总体积,mL;V_2 为净化用提取液的总体积,mL;V_3 为浓缩后的定容体积,mL;V_4 为进样体积,μL;E_{si}为注入色谱仪中的 i 标准组分的质量,ng;m 为样品的质量,g。

【说明】

13 种有机磷农药的色谱图中各种农药出峰顺序为:①敌敌畏;②甲拌磷;③二嗪农;④乙嘧硫磷;⑤巴胺磷;⑥甲基嘧啶硫磷;⑦稻瘟净;⑧乐果;⑨喹硫磷;⑩甲基对硫磷;⑪杀螟硫磷;⑫对硫磷;⑬乙硫磷。

(二)粮食、蔬菜、油中有机磷农药残留量的测定

本方法适用于粮食、蔬菜、油中敌敌畏、乐果、马拉硫磷、甲拌磷、稻瘟净、杀螟硫磷、倍硫磷、虫螨磷农药的残留量测定。最低检出浓度范围为 0.01～0.03 mg/kg。

【试剂】

(1)二氯甲烷。

(2)无水硫酸钠。

(3)50 g/L 硫酸钠溶液。

(4)丙酮。

(5)中性氧化铝,层析用,经 300 ℃活化 4 h 后备用。

(6)活性炭:称取 20 g 活性炭,用 3 mol/L 盐酸浸泡过夜,抽滤后用水洗至无氯离子,于 120 ℃烘干备用。

(7)农药标准储备溶液:准确称取适量有机磷农药标准品,用苯(或三氯甲烷)先配制成储备液,放在冰箱中保存。

(8)农药标准使用液:临用时用二氯甲烷稀释为使用液,使其浓度为敌敌畏、

乐果、马拉硫磷、对硫磷和甲拌磷各相当于 1.0 μg/mL。稻瘟净、倍硫磷、杀螟硫磷和虫螨磷每毫升各相当于 2.0 μg。

【仪器】

(1)气相色谱仪,附火焰光度检测器。

(2)电动振荡器。

【色谱条件】

色谱柱:玻璃柱,内径 3 mm,长 1.5～2.0 m。

①分离测定敌敌畏、乐果、马拉硫磷和对硫磷的色谱柱:内装涂以 2.5%SE-30 和 3%QF-1 混合固定液的 60～80 目 Chromosorb W AW DMCS,或内装涂以 1.5%OV-17 和 2%QF-1 混合固定液的 60～80 目 Chromosorb W AW DMCS,或内装涂以 2%OV-101 和 2%QF-1 混合固定液的 60～80 目 Chromosorb W AW DMCS。

②分离、测定甲拌磷、虫螨磷、稻瘟净、倍硫磷和杀螟硫磷的色谱柱:内装涂以 3%PEGA 和 5%QF-1 混合固定液的 60～80 目 Chromosorb W AW DMCS,或内装涂以 2%NPGA 和 3%QF-1 混合固定液的 60～80 目 Chromosorb W AW DMCS。

气流速度:载气为氮气 80 mL/min,空气 50 mL/min,氢气 180 mL/min(氮气和空气、氢气之比按各仪器型号不同选择各自的最佳比例条件)。

温度:进样口为 220 ℃,检测器为 240 ℃,柱温为 180 ℃,但敌敌畏最佳检测柱温为 130 ℃。

【测定方法】

(1)提取与净化

①蔬菜:将蔬菜切碎混匀。称取 10.00 g 混匀的试样,置于 250 mL 具塞锥形瓶中,加 30～100 g 无水硫酸钠(根据蔬菜含水量)脱水,剧烈振摇后如有固体硫酸钠存在,说明所加无水硫酸钠已够。加 0.2～0.8 g 活性炭(根据蔬菜色素含量),脱色。

加 70 mL 二氯甲烷,在振荡器上振摇 0.5 h,经滤纸过滤,量取 35 mL 滤液,在通风柜中室温下自然挥发至近干,用二氯甲烷少量多次研洗残渣,移入 10 mL(或 5 mL)具塞刻度管中,并定容至 2.0 mL 备用。

②稻谷:脱壳,磨粉,过 20 目筛,混匀。称取 10.00 g 置于具塞锥形瓶中,加入 0.5 g 中性氧化铝及 20 mL 二氯甲烷,振摇 0.5 h,过滤,滤液直接进样。如农药残留量过低,则加 30 mL 二氯甲烷振摇过滤,量取 15 mL 滤液浓缩并定容至 2.0 mL 进样。

③小麦、玉米：将样品磨粉过20目筛，混匀。称取10.00 g，置于具塞锥形瓶中，加入0.5 g中性氧化铝、0.2 g活性炭及20 mL二氯甲烷，振摇0.5 h后过滤，滤液直接进样。如农药残留量过低，加30 mL二氯甲烷振摇过滤，量取15 mL滤液浓缩并定容至2.0 mL进样。

④植物油：称取5.00 g混匀的样品，用50 mL丙酮分次溶解并洗入分液漏斗中，摇匀后加10 mL水，轻轻旋转振摇1 min，放置1 h以上，弃去下面析出的油层，上层溶液自分液漏斗上口倾入另一分液漏斗中，当心尽量不使剩余油滴倒入(如乳化严重，分层不清，则放入50 mL离心管中，于2 500 r/min离心0.5 h，用滴管吸出上层溶液)，加30 mL二氯甲烷和100 mL 50 g/L硫酸钠溶液，振摇1 min，静置分层后将二氯甲烷提取液移至蒸发皿中，丙酮水溶液再用10 mL二氯甲烷提取一次，分层后合并至蒸发皿中。自然挥发后，如无水，可用二氯甲烷少量多次研洗蒸发皿中残液移入具塞量筒中，并定容至5 mL。加2 g无水硫酸钠振摇脱水，再加1 g中性氧化铝，0.2 g活性炭(毛油可加0.5 g)，振摇脱油和脱色，过滤，滤液直接进样。二氯甲烷自然挥发后如有少量水，可用5 mL二氯甲烷分次将挥发后的残液洗入小分液漏斗内，提取1 min，静置分层后将二氯甲烷层移入具塞量筒内，再以5 mL二氯甲烷提取一次，合并入具塞筒内，定容至10 mL，加5 g无水硫酸钠振摇、脱水，再加1 g中性氧化铝和0.2 g活性炭振摇，脱油和脱色，过滤后滤液直接进样。或将二氯甲烷和水一起倒入具塞量筒中，用二氯甲烷少量多次研洗蒸发皿，洗液并入具塞量筒中，以二氯甲烷层为准定容至5 mL，加3 g无水硫酸钠，然后如上加中性氧化铝和活性炭依法操作。

(2)测定　根据仪器灵敏度配制一系列不同浓度的标准溶液。

将各浓度的标准液2～5 μL分别注入气相色谱仪中，可测得不同浓度有机磷标准溶液的峰高，绘制有机磷标准曲线。同时取样品溶液2～5 μL注入气相色谱仪中，测得的峰高从标准曲线上查出相应的含量。

【计算】

$$X=\frac{A\times 1\ 000}{m\times 1\ 000\times 1\ 000}$$

式中：X为样品中有机磷农药的含量，mg/kg；A为进样体积中有机磷农药的质量，ng；m为进样体积(μL)相当于样品的质量，g。

(三)食品中辛硫磷农药残留量的测定方法

本方法适用于谷类、蔬菜、水果中辛硫磷农药的残留分析。最小检出浓度为0.01 mg/kg。含有机磷的样品在富氢焰上燃烧，以氢磷氧(HPO)碎片的形式，放射出波长 526 nm 的特征光,这种特征光通过滤光片选择后,由光电倍增管接收,转换成电信号,经微电流放大器放大后,分别记录标准和样品的峰高,以外标法定量。

【试剂】

(1)丙酮。

(2)石油醚。

(3)无水硫酸钠。

(4)活性炭:称取 20 g 活性炭,用 3 mol/L 盐酸浸泡过夜,抽滤,用水洗至中性;在 120 ℃烘干备用。

(5)标准品

①辛硫磷(phoxim):99%。

②标准溶液的配制:准确称取辛硫磷标准品,用丙酮溶解,配成 1 mg/mL 标准储备液,使用时用丙酮稀释成 1 μg/mL 的标准使用液,储藏于冰箱中。

【仪器】

(1)气相色谱仪,带火焰光度检测器。

(2)电动振荡器。

(3)K-D 浓缩器。

(4)索氏提取器。

(5)具塞锥形瓶,250 mL。

(6)分液漏斗,250 mL。

【色谱条件】

色谱柱:玻璃柱,内径 3 mm,长 1 m,内装 5%OV-101/Chromosorb W AW DMCS 80～100 目。

气流速度:载气(N_2)80 mL/min,空气 60 mL/min,氢气 60 mL/min。

温度:柱温 175 ℃,进样口 185 ℃,检测器 200 ℃。

【测定方法】

(1)试样的制备　取谷物试验样品,经粉碎机粉碎,过 20 目筛后,制成谷物试样。取蔬菜和水果试验样品,洗净,晾干,去掉非可食部分后,剁碎或经组织捣碎机捣碎,制成蔬菜或水果试样。

(2)提取和净化

①谷物:称取谷物试样 20.00 g,精确至 0.001 g,置于具塞锥形瓶中,加入 50 mL 石油醚,避光浸提 5 h,抽滤,残渣用 100 mL 石油醚分 3 次洗涤,合并滤液

通过无水硫酸钠，于 K-D 浓缩器上浓缩，定容至 5 mL，待气相色谱分析。

②蔬菜：称取蔬菜试样 50.000 g，精确至 0.001 g，置于具塞锥形瓶中，用石油醚-丙酮(1+1)溶液 100 mL 避光浸提 12 h，后加 1～3 g(根据蔬菜色素含量)活性炭振荡 0.5 h，静置 5 min，抽滤，滤渣用 50 mL 丙酮洗涤，向滤液中加入 100 mL 20 g/L 硫酸钠水溶液，用 150 mL 石油醚分 3 次萃取，合并萃取液，浓缩并定容至 10 mL，待气相色谱分析。

③水果：称取水果试样 25.000 g，加入 1.5 g 活性炭拌匀，用滤纸将试样包好，置于索氏抽提器中，加入 120 mL 石油醚-丙酮(1+1)，避光浸泡一夜后，在 60 ℃下回流 4 h，每小时 4～5 次，提取液转移到分液漏斗中，加入 30 mL 20 g/L 硫酸钠水溶液，振摇，分出石油醚层，水层用 30 mL 石油醚萃取 2 次，合并石油醚，通过无水硫酸钠，浓缩石油醚层，定容至 5 mL，待气相色谱分析。

(3)测定

定性：以辛硫磷标准品的保留时间定性。

定量：用外标法定量，以辛硫磷标准品作外标物，按峰高计算。

【计算】

$$X=\frac{h_2\times E_s\times V_2\times 1\,000\times 1\,000}{h_1\times V_1\times m\times 1\,000\times 1\,000}$$

式中：X 为样品中辛硫磷含量，mg/kg；E_s 为注入的标样中辛硫磷的质量，ng；V_1 为样品进样体积，μL；V_2 为最后定容体积，mL；h_1 为标准样品的峰高，mm；h_2 为样品的峰高，mm；m 为样品质量，g。

(四)薄层酶抑制法

胆碱酯酶水解乙酸萘酯为乙酸和萘酚，萘酚与牢固蓝染料(B)作用生成玫瑰红色化合物。当有机磷农药存在时，胆碱酯酶的水解活力被抑制，使此呈色反应受到阻碍，从而在薄层板的玫瑰红色背景上出现有机磷农药白色斑点，以示检出。根据显示斑点的大小、清晰度与农药的标准点进行比较，作概略定量。

【试剂】

(1)硅胶 G-羧甲基纤维素钠薄板

①1 g/L 羧甲基纤维素钠：羧甲基纤维素钠 1 g，用少量水搅成均匀半透明糊状，然后加水至 1 000 mL，搅匀，煮沸，放置过夜，倾出上清液备用。

②制板：称取硅胶 G 3.5 g，加 1 g/L 羧甲基纤维素钠约 8 mL，充分搅匀，倾注(或涂布)于 10 cm×15 cm 干净玻璃板上，晾干后置 105～110 ℃烘箱内烘 1 h，冷却后置于干燥器内备用。

(2)展开剂

①己烷＋丙酮(8＋2):用于检出 E-1605(乙基对硫磷)。

②石油醚(30～60 ℃)＋丙酮(8＋2):用于检出 E-1605。

③苯＋乙醚(9＋1):用于检出马拉硫磷。

④乙醚(预展剂):三氯甲烷＋甲醇(9＋1):用于检出乐果。

⑤苯＋甲醇(9＋1):用于检出敌敌畏。

⑥乙醚(预展剂):三氯甲烷＋丙酮(9＋1):用于检出敌百虫。

(3)活化剂

①饱和溴水:取浓溴素(分析纯),加水饱和,避光保存。

②氨水(1＋4):取氨水 1 份,加 4 份水混匀。

(4)酶液　取新鲜鸡肝或鸭肝 1 份,加水 9 份,用捣浆机打成匀浆,离心,取出上层浑浊溶液于消毒瓶中,置冰箱内储存,临用时取 1 mL,加水至 25 mL 混匀使用。

(5)显色剂

①乙酸 β-萘酯溶液:称取乙酸 β-萘酯 125 mg,溶于 100 mL 无水乙醇中。

②蓝光重氮色盐蓝(牢固蓝 B)溶液:称取牢固蓝 B 5 mg,溶于 4 mL 水中,临用时配制。取此液 4 mL 加①液 1 mL,混匀即可使用(可供一块 10 cm×15 cm 板使用)。

(6)提取、净化剂

①三氯甲烷:分析纯。

②无水硫酸钠;700 ℃灼烧。

③中性氧化铝:层析用,经 300 ℃活化 2 h,备用。

④活性炭:活性炭用 3 mol/L 盐酸浸泡过夜,抽滤后用水洗至无氯离子,烘干后备用。

(7)农药标准溶液配制　取有机磷标准品(含量95%以上),用三氯甲烷先配制成储备液,放冰箱保存,临用时稀释为使用液,其浓度如下:

①乙基对硫磷(E-1605):0.001 ng/μL;

②马拉硫磷:1.000 ng/μL;

③乐果:10.000 ng/μL;

④敌敌畏:0.100 ng/μL;

⑤敌百虫:0.100 ng/μL。

【仪器】

(1)粉碎机。

(2)37 ℃恒温箱。

(3)薄层涂布器。

(4)雾化器。

(5)血色素吸管(或微量注射量)。

(6)层析缸。

(7)玻璃干燥器。

【测定方法】

(1)样品处理 取粉碎样品5.00～10.00 g,置于具塞锥形瓶中,加0.5 g中性氧化铝,0.3 g活性炭,加入氯仿10 mL,振摇30 min,经无水硫酸钠过滤,滤液供点样用。

(2)点样 在薄层板离底边2 cm处每隔1.5 cm作一标记,点样品液10～50 μL和农药标准应用液5～10 μL。

(3)展开 将点好的薄层板置于盛有适宜展开剂的层析缸中,从下向上展开到12 cm处(如乐果、敌百虫需先预展,用预展剂从板底展至板顶端),取出挥散溶剂。

(4)活化处理 测定乙基对硫磷、马拉硫磷、乐果时,将展好的薄层板喷雾饱和溴水至板面微湿润均匀,放置15 min,置50 ℃鼓风烘箱内20 min除溴,取出冷却(溴须除尽)。

测定敌百虫时,将展好的薄层板喷雾氨水(1+4)至板面均匀湿润,放置15 min,用冷风吹至无氨味,使板面近干。

敌敌畏不需活化。

(5)酶抑制——显色过程 将除尽活化剂或展开剂的薄层板均匀地喷雾酶液,直到板面均匀湿润,然后放置37 ℃恒温箱内0.5 h后取出薄层板,喷显色剂,再放恒温箱3～5 min,取出观察结果,背景应为玫瑰红色,有机磷农药位置出现白色斑点。

(6)定性和概略定量

①未知样品测定可根据活化条件不同分别点两块板。一块板用溴水活化,点乙基对硫磷、马拉硫磷、乐果农药标准品,用石油醚-丙酮(8+2)或苯-乙醚(9+1)展开;另一块板以氨水(1+4)活化,点敌敌畏、敌百虫农药标准品,用苯-甲醇(9+1)展开,酶化、显色后,如样品点在农药标准品点的 R_f 值处有可疑的白色斑点,即可按可疑的农药分别用相应的展开剂进一步测定。

②定性:用两种展开剂系统展开,如果两块板上样品与农药标准品的白色斑点 R_f 值相同,一般即可确定。

③概略定量:以薄层板上样品斑点与农药标准品斑点大小、清晰度比较,必要时可稀释或浓缩样液到适当浓度,使之所出现的斑点与农药标准品最低显点量相

同，进行概略定量。

【计算】

$$X=\frac{A\times 1\ 000}{m\times \frac{V_1}{V_2}\times 1\ 000\times 1\ 000}$$

式中：X 为试样中有机磷农药的含量，mg/kg；A 为样品斑点相当标准斑点的农药质量，ng；V_1 为点样液用量，mL；V_2 为点样液总体积，mL；m 为样品质量，g。

【注意】

(1)使用不同的活化处理，可使原来非抑制性或弱抑制性的硫代磷酸酯或二硫代磷酸酯的检出灵敏度显著提高。用氨水活化敌百虫也有同样结果。活化时，溴气必须除尽，否影响显色。

(2)酶源要新鲜，酶溶液喷量要适宜，太多则降低显色灵敏度，所显农药斑点退得快。酶源除鸡、鸭肝外，还可用大、小白鼠肝，置酶液于事先消毒瓶中，放冰层储存可使用 4～5 个月。各种酶源灵敏度不同，应先测其灵敏度。

(3)某些试样中含有酶抑制物（非农药），加之酶抑制法灵敏度高（可检出纳克量），故可能出现假阳性，可参考下述方法消除。

①先溴化，使其形成衍生物后再展开。由于衍生物极性大，故展开后多停留在原点而与农药分开。同时有机磷农药的 R_f 值也比原来降低。

②双相展开，先用极性较低的溶剂展开，氧化后再从另一垂直方向用极性强的溶剂展开。

③作空白对照试验。

④本法的灵敏度虽高，但易受各方面因素的影响。如酶源的种类与喷洒的浓度；底质液的种类和喷洒的浓度；喷洒试剂的 pH 值；薄层的种类、厚度；展开剂的性质；样品中杂质的影响；采用活化的手段等。所以，使用该法分析食品中有机磷农药时，以上各因素都应注意。

⑤进行薄层酶抑制分析时，实验室内的空气要流通，不得有溴、碘、氯、二氧化氮、二氧化硫等蒸气存在。

第三节　食品中氨基甲酸酯农药的检测

氨基甲酸酯农药（carbmates pesticides）在六六六禁用之后已成为我国大量使用的一类农药，根据《新编农药手册》收录，在我国登记的 87 个农药品种中，氨基甲酸酯农药就占 11 种，且生产量较大，如叶蝉散和速灭威的年产量均已超千吨。氨基甲酸酯农药广泛用于杀虫、杀螨、杀线虫、杀菌和除草等方面。作为杀虫剂的氨基甲酸酯农药主要分为N-甲基氨基甲酸酯类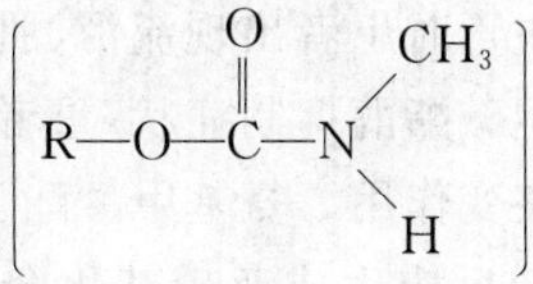和N,N-二甲基氨基甲酸酯类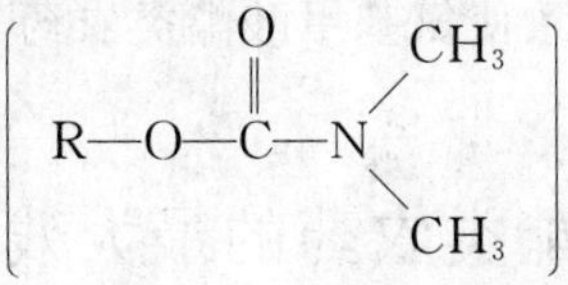两大类,由于前者杀虫谱广,作用强,发展的农药品种尤多。根据与氨基甲酰部分连接的基团的性质,N-甲基氨基甲酸酯类又可为芳基氨基甲酸酯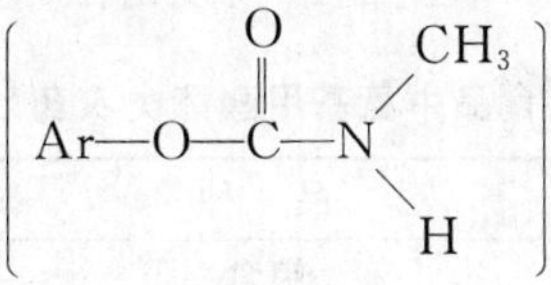和肟基N-甲基氨基甲酸酯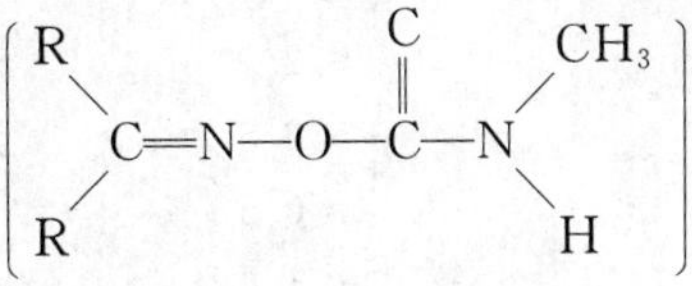,前者有甲萘威、速灭威和残杀威等,后者有涕灭威等。

一、氨基甲酸酯类农药对食品的污染及危害

氨基甲酸酯类农药虽然克服了有机氯农药的高残留和有机磷农药的耐药性的缺点,但施用后仍可污染食品。氨基甲酸酯农药在谷类中半衰期为3～4 d,土壤中半衰期8～14 d,因而导致环境和农作物的污染。

生产该类农药的“三废”直接施用于粮食、蔬菜、水果、烟草、茶叶和鱼塘等导致了该类农药污染,植物的固氮作用使残留增加,肉、蛋、乳和水产品等产品也因此受到污染。这样导致了食品及其原料的污染。

氨基甲酸酯类农药可经消化道、呼吸道和皮肤吸收后,迅速进入血液,并通过血液很快分布到肺脏、肝脏和心脏等组织器官。在机体内与胆碱酯酶结合后,形成氨基甲酰化胆碱,进而被氨基甲酰酶水解。大多数氨基甲酸酯类在体内经过氧化、水解、结合等方式的代谢反应后,分解生成酚类、酸类、二氧化碳及甲胺等产物,大部分经肾脏随尿排出体外。氨基甲酸酯类农药代谢迅速,一般在24 h内可排出摄入量的70%～80%。在植物体内,其代谢产物趋于蓄积,而在哺乳动物和昆虫体内则趋于排泄,其排泄的主要是代谢产物,原形很少。

进入人体的氨基甲酸酯类农药可对人体产生急性和慢性毒性作用,引起食物中毒。它的中毒机理和症状基本与有机磷农药类似,但它对胆碱酯酶的抑制作用是可逆的,水解后的酶活性可不同程度恢复,且无迟发性神经毒性,故中毒恢复较

快。急性中毒时患者出现流泪、肌肉无力、震颤、痉挛、低血压和瞳孔缩小，甚至呼吸困难等胆碱酯酶抑制症状，重者心功能障碍，甚至死亡。其慢性毒性具有致癌、致畸和致突变作用。氨基甲酸酯类农药含有氨基，在胃内酸性条件下容易与食物中亚硝酸盐反应生成亚硝基化合物，致使氨基甲酸酯类农药具有潜在的致畸、致突变、致癌性。

二、食品中氨基甲酸酯类农药的最大残留限量

我国食品中氨基甲酸酯类农药的最大残留限量标准如表4-2所示。

表4-2 食品中氨基甲酸酯类农药残留量标准 mg/kg

农药名称及标准编号	品　种	最大残留限量
甲萘威	粮食	≤5.0
GB 14971—1994	蔬菜	≤2.0
	水果	≤2.5
	食用油	≤0.5
	烟草	≤1.0
涕灭威	花生	0.02
GB 2763—2005	食用油(花生油、棉籽油)	0.01
	棉籽	0.01
呋喃丹	稻谷	≤0.5
GB 14928.7—1994		
抗蚜威	麦类、大豆	0.05
GB 2763—2005	甘蓝类蔬菜	1.0
	核果类蔬菜	0.5
	油菜籽	0.2

三、氨基甲酸酯类农药残留的检测

(一)粮食、油、蔬菜中甲萘威残留量的比色测定方法

甲萘威在碱性条件下水解成1-萘酚、二氧化碳和甲胺。1-萘酚和对硝基苯偶氮氟硼酸盐在酸性条件下呈橙黄色，与标准系列比较定量。

【试剂】

(1)二氯甲烷。

(2)丙酮。

(3)95%乙醇。

(4)冰乙酸。

(5)石油醚:30～60 ℃。

(6)二甲基亚砜。

(7)10%丙酮。

(8)100 g/L 氯化钠溶液。

(9)1 mol/L 氢氧化钾乙醇溶液:称取 5.6 g 氢氧化钾,溶于 10 mL 水中,加 95%乙醇稀释至 100 mL,临用时配制。

(10)0.5 mol/L 氢氧化钠溶液:称取 2 g 氢氧化钠,加水溶解并稀释至 100 mL。

(11)一缩二乙二醇溶液:一缩二乙二醇和二氯甲烷等体积混合。

(12)凝固液:称取 0.5 g 氯化铵,溶于 400 mL 水中,加 1 mL 85%磷酸。

(13)显色剂:称取 50 mg 对硝基苯偶氮氟硼酸盐,溶于 50 mL 20%冰乙酸乙醇溶液中,临用时配制,过滤使用。

(14)无水硫酸钠。

(15)氯化钠。

(16)硅藻土。

(17)甲萘威标准溶液:甲萘威结晶经无水乙醇两次重结晶纯化,熔点 142～145 ℃。准确称取 50.0 mg 甲萘威精制品,加二氯甲烷溶解,移入 100 mL 容量瓶中,加二氯甲烷至刻度,混匀。此溶液每毫升相当于甲萘威 500 μg。

(18)甲萘威标准使用液:吸取甲萘威标准溶液 1.0 mL 或 2.0 mL,置于 100 mL容量瓶中用二氯甲烷稀释至刻度。此溶液每毫升相当于 5 μg 或 10 μg 甲萘威。

【仪器】

分光光度计、恒温水浴锅、电动振荡器、脂肪提取器、离心机等。

【测定方法】

(1)提取

①粮食:样品经脱壳,磨粉,过 20 目筛并混匀。称取 10.00 g,置 150 mL 具塞锥形瓶中,加 10 g 无水硫酸钠,混匀,加 40 mL 二氯甲烷,在振荡器上振摇30 min,浸泡过夜。用滤纸过滤,弃去 2～3 mL 初滤液。量取 20.0 mL 滤液,置于50 mL 烧杯中,加 3 滴一缩二乙二醇溶液,放热水浴上挥干,如不太干用吸耳球吹干。

②油及油料:

比较纯净的油:称取 5.00 g 混匀的样品,用 50 mL 丙酮分次溶解并洗入

100 mL分液漏斗中。

毛油：称取 2.00～5.00 g 混匀的样品，用 40 mL 石油醚分次溶解并洗入100 mL分液漏斗中。

棉籽样品先经脱壳，磨碎，混匀。称取 10 g 装入滤纸筒中，置于 60 mL 脂肪提取器中，用 40 mL 石油醚提取 8 h，将提取液移入 100 mL 分液漏斗中。

③蔬菜、水果：取可食部分洗净晾干，切碎混匀。称取 25.00 g，加 20 g 无水硫酸钠，在乳钵中用力研碎，至植物组织全部研成泥状，再加 10 g 无水硫酸钠继续研磨至干粉状，移至 250 mL 具塞锥形瓶中，再用约 5 g 无水硫酸钠将乳钵研洗干净，一并移入具塞锥形瓶中。用二氯甲烷将乳钵研洗 2 次，每次 50 mL，洗净黏附于乳钵上的残物，洗液并入具塞锥形瓶中，在振荡器上振摇 0.5 h，浸泡过夜，用滤纸过滤，弃去 2～3 mL 初滤液。吸取 50.0 mL 滤液，置脂肪提取器的接收瓶中，加 3 滴一缩二乙二醇溶液，在水浴上蒸发溶液至虹吸节内，弃去蒸出的二氯甲烷，直至蒸干，取下接收瓶，用吸耳球吹干残留溶液。

(2)净化

①粮食：沿上述含提取物的烧杯壁加入 3 mL 丙酮，使残渣完全溶解后，加 15 mL凝固液，放置 15 min，并时时摇动。将垂融漏斗下接抽滤瓶，先铺一张滤纸，再铺一薄层约 1 g 的硅藻土作为助滤剂，用 10%丙酮洗涤多次后备用，弃去洗涤液。将样品凝固液倾入准备好的垂融漏斗中，放置 10 min 以上，慢速抽滤于下面的抽滤瓶内，抽干后，用滴管滴加约 2 mL10%丙酮，洗净烧杯内壁，洗液倾入垂融漏斗中，浸泡 1～2 min 后，再行抽干，如此重复 2～3 次。将滤液移至 25 mL 容量瓶中，用少量 10%丙酮洗涤抽滤瓶，洗液并入容量瓶中稀释至刻度，混匀。

②油及油料

比较纯净的油：在上述含有油样的丙酮溶液的分液漏斗中，加 10 mL 水轻轻摇匀，静置 1 h。弃去分出的油层，将丙酮提取液放入离心管中，在 2 500 r/min 离心 0.5 h，用滴管吸取上层澄清丙酮提取液，置于另一分液漏斗中，加 30 mL 二氯甲烷，振摇提取 1 min，放置 1 h，二氯甲烷层经盛有约 10 g 无水硫酸钠的漏斗滤入脂肪提取器的接收瓶中。在二氯甲烷液内加 3 滴一缩二乙二醇溶液，在水浴上将二氯甲烷蒸发至虹吸节内，弃去蒸出的二氯甲烷。分液漏斗内的水层用 10 mL 二氯甲烷振摇洗涤 1 次，经原无水硫酸钠漏斗滤入接收瓶中，继续蒸发至干，取下接收瓶，用吸耳球吹干残留溶剂，沿瓶壁加入 3 mL 丙酮溶解残渣，以下按①自“加 15 mL 凝固液”起依法操作。

毛油：在上述含有油样的石油醚溶液的分液漏斗中，加 10 mL 二甲基亚砜，振摇 1 min，放置分层后，将二甲基亚砜分入另一分液漏斗中。石油醚层再用10 mL

二甲基亚砜振摇一次，合并2次提取液，加10 mL石油醚振摇洗涤二甲基亚砜提取液1次。将二甲基亚砜层移入盛有2 g氯化钠和150 mL水的分液漏斗中，弃去石油醚层。二甲基亚砜水溶液用二氯甲烷提取4次，每次25 mL，合并二氯甲烷提取液，用7.5 mL，5 mL 0.5 mol/L氢氧化钠溶液振摇提取2次，以洗去植物中的天然酚类物质，弃去洗涤液。二氯甲烷层再用100 g/L氯化钠溶液洗涤2次，每次15 mL，最后用15 mL水涤洗一次。二氯甲烷层经无水硫酸钠脱水滤入脂肪提取器的接收瓶中，以下按上法自"在二氯甲烷溶液内加3滴一缩二乙二醇溶液"起依法操作。

棉籽：同毛油的净化方法。

③蔬菜、水果：沿上述含有提取物的接收瓶瓶壁加入3 mL丙酮，并转动以溶解瓶中提取物，加入10 mL凝固液，再转动接收瓶，使凝固液布满内壁，放置10 min，并时时转动，以下按①自"将垂融漏斗下接抽滤瓶，先铺一张滤纸，再铺一薄层约1 g的硅藻土"起依法操作。

(3)测定　吸取5.0 mL甲萘威标准使用液(相当50 μg甲萘威)，或1.0 mL(相当10 μg甲萘威，接近样品量)，置于50 mL烧杯中，加3滴一缩二乙二醇溶液，在热水浴上挥干，加3 mL丙酮溶解，并加15 mL凝固液，混匀，移入25 mL容量瓶中，用10%丙酮洗涤烧杯，洗液并入容量瓶中并稀释至刻度，作为比色时的标准对照溶液。

吸取上述定容后的样品溶液和标准溶液各5.0 mL，分别置于具塞刻度试管中，各加2 mL 1 mol/L氢氧化钾乙醇溶液，混匀，放置2 min后再各加1 mL显色剂，混匀。以水调整零点，用1 cm比色杯，于波长475 cm处测吸光度。

同时，另取2个试管，一管内加入5 mL定容后的标准溶液，另一管内加入5 mL定容后的样品溶液，用2 mL乙醇代替氢氧化钾乙醇溶液，按上述方法同样操作，于波长475 nm处分别测吸光度，作为试剂空白和样品空白。

【计算】

$$X = \frac{A_1 - A_2}{A_3 - A_4} \times \frac{c}{m \times \frac{5}{25}} \times \frac{1\,000}{1\,000}$$

式中：X为样品中甲萘威的含量，mg/kg；A_1为样品管的吸光度读数；A_2为样品空白管的吸光度读数；A_3为标准溶液管的吸光度读数；A_4为试剂空白管的吸光度读数；c为标准溶液管中甲萘威质量，μg；m为样品质量(如取半量测定则为$m/2$)，g。

【注意】

(1)棉籽油和棉籽仁必须用二甲基亚砜分别净化，并用0.5 mol/L氢氧化钠溶液洗涤，以除去植物中的自然含酚物质，否则最后滤液颜色很深。应保证最后的滤液无色或微黄色，以不影响比色效果。

(2)应保证实验所用垂融漏斗的孔隙大小基本一致，从而保证滤液没有明显的浑浊，减小分析结果的误差。

(3)所用硅藻土的质量及净化抽滤能否完全除去杂质均会影响测定的结果。若硅藻土质量不好，滤液经常发生轻度浑浊，甚至有时加氢氧化钾溶液后立即出现絮状沉淀，无法比色。在漏斗中铺好硅藻土后，先用10%丙酮反复洗涤抽滤几次，同时将凝固净化的样品溶液倒入漏斗中，静置10 min以上再开气泵慢速抽滤。用10%丙酮洗涤时，也先停泵，使洗涤液静置10 s后再抽滤，最后抽干，这样可得到比较澄清的溶液。

(4)测定棉籽油或棉籽仁的残留量时，振摇、提取经常发生乳化现象，分层时乳化层损失的多少，对结果影响很大。为避免乳化，可加入固体氯化钠，轻轻转动(不需用力摇，并注意勿使漏斗上口粘有固体氯化钠，以免溶液从上口漏出)，以破坏乳化。如果乳化层仍不能分清，即放入第二个分液漏斗中，分出下层澄清二氯甲烷层后，乳化层用二氯甲烷再提取一两次，使甲萘威含量的损失尽可能减少。

(5)加显色剂后2 min显色最深，2 min后逐渐褪色(棉酚等杂质相反，2 min后颜色继续加深)。因此当测定样品数量多时，试剂空白可多备几管，每3个样品和1个试剂空白作为一批，同时加显色剂比色，所得结果可以比较准确。或以水为空白，调整仪器零点，而试管空白管的读数参与计算也可以。

(二)粮食、油、油料及蔬菜中的甲萘威残留量的测定——高效液相色谱法

含有甲萘威的粮食经提取、弗罗里硅土净化后，浓缩，定容作为测定溶液，取一定量注入高效液相色谱仪，经分离用紫外280 nm检测器检测，与标准系列比较定量。

【试剂】

(1)苯。

(2)乙腈。

(3)甲醇。

(4)三氯甲烷。

(5)无水硫酸钠：120 ℃干燥2 h。

(6)甲萘威标准溶液：准确称取甲萘威标准品(99.3%)，用甲醇溶解并配制成10.0 mg/mL的标准储备液，储存于冰箱中，使用时用甲醇稀释成10 μg/mL的标

准使用液。

(7)弗罗里硅土：120 ℃干燥 4 h，加入 6%蒸馏水，摇匀，放置过夜后使用。

【仪器】

(1)高效液相色谱仪，带紫外检测器。

(2)溶剂过滤器。

(3)超声波仪，用于流动相脱气。

(4)K-D 浓缩器或旋转式蒸发器。

【色谱条件】

色谱柱：不锈钢柱 BONAPAKC_{18} 3.9 mm×30 cm。

检测器：紫外检测器波长 280 nm，灵敏度 0.01～0.02。

流动相：乙腈-水(55+45)混合溶剂，流速 1 mL/min。

温度：柱温、检测器均为室温。

【测定方法】

(1)提取　称取 20.00 g 经粉碎过 20 目筛的粮食试样于 250 mL 具塞锥形瓶中，准确加入 50 mL 苯，浸泡过夜，次日振荡提取 1 h，提取液过滤。

(2)净化　取直径 1.5 cm 层析柱，先装脱脂棉少许(柱两头装 2 cm 高无水硫酸钠，中间装 6 g 弗罗里硅土)。装好的柱先用 20 mL 二氯甲烷预淋，弃去预淋液，然后将 5～10 mL 样品提取液倒入层析柱，用 70 mL 二氯甲烷少量多次淋洗，收集全部淋洗液，用 K-D 浓缩器进行浓缩至近干(水浴温度 30 ℃)，然后用甲醇溶解残余物，并定容至 5 mL。定容后用 0.5 μm 滤纸借助于注射器过滤，取 10 μL 滤液注入高效色谱仪进行分离、检测。

(3)测定　吸取 10 μL 标准使用液及样品液注入色谱仪，以保留时间定性，用标准曲线法定量。甲萘威的液相色谱图见图 4-1。

【计算】

$$X=\frac{A\times 1\,000}{m\times\frac{V_2}{V_1}\times 1\,000}$$

式中：X 为粮食中甲萘威的含量，mg/kg；A 为从标准曲线求出的样液中甲萘威的含量，μg；V_1 为样液定容的体积，mL；V_2 为注入色谱的体积，mL；m 为样品的质量，g。

(三)花生仁、棉籽油、花生油中涕灭威残留量的测定——气相色谱法(GB/T 14929.2—1994)

含有涕灭威及氧化代谢物涕灭威亚砜、涕灭威砜的样品，在提取过程中加入

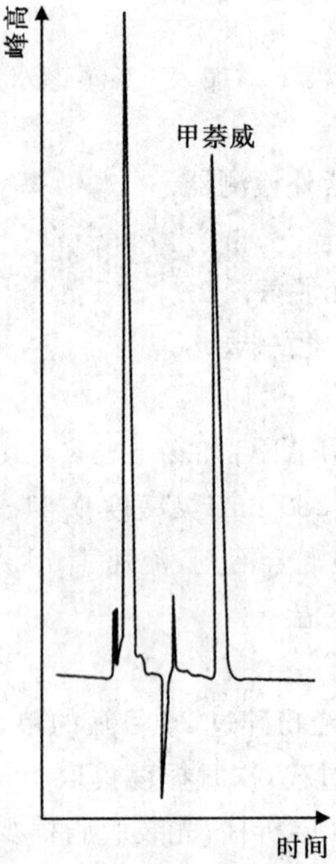

图 4-1 甲萘威标准色谱图

摘自:杨惠芬.食品卫生理化检验标准手册.中国标准出版社,1998.

强氧化剂使涕灭威、涕灭威亚砜氧化成在气相色谱仪火焰光度检测器上有较高响应的涕灭威砜进行测定。涕灭威残留总量以涕灭威砜的量表示。

【试剂】

(1)丙酮。

(2)二氯甲烷。

(3)无水硫酸钠。

(4)100 g/L 碳酸氢钠溶液。

(5)过氧乙酸溶液:过氧化氢-乙酸(2+1)。

(6)涕灭威砜标准储备液:准确称取涕灭威砜标准品 50.0 mg,置于 50 mL 容量瓶中,加少量二氯甲烷溶解,用二氯甲烷稀释至刻度。配成每毫升含涕灭威砜 1.0 mg 的标准溶液。

(7)涕灭威砜标准使用液:吸取标准储备溶液 5.0 mL,用二氯甲烷定容至 50 mL,该中间溶液浓度为 0.10 mg/mL。依次吸取中间溶液 1.0,2.0,3.0,4.0,5.0 mL,以二氯甲烷分别定容至 100 mL,配成浓度为 1.0,2.0,3.0,4.0,5.0 μg/mL的标准系列。

【仪器】

具火焰光度检测器的气相色谱仪。在 1.3 cm×8 cm 层析柱中依次装入 1 cm 无水硫酸钠、4 g 弗罗里硅土、1 cm 无水硫酸钠作为净化柱。

【色谱条件】

色谱柱：1 m×0.32 mm 玻璃柱，15％FFAP/Chromosorb W AW 80～100 目。

检测器：火焰光度检测器，S 滤光片。

温度：柱温 190 ℃，进样口和检测器均为 230 ℃。

气体流量：氮气 45 mL/min，氢气 80 mL/min，空气 100 mL/min。

【测定方法】

(1)样品处理

①水果：样品洗净、擦干，取可食部分捣碎、混匀。称取 25 g 试样，精确至 0.001 g。置于 250 mL 具塞锥形瓶中，加入 100 mL 丙酮-水(3＋1)，振荡0.5 h。经滤纸过滤，用 50 mL 丙酮-水分 3 次冲洗锥形瓶及残渣，合并滤液。在 45 ℃水浴旋转蒸发仪减压浓缩至约 100 mL。样品置于 250 mL 分液漏斗中，加入5 mL过氧乙酸溶液，振荡 0.5 h。缓慢加入 50 mL 碳酸氢钠溶液，摇至无气泡产生。用 50，25，25 mL 二氯甲烷萃取 3 次，合并二氯甲烷，经无水硫酸钠干燥，在45 ℃水浴旋转蒸发仪减压浓缩至 1.0 mL，待测定。

②花生仁、粮谷等：样品粉碎、混匀，按(1)①中自“称取 25 g 样品，精确至 0.001 g”至“经无水硫酸钠干燥”操作。萃取液浓缩至约 20 mL。

层析柱先用 25 mL 甲苯-二氯甲烷(1＋1)预洗。将上液转入柱中，弃去流出部分，依次用 50 mL(2＋98)、100 mL(1＋1)丙酮-乙醚淋洗，收集、合并两次淋洗液。在 45 ℃水浴旋转蒸发仪减压浓缩至近干，取下用氮气吹干。加 1.0 mL 二氯甲烷溶解残渣，待测定。

(2)测定　根据气相色谱仪灵敏度，取标准系列各浓度 5～10 μL，分别注入气相色谱仪。测得各浓度标准溶液的峰高，以进样体积下的标准物含量为横坐标，峰高为纵坐标绘制标准曲线。

取样品溶液 5～10 μL，注入气相色谱仪。测得涕灭威砜的峰高(mm)，从标准曲线中查出相应的含量(ng)。

【计算】

$$X = \frac{m \times V_0 \times 1\,000 \times 1\,000}{W \times V_1 \times 1\,000 \times 1\,000}$$

式中：X 为样品中涕灭威砜含量，mg/kg；m 为样品峰在标准曲线中查得的相应质量，ng；W 为称样量，g；V_0 为样品液体积，mL；V_1 为进样体积，μL。

按上述分析条件得到的色谱图如图 4-2 所示。

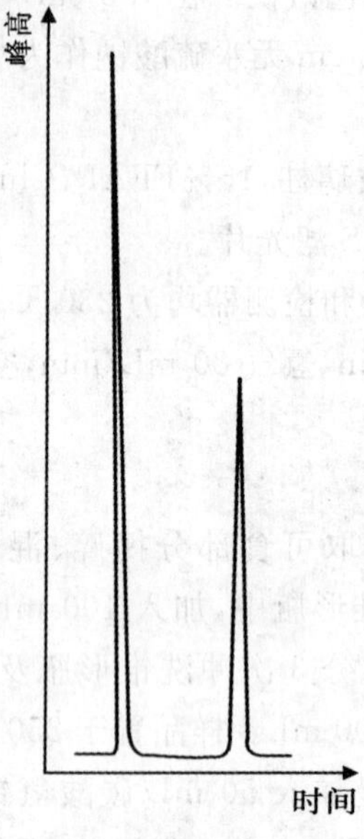

图 4-2 涕灭威砜色谱图

摘自：杨惠芬. 食品卫生理化检验标准手册. 中国标准出版社，1998.

本方法的操作要点是，对花生仁、粮谷等处理时，减压浓缩至近干，取下，用氮气要保证绝对吹干，否则将影响结果。

(四) 食品中氨基甲酸酯类农药残留量的测定方法（GB/T 5009.104—2003）

本方法适用于粮食、蔬菜中速灭威、异丙威、残杀威、克百威、抗蚜威和甲萘威等氨基甲酸酯农药残留量的测定。含氮有机化合物被色谱柱分离后在加热的碱金属片的表面产生热分解，形成氰自由基（CN^+），并且从被加热的碱金属表面放出的原子状态的碱金属（Rb）接受电子变成（CN^-），这个离子进一步与氢原子结合，放出电子的碱金属（Rb）变成正离子，由收集极收集，并作为信号电流而被测定。电流信号的大小与含氮化合物的含量成正比。以峰面积及峰高比较定量。

【试剂】

(1)无水硫酸钠（分析纯）：于 450 ℃焙烧 4 h。

(2)氯化钠（优级纯）。

(3)50 g/L 氯化钠溶液：称取 25 g 氯化钠，用水溶解并稀释至 500 mL。

(4)丙酮(分析纯):重蒸。

(5)无水甲醇(分析纯):重蒸。

(6)甲醇氯化钠溶液,取 50 mL 无水甲醇及 50 mL 50 g/L 氯化钠溶液等量混合。

(7)二氯甲烷(分析纯):重蒸。

(8)石油醚(分析纯):重蒸。

(9)氨基甲酸酯杀虫剂标准溶液:准确称取速灭威、异丙威、残杀威、克百威、抗蚜威及甲萘威各种标准品,用丙酮配制成 1 mg/mL 的标准储备液。使用时用丙酮稀释配制成单一品种的标准使用液(5 μg/mL)和混合标准工作液(每个品种浓度为 2～10 μg/mL)。

【仪器】

附有 FTD(火焰热离子检测器)的气相色谱仪,旋转蒸发仪等。

【色谱条件】

色谱柱 1:玻璃柱,2.1 m×3.2 mm,内装涂有 2%OV-101+6%OV-201 混合固定液的 Chromosorb W(HP)(80～100 目)担体。

色谱柱 2:玻璃柱,1.5 m×3.2 mm,内装涂有 1.5%OV-17+1.95%OV-201 混合固定液的 Chromosorb W AW DMCS(80～100 目)担体。

氮气 65 mL/min,空气 150 mL/min,氢气 3.2 mL/min。

温度条件柱温 190 ℃,进样口和检测器温度 240 ℃。

灵敏度条件:量程×0;衰减×5。

【测定方法】

(1)提取

①粮食样品:称取 40.00 g 粉碎粮食样品,置于 250 mL 具塞锥形瓶中,加入 20～40 g 无水硫酸钠(视样品的水分而定),100 mL 无水甲醇,塞紧,摇匀,于电动振荡器上振荡 30 min。然后经快速滤纸过滤于量筒中,收集 50 mL 滤液(提取溶剂用量的一半),转入 250 mL 分液漏斗中,用 50 mL 50 g/L 氯化钠溶液洗涤量筒,并入分液漏斗中。

②蔬菜样品:称取 20.00 g 粉碎样品,置于 250 mL 具塞锥形瓶中,加入 40 mL 无水甲醇,塞紧,摇匀,于电动振荡器上振荡 30 min。然后经铺有快速滤纸的布氏漏斗抽滤于 250 mL 抽滤瓶中,用 50 mL 无水甲醇反复洗涤提取瓶及滤器。将滤液转入 500 mL 分液漏斗中,用 100 mL 50 g/L 氯化钠水溶液反复洗涤滤器,并入分液漏斗中。

(2)净化

①粮食样品:于盛有样品提取液的250 mL分液漏斗中加入50 mL石油醚,振摇1 min,静置分层后将下层(甲醇氯化钠溶液)放入另一个250 mL分液漏斗中,加25 mL甲醇氯化钠溶液于石油醚层中,振摇30 s,静置分层后,将下层并入甲醇氯化钠溶液中。

②蔬菜样品:于盛有样品提取液的500 mL分液漏斗中加入50 mL石油醚,振摇1 min,静置分层后将下层放入第二个500 mL分液漏斗中,并加入50 mL石油醚,振摇1 min,静置分层后将下层放入第三个500 mL分液漏斗中。然后用25 mL甲醇氯化钠溶液依次反复洗第一、第二个分液漏斗中的石油醚层,每次振摇30 s。最后把甲醇氯化钠溶液并入第三个分液漏斗中。

(3)浓缩　于盛有样品净化液的分液漏斗中,用二氯甲烷(50、25、25 mL)依次提取3次,每次振摇1 min,静置分层后将二氯甲烷层经铺有无水硫酸钠(玻璃棉支撑)的三角漏斗(二氯甲烷预洗过)过滤于250 mL蒸馏瓶中,用少量二氯甲烷洗涤漏斗,并入蒸馏瓶中。将蒸馏瓶接上减压浓缩装置,于50 ℃水浴旋转蒸发仪减压浓缩至1 mL左右,取下蒸馏瓶,将残余物转入10mL刻度离心管中,用二氯甲烷反复洗涤蒸馏瓶并入离心管中。然后吹氮气除尽二氯甲烷溶剂,用丙酮溶解残渣并定容至2.0 mL,供色谱分析。

【计算】

用外标法定量,计算见下式:

$$X=\frac{E_i\times\dfrac{A_i}{A_E}\times 2\ 000}{m\times 1\ 000}$$

式中:X为样品中组分的含量,mg/kg;E_i为标准组分的质量,μg;A_i为试样中组分i的峰面积或峰高;A_E为标准组分的峰面积或峰高;m为样品质量,g(粮食样品50/100×40 g;蔬菜样品20 g);2 000为进样液的定容体积(2.0 mL);1 000为换算单位。

按上述分析条件分析得到的色谱图见图4-3。

【说明】

(1)做粮食样品分析时要提前加无水硫酸钠,因为样品中的水分影响滤液在提取溶剂中所占的比例,对回收率有影响。

(2)净化处理后的蔬菜样品,其进样液中含有一定量的有色物质,并不影响定性定量结果,故不必去除去这些有色物。

(3)浓缩至干时必须用氮气吹尽残存的二氯甲烷溶剂,因为二氯甲烷在FTD检测器上出负峰,会影响色谱定量准确性。

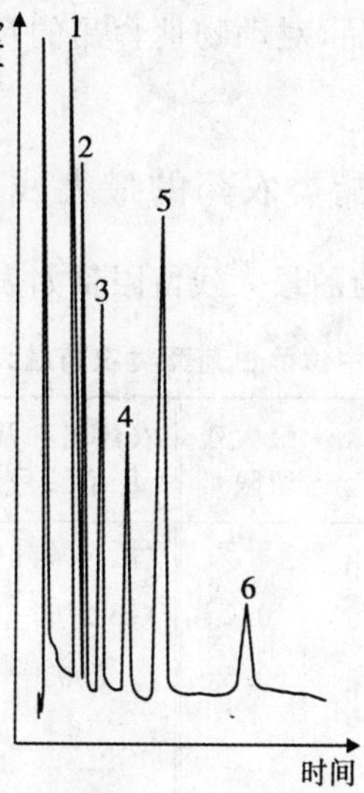

1. 速灭威　2. 异丙威　3. 残杀威　4. 克百威　5. 抗蚜威　6. 甲萘威

图 4-3　多组分氨基甲酸酯类农药色谱图

摘自:中华人民共和国国家标准　食品卫生检验方法　理化部分(二). 中国标准出版社,2004.

第四节　其他农药的检测

一、拟除虫菊酯类农药

拟除虫菊酯类农药(pyrethroids pesticides)是近年发展较快的农药,是模拟天然菊酯的化学结构而合成的,大多以无色晶体的形式存在,一部分为较黏稠的液体。在水中的溶解度小,可溶于多种有机溶剂。在酸性条件下比较稳定,在碱性介质中易分解。在自然环境中降解快,不易在生物体内残留。具有高效、广谱、低毒和低残留的特点。自 20 世纪 70 年代开始推广使用,目前常用的有 20 多个品种,主要有溴氰菊酯、氰戊菊酯、二氯苯醚菊酯、甲氰菊酯和氯氰菊酯等。广泛用于蔬菜、水果、粮食、棉花和烟草等农作物。

在农作物中残留期通常为 7～30 d。农产品中的拟除虫菊酯类农药主要来自喷施时直接污染,常残留于果皮。这类杀虫剂对水生生物毒性大,生产 A 级绿色食品时,禁止用于水稻和其他水生作物。当拟除虫菊酯类农药与有机磷农药混合物污染食品时,可产生协同毒性作用,增加毒性危害,延长毒性反应时间。

尽管拟除虫菊酯类农药在作物中降解速度快,残留浓度低。但是,对于多茬采收的蔬菜,即便使用农药的降解半衰期比较短,仍然存在污染的可能性。拟除虫菊酯类农药主要污染农产品，对动物性食品的污染主要是直接污染，经食物链污染一般不构成危害。

(一)食品中拟除虫菊酯类农药的最大残留限量

食品中拟除虫菊酯类农药的最大残留限量如表 4-3 所示。

表 4-3　食品中拟除虫菊酯类农药最大残留限量标准　mg/kg

农药名称及标准编号	食物	最大残留限量	农药名称及标准编号	食物	最大残留限量
溴氰菊酯	原粮	0.5	氰戊菊酯	小麦粉	0.2
GB 2763—2005	小麦粉	0.2	GB 2763—2005	全麦粉	2
	叶菜类、甘蓝类蔬菜	0.5		花生、大豆	0.1
	果菜类蔬菜	0.2		水果	0.2
	梨果类水果	0.1		叶菜类、甘蓝类蔬菜	0.5
	柑橘类水果	0.05		果菜类、瓜菜类蔬菜	0.2
	热带及亚热带水果(皮不可食)	0.05		根块类菜	0.05
	油菜籽、棉籽	0.1		棉籽油	0.1
	茶叶	10			

(二)拟除虫菊酯类农药残留的检测

1. 植物性食品中拟除虫菊酯类农药残留的检测(GB/T 5009.110—2003)

试样中氯氰菊酯、氰戊菊酯和溴氰菊酯经提取、净化、浓缩后，用电子捕获-气相色谱法测定。氯氰菊酯、氰戊菊酯和溴氰菊酯经色谱柱分离后进入到电子捕获检测器中，便可分别测出其含量。经放大器，把讯号放大用记录器记录下峰高或峰面积。利用被测物质的峰高或峰面积与标准的峰高或峰面积比较定量。本方法适用于谷类和蔬菜中氯氰菊酯、氰戊菊酯和溴氰菊酯的多残留分析。

【试剂】

(1)石油醚：沸程 30～60 ℃，分析纯，重蒸。

(2)丙酮：分析纯，重蒸。

(3)无水硫酸钠：分析纯，550 ℃灼烧 4 h 备用。

(4)层析中性氧化铝：550 ℃灼烧 4 h 备用，用前 140 ℃烘烤 1 h，加 3% 水灭活。

(5)层析用活性炭:550 ℃灼烧 4 h 备用。

(6)脱脂棉:经正己烷洗涤后,干燥备用。

(7)农药标准品:氯氰菊酯(cypermethrin)纯度≥96%;氰戊菊酯(fenvalerate)纯度≥94.4%;溴氰菊酯(deltamethrin)纯度≥97.5%。

(8)标准液的配制:用重蒸石油醚或丙酮分别配制氯氰菊酯 0.2 μg/mL、氰戊菊酯 0.4 μg/mL、溴氰菊酯 0.1 μg/mL 的标准液。吸取 10.0 mL 氯氰菊酯、10.0 mL氰戊菊酯、5.0 mL 溴氰菊酯的标准溶液于 25 mL 容量瓶中摇匀,即成为标准使用液,浓度为氯氰菊酯 0.08 μg/mL、氰戊菊酯 0.16 μg/mL、溴氰菊酯 0.02 μg/mL。

【仪器】

气相色谱仪附电子捕获检测器、高速组织捣碎机、K-D 浓缩器或旋转蒸发器等。

【测定方法】

(1)提取

①谷类:称取 10.00 g 粉碎的试样,置于 100 mL 具塞锥形瓶中,加入石油醚 20 mL,振荡 30 min 或浸泡过夜,取出上清液 2～4 mL 等过柱用(相当于 1～2 g 试样)。

②蔬菜类:称取 20.00 g 经匀浆处理的试样于 250 mL 具塞锥形瓶中,加入丙酮 40 mL 摇匀,振荡 30 min 后使其分层,取出上清液 4 mL 待过柱用(相当于 2 g 试样)。

(2)净化

①大米:用内径 1.5 cm、长 25～30 cm 的玻璃层析柱,底端塞以经处理的脱脂棉。依次从下至上加入 1 cm 的无水硫酸钠,3 cm 的层析用中性氧化铝,2 cm 的无水硫酸钠,然后以 10 mL 石油醚淋洗柱子,弃去淋洗液,待石油醚层下降至无水硫酸钠层时,迅速加入试样提取液,待其下降至无水硫酸钠层时加入淋洗液淋洗,淋洗液用 25～30 mL 石油醚,收集滤液于尖底定容瓶中,最后以氮气流吹,浓缩体积至 1mL 供气相色谱分析用。

②面粉、玉米粉:所用净化柱基本与大米相同,只是在中性氧化铝层上边加入 0.01 g 层析活性炭粉(可视其颜色深浅适当增减层析活性炭粉的量)进行脱色净化。其余操作同大米。

③蔬菜类:所用净化柱与大米同,只是在中性氧化铝层上加 0.02～0.03 g 层析活性炭粉(可视其颜色深浅适当增减层析活性炭粉的量)进行脱色净化。淋洗

液用 30～35 mL 石油醚，其余操作同大米。

(3)测定　用具有电子捕获检测器的气相色谱仪。色谱柱为 3 mm×1.5 m 或 2 m，内填充 3%OV-101/Chromosorb W(AWDMC S) 80～100 目。

柱温：245 ℃，进样口和检测器：260 ℃。

载气：用高纯氮气流速为 140 mL/min。其他仪器自选流速。

【计算】

用外标法定量，用下式计算：

$$c_x = \frac{h_x c_s Q_s V_x}{h_s m Q_x}$$

式中：c_x 为试样中农药含量，mg/kg；h_x 为试样溶液峰高，mm；c_s 为标准溶液浓度，g/mL；Q_s 为标准溶液进样量，μL；V_x 为试样的定容体积，mL；h_s 为标准溶液峰高，mm；m 为试样质量，g；Q_x 为试样溶液的进样量，μL。

【说明】

本法的检出限氯氰菊酯为 2.1 μg/kg，氰戊菊酯为 3.1 μg/kg，溴氰菊酯为 0.88 μg/kg。

2. 动物性食品中有机氯农药和拟除虫菊酯农药多组分残留量的检测(GB/T 5009.162—2003)

本法适用于肉类、蛋类及乳类动物性食品中 α-HCH、β-HCH、γ-HCH、δ-HCH、五氯硝基苯、七氯、环氧七氯、艾氏剂、狄氏剂、除螨酯、杀螨酯、p,p′-DDE、p,p′-DDD、o,p′-DDT、p,p′-DDT、胺菊酯、氯菊酯、氯氰菊酯、α-氰戊菊酯、溴氰菊酯等 20 种常用有机氯农药和拟除虫菊酯农药残留量的分析。

试样经提取、净化、浓缩和定容，用毛细管柱气相色谱分离，电子捕获检测器检测，以保留时间定性，外标法定量。出峰顺序：α-HCH、β-HCH、γ-HCH、五氯硝基苯、δ-HCH、七氯、艾氏剂、除螨酯、环氧七氯、杀螨酯、狄氏剂、p,p′-DDE、p,p′-DDD、o,p′-DDT、p,p′-DDT、胺菊酯、氯菊酯、氯氰菊酯、α-氰戊菊酯、溴氰菊酯。

【试剂】

(1)石油醚：沸程 30～60 ℃，分析纯，重蒸。

(2)丙酮：重蒸。

(3)二氯甲烷：重蒸。

(4)环己烷：重蒸。

(5)正己烷：重蒸。

(6)乙酸乙酯：重蒸。

(7)氯化钠。

(8)无水硫酸钠。

(9)凝胶:Bio-Beads S-X_3 200～400 目。

(10)标准溶液:分别准确称取表 4-4 中的标准品,用少量苯溶解,再以正己烷稀释成一定浓度的储备液。根据各农药在仪器上的响应情况,以正己烷配制混合标准应用液。

表 4-4 农药标准品一览表 %

农药名称	纯度	农药名称	纯度
α-六六六	>99	环氧七氯	>99
β-六六六	>99	艾氏剂	>99
γ-六六六	>99	狄氏剂	>99
δ-六六六	>99	除螨酯	>99
p,p′-滴滴涕	>99	杀螨酯	>99
o,p′-滴滴涕	>99	胺菊酯	>99
p,p′-滴滴伊	>99	氯菊酯	>99
p,p′-滴滴滴	>99	氯氰菊酯	>99
五氯硝基苯	>99	α-氰戊菊酯	>99
七氯	>99	溴氰菊酯	>99

摘自:中华人民共和国国家标准食品卫生检验方法理化部分(二).中国标准出版社,2004.

【仪器】

(1)气相色谱仪:具有电子捕获检测器、毛细管色谱柱。

(2)旋转蒸发仪。

(3)凝胶净化柱:长 30 cm、内径 2.5 cm 的具活塞玻璃层析柱,柱底垫少许玻璃棉。用洗脱剂乙酸乙酯-环己烷(1+1)浸泡的凝胶以湿法装入柱中,柱床始终保持在洗脱剂中。

【色谱条件】

色谱柱:涂以 OV-101 0.25 μm,30 m×0.32 mm(内径)石英弹性毛细管柱。

柱温:程序升温

$$60\ ℃,1\ \mathrm{min} \xrightarrow{40\ ℃/\mathrm{min}} 170\ ℃ \xrightarrow{2\ ℃/\mathrm{min}} 235\ ℃ \xrightarrow{40\ ℃/\mathrm{min}} 280\ ℃,10\ \mathrm{min}$$

进样口温度:270 ℃。

检测器:电子捕获检测器(ECD),300 ℃。

载气流速:氮气(N_2):1 mL/min;尾吹:50 mL/min。

【测定方法】

(1)样品处理 试样去壳,制成匀浆;肉品去筋后,切成小块,制成肉糜;乳品混匀待用。

(2)提取与分配

①称取蛋类试样 20.00 g(精确到 0.01 g),于 100 mL 具塞三角瓶中,加水 5 mL(视试样水分含量加水,使总水量约为 20 g。通常鲜蛋水分含量约 75%,加水 5 mL即可),加 40 mL 丙酮,振摇 30 min,加氯化钠 6 g,充分摇匀,再加 30 mL 石油醚,振摇 30 min。取 35 mL 上清液,经无水硫酸钠滤于旋转蒸发瓶中,浓缩至约 1 mL,加 2 mL 乙酸乙酯-环己烷(1+1)溶液再浓缩,如此重复 3 次,浓缩至约 1 mL。

②称取肉类试样 20.00 g(精确到 0.01 g),加水 6 mL(视试样水分含量加水,使总量约 20 g。通常鲜肉水分含量约 70%,加水 6 mL 即可),以下按照蛋类试样的提取分配步骤处理。

③称取乳类试样 20.00 g(精确到 0.01 g。鲜乳不需要加水,直接加丙酮提取)。以下按照蛋类试样的提取、分配步骤处理。

(3)净化　将此浓缩液经凝胶柱以乙酸乙酯-环己烷(1+1)溶液洗脱,弃去 0～35 mL 流分,收集 35～70 mL 流分。将其旋转蒸发浓缩至约 1 mL,再经凝胶柱净化收集 35～70 mL 流分,蒸发浓缩,用氮气吹除溶剂,以石油醚定容至 1 mL,留待气相色谱分析。

(4)测定　分别量取 1 μL 混合标准液及试样净化液注入气相色谱仪中,以保留时间定性,以试样和标准的峰高或峰面积比较定量。

【计算】

$$X=\frac{m_1\times V_2\times 1\,000}{m\times V_1\times 1\,000}$$

式中:X 为试样中各农药的含量,mg/kg;m_1 为被测样液中各农药的含量,ng;m 为试样质量,g。V_1 为样液进样体积,μL;V_2 为样液最后定容体积,mL。

计算结果保留 2 位有效数字。

【说明】

本方法各种农药的检出限(μg/kg)为:α-六六六为 0.25;β-六六六为 0.50;γ-六六六为 0.25;δ-六六六为 0.25;五氯硝基苯为 0.25;七氯为 0.50;环氧七氯为 0.50;艾氏剂为 0.25;狄氏剂为 0.50;除螨酯为 1.25;杀螨酯为 1.25;p,p′-滴滴涕为 0.50;o,p′-滴滴涕为 0.50;p,p′-滴滴伊为 0.60;p,p′-滴滴滴为 0.75;胺菊酯为 12.50;氯菊酯为 7.50;氯氰菊酯为 2.00;α-氰戊菊酯为 2.50;溴氰菊酯为 2.50。

二、食品中百菌清农药残留量的检测

百菌清(chlorothalonil)为杀虫剂类农药,常用于谷类、蔬菜、水果等农作物。食品中百菌清的最大残留限量(GB2763—2005)如表 4-5 所示。

表 4-5　食品中百菌清最大残留限量　mg/kg

食物	最大允许残留量	食物	最大允许残留量
稻谷	0.2	果菜类蔬菜	5.0
小麦	0.1	瓜菜类蔬菜	5.0
豆类	0.2	梨果类水果	1.0
花生	0.05	葡萄	0.5
叶菜类蔬菜	5.0	柑橘	1.0

黄瓜中百菌清残留量的测定(GB/T 5009.105—2003)

试样中的百菌清经提取、净化后用具有电子捕获检测器的气相色谱仪测定，与标准比较定量。百菌清含有电负性较强的氯原子，采用电子捕获检测器定量测定，计算出百菌清的含量。适用于使用过百菌清农药的黄瓜残留量的测定。检出浓度为 0.048 mg/kg。

【试剂】

(1)弗罗里硅土(60～80 目)。

(2)无水硫酸钠：分析纯。

(3)丙酮：分析纯。

(4)丁酮：分析纯。

(5)环已烷：分析纯。

(6)磷酸：分析纯。

(7)百菌清标准溶液：精密称取百菌清标准品，用环已烷配成标准储备液，存放于冰箱中。

(8)百菌清标准使用液：将储备液稀释到 0.1 μg/mL，存放在冰箱中备用。

【仪器】

(1)气相色谱仪，具有^{63}Ni ECD。

(2)旋转蒸发仪。

(3)组织捣碎机。

(4)层析柱：1 cm(内径)×20 cm。

(5)分液漏斗：250 mL。

(6)圆底烧瓶：150 mL。

【色谱条件】

色谱柱：长 1.5 m、内径 3 mm 的玻璃柱。填装涂有 1.5%OV-17+2.5%OV-210 的 Chromosorb W HP(80～100 目)。

柱箱温度：194 ℃。

检测器温度:255 ℃。

气化室温度:260 ℃。

脉冲选择:1。

输出衰减:4。

输出高阻:10 Ω。

高纯氮(99.999%):流速 30 mL/min。

纸速:5 mm/min。

【测定方法】

(1)提取　称取 25.00 g(精确至 0.001 g)黄瓜匀浆,置于 250 mL 锥形瓶中,加 60 mL 丙酮及 50%磷酸 2 mL,充分振摇 2 min,过滤,用 20 mL 丙酮洗涤锥形瓶 2 次,滤液全部移入 250 mL 分液漏斗中,并加入 20 g/L 硫酸钠溶液 100 mL,摇匀后用环己烷 60 mL 提取 3 次,静置分层后,提取液经无水硫酸钠漏斗干燥,减压浓缩至 5 mL 待净化。

(2)净化　将层析柱底部垫少许脱脂棉,依次装入 2 cm 无水硫酸钠,7 g 弗罗里硅土,2 cm 无水硫酸钠,敲实并成一平面。然后用 15 mL 环己烷预淋层析柱,弃去预淋液。将浓缩的试样提取液倒入柱中,用 100 mL 环己烷-丁酮(20+1)混合液淋洗,收集全部淋洗液,浓缩后定容,进行气相色谱分析。

(3)测定　根据仪器灵敏度将标准使用液 1～10 μL 注入气相色谱仪中,测得不同浓度百菌清标准溶液的峰高。同时取试样溶液 2～5 μL 注入气相色谱仪中,测得的峰高与标准溶液的峰高相比,计算相应的含量。

【计算】

$$c_x = \frac{h_x c_s Q_s V_x}{h_s m Q_x}$$

式中:c_x 为试样中百菌含量,mg/kg;h_x 为试样溶液峰高,mm;c_s 为标准溶液浓度,μg/mL;Q_s 为标准溶液进样量,μL;V_x 为试样的浓缩定容体积,mL;H_s 为标准溶液峰高,mm;m 为试样质量,g;Q_x 为试样溶液的进样量,μL。

第五章　食品中药物残留的检测

第一节　食品中药物残留概述

一、食品中药物残留的种类

在畜禽养殖、水产养殖、养蜂、粮油作物和蔬菜等生产过程中，为了预防和治疗疾病、促进生长和繁殖及提高饲料利用率等，常使用各种药物。这些药物使用后，在动物体内会造成药物残留。药物残留是指给畜禽、水产动物、植物等使用药物后，蓄积或储存在动物细胞、组织和器官内以及可食性产品中的药物或化学物的原形、代谢产物和杂质。广义上的药物残留除了由于防治疾病用药引起外，也可由于使用药物饲料添加剂、动物接触或食入环境中的污染物如重金属、霉菌毒素、农药等引起。药物残留超标不仅可以直接对人体产生急慢性毒性作用，引起细菌耐药性增强，还可以通过环境和食物链的作用间接对人体健康造成危害。药物残留的种类由于各地使用药物的不同而有差异，主要有以下几类：

(1)抗生素类　主要用于防治动物传染病，包括氯霉素、螺旋霉素、链霉素、土霉素、四环素、金霉素、泰乐菌素、洁霉素和红霉素等。

(2)驱肠虫药类　主要用于驱除肠道寄生虫。包括硝基咪唑类(甲硝唑等)、左旋咪唑、阿维菌素类(伊维菌素、阿维菌素等)。

(3)生长促进剂　主要用于促进机体的生长发育。包括喹乙醇、杆菌肽锌、维吉尼亚霉素和黄霉素等。

(4)抗原虫药类　主要用于防治畜禽球虫病、住白细胞原虫病、血液焦虫病等。包括磺胺及增效剂类(磺胺嘧啶、磺胺二甲嘧啶、磺胺-5-甲氧嘧啶、磺胺喹噁啉、磺胺脒、磺胺甲氧嗪、磺胺二甲嘧啶、甲氧苄胺嘧啶和TMP等)、呋喃类(呋喃唑酮、呋喃西林和呋喃坦啶)、氯羟吡啶、氨丙啉、氯苯胍、二硝托胺、尼卡巴嗪、咪唑苯尿、三氮脒和阿卡普林等。

(5)灭锥虫类药物　主要用于治疗家畜锥虫病。包括新胂凡纳明、喹嘧胺和萘磺苯酰脲等。

(6)镇静剂类　主要用于家畜镇静。包括镇静剂(氯丙嗪、安定等)。

(7)激素类及其他　包括性激素和β-肾上腺素能受体阻断剂，主要用于提高动物的繁殖和生产性能、抗炎、抗过敏。包括皮质激素类(地塞米松等)、β-兴奋剂(盐酸克仑特罗)、性激素类(己烯雌酚、睾酮、雌二醇和孕酮等)、杀虫剂(无机磷、双甲脒等)等。

二、食品中药物残留的危害

(一)食品中药物残留的途径

造成食品中药物残留的途径较多，常见的有以下几种：

(1)预防和治疗疾病　在预防和治疗疾病过程中，如果不注意合理用药，容易造成药物在动物体内的蓄积，屠宰后胴体中药物残留就会超标。

(2)滥用饲料添加剂或动物保健品　由于药物具有良好的保健和促生长作用，在畜牧业中应用日趋普遍。经常长期、小剂量地将药物拌入饲料或饮水中饲喂，使药物残留在动物体内，从而造成食品的污染。如荷兰 1996 年用做饲料药物添加剂的万古霉素达到 8 万 kg，是人类用药的 53 倍；澳大利亚 1992—1996 年间，万古霉素作为饲料药物添加剂的年平均用量达到 6.2 万 kg，是人类治疗用量的 119 倍；据美国药物管理部门统计，1978 年，美国所生产的 1 166 万 kg 的抗生素中，约 550 万 kg 用作饲料药物添加剂。由此可见，随着集约化畜牧业生产的发展，抗生素用作药物添加剂的比例逐渐上升。2002 年，欧盟从我国进口的虾、对虾中发现大量的抗生素药物残留，导致受到进口限制的产品包括兔肉、禽肉、蜂蜜、软体动物肉类、甲壳类、冻虾、对虾和宠物产品等。2006 年欧盟全面禁止在饲料中使用抗生素。

使用饲料添加剂的目的主要是提高动物的生产性能和饲料报酬，有时也用于改变畜产品的外观。有的为了追求饲料的转化率和高额利润，向饲料中添加绒毛膜促性腺激素、甲基睾丸酮和雌二醇等激素类，以及抗生素类、化学品类、镇静催眠类等违禁药物。如为改变鸡蛋黄和皮肤的色泽而使用促进色素沉积的阿散酸、洛克沙砷和苏丹红等制剂，为增强褐色蛋壳的色泽而使用土霉素药渣，为增加猪瘦肉率而添加瘦肉精(盐酸克仑特罗)。

(3)用作食品添加剂　在食品的加工、保鲜储存过程中，为了抑制微生物的生长、繁殖，而加入某些抗生素，对食品的安全性造成很大的影响。

(4)饲料污染　饲料是众多病原的重要传播途径，鱼粉、肉粉、肉骨粉等动物性蛋白原料杀菌不严，易污染沙门氏菌、大肠杆菌等病原微生物。为了防治有害微生物的污染和传播，大量的抗生素被用作饲料添加剂，造成食品污染及残留。

(5)环境污染　制药企业排放的“三废”污染了灌溉用水，使畜禽特别是水产品受到药物污染。

(二)食品中药物残留的危害

食品中的药物残留量虽然很低，但对人体健康的危害却极为严重，因而越来越引起人们的关注。食品中的药物残留对人体健康的影响，主要表现为变态反应与过敏反应、细菌耐药性、致畸作用、致突变作用、致癌作用以及激素样作用等多方面。

(1)毒性作用　动物组织中药物残留水平很低，除少数能发生急性中毒外，绝大多数药物残留通常产生慢性、蓄积毒性作用。尤其在动物体的药物注射部位和一些靶器官(如肝、肺)常含有高浓度的药物残留，食用后出现中毒的几率将大大增加。药物及药物残留多引起食用者产生远期毒性作用。氯霉素能对人和动物的骨髓细胞、肝细胞产生毒性作用，导致严重的再生障碍性贫血。四环素类药物(金霉素和土霉素)能与骨骼中的钙等结合，抑制骨骼和牙齿的发育，治疗量的四环素类药物可能具有致癌作用。一些碱性和脂溶性药物的分布容积高，在体内易发生蓄积和慢性中毒，如使用属于大环内酯类药物的红霉素、泰乐菌素等易发生肝损坏和听觉障碍。氨基糖甙类药物如链霉素、庆大霉素、卡那霉素主要损坏前庭和耳蜗神经、导致眩晕和听力减退，并有潜在的致癌作用。以磺胺二甲基嘧啶为代表的磺胺类药物具有致肿瘤倾向。β-兴奋剂(如盐酸克伦特罗)在动物肝、肺和眼部组织残留浓度较大，人体一次摄入超过100～200 mg含盐酸克伦特罗的这些组织，就可产生中毒症状。

(2)使某些病原菌产生耐药性　动物在经常反复接触某一种抗菌药物后，其体内的敏感菌株将受到选择性的抑制，使某些细菌菌株对通常能抑制其生长繁殖的某种浓度的抗菌药物产生耐受性，而使耐药菌株大量繁殖。研究表明，随着抗菌药的广泛应用，细菌中耐药菌株数量也在迅速增加，而且很多细菌已由单一耐药发展到多重耐药。如美国在1969—1974年间鼠伤寒沙门氏菌中的青霉素耐药菌株由23.4%上升到36.9%，链霉素耐药菌株由27.3%上升到45.6%，四环素耐药菌株由12.5%上升到44.8%。据日本明治制药1996年统计，从动物分离的沙门氏菌耐四环素的比例分别为：家禽10.0%、猪58.0%、牛85.0%；耐链霉素的比例分别为：家禽8.8%、猪44.0%、牛34.0%。另据报道，1998年对从延安地区临床分离到的1 230株细菌进行耐药性研究，革兰氏阳性菌对青霉素的耐药率达98%，对头孢菌素的耐药率为10%～20%；革兰氏阴性菌对氨苄青霉素的耐药率为 80%,对头孢菌素的耐药率为 30%,对氟哇诺酮类药物的耐药率为 10%～20%。1999 年以来自我国 13 个不同地区具有典型大肠杆菌病雏鸭场分离出 265 株大肠杆菌,对其中 113 株进行 33 种抗生素敏感性试验,结果表明存在广泛的耐药性,以多重耐药性为主,最多耐药 21 种,以 13 种、15 种、11 种、7 种、9 种和 12 种为主,共占 53.0%,对氨苄青霉素、四环素、强力霉素、萘啶酸和利福平等均不敏感,耐药率均在 80%以上。更为严重的是出现了全耐药菌株,2005 年在我国福建泉州也分离全国首株全耐药细菌。动物在反复接触某一种抗菌药物的情况下,动物体内的耐药菌株又可通过食品传播给人,而给临床上感染性疾病的治疗造成困难。这表明滥用抗生素已经严重威胁到了人类的健康。

(3)引发过敏反应　经常食用一些含低剂量抗菌药物残留的食品还能使易感个体出现过敏反应,这些药物包括青霉素、四环素、磺胺类药物及某些氨基糖苷类抗生素等。这些药物具有抗原性,刺激机体内抗体的形成,造成过敏反应,严重者可引起休克、喉头水肿和呼吸困难等严重症状。

(4)破坏微生态平衡　在正常条件下,人体消化道内的微生态环境内存在着多种微生物,各菌群之间维持着共生平衡。抗生素长期使用后,敏感菌受到抑制,而不敏感菌趁机在体内繁殖,形成新的感染,即"二次感染"。某些有益菌菌群还能合成人体所需的 B 族维生素和维生素 K。长期或过量摄入抗生素残留的食品,会使有益菌群遭到破坏,有害菌群大量繁殖,造成微生态环境紊乱,从而导致长期腹泻或引起维生素缺乏。

(5)致癌、致畸、致突变作用　在妊娠关键阶段对胚胎或胎儿产生毒性作用造成先天畸形的药物或化学药品称为致畸物。

致突变作用又称诱变作用。诱变剂(致突变物)是指损害细胞或机体遗传成分的物质。现已证明,有些化学药品包括烷化剂及 DNA 碱基的同类物具有诱变活性。如苯并咪唑类抗蠕虫药,有抑制细胞活性的作用,具有潜在的致突变性和致畸性。

许多致突变物亦具有致癌活性,例如多环烃、黄曲霉毒素及有关的化合物,既具有致突变作用,又具有致癌作用。它们本身并不具备生物活性,只有经代谢转化为活性的亲核物质后,才能与大分子共价结合,从而引起突变、癌变、畸变和细胞坏死等。有些国家规定在食物中不允许含有任何已知致癌物,对曾用致癌物进行治疗或饲喂过致癌物的动物,在屠宰时不允许在其食用组织中有致癌物残留的存在。

(6)激素样作用　长期使用含低剂量激素的食品后,使人体正常的体液调节平衡受到不同程度的破坏,导致机体正常的物质代谢紊乱和功能失调。可表现为儿童早熟、肥胖儿、儿童异性化倾向和肿瘤等。在30余年前，具性激素活性的化合物已作为同化剂用于畜牧生产，以促进动物生长，提高饲料转化率。由于用药动物的肿瘤发生率有上升的趋势，因而引起人们对食用组织中同化剂残留的关注。1979年在美国禁用己烯雌酚作为牛、羊、鸡的促生长剂之后，一些国家也相继禁止应用同化剂尤其是雌激素同化剂。

此外，残留的药物随禽畜的粪、尿等排泄物排出，造成环境污染。这些残留药物仍具有活性，会对土壤微生物、水生物及昆虫等造成影响。如阿维菌素可在粪便中保持8周的活性，对草原中的多种昆虫及堆肥周围的多种昆虫都有强大的抑制或杀灭作用。进入环境中的兽药在多种环境因子的作用下，可产生转移、转化或在动植物体中蓄积，残留于粪便中的抗菌药在环境中若不被降解，会破坏土壤中微生物的平衡。已知链霉素、土霉素可以在环境中蓄积，并被植物的根吸收，在植物中保留很长时间的抗菌活性。其他的抗菌药物如林可霉素、泰乐菌素还能引起环境中的耐药沙门氏菌的数量大增。

三、食品中药物残留的标准

20世纪80年代在世界卫生组织(WHO)和联合国粮农组织(FAO)成立的国际食品法典委员会(CAC)下设立了食品中兽药残留法典委员会(CCRVDF)。兽药残留法典委员会负责讨论药物残留的有关问题，制定动物源性食品中药物残留的允许限量标准。欧美等发达国家于20世纪70年代就开展了对食品药物残留的监测工作，现已形成了非常完善的监测体系，包括法律法规体系、监督管理体系、检测机构体系、技术队伍体系和技术标准体系。

发达国家把制定药物残留限量标准作为控制食品药物残留的重要内容和防止药物残留超标食品进口的主要措施。到2000年，国际食品法典委员会已经制定了8 000个左右的国际食品标准，建立了237种食品的检测标准，41个卫生、安全、技术方面的法规，185种农药评价，3 724个农药残留限量，1 005个食品添加剂和54个兽药及25个食品污染物的评估。仅食品药物残留一项就对176种药物在375种食品中规定了2 439个药物残留最高限量标准。美国于1975年即开始实施国家药物残留计划(NRP)，要求动物在屠宰前必须检查杀虫剂、重金属、激素和抗生素的残留，1982年建立了《避免动物源性食品药物残留数据库》，明确规定了动物源性食品药物残留限量标准，供兽医和养殖者查询，现已发展成为国际性数据库。

最近几年来，世界各国特别是欧盟、日本、美国等发达国家对食品中药物残留的要求日趋严格。2006年欧盟宣布全面禁止在动物饲料中使用抗生素。世贸组织不仅接受和认可国际食品法典委员会关于食品药物残留的标准，而且根据世贸组织《实施卫生与动植物检疫措施协议》(简称 SPS 协议)的规定，各国有权制定比国际标准更高的标准和更严格的检验检疫措施。如日本于 2006 年 5 月 29 日起执行的“肯定列表制度”(Positive list system)，该制度要求：食品中农业化学品含量不得超过最大残留限量标准；对于未制订最大残留限量标准的农业化学品，其在食品中的含量不得超过“一律标准”，即 0.01 mg/kg，硝达唑、甲硝唑、地美硝唑、氯霉素、氯丙嗪、呋喃类抗生素、卡巴氧环己锡、三唑锡、苯胺灵、杀草强、2,4,5-T、己烯雌酚、丁酰肼、库马福司/蝇毒磷等 15 种农业化学品不得在任何食品中检出。我国 2002 年 12 月 24 日也公布了食品中部分药物残留的标准。

四、防止食品中药物残留的措施

食品中的药物残留涉及动物生产、加工的各个环节，必须采取综合性控制措施。目前国际上普遍推广 HACCP(Hazards Analysis Critical Control Point，危害分析与关键控制点)管理系统。该管理体系是一个国际上广为接受的以科学技术为基础的体系，该体系通过识别对食品安全有威胁的特定的危害物，并对其采取预防性的控制措施，来减少生产有缺陷的食品和服务的风险，从而保证食品的安全。HACCP 作为一个评估危害源、建立相应的控制体系的工具，强调食品供应链上各个环节的全面参与和采取预防性措施。

(一)合理规划养殖场，确保环境无污染

养殖场选址应远离城镇、工矿区和人口密集的村庄，并处于居民区的下风口和饮水源的下游。同时，养殖场所处地势应较高，且通风、排水性能良好。畜禽粪便、污水处理应设置于全场的下风和地势较低处，排污沟应尽量做到硬化处理，禁止在场内或场外随意堆放、排放畜禽粪便和污水。地面平养畜禽应对运动场土样进行检测，土壤中农药、化肥、兽药以及重金属等有害物质含量不可超标。建造养殖场的建筑材料不可使用工业废料或经化学处理的材料，使用人工合成材料以及石、砖、木材等不应含有对人畜有害的化学物质。养殖场内和养殖场周边应避免使用滞留性强的农药、鼠药、等防止通过空气或地面污染。

(二)科学合理使用兽药

使用高效低毒、低残留的畜禽专用药。严格规定和遵守药物的使用对象、使用期限、使用剂量以及休药期等，严禁使用违禁药物和未被批准的药物，农业部于 2002 年 3 月 5 日发布《食品动物禁用的兽药及其他化合物清单》(见附录二)。严

禁或限制使用人畜共用的抗菌药物或可能具有三致作用和过敏反应的药物。

(三)加强药物残留分析方法的研究

建立残留分析方法是有效控制食品中药物残留的关键措施。积极开展国际交流与合作,完善药物残留的检测方法,特别是快速筛选和确认的方法,积极开发简单、快速、准确灵敏和便携带的残留分析技术,发展高效、高灵敏的联用技术和多残留组分确证技术,分析过程自动化或智能化,以提高分析效率,降低成本。

(四)加强药物残留监控,完善药物残留监控体系

应加快国家、部委以及省地级药物残留机构的建立和建设,使之形成自中央至地方完整的药物残留检测网络。加大投入,开展残留的基础研究和实际监控工作,初步建立起适合我国国情并与国际接轨的药物残留监控体系,实施国家残留监控计划,力争将残留危害减小到最低程度。

(五)严格规范药物的安全生产和使用

监督企业依法生产、经营、使用药物,禁止不明成分以及与所标成分不符的药物进入市场,加大对违禁药物的查处力度,一经发现应严厉打击。严格规定和遵守药物的使用对象、使用期限、使用剂量和休药期等。加大对饲料生产企业的监控,严禁使用国家规定禁用的饲料添加剂。对上市畜产品及时进行药残检测,若发现药残超标者立即禁止上市并给予处罚。

(六)开发推广无公害的非抗生素类药物及其添加剂

非抗生素类药物很多,如微生物制剂、中草药和无公害的化学药物,都可达到治疗、防病的目的。尤其以中草药添加剂和微生物制剂的生产前景最好。

第二节 食品中四环素族药物的检测

四环素族(TCs)包括四环素(TC)、土霉素(OTC)、金霉素(CTC)、脱氧土霉素(DC)、差向四环素(ETC)等。TCs在畜禽业生产中被广泛作为药物添加剂,用于防治肠道感染及促生长,容易产生耐药株及药物残留。因此,许多国家对TCs残留实施监控。

(一)高效液相色谱法

样品经提取,微孔过滤后直接进样,用反相色谱分离,紫外检测器检测,与标

准品比较定量，出峰顺序为土霉素、四环素、金霉素。

【试剂】

混合标准溶液：分别吸取 1.0 mg/mL 土霉素、四环素的 0.01 mol/L 盐酸溶液 1 mL，1.0 mg/mL 金霉素水溶液 2 mL，置于 10 mL 容量瓶中，加蒸馏水至刻度。此溶液每毫升含土霉素、四环素各 0.1 mg，临用现配。

【色谱条件】

检测器：紫外检测器，波长为 355 nm，灵敏度为 0.002AUFS。

色谱柱：ODS-C_{18} 5 μm，6.2 mm×15 cm。

流动相：乙腈/0.01 mol/L 磷酸二氢钠溶液（用 30%硝酸溶液调节 pH 值至 2.5，35+65，体积比）。

温度：柱温为室温。

流速：1.0 mL/min，进样量为 10 μL。

【测定方法】

(1)样品测定　称取 5.00 g(±0.01 g)切碎的肉样(<5 mm)，置于 50 mL 三角瓶中，加入 5%高氯酸 25.0 mL，于振荡器上振荡提取 10 min，移入离心管中，以 2 000 r/min离心 3 min，取上清液经 0.45 μm 滤膜过滤，取 10 μL 滤液进样，记录峰高，从工作曲线上查得含量。

(2)工作曲线的绘制　分别称取 7 份切碎的肉样，每份(5.00±0.01)g，分别加入混合标准溶液 0，25，50，100，150，200，250 μL（含土霉素、四环素各 0，2.5，5.0，10.0，15.0，20.0，25.0 μg，含金霉素 0，5.0，10.0，20.0，30.0，40.0，50.0 μg）置于 50 mL 三角烧瓶中，以下按(1)中自“加入 5%高氯酸 25.0 mL”起依法操作。以峰高为纵坐标，以抗生素含量为横坐标，绘制工作曲线。

【计算】

$$X=\frac{A\times 1\,000}{m\times 1\,000}$$

式中：X 为试样中抗生素含量，mg/kg；A 为样品溶液测得抗生素质量，mg；m 为样品质量，g。

（二）微生物杯碟法

样品经提取，用离子交换树脂分离，甲醇溶剂洗脱，经浓缩，残渣用磷酸盐缓冲液溶解，经荧光检测鉴定，然后用微生物法进行定量测定。本方法的最小检出量为 0.05 μg/mL。

【试剂】

(1)0.1 mol/L 磷酸盐缓冲液(pH4.5):精确称取 13.6 g 磷酸二氢钠,用水溶解后稀释并定容至 1 000 mL,置阴凉处保存。

(2)生理盐水:0.85%氯化钠溶液。

(3)四环素族抗生素标准溶液:

①抗生素标准品:四环素(TC)、土霉素(OTC)、金霉素(CTC)由卫生部药品生物制品检定所分发或经同意的标准品。

②标准抗生素原液:精确称取 0.050 0 g 四环素族抗生素标准品,用 0.01 mol/L 盐酸溶液溶解,并稀释至 50 mL(此液浓度为 1 000 μg/mL),置冰箱保存。如果其效价低于 1 000 μg/mL,则配制时需折算为 1 000 μg/mL。

③标准抗生素稀释液:取上述原液,用 0.1 mol/L 磷酸盐缓冲液逐级稀释,配制成 0.05、0.2 μg/mL 的标准稀释液(临用时配制)。

【仪器】

(1)培养基(平皿):内径 90 mm,底部平整光滑的玻璃皿或塑料皿,上配陶瓦盖。

(2)牛津杯(试杯):用铝管或不锈钢管制成的金属杯,外径(8±0.1)mm,内径(6±0.1)mm,高度(10±0.1)mm,质量误差不超过±0.05 g。

(3)组织匀浆机。

(4)游标卡尺。

(5)离心机。

(6)恒温箱:温度波动范围±1 ℃以内,箱内隔层置玻璃板,并调整至水平位置。

【测定方法】

(1)样品处理　将瘦肉样品剪碎,称取 10.0 g,加入 20 mL 0.1 mol/L 磷酸盐缓冲液,置匀浆机(9 000～10 000 r/min)均质 2 min,静置 10 min 以上,然后离心(4 000 r/min)至澄清,取上清液为检样。

(2)测定

①菌种:蜡样芽孢杆菌。由卫生部药品生物制品检定所分发,菌号 63301。

②培养基的制备:

菌种用培养基:蛋白胨 10.0 g,氯化钠 2.5 g,牛肉膏 5.0 g,琼脂粉 13～15 g,加蒸馏水至 1 000 mL,经 121 ℃灭菌 15 min 后,调 pH 值为 6.5±0.1。

检定用培养基:蛋白胨 6.0 g,牛肉膏 1.5 g,酵母浸膏 3.0 g,琼脂 14～16 g,加蒸馏水至 1 000 mL,经 121 ℃灭菌 15 min 后,调 pH 值为 5.8±0.1。

③菌液的制备:将菌种接种在菌种用培养基上,于 37 ℃培养 7 天,镜检芽孢数达 85%以上时,先用 10 mL 灭菌的生理盐水洗菌苔,离心分离 20 min

(2 000 r/min)，弃去上清液，重复操作一次。再加入 10 mL 灭菌生理盐水于沉淀物中，混匀，至 65 ℃水浴中灭活 30 min，然后离心(1 000 r/min)5 min。上层悬液即为芽孢悬浮液，此液需要置冰箱(4 ℃左右)中保存，一般可使用 7 天。

④菌液浓度的测定：将不同浓度的菌液加入各检定用的培养基中，用下述杯碟法测 0.05 μg/mL 抗生素标准稀释液的抑菌圈直径应在 12 mm 以上，此时的菌液浓度为适宜。若达不到上述要求可将菌量适当调整。

⑤检定用平板的制备：将灭菌后冷却至 50～55 ℃的检定用的培养基内加入适量的菌液混匀，将此菌层培养基每个平皿内注入 6 mL，制成检定用平板，凝固后备用。

⑥检定试验：每份样品取 3 个检定用平板，于每个平板内放置 4 个牛津杯，对角 2 个注满检定液，其余 2 个分别注满 0.05 和 0.2 μg/mL 的标准抗生素稀释液，于(30±1)℃培养(17±1)h 后，量取各抑菌圈的直径，分别求得标准稀释液和样品检定液的抑菌圈直径的平均值。

⑦检定结果：若检定液未出现抑菌圈，判为 TC 族抗生素未检出。若检定液与 0.05 μg/mL 和 0.2 μg/mL TC 族的标准稀释液同样出现直径 10 mm 以上明显的抑菌圈，应进行加热确证试验[不同平板中同一剂量浓度的抑菌圈直径的离差(与平均值比较)应不超过±0.5 mm，否则应重做]。

⑧加热确证试验：取试管 2 支，分别加入样品检定液和 0.2 μg/mL TC 族标准稀释液各 4 mL，置沸水浴中加热 30 min。取两个检定用平板，各放置 4 个牛津杯，杯中依次分别注满加热的检定液、加热的标准稀释液、未加热的检定液、未加热的标准稀释液等 4 种液体，置(30±1)℃培养(17±1)h 后，观察结果。

未加热的检定液和 0.2 μg/mL TC 族标准稀释液出现正常的抑菌圈，而加热的检定液和 0.2 μg/mL TC 族标准稀释液不出现抑菌圈，可判为样品检定液中含有四环素类抗生素阳性。

(三)酶联免疫吸附试验(ELISA)

样品中四环素类参与竞争抑制酶标抗体与抗原的结合，食品中四环素类残留越多，抑制力就越强，酶联反应所显的颜色就越深，依此判定结果。

【试剂】

(1)四环素 ELISA 试剂盒。

(2)丙酮盐酸溶液(丙酮＋HCl＋水＝130＋10＋60)。

(3)TC、CTC、OTC 标准品。

(4)四环素类标准应用液(1.0 μg/mL)。

【测定方法】

(1)样品处理　称取40.0 g鲜奶样品于均质杯中，加50 mL丙酮盐溶液，置匀浆机(9 000～10 000 r/min)均质2 min。将匀浆液移入离心管中，2 000 r/min离心15 min，取上清液于100 mL容量瓶中。用丙酮盐溶液30 mL×2，分2次洗涤均质杯，离心，合并上清液于100 mL容量瓶中，并定容至刻度。将定容液100 mL于旋转蒸发仪中，于40 ℃蒸发至干，用鲜奶4 mL溶解，移入比色杯中，溶解液于比色管中待检。

(2)酶标试剂盒定性与半定量　试剂盒中SNAP显色器浮于45 ℃水浴中。将样品管盖旋开，加待检液至刻度，加盖，摇匀，待管底试剂溶解后，将样品管下端插入45 ℃水浴中放置3 min。将反应液倾入显色器的样品杯中，从窗口观察，当激活圈蓝色刚一消失，立即取出显色器。按下右侧激活按钮，“啪”一声回位至显色器平行，置45 ℃水浴中7 min。

(3)判定结果　阳性：≥0.1 mg/kg，样品点颜色浅于控制点；阴性：<0.1 mg/kg，样品点颜色深于控制点。

【注意】

(1)本法操作简便、快速，适合于各类食品的检测。最低检测限为0.1 μg/g，对四环素类有较强的特异性，不会出现交叉反应。

(2)用牛奶溶解蒸干提取物时，应先将牛奶(121 ℃，15 min)加热灭活四环素生物活性，不影响检测结果判定。

(四)薄层层析法

【仪器】

薄层层析(TLC)展开仪。

【试剂】

(1)0.1 mol/L Na_2EDTA-MCl-Vaine缓冲液(pH4.0)。

(2)EDTA- Na_2饱和溶液。

(3)乙酸乙酯。

(4)甲醇＋乙酸乙酯(5＋95)。

(5)异丙醇。

(6)甲醇。

(7)2.0 mol/L HCl。

(8)28％氨水。

(9)0.5%固蓝 BB 溶液。

(10)吡啶。

(11)OTC、CTC、DC 标准液(同高效液相色谱法)。

【测定方法】

称取样品 5.0 g 于均质器中,用 0.1 mol/L Na_2EDTA-MCl-Vaine 缓冲液(pH4.0)20 mL、20 mL、10 mL 分 3 次均质提取,提取液于离心管中,4 000 r/min 离心 10 min,将上清液置于试管中,过滤,将滤液置于烧杯中。通过 Baker 10 C_{18} 柱(经 EDTA- Na_2 饱和溶液处理),先加 20 mL 水洗柱,再抽干 5 min;加 10 mL 乙酸乙酯洗柱,再用甲醇+乙酸乙酯(5+95)20 mL 洗脱,洗脱液置于 KD 浓缩器中,加异丙烷 5 mL,于 30 ℃减压蒸干。残留物于浓缩器中,加入 0.1 mL 甲醇溶解。在薄层板上点样、展开,喷 2.0 mol/L HCl,150 ℃烘 1 min,喷 28% NH_4OH、0.5%固蓝 BB 盐和吡啶,显色。OTC 为深蓝色,TC 为深绿色,CTC 为深红色,DC 为红色。

C_8 薄层分离四环素类斑点见图 5-1。

【计算】

$$X = \frac{c_s \times V_1}{m \times V_2}$$

式中:X 为食品中 TCs 残留量,mg/kg;c_s 为标准四环素类含量,μg;V_1 为浓缩体积,mL;V_2 为点样体积,mL;m 为样品质量,g。

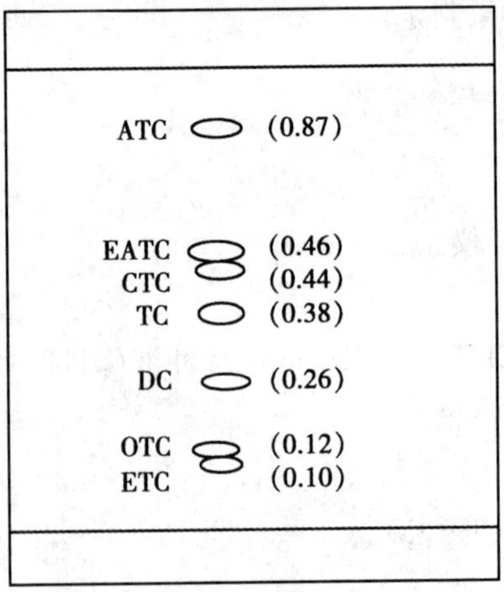

图 5-1 C_8 薄层板上四环素类的分离

注:C_8 薄层板,用 EDTA-Na_2 饱和溶液预展一次,然后在 130 ℃活化 2 h,展开剂为氯仿-甲醇-5%Na_2EDTA(65∶20∶5)。

【注意】

(1)本法回收率见表 5-1,在 C_8 薄层板上四环素类检测限为 0.03 μg。

(2)显色剂有 $MgCl_2$、$FeCl_3$、$SbCl_5$、重氮盐等,其中 $MgCl_2$ 溶液喷洒后紫外灯(370 nm)下发荧光。

(3)制板的吸附剂与展开剂中加入 EDTA 可除去金属离子的干扰;同时,薄层板使用时,须先用 EDTA-Na_2 饱和溶液展开,再活化(130 ℃),可取得满意的分离效果。

表 5-1　薄层层析法加入四环素类标准回收率　%

样品名称	OTC	TC	CTC	DC
牛肉	92	84	81	87
猪肉	90	82	76	80
牛肝	93	71	64	58
猪肝	91	72	65	56
牛肾	92	76	67	71
猪肾	85	79	67	72

第三节　食品中青霉素类药物的检测

青霉素类(PENs)包括苄青霉素(青霉素 G)、苯氧甲基青霉素、甲氧苯青霉素、乙氧萘青霉素、羟氨苄青霉素、邻氯青霉素和氨苄青霉素等,在动物疫病防治上应用十分广泛,许多国家对动物用此类抗生素及食品残留进行严格的监控。

(一)高效液相色谱法

样品经 H_2WO_4 去蛋白后,通过 Oasis HLB SPE 柱净化,乙腈洗脱浓缩,用苯甲酸酐衍生化,经过乙醚提取,其有机相再用苯甲酸酐及 1,2,4-三唑进行衍生化处理,滤液注入 HPLC 仪检测。

【仪器】

HPLC 仪(具紫外检测器)。

Oasis HLB SPE 柱。

【试剂】

(1)0.68 mol/L Na_2WO_4 溶液。

(2)0.68 mol/L H_2SO_4 溶液。

(3)5 mol/L NaOH 溶液。

(4)甲醇。

(5)25 mol/L 磷酸盐缓冲液(pH9.0)。

(6)乙腈。

(7)苯甲酸酐衍生化试剂。

(8)乙醚。

(9)1,2,4-三唑衍生化试剂(含 2.6 mmol/L $HgCl_2$)。

(10)PENs 标准品。

(11)PENs 标准应用液(0.1～0.5 μg/mL)。

【色谱条件】

紫外检测器(325 nm)。

色谱柱:长 150 mm,内径 3.9 mm,内填充 Water NOV-PAK C_{18}。

流动相:乙腈-磷酸盐缓冲液(pH6.5,含 0.015 mol/L $Na_2S_2O_3$)梯度洗脱。

流速:1 mL/min。

进样体积 20 μL。

【测定方法】

准确称取 2.50 g 样品于离心管中,钨酸除蛋白 2 次,经离心后,用水定容至 50 mL。取无蛋白液于烧杯中,滤液移入 Oasis HLB SPE 柱,用甲醇 2 mL×2,分 2 次洗柱,滤液通过柱,再用 25 mmol/L 磷酸盐缓冲液洗;最后用乙腈 4 mL 洗脱。洗脱液于 K-D 浓缩器中,加磷酸盐缓冲液 150 μL,45～50 ℃,用 N_2 吹蒸浓缩至 50 μL。浓缩液于锥形瓶中,加磷酸盐缓冲液 400 μL、苯甲酸酐衍生化试剂,混合 30 s,20～24 ℃反应 10 min。衍化液于锥形瓶中,加乙醚 20 mL、磷酸盐缓冲液 5 mL、混合 60 s,静置 2～3 min,分 2 次提取,弃去水相,将乙醚于 K-D 浓缩器中。加磷酸盐缓冲液 500 μL,混匀,于 45～50 ℃,用 N_2 吹蒸浓缩至 450～500 μL,但应用磷酸盐缓冲液补充至 500 μL,定容液于试管中。加苯甲酸酐衍生化试剂 75 ℃,用 N_2 吹蒸浓缩至 50 μL,混匀 30 s,于 20～24 ℃反应 10 min,衍化液于试管中。加 2 mol/L 1,2,4-三唑衍生化试剂(含 2.6 mmol/L $HgCl_2$)450 μL,混合 60 s,于(55±2)℃反应 30 min,冷却,过滤。取 50 μL 滤液注入 HPLC 仪检测。

青霉素色谱图如图 5-2 所示。

【计算】

$$X = \frac{A \times c_s}{A_s \times c}$$

式中:X 为样品中青霉素类残留量,μg/g;A 为样品中青霉素类的峰面积,mm^2;A_s 为标准液中青霉素类的峰面积,mm^2;c_s 为标准液中青霉素类的浓度,μg/L;c 为最终样液代表的样品浓度,g/L。

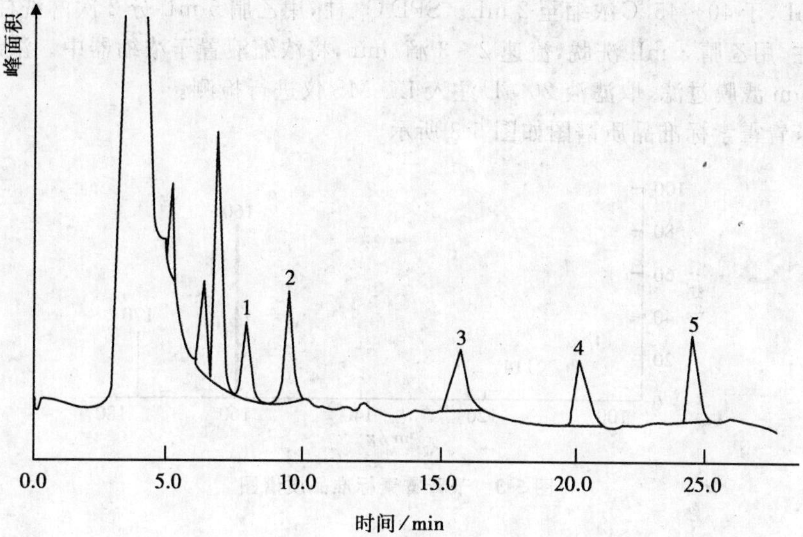

1. 青霉素G　2. 青霉素　3. 苯唑青霉素　4. 邻氯青霉素　5. 双氯青霉素

图 5-2　青霉素色谱图

【注意】

(1)用钨酸沉淀除去乳、肉、蛋、奶、血浆、酸乳酪、干酪、动物组织蛋白后检测青霉素类效果很好,一般采取2次处理效果更好。

(2)为克服干扰,常使用柱前衍生化反应,如在1,2,4-三唑衍生化试剂催化作用下,青霉素形成青霉烷酸硫醇汞衍生物,可对11种青霉素进行检测,用紫外检测器,其最大吸收波长325 nm,几乎无干扰,具有专一性;也可柱前衍生化产生荧光发色基,用荧光检测器检测要优于紫外检测器,灵敏度提高。

(二)液相色谱-质谱法

【仪器】

液相色谱(LC)-质谱(MS)仪(具电喷雾离子化串联离子阱多级质谱)。

【试剂】

(1)乙腈。

(2)PENs标准应用液(同高效液相色谱法)。

【测定方法】

精确称取具有代表性的奶样5.00 g于离心管中。加乙腈10 mL×2,分2次混合30 s,于4 000 r/min离心10 min(0~4 ℃)。取蛋白液于K-D浓缩器中,加水 2 mL，于 40～45 ℃浓缩至 2 mL。SPE C_{18} 柱，用乙腈 5 mL 分 2 次淋洗柱，浓缩液入柱，用乙腈 3 mL 洗脱，流速 2～3 滴/min，将浓缩液置于浓缩器中。浓缩液经 0.45 μm 滤膜过滤，取滤液 20 μL 注入 LC-MS 仪进行检测。

苄青霉素标准品质谱图如图 5-3 所示。

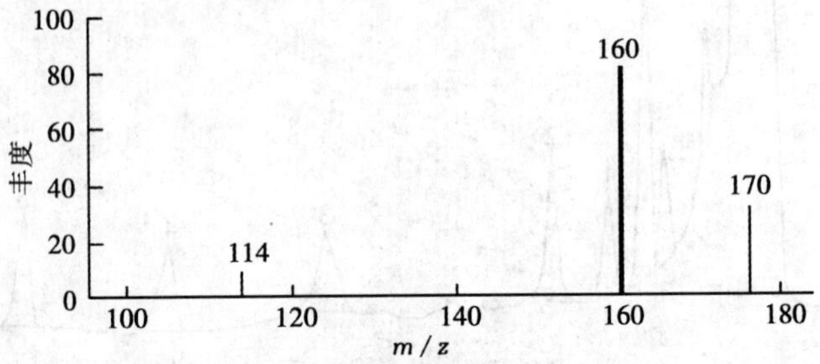

图 5-3　苄青霉素标准品质谱图

【注意】

(1)净化用层析柱常考虑碳量，一般认为 C_{18} 柱填料的碳量至少为 17%，其回收率为 84.5%～92.1%；如 C_{18} 柱的碳量少于 14%，其回收率下降为57.5%～58.8%。

(2)有人建议样液经 SPF 柱净化后，再增加一步液-液萃取，得到的色谱杂质峰大大减少。

(三)酶联免疫法——用于乳品中氨苄西林钠残留检测

【仪器】

(1)ELISA 仪。

(2)分光光度计。

【试剂】

(1)3,3′,5,5′-四甲基联苯胺(TMB)。

(2)2%脱脂牛奶阻断液。

(3)牛血清白蛋白(BSA)。

(4)卵白蛋白(OA)。

(5)考马斯亮蓝 G-250。

(6)氨苄西林钠(Am)。

(7)辣根过氧化物酶标记鼠抗兔 IgG。

【测定方法】

抗体的制备参见附录三。在 40 孔酶标板上，加 OA-Am（8 μg/mL），每孔 100 μL，4 ℃，过夜，用 PBST 液洗板 3 次（下同）。然后，每孔加 2%牛奶阻断液 200 μL，混合封闭，41 ℃，10 min，洗板。先在小试管中加 Am 或检样液 100 μL、抗体 IgG（1∶1 000）100 μL，混匀，41 ℃，15 min。然后取混合液 100 μL，41 ℃，15 min，洗板。每孔加洗板。每孔加酶标记鼠抗兔 IgG100 μL，41 ℃，15 min。各孔加 TMB 底物溶液 100 μL，41 ℃，暗处 10 min，各加 2 mol/L H_2SO_4 50 μL，终止反应。于酶标仪波长 450 nm 检测吸光度，查标准曲线得对应的 Am 含量。

【注意】

(1)BSA-Am 合成抗原中结合比检测是用考马斯亮蓝与蛋白质中游离氨基酸结合的原理。

(2)常规抗原抗体反应温度为 37 ℃，一般需 2 h，这样除包板时间外，整个 ELISA 操作需 5 h。将孵板温度提升到 41 ℃，整个检测在 1 h 内完成，不仅缩短了检测时间，还减少了非特异吸附。本法虽本底略有提高，但并不影响最终结果判断。

(3)本法抗 Am 血清与青霉素 G 交叉反应达 98%，与链霉素、庆大霉素无交叉反应。

(4)本法 Am 检测浓度范围为 5～160 ng/mL，检测极限 2.5 ng/mL，该方法的回收率 95%～105%。

第四节　食品中氨基糖苷类药物的检测

氨基糖苷类（AGs）包括链霉素、卡那霉素、庆大霉素、新霉素和壮观霉素等。由于 AGs 对婴幼儿敏感，能通过胎盘损害胎儿的听觉，故链霉素已被停用于婴幼儿。

（一）高效液相色谱法

【仪器】

HPLC 仪（具荧光或紫外检测器）。

【试剂】

(1)乙腈。

(2)乙醇。

(3)二氯甲烷。

(4)乙酸乙酯。

(5)0.1 mol/L 磷酸盐缓冲液(pH11)。

(6)硅胶。

(7)邻苯二甲醛液:取 H_3BO_3 1.0 g 溶 38 mL 水中,用 45%KOH 液调 pH 值为 10.4,加邻苯二甲醛+甲醇(100+1)、α-巯基乙醇各 0.4 mL,保存 1 周。

(8)链霉素、庆大霉素、卡那霉素等标准品。

(9)链霉素、庆大霉素、卡那霉素标准储存液(1 mg/mL)。

(10)链霉素、庆大霉素、卡那霉素标准应用液(0.1 mg/mL)。

【色谱条件】

荧光检测器:激发波长 360 nm,发射波长 430 nm。

色谱柱:长 30 cm,内径 4 mm,内填充 μ-BondapakC_{18}。

流动相:0.5 mol/L Tris 缓冲液(pH7.9)250 mL,加三乙胺 10 mL,用 H_2SO_4 调 pH 值为 7.9,加甲醇定容至 1 L。

流速:2 mL/min。

进样量:20 μL。

【测定方法】

准确称取 5.00 g 牛乳或其他均浆样品于离心管中,加入 0.1 mol/L 磷酸盐缓冲液(pH11)10 mL,乙腈 30 mL,混匀,2 500 r/min 离心 10 min。上清液转入另一离心管中,加二氯甲烷 30 mL,混匀,2 500 r/min 离心 10 min,取上清液 1 mL 于离心管中,加入邻苯二甲醛液 1 mL,混匀,加乙酸乙酯 1 mL,2 500 r/min 离心 10 min,取 10 μL 注入 HPLC 仪检测。

取链霉素、庆大霉素、卡那霉素标准应用液(0.1 mg/mL)0,0.2,0.4,0.6,0.8,1.0 mL,分别按样品检测步骤操作,各取 20 μL 注入 HPLC 仪,记录各管峰面积,绘制标准曲线。

【计算】

$$X = \frac{c_s \times 1\,000}{m \times 1\,000}$$

式中:X 为样品中链霉素含量,mg/kg;c_s 为样液峰面积查标准曲线得含量,μg;m 为样品质量,g。

其他氨基糖苷类抗生素也按此公式计算。

【注意】

(1)样品一般先制成匀浆,再取样检测。

(2)由于氨基糖苷类抗生素易溶解于水,通常用三氯乙酸或 $HClO_4$ 除蛋白,可进一步用 Amberline CG-50,或 CM-Sphadex、Bakerbond(苯磺酸基)、硅胶 SPE 柱净化。

(3)氨基糖苷类抗生素检测时，使用玻璃器皿、滤纸等可能使其降解，因此标准液应储存于聚丙烯瓶中。

(4)牛奶、肉及肉制品中庆大霉素检测，可采取反相高效液相色谱法。样品用 0.1 mol/L Na_2SO_4(pH8.8)25 mL，提取，离心，上清液用疏水离子交换固体柱(C_{18}COOH)净化，然后用 OPA 衍生化后，取样液注入 HPLC 仪中。本法庆大霉素检测限牛奶 0.5 μg/mL、牛肉 1 μg/g，方法回收率 90%以上。

(5)衍生化试剂还有丹酰氯、胺荧等。

(二)液相色谱-质谱法

【仪器】

(1)LC 仪。

(2)MS 仪(具离子喷雾，ISI)。

【试剂】

参照高效液相色谱法。

【色谱条件】

色谱柱：长 100 mm，内径 2 mm，内填充 Sperisorb ODS-2。

流动相：水(含有 20 mmol/L 奇氟丁酸)：乙腈，体积比为 92：8。

流速：0.2 mL/min。

MS 仪：电离技术采用离子喷雾(ISI)、链霉素(m/z 301)、壮观霉素(m/z 351)。

【测定方法】

参照高效液相色谱法，取提取净化液 10 μL 注入 LC-MS 仪。

【定性与定量】

样液半度值与标准液的半度值比较定性与定量。

(三)微生物杯碟法

【仪器】

(1)电热恒温培养箱。

(2)电热恒温水浴锅。

(3)离心机。

(4)旋涡混合器。

(5)平底双碟：直径 90 mm，高 16～17 mm。

(6)牛津杯：不锈钢，外径 8 mm，内径 6 mm，高 10 mm。

(7)游标卡尺:精确度 0.02 mm。

(8)分光光度计。

【试剂】

(1) 0.1 mol/L 磷酸盐缓冲液(pH8.0):准确称取无水 K_2HPO_4 16.73 g、无水 KH_2PO_4 0.523 g 于烧杯中,加水溶解,并定容至 1 L,121 ℃灭菌 20 min,备用。

(2)新霉素标准液:准确称取新霉素标准品 20 mg,加灭菌 0.1 mol/L 磷酸盐缓冲液(pH8.0)溶解,并稀释成浓度为 100 μg/mL 的标准储存液,真空抽滤,4 ℃冰箱保存,有效期 4 周。

(3)传代保存用培养基:称取蛋白胨 10 g、酵母浸出粉 3 g、牛肉浸出膏 1.5 g、无水葡萄糖 1 g、琼脂 15 g,加水溶解,定容至 1 L,用 1.0 mol/L NaOH 液调 pH 值为 6.5~6.6,分装于试管中,121 ℃灭菌 20 min,制成斜面待用。

(4)检定培养基:称取蛋白胨 10 g、酵母浸出粉 3 g、牛肉浸出膏 3 g、无水葡萄糖 1 g、琼脂 15 g,加水溶解,定容至 1 L,用 1.0 mol/L NaOH 液调 pH 值为 7.9~8.0,分装于锥形瓶中,121 ℃灭菌 20 min 待用。

(5)菌悬液制备:将表皮葡萄球菌 26069 型(ATCC12228)在传代培养基上连续传代 3 次,用适量 0.85%NaCl 灭菌液冲洗斜面培养物,并稀释成悬浊液,于分光光度计波长 560 nm 下测定,透光率控制在 80%左右,临用前制备。

(6)双碟制备:

①双碟底层制备:在双碟中,加融化的传代培养基 10 mL,均匀铺平,凝固待用。

②菌层制备:在融化并维持 48 ℃的检定培养基中,加新制备的菌悬液 0.2~0.5 mL,充分混匀,取 4 mL 加到底层培养双碟中,并作圆周旋转运动使均匀分散铺平,凝固待用。

【测定方法】

准确称取 5.0 g 样品于离心管中,加 0.1 mol/L 磷酸盐缓冲液(pH8.0)10 mL,置旋涡混合器上振荡混合 1 min,于 0~4 ℃静置 30 min。然后 100 ℃水浴 5 min,冷却,5 000 r/min,离心 15 min。取上清液于锥形瓶中,用 1.0 mol/L NaOH 液调 pH 值为 8.0,待检。取待检液分别滴于 3 个双碟、3 个牛津杯中,置 32~35 ℃培养 18~20 h。用游标卡尺量取抑菌直径,查标准曲线求药物含量(同时做空白对照)。

取新霉素标准储存液(100 μg/mL)用 0.1 mol/L 磷酸盐缓冲液(pH8.0)稀释成 0.15,0.3,0.6,1.2,2.4 μg/mL 标准系列应用液,按微生物琼脂扩散法测定各浓度的抑菌圈直径的校正值为横坐标,绘制标准曲线。

【计算】

$$X = \frac{c \times V}{m}$$

式中：X 为食品中新霉素残留量，mg/kg；c 为新霉素标准液浓度，μg/mL；V 为样品总体积，mL；m 为样品质量，g。

【注意】

本法在鸡肉、肝脏、脂肪、肾脏中的检测限均为 500 μg/kg，方法回收率 80%～110%；双碟必须在当天制备，如用标准应用液，所得的抑菌圈直径应为（18±2.4）mm。

（四）酶联免疫法

参照氨苄西林钠。

第五节　食品中氯霉素类药物的检测

氯霉素类（CAPs）包括氯霉素（CAP）、间硝基氯霉素（m CAP）、琥珀氯霉素、棕榈氯霉素、乙酰氯霉素、甲砜氯霉素（IAP）和氟甲砜氯霉素（FF）等，易发生蓄积中毒，许多国家已禁止在食用动物（特别是蛋鸡、奶牛等）中使用。

CAPs 残留检测方法有高效液相色谱法、气相色谱法、液相-质谱法和酶联免疫法。

（一）高效液相色谱法

采用乙酸乙酯等有机溶剂萃取，氯霉素提取物溶解于二氯甲烷中，然后以水-甲醇作为流动相。于紫外检测器进行液相色谱法测定，求出样品中的氯霉素的含量。

【试剂】

氯霉素标准溶液：准确称取氯霉素 10.0 mg，以丙醇溶解并稀释至 100 mL，然后取 1.0 mL 用丙醇稀释至 100 mL，取此溶液 1.0 mL，再用丙醇稀释至 100 mL，所得溶液每毫升含氯霉素为 0.01 μg。

【色谱条件】

检测器：紫外检测器，检测波长为 280 nm，灵敏度为 0.005～0.01AUFS。

色谱柱：不锈钢柱，C_{18} 柱（250 mm×4.6 mm）粒径 5 μm。

流动相：水∶甲醇（3∶1，体积比）。

流速：0.8 mL/min。

【测定方法】

(1)样品的处理　吸取25.0 mL牛乳或其他均浆样品，置于250 mL分液漏斗中，加入75 mL乙酸乙酯振荡1 h，或在超声浴上振摇30 min，取出一半乙酸乙酯萃取液(37.5 mL)，减压蒸干。蒸干后的残留物分别2次用5 mL乙腈溶解，移入30 mL分液漏斗，再分别2次用3 mL异辛烷萃取，除去乙腈溶解液中的类脂物，将乙腈液浓缩近半，并分别2次用1 mL乙酸乙酯把蒸干物转移到3 mL聚四氟乙烯三角烧瓶内。经氮气流浓缩，浓缩后用0.2 mL氯仿溶解。再加入0.2 mL丙三醇-水(50∶50，体积比)混合液，用旋转搅拌器混匀，静置，最后用上层醇相进行色谱分析。

(2)色谱分析　用微量注射器吸取标准系列和样液各2 μL或4 μL，注入液相色谱仪中，根据上述条件，本法氯霉素标准品的保留时间为6 min。测量样品保留时间Rt与标准对照进行定性分析，测量峰高，从标准曲线中查出相应含量，计算样品中氯霉素残留量。

(二)气相色谱法

用于牛奶中CAPs残留检测。

【仪器】

GC仪(具电子捕获检测器)。

【试剂】

(1)乙腈。

(2)衍生化试剂BFT：N，O-二(三甲基硅)三氯醋酸铵＋三甲基氯喹烷(99＋1)衍生化试剂。

(3)CAP标准液：0.01 mg/L。

【色谱条件】

HP-5毛细管色谱柱：25 m×0.2 mm，粒径0.33 μm。

柱温：150 ℃(保留0.5 min)→270 ℃(30 ℃/min，保留7.5 min)，进样口温度250 ℃，检测温度320 ℃。

载气：He流速0.7 mL/min。

【测定方法】

精确量取5.0 mL奶样于离心管中，加乙腈25 mL，混匀，提取，3 000 r/min离心10 min，将提取液放入离心管中，通过SPE C_{18}柱净化。将净化液放入试管中，加衍生化试剂 BFT，进行衍生化处理，待检。取 2 μL 注入 GC 仪，记录峰面积。

取氯霉素(CAP)、间硝基氯霉素(mCAP)、甲砜霉素(TAP)、氟甲砜霉素(FF)标准液(0.01 mg/L)各 2 μL 注入 GC 仪中，记录各自保留时间和峰面积。

【定性与定量】

以标准出峰保留时间比较定性，以峰面积比较定量。

【注意】

方法对不同氯霉素分离效果较好。其检测限为 1～2 ng/g，方法回收率为 76.4%～107%；选择衍生化试剂对检测不同氯霉素很关键，本法使用 BFT。

(三)液相色谱-质谱法

【仪器】

(1)LC 仪。

(2)MS 仪：具负离子化学电离。

【试剂】

(1)乙酸乙酯。

(2)正己烷。

(3)四氯化碳(CCl_4)。

(4)无水 $NaSO_4$。

(5)CAP 标准使用液：1 μg/mL。

【色谱条件】

负离子化学电离：反应气体为甲烷，碎片离子为 m/z324(氯 37 同位素)、322、288(M-HCl)、286、250(M-$(HCl)_2$)。

色谱柱：LiChrospher C_{18}。

流动相：甲醇＋0.2%甲酸(43＋57)。

离子源温度 200 ℃。

【测定方法】

称取具有代表性的样品(组织匀浆)5.0 g 于离心管中，加乙酸乙酯10 mL，均质 1 min 后，1 000 r/min 离心 10 min，用乙酸乙酯补足至 10 mL。取提取液 10 mL于分液漏斗中，加正己烷—四氯化碳—水 10 mL×3，分 3 次萃取净化，经无水 $NaSO_4$ 脱水，于 K-D 浓缩器中浓缩至 1 mL，经 0.45 μm 滤膜过滤，待检。取 20 μL 注入 LC-MS 仪中，记录丰度值。

取 CAP 标准使用液(1 μg/mL)20 μL 注入 LC-MS 仪中，记录标准出峰时间与丰度值。CAP 质谱图如图 5-4 所示。

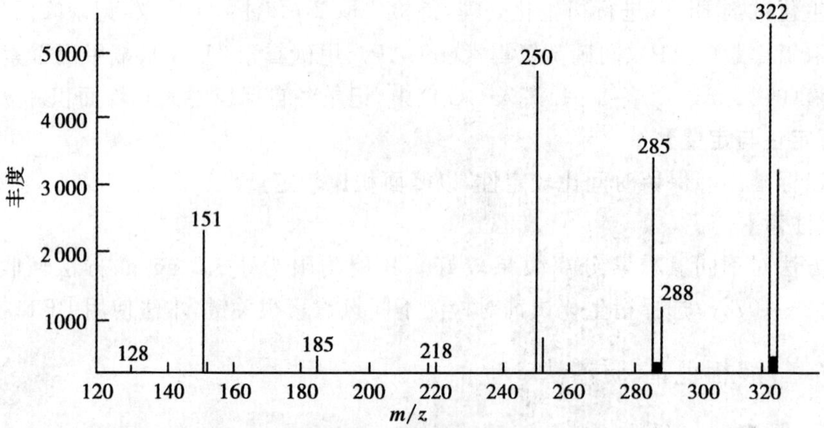

图 5-4 CAP 质谱图

【定量】

以样液丰度值与标准丰度值比较定量。

【注意】

本法适用于肉中 CAP 残留检测,其检测限为 2 ng/g,方法回收率为 99%;本法常用于确证 CAP 检测,较快捷、方便。

(四)酶联免疫吸附试验

游离氯霉素与氯霉素酶标记物竞争氯霉素抗体结合位点,同时氯霉素抗体也与固定的抗体结合。没有结合的氯霉素酶标记物在洗涤步骤中被除去,氯霉素酶标记物与氯霉素抗体结合的数量反比于游离氯霉素的数量,以 TMB 为底物,加入反应中止液,使颜色由蓝色变为黄色,测量 450 nm 波长的吸光度值,按标准曲线计算样品中的氯霉素含量。

【试剂】

(1)乙酸乙酯。

(2)乙腈。

(3)正己烷。

(4)0.5 mol/L 氯化钠溶液。

(5)半对数坐标纸。

(6)氯霉素酶联免疫定量测定试剂盒。

【仪器】

(1)450 nm 波长的酶标仪。

(2)均质器。

(3)离心机。

(4)旋转蒸发仪。

(5)振荡器。

(6)微量加样器和微量多通道加样器。

【测定方法】

(1)提取与净化　动物肌肉组织去除脂肪经均质器均质，肠衣样品用蒸馏水漂洗 20 min 后，剪成 5 mm 的碎片，称 5.0 g 至离心管中，加入 15 mL 乙腈水溶液(84+16)，振荡 1 min，于 15 ℃ 3 000 r/min 离心 20 min，移取 3 mL 上清液(相当于 1 g 样品量)至玻璃试管中，加入 3 mL 乙酸乙酯和 1 mL 0.5 mol/L 的氯化钠溶液，振荡 1 min，静置分层后去掉下层的水相，有机相在氮气 60 ℃水浴中吹干，残留物用 1 mL 缓冲液溶解，加入 1 mL 正己烷，振荡 1 min，1 500 r/min 离心 10 min，去掉上层正己烷，下层的水相进行酶联免疫测定。

(2)酶联免疫测定　将试剂盒从冰箱中取出，恢复室温 24 ℃，按样品数计算所需的试剂条，并记录好位置。稀释相应浓度的标准品，加入 50 μL 稀释后的 6 个氯霉素标准液和样液到微孔中，再加入 50 μL 稀释的氯霉素标记物至每一个微孔内，最后加入 50 μL 氯霉素抗体到微孔中，轻拍混匀。在 20～29 ℃黑暗处避光孵育 2 h，倒掉微孔中的液体，洗板 5 次，加入 50 μL 底物和 50 μL 发色剂至每一个微孔内，轻拍混匀。20～29 ℃黑暗避光处孵育 30 min，加 100 μL 反应终止液，轻拍混匀后，在 10 min 内并记录每个微孔溶液 450 nm 波长的吸光度值。

【计算】

(1)计算　根据每个氯霉素标准液和样液的平均吸光度值，按公式求得氯霉素标准液和样液的百分比吸光度值：

$$A=\frac{S}{S_{\text{zero}}}\times 100\%$$

式中：A 为百分比吸光度值；S_{zero} 为空白对照，浓度为 0 ng/mL 的氯霉素标准液的平均吸光度值；S 为其余 5 个浓度的标准液平均吸光度值。

(2)绘制标准曲线　以百分比吸光度值(算术级)为纵坐标，以氯霉素浓度(ng/mL)(对数级)为横坐标，绘制出氯霉素标准液百分比吸光度值与氯霉素浓度的标准曲线。每次试验均应重新绘制标准曲线。

(3)结果　在以上绘制的标准曲线上读取样液百分比吸光度值所对应的氯霉素浓度，即为样品中的氯霉素残留量。

第六节　食品中氟喹诺酮类药物的检测

氟喹诺酮类(FQs)包括诺氟沙星(氟哌酸,NOR)、双氟沙星(DIF)、氧氟沙星(OFL)、恩诺沙星(ENR)、单诺沙星(DAN)、环丙沙星(CIP)、沙拉沙星(SAR)和麻保沙星(MAR)等。目前国内外允许用于动物的 FQs 有 10 余种。FQs 能引起光敏的副反应,恩诺沙星实验动物显示有一定的致突变和胚胎毒作用,故有必要加强对 FQs 的控制和检测。

下面介绍食品中恩诺沙星和环丙沙星残留检测方法——高效液相色谱法。试料中残留的恩诺沙星、环丙沙星用不同 pH 值的磷酸缓冲液提取,C_{18} 柱净化,流动相洗脱。以磷酸乙腈作为流动相,用高效液相色谱-荧光检测法测定,外标法定量。

【试剂】

(1)恩诺沙星:含恩诺沙星($C_{19}H_{22}FN_3O_3$)不得少于 99.0%。

(2)环丙沙星:含环丙沙星($C_{17}H_{18}FN_3O_3$)不得少于 99.0%。

(3)磷酸。

(4)氢氧化钠。

(5)乙腈:色谱纯。

(6)三乙胺。

(7)磷酸二氢钾。

(8)氢氧化钠溶液 5.0 mol/L:取氢氧化钠饱和溶液 14 mL,加水稀释至 100 mL。

(9)氢氧化钠溶液 0.03 mol/L:取 5.0 mol/L 氢氧化钠溶液 0.6 mL,加水稀释至 100 mL。

(10)磷酸/三乙胺溶液 0.05 mol/L:取 85% 磷酸 3.4 mL,用水稀释至 1 000 mL,搅拌下滴加三乙胺,调 pH 至 2.4。

(11)磷酸盐缓冲液(用于肌肉、脂肪组织):取磷酸二氢钾 6.8 g,加水使溶解并稀释至 500 mL,用 5.0 mol/L 氢氧化钠溶液调 pH 值至 7.0。

(12)磷酸盐缓冲液(用于肝脏、肾脏组织):取磷酸二氢钾 6.8 g,加水溶解并稀释至 500 mL,pH 值为 4.0～5.0。

(13)恩诺沙星、环丙沙星标准储备液:准确称取恩诺沙星、环丙沙星对照品各 50 mg,用 0.03 mol/L 氢氧化钠溶液溶解并稀释成浓度为 1 mg/mL 的储备液,置 2～8 ℃冰箱中保存,有效期 1 个月。

(14)恩诺沙星、环丙沙星标准工作液:准确量取适量恩诺沙星、环丙沙星标准储备液，用乙腈稀释成适宜浓度的喹酸和氟甲喹标准工作溶液。

【仪器】

(1)高效液相色谱仪(配荧光检测器)。

(2)分析天平：感量 0.000 1 g。

(3)天平：感量 0.01 g。

(4)振荡器。

(5)组织匀浆机。

(6)离心机。

(7)聚丙烯离心管：25 mL、50 mL。

(8)固相萃取柱：C_{18} 100 mg/mL，含碳量≥16%。

【色谱条件】

色谱柱：C_{18} 250 mm×4.6 mm(i.d)，粒径 5 μm，或相当者。

流动相：0.05 mol/L 磷酸溶液/三乙胺-乙腈(82+18)，用前过 0.45 μm 滤膜。

流速：0.8 mL/min。

检测波长：激发波长 280 nm；发射波长 450 nm。

进样量：20 μL。

【测定方法】

(1)提取　称取(2±0.05)g 样品，置 30 mL 匀浆杯中，加磷酸盐缓冲液 10.0 mL，10 000 r/min 匀浆 1 min。匀浆液转入 50 mL 聚丙烯离心管中，振荡混合 5 min，4 000 r/min 离心 10 min，上清液转入另一支 25 mL 离心管中。用磷酸盐缓冲液 10.0 mL 洗刀头及匀浆杯，转入 50 mL 离心管洗残渣，搅匀，振荡，离心。合并上清液于 25 mL 离心管中，备用。

(2)净化　C_{18} 固相萃取柱依次用 2 mL 甲醇、2 mL 水润洗，润洗完毕后，准确量取适量备用液过柱，用 2 mL 水洗，挤干。加 2.0 mL 流动相洗脱，挤干。收集洗脱液作为试样溶液，供高效液相色谱分析。

(3)标准曲线的绘制　准确量取适量恩诺沙星、环丙沙星标准工作液，用流动相稀释成浓度分别为 0.002，0.005，0.01，0.05，0.1，0.3，0.5 μg/mL 的恩诺沙星、环丙沙星标准溶液，供高效液相色谱分析。

(4)测定　取适量试样溶液和相应的标准工作溶液，作单点或多点校准，以色谱峰面积积分值定量。标准工作液及试样溶液中恩诺沙星、环丙沙星的响应值均应在仪器检测的线性范围之内。在上述色谱条件下，恩诺沙星、环丙沙星的保留时间分别在 11 min 和 8 min 左右，绘制标准溶液和试样溶液的液相色谱图。

(5)空白试验　除不加试料外，采用完全相同的测定步骤进行平行操作。

【计算】

$$X = \frac{A\,c_s V_1 V_3}{A_s V_2 M}$$

式中：X 为试样中恩诺沙星或环丙沙星的残留量，ng/g；A 为试样溶液中恩诺沙星或环丙沙星的峰面积；c_s 为标准工作液中恩诺沙星或环丙沙星的浓度，ng/mL；V_1 为提取用磷酸盐缓冲液总体积，mL；V_3 为试样溶液体积，mL；A_s 为标准工作液中恩诺沙星或环丙沙星的峰面积；V_2 为过 C_{18} 固相萃取柱所用备用液体积，mL；M 为组织样品的质量，g。

第七节　食品中磺胺类药物的检测

磺胺类药物(SAs)包括磺胺嘧啶(SD)、磺胺甲基嘧啶(SM_1)、磺胺二甲基嘧啶(SM_2)、磺胺对甲氧嘧啶(SMD)、磺胺间甲氧嘧啶(SMM)、磺胺噻唑(ST)、磺胺甲噁唑(SMZ)、磺胺异噁唑(SIZ)、磺胺喹噁啉(SQX)、氨苯磺胺(SN)和磺胺咪(SG)等。SAs进入人体后蓄积在组织中，蓄积浓度超过一定值后，对肝、肾副作用大，影响人体健康。

SAs残留检测方法有高效液相色谱法、气相色谱法、气相色谱-质谱法、毛细管电泳法、酶联免疫法和分光光度法。

(一)高效液相色谱法

样品中残留的磺胺对甲氧嘧啶先经三氯甲烷提取，再用碱性氯化钠溶液从中提取，调节该提取液 pH 值至 6.0，过 Sep-PakC_{18} 柱，用甲醇洗脱。洗脱液作为试样溶液供高效液相色谱(紫外检测器)测定，外标法定量。本法适用于动物源食品中磺胺对甲氧嘧啶残留检测。

【试剂】

(1)磺胺对甲氧嘧啶：含磺胺对甲氧嘧啶($C_{11}H_{12}N_4O_3S$)不得少于 99.0%。

(2)甲醇：色谱纯。

(3)乙腈。

(4)三氯甲烷。

(5)氯化钠。

(6)氢氧化钠。

(7)磷酸二氢钠。

(8)碱性氯化钠溶液:取氯化钠 10.0 g,加 0.1 mol/L 氢氧化钠溶液溶解并稀释至 100 mL。

(9)磷酸二氢钠缓冲液 $c(NaH_2PO_4)$1.0 mol/L:取磷酸二氢钠 120 g,加水溶解并稀释至 1 000 mL,用 10 mol/L 氢氧化钠溶液调节 pH 值至 6.0。

(10)磷酸盐溶液:取磷酸二氢钾 3.40 g 和磷酸氢二钾 5.71 g,加水溶解并稀释至 1 000 mL。

(11)磺胺对甲氧嘧啶标准溶液:准确称取磺胺对甲氧嘧啶 100 mg,加乙腈溶解并稀释成浓度为 0.1 mg/mL 的储备液,置 4 ℃冰箱中保存。有效期 1 个月。临用前,取此储备液用水稀释成适当浓度的标准工作液。

(12)磺胺二甲嘧啶标准溶液:准确称取磺胺二甲嘧啶 100 mg,加乙腈溶解并稀释成浓度为 0.1 mg/mL 的储备液,置 4 ℃冰箱中保存。有效期 1 个月。临用前,取此储备液用水稀释成适当浓度的标准工作液。

【仪器】

(1)高效液相色谱仪:配紫外检测器。

(2)分析天平:感量 0.000 1 g。

(3)匀浆机。

(4)水平振荡器。

(5)离心机。

(6)旋涡振荡器。

(7)Sep-PakC_{18}固相萃取小柱:500 mg/3 mL,含碳量高于 14%,或相当者。

【色谱条件】

色谱柱:C_{18} 柱,250 mm×4.6 mm(i.d.),粒径 5 μm,或相当者。

流动相:磷酸盐溶液-甲醇(65+35),用前过 0.45 μm 滤膜,并超声脱气 5 min。

流速:1 mL/min。

检测波长:265 nm。

进样量:20～50 μL。

【测定方法】

(1)提取　称取(5±0.05)g 样品,置于 50 mL 聚丙烯塑料离心管中,加 25 mL 三氯甲烷匀浆,加盖,置水平振荡器中以 240 次/min 振荡 20 min,3 000 r/min 离心 5 min。分离后取有机相留用,残渣用 25 mL 三氯甲烷同法处理,合并两次有机相,置 125 mL 分液漏斗中。加碱性氯化钠溶液 10.0 mL,混合 1 min,静置,分层,取上层水相置于 25 mL 离心管中,3 000 r/min 离心 5 min,取 8.0 mL 上层水相于

25 mL 离心管中。加入磷酸二氢钠缓冲液 10.0 mL，旋涡混合 20 s，备用。

(2)净化 Sep-PakC_{18}柱用 20 mL 甲醇润洗，接着再加 20 mL 水润洗，润洗完毕后，加入上述备用液过柱，然后用 20 mL 水润洗，在水刚滴完时，即刻加入 1 mL 乙腈洗脱，收集洗脱液，置 50 ℃水浴中在 N_2流下挥干，残渣用 0.5～1 mL 流动相溶解作为试样溶液，供高效液相色谱分析。

(3)标准曲线的绘制 准确量取储备液适量，加水稀释制成浓度分别为 0.01，0.05，0.10，0.25，0.50 μg/mL 的磺胺二甲嘧啶溶液，供高效液相色谱分析。

(4)测定 根据试样溶液中磺胺二甲嘧啶残留量情况，进行标准曲线或单点校准。当残留量在标准曲线范围之内时，采用标准曲线校准。当残留量超过标准曲线浓度最大点时，选定峰面积相近的标准工作溶液进行单点校准。

(5)标准曲线校准 将标准曲线的浓度和对应峰面积进行回归分析，然后按下式计算供试组织中磺胺对甲氧嘧啶残留量：

$$X=\frac{A-b}{a}$$

式中：X 为样品中磺胺对甲氧嘧啶残留量，mg/kg；A 为试样溶液中磺胺对甲氧嘧啶的峰面积；b 为标准曲线回归方程中截距；a 为标准曲线回归方程中斜率。

(6)单点校准 按下式计算供试组织中磺胺对甲氧嘧啶残留量：

$$X=\frac{m_1}{m}\times D$$

式中：X 为样品中磺胺对甲氧嘧啶残留量，mg/kg；m_1 为试样溶液色谱峰的峰面积对应的磺胺对甲氧嘧啶的量，μg；D 为稀释倍数；m 为供试样品量，g。

注：计算结果需扣除空白值。

(7)检测方法灵敏度、准确度和精密度

灵敏度：本方法在鸡的肌肉、肝脏和肾脏组织中的检测限为 20 μg/kg。

准确度：本方法在 100 μg/kg 添加水平上的回收率均为 80%～110%。

精密度：本方法的批内变异系数≤10%，批间变异系数≤20%。

(二)气相色谱法

【仪器】

GC 仪(具电子捕获检测器)。

【试剂】

(1)0.5，1，3 mol/L NaOH 液。

(2)浓 HCl。

(3)NaCl。

(4)乙酸乙酯。
(5)10%甲醇-乙醚。
(6)重氮甲烷。
(7)二氯甲烷。
(8)七氟丁酸酐。
(9)1 mol/L HCl。
(10)乙醚。
(11)丙酮。
(12)无水 Na_2SO_4。
(13)柠檬酸三钠盐缓冲液。
(14)氯仿。
(15)碘甲烷。
(16)K_2SO_4。
(17)Sas 标准品。
(18)SD,SM_2,SMD,SMZ,SQX,SMPZ,SDM 和 ST 标准液(0.1 μg/mL)。

【色谱条件】

电子捕获检测器。

毛细管色谱柱:25 m×0.2 mm,内填 OV-101。

汽化室温度 250 ℃,检测温度>300 ℃。

载气:N_2(99.999%)。

进样量:2 μL。

【测定方法】

准确称取饲料样品 5.0 g 于离心管中,加水 150 mL,混匀,加 0.5 mol/L NaOH 液 5 mL 置沸水浴振摇,15 min 后取出冷却,用水加至 250 mL,3 000 r/min 离心 10 min,上清液 50 mL 于锥形瓶中。加浓 HCl 3 mL,混匀,加水至 100 mL,过滤于烧杯中,取滤液 2.5 mL 于离心管中。加 1 mol/L NaOH 液 1 mL,吹 CO_2 气泡使 pH 值为 7.5~8,加足量的 NaCl 至饱和,用乙酸乙酯 5 mL×2,分两次提取,3 000 r/min离心 10 min,合并乙酸乙酯于烧杯中,经 N_2 蒸干,加 10%甲醇-乙醚2 mL 溶解,加重氮甲烷至亮黄色,静置 15 min,经 N_2 蒸干。将残渣放入具塞锥形瓶中,加二氯甲烷 1.0 mL、七氟丁酸酐 20 μL,加盖,于水浴 150 ℃加热10 min,冷却,用 N_2 除去溶剂,加乙酸乙酯 10 mL,溶解,待检。取 2 μL 注入 GC 仪,记录峰面积。

取 SD,SM_2,SMD,SMZ,SQX,SMPZ,SDM 及 ST 混合标准液(0.1 μg/mL) 2 μL注入 GC 仪,记录各自峰面积及色谱图。

【定量】

样液峰面积与标准峰面积比较定量。

【注意】

(1)本法适用于饲料、所有食品及畜禽内脏等 SAs 残留检测。

(2)饲料检测用七氟丁酸酐(HFBA)进行衍生化处理,引入卤素可提高电子捕获检测器对样液中组分的分离和灵敏度。

(三)气相色谱-质谱法

【仪器】

GC-MS 仪。

【试剂】

(1)丙酮-氯仿(1+1)。

(2)1 mol/L HCl。

(3)正己烷。

(4)二氯甲烷。

(5)饱和柠檬酸钠。

(6)3 mol/L NaOH 液。

(7)丙酮。

(8)重氮甲烷。

(9)Sas 标准品。

(10)ST、SM_2、SQX、磺胺二甲氧哒嗪、磺胺溴代二甲基嘧啶、磺胺乙氧哒嗪和磺胺氯吡嗪标准液(0.1 μg/mL)。

【色谱条件】

①GC 仪:

玻璃色谱柱:1.8 m×2 mm,内填 3% OV-7/Gas Chrom Q(80~100 目)或 10%OV-101/Gas Chrom Q(100~120 目)或 OV-7/Gas Chrom Q(100~120 目)等。

温度:进样口温度 260~290 ℃,柱温恒温 260 ℃或 280 ℃,也可采用程序式升温,如 210 ℃恒温 2 min,以 5 ℃/min 升温至 260 ℃,10 min;GC-MS 接口温度为 270 ℃。

②MS 仪:电子轰击源 EI,电子能量 70 eV,离子为 m/z 471、477,m/z 170、471,m/z 176、477 等。

【测定方法】

准确称取样品 15.00 g 于均质器中，加丙酮-氯仿（1＋1）150 mL，均质5 min，经玻璃纤维纸过滤于锥形瓶中，将滤液置于圆底烧瓶中。加 1 mol/L HCl 10 mL，于水浴 40 ℃旋转蒸发，将有机溶剂蒸除，加正己烷 50 mL，移入分液漏斗中。将提取液置于分液漏斗中，轻轻振摇 30 s，静置分层，把 HCl 相置于离心管中，再加 1 mol/L HCl 5 mL，提取正己烷相，将 HCl 相并入离心管中，沸水浴中 15 min，冷却，加二氯甲烷 15 mL，混匀，静置分层，弃去二氯甲烷，加饱和柠檬酸三钠液 25 mL，用 3 mol/LNaOH 液调 pH 值为 5.55～5.65，移入分液漏斗中。盐酸相于分液漏斗中，加二氯甲烷 15 mL×4 提取，每次 30 s（第一次调 pH 值为5.55～5.65），合并二氯甲烷相于锥形瓶中，于水浴 30 ℃旋转蒸干。残渣置于锥形瓶中，加丙酮 1 mL 溶解，加重氮甲烷液 1 mL，不断摇动，15 min 后，在通风柜中用 N_2 吹干。残渣置于锥形瓶中，加丙酮 1 mL 溶解，待检。取 2 μL 注入 GC-MS 仪，记录丰度值。

取 ST、SM_2、SQX、磺胺二甲氧哒嗪、磺胺溴代二甲基嘧啶、磺胺乙氧哒嗪、磺胺氯吡嗪标准混合液（0.1 μg/mL）2 μL 注入 GC-MS 仪，分别记录丰度值及质谱图。

【定量】

样液丰度值与标准丰度值比较定量。

【注意】

①本法是用于 SAs 残留检测的常用确证方法，也是英、美等国官方实验室采用的方法。

②本法适用于牛、猪、鸡组织等食品中 SAs 残留检测。

③在检测脂肪含量高的食品时，需用二氯甲烷提取、除去。

④如样品杂质较多，还可采取硅胶柱净化。

（四）毛细管电泳法

【仪器】

毛细管电泳（CE）仪全套及紫外-可见检测器。

【试剂】

（1）乙腈。

（2）电解液：0.02 mol/L 咪唑-乙酸盐缓冲液（pH 7）或 0.02 mol/L 磷酸盐-硼酸盐缓冲液（pH 7）。

（3）SMZ、SM_2、ST、SM_1、SD、SN、SDM、SMPZ、磺胺间二甲基嘧啶、新磺胺

异噁唑、SQX、SMD、SG、磺胺氯吡嗪和磺胺氧哒嗪(10 μg/mL)。

【色谱条件】

紫外可见检测器:波长 254 nm。

毛细管柱:50 cm×7 μm。

柱温:25 ℃。

恒定电压:10 kV。

进样时间:2 s(相当于 39 nL)。

【测定方法】

准确称取肉样 5 g 于均质器中,加乙腈 20 mL,均质 5 min,匀浆液移入离心管中,3 000 r/min 离心 10 min,上清液经 0.45 μm 滤膜过滤于试管中,待检。取滤液注入毛细管柱,进行电泳,记录迁移率与电泳区带,并用紫外-可见检测器(波长 254 nm)扫描成电泳谱图。

分别取 SMZ、SM_2、ST、SM_1、SD、SN、SDM、SMPZ、磺胺间二甲基嘧啶、新磺胺异噁唑、SQX、SMD、SG、磺胺氯吡嗪、磺胺氧哒嗪(10 μg/mL)注入毛细管柱,进行电泳,记录迁移率与电泳区带,并用紫外-可见检测器(波长 254 nm)扫描成电泳谱图。

【定量】

样液电泳谱带紫外扫描峰面积与标准电泳谱带紫外扫描峰面积比较定量。

【注意】

①毛细管电泳(CE)检测食品中 SAs 残留有利因素是:一方面 SAs 都带电,有一定水溶性,并有紫外吸收;另一方面,进样量小,柱子短,每次检测后可用水或缓冲液冲洗,不影响下一次的检测,故对样液净化要求不高,样品处理简单方便。

②本法检测限 2~9 mg/kg。

③本法由于进样量小,限制了灵敏度,无法检测 μg/kg 级 SAs 的残留量。

(五)酶联免疫吸附试验

用于乳中磺胺甲基嘧啶残留检测。

【仪器】

ELISA 仪及紫外可见分光光度计。

【试剂】

(1)丁二酸酐(SA)。

(2)吡啶。

(3)1-乙基-3-(3-二甲氨基丙基)碳化亚胺(EDC)。

(4)N,N′-二甲基甲酰胺。

(5)牛血清白蛋白(BSA)。

(6)白蛋白(OA)。

(7)辣根过氧化物酶 HRP(RZ>3.0)。

(8)羊抗兔 IgG。

(9)KBH_4。

(10)SMD 标准品。

【测定方法】

在 40 孔酶标板上，每孔加 SMD-OA 抗原 100 μL，4 ℃过夜包被，用 PBS(pH7.2)洗板 3 次(下同)。在每孔加 2%OA 液 200 μL，封闭 1 h，洗板。先分别在小试管中加 SMD 标准液或牛乳样液 100 μL，再加抗体 100 μL，混匀，37 ℃，1 h。然后每孔加混合液 100 μL，37 ℃，1 h，洗板。在 40 孔酶标板上，加 HRP 标记羊抗兔 IgG100 μL(制备方法参见附录三)，37 ℃，1 h，洗板。然后加酶标底物液 3,3′-5,5′-四甲基联苯胺 100 μL，H_2O_2 100 μL，37 ℃，暗处反应 45 min，用 1 mol/L H_2SO_4 100 μL 终止反应，于酶标仪，波长 450 nm 检测吸光度(A 值)。

标准曲线绘制：取 SMD 标准液(0.1 mg/mL)不同浓度系列，按样液检测步骤操作，分别记录吸光度(A 值)，绘制标准曲线，其线性范围在 5～220 μg/L。

【计算】

$$X=\frac{c_s \times V_2}{m \times V_1}$$

式中：X 为乳中 SMD 残留量，mg/kg；c_s 为样液吸光度查标准曲线吸光度的含量，μg；V_1 为检测用体积，mL；V_2 为样液总体积，mL；m 为样品质量。

【注意】

①本法以卵白蛋白为载体，合成包被抗原，用辣根过氧化物酶标记羊抗兔 IgG，工作浓度为 1∶1 000，建立乳中 SMD 残留量酶联免疫法。

②本法检测限 2.4 μg/L，方法回收率为 89%～118%。

③本法合成的酶标记羊抗兔 IgG 效果较好。

(六)分光光度法

用于肉中 SAs 残留检测。

【仪器】

751-GW 分光光度计。

【试剂】

(1)15%三氯乙酸。

(2)0.1% $NaNO_2$ 液。

(3)0.5%氨基磺酸铵液。

(4)乙二胺。

(5)10%NaOH 液。

(6)SAs 标准品(根据检测要求选择)。

(7)SD 标准液(200 μg/mL)。

【测定方法】

分别称取 1.00 g 肉样和兔肉(未用磺胺类药物)置于均质器中,各加水 31 mL,均质 5 min,匀浆液移入烧杯中,向烧杯中各加 15%三氯乙酸 8 mL,充分混匀,过滤除蛋白。将无蛋白的滤液加入比色杯中,各加 0.1% $NaNO_2$ 液 0.5 mL,混匀,3 min 后加 0.5%氨基磺酸铵液 0.5 mL,混匀,3 min 后加乙二胺 2.5 mL,混匀,显色 10 min。各于 1 cm 比色杯中,空白管调零,波长 550 nm 比色,记录吸光度。

标准曲线绘制:取 SD 标准液(200 μg/mL)0,0.2,0.4,0.6,0.8,1.0 mL,用兔肉无蛋白滤液加至 1 mL,以下按样品测定方法操作比色,分别记录各管吸光度,绘制标准曲线。

【计算】

$$X = \frac{c_s \times V_2}{m \times V_1}$$

式中:X 为肉中 SD 残留量,mg/kg;c_s 为样液吸光度查标准曲线吸光度的含量,μg;V_1 为检测用体积,mL;V_2 为样液总体积,mL;m 为样品质量,g。

【注意】

①本法采用实验动物的肌肉为空白可抵消样品中干扰因素,提高检测灵敏度和准确度。

②本法适用于基层分析实验室工作。

③本法标准品仅选用 SD 为例。工作中可根据实际需要选用 SAs 其他药物为标准品。

第八节　食品中硝基呋喃类药物的检测

硝基呋喃类药物包括呋喃唑酮(痢特灵)、呋喃西林、呋喃妥因等。这类药物广泛应用于畜禽白痢病的防治和鱼病防治等。硝基呋喃类药物残留检测方法有高效液相色谱法、紫外分光光度法和微分脉冲伏安法。

(一)高效液相色谱法

组织与 C_{18} 填料研匀后装柱，用正己烷冲洗，真空抽干后，用乙酸乙酯洗脱，洗脱液减压浓缩至干后用流动相溶解，过氧化铝小柱后，用高效液相色谱测定。用于畜禽肉品中呋喃唑酮残留检测。

【试剂】

(1)呋喃唑酮对照品：含呋喃唑酮($C_8H_7N_3O_5$)不得少于 99.0%。

(2)乙腈：色谱纯。

(3)磷酸。

(4)正已烷。

(5)乙酸乙酯。

(6)甲醇。

(7)C_{18} 填料。

(8)0.015 mol/L 磷酸溶液：取磷酸 1 mL，用水稀释至 1 000 mL。

(9)呋喃唑酮标准溶液：称取呋喃唑酮对照品约 10 mg，105 ℃干燥 4 h，精密称定，置 50 mL 棕色量瓶中，加乙腈溶解并稀释至刻度，摇匀，制成浓度为 200 μg/mL的储备液，置 4 ℃冰箱中保存。临用前，取此储备液，用流动相稀释成浓度为 0.05～2.00 μg/mL 的标准工作液。

【仪器】

(1)高效液相色谱仪(配紫外检测器)。

(2)分析天平。

(3)旋转蒸发仪。

(4)旋涡混合器。

(5)真空泵。

(6)研钵。

(7)玻璃层析柱：300 mm×15 mm(i. d.)，下端配有 G4 砂芯滤板。

(8)氧化铝小柱：取中性氧化铝(100～200 目)0.1 g，装入内径为 4 mm 的下端配有砂芯滤板的柱内，用前用 5 mL 乙酸乙酯预洗，晾干后使用。

【色谱条件】

色谱柱：C_{18} 柱，300 mm×3.9 mm(i. d.)，粒径 5 μm，或相当者。

流动相：乙腈-0.015 mol/L 磷酸溶液(20＋80)。

流速：1.0 mL/min。

检测波长：367 nm。

进样量 20 μL。

理论板数按呋喃唑酮峰计算，应不低于 1 500。

【测定方法】

(1)试样的制备　取绞碎后的供试样品，作为供试试样；取绞碎后的空白样品，作为空白试样；取绞碎后的空白样品，添加适宜浓度的标准溶液，作为空白添加试样。

(2)提取　称取(2±0.05)g 试料，加 C_{18} 约 3 g(水多可适当多加)，置玻璃研钵中，用研杵混匀，混匀时应保持轻微压力沿同一方向研磨，直至组织与 C_{18} 成一均匀物质。将其转入玻璃层析柱中，层析柱置于抽气瓶上，用 20 mL 正己烷冲洗层析柱，洗液弃去，用真空泵抽气至干，再用 30 mL 乙酸乙酯洗脱(用真空泵抽气，使其流速约为 2 mL/min)，收集洗脱液置 50 mL 锥形瓶中，于 60 ℃下旋转减压蒸发至近干。

(3)净化　用流动相 0.5～1.0 mL 涡流振荡溶解残渣，过氧化铝小柱，收集过柱液，用 0.45 μm 微孔滤膜过滤，收集滤液作为试样溶液，供高效液相色谱仪测定。

(4)测定　取适量试样溶液和相应浓度的标准工作液，做单点或多点校准，以色谱峰面积积分值定量。标准工作液及试样溶液中呋喃唑酮的响应值均应在仪器检测的线性范围之内。在上述色谱条件下，呋喃唑酮的保留时间在 4.5 min 附近。

同时做空白试验(除不加试样外，采用完全相同的测定步骤进行平行操作)。

【计算】

按下式计算供试组织中呋喃唑酮的残留量：

$$X=\frac{Ac_{s}V}{A_{s}m}$$

式中：X 为供试样品中呋喃唑酮的残留量，mg/kg；A 为供试样品试样溶液中呋喃唑酮的峰面积；A_s 为标准工作液中呋喃唑酮的峰面积；c_s 为标准工作液中呋喃唑酮的浓度，μg/mL；m 为供试样品质量，g；V 为供试试样提取液浓缩近干后残余物溶解的总体积，mL。

【注意】

计算结果需扣除空白值。

(二)紫外分光光度法

用于肉样中呋喃唑酮残留检测。

【仪器】

紫外分光光度计。

【试剂】

(1)二甲基甲酰胺。　(2)丙酮。

(3)乙酸乙酯。　(4)Al_2O_3(柱层析):80～100目。

(5)C_{18}填料。　(6)呋喃唑酮标准应用液(20 μg/mL)。

【测定方法】

准确称取5.0 g样品于烧杯中,甲丙酮20 mL,混匀,移入层析柱(内装C_{18}填料5.0 g),弃丙酮。样品置于层析柱中,加乙酸乙酯30 mL,真空泵抽气,收集乙酸乙酯于K-D浓缩器中,经浓缩至干。残渣于浓缩器中,加二甲基甲酰胺5 mL,溶解,待检。于1 cm比色皿中,空白管调零,波长369 nm比色,记录吸光度。

标准曲线绘制:比色皿中,零管调零,波长369 nm比色,记录各管吸光度,绘制标准曲线。

【计算】

$$X=\frac{c_s V_2}{m V_1}$$

式中:X为样品中呋喃唑酮的含量,mg/kg;c_s为样液吸光度查标准曲线吸光度的含量,μg;V_1为检测用体积,mL;V_2为样液总体积,mL;m为样品质量,g。

(三)微分脉冲伏安法

用于肉品中呋喃妥因残留检测。

【仪器】

(1)BAS-100A型电化学系统分析仪。

(2)玻碳电极为工作电极。

(3)饱和甘汞电极为参比电极。

(4)铂丝为对电极。

【试剂】

(1)0.10 mol/L HCl。

(2)乙腈。

(3)Al_2O_3(柱层析)。

(4)乙酸乙酯。

(5)呋喃妥因标准品:纯度≥99%。

(6)呋喃妥因标准液(10 μg/mL)。

【工作条件】

(1)三电极系统:以玻碳电极为工作电极、饱和甘汞电极为参比电极、铂丝为辅助电极组成。

(2)0.2 V 搅拌富集 30 s。

(3)在+0.2~-0.5 V(vs. SCE)范围内微分脉冲阴极扫描(电压扫描速率 20 mL/s,脉冲电压 50 mV,脉冲周期 0.2 s)。

【测定方法】

称取具有代表性的样品 5.0 g 于具塞锥形瓶中,加乙腈 20 mL×3,分 3 次振摇提取,每次 20 min,提取液于烧杯中。经 Al_2O_3 玻璃层析柱净化,用乙酸乙酯 20 mL×2,分 2 次洗脱,洗脱液于 K-D 浓缩器中,经浓缩至干。残渣于浓缩器中,加水 1 mL 溶解,于电解池中,加 0.10 mol/L HCl 19 mL进行微分脉冲阴极溶出伏安扫描。

【标准测定】

取呋喃妥因标准液(10 μg/mL)1 mL 于电解池中,加 0.10 mol/L HCl 19 mL,进行微分脉冲阴极溶出伏安扫描。

【定量】

样液中呋喃妥因扫描峰值与标准液扫描峰值比较定量。

第九节　食品中抗寄生虫类药物的检测

在畜牧业生产中,曾最早使用磺胺类药物防治鸡的球虫病,后来相继使用氯羟吡啶、氨丙啉、尼卡巴嗪、二硝苯甲酰胺(球痢灵)和氯苯胍等药物,目前使用最广泛的抗球虫药以聚醚类药物(PEs)为主。除此之外,还有抗寄生虫药阿维菌素类药物(AVMs)及抗蠕虫药苯并咪唑类药物(BZs)等。抗寄生虫类药物残留检测方法有分光光度法、高效液相色谱法、液相色谱-质谱法及酶联免疫法。

(一)食品中莫能菌素和盐霉素的检测

试样中残留的莫能菌素和盐霉素用异辛烷提取,用硅胶柱净化,二氯甲烷-甲醇洗脱,洗脱液浓缩后用甲醇-水溶解。以甲醇-冰乙酸-水作为流动相,香草醛为衍生剂,用高效液相色谱-柱后衍生化-紫外检测法测定。

【试剂】

(1)莫能菌素:含莫能菌素($C_{36}H_{62}O_{11}$)不得少于 90.00%。

(2)盐霉素:含盐霉素($C_{42}H_{70}O_{11}$)不得少于 98.0%。

(3)硅胶:100～200 目。

(4)冰乙酸:优级纯。

(5)香草醛。

(6)甲醇:色谱纯。

(7)异辛烷。

(8)无水硫酸钠。

(9)浓硫酸。

(10)二氯甲烷。

(11)莫能菌素和盐霉素标准溶液:准确称取莫能菌素和盐霉素标准品(50±0.1) mg,加甲醇溶解并稀释成浓度为 1 000 μg/mL 的储备液,置 4 ℃冰箱中保存。临用前,取此储备液用甲醇稀释成适宜浓度后,再用甲醇-水(9+1)稀释成浓度为 0.1～3.0 μg/mL 的标准工作液。

(12)香草醛衍生液:量取 5 mL 浓硫酸,缓慢加入到 250 mL 甲醇中,置冰水浴中缓缓加入 20 g 香草醛,混匀,脱气 5 min 后避光保存,临用现配。

【仪器】

(1)高效液相色谱仪(配柱后衍生化装置和紫外检测器)。

(2)具活塞层析柱:150 mm×10 mm(i. d.)。

(3)硅胶柱:取适量硅胶于 105 ℃烘烤 2 h,然后称取 100 g,加水 5 mL 搅拌均匀,振摇 30 min,装入干燥容器中保存,备用。称取上述硅胶 0.5 g,装入玻璃具活塞层析柱中,轻轻敲匀,上部装入 0.5 g 无水硫酸钠,轻轻敲匀,待用。

(4)离心机。

(5)分析天平。

(6)旋转蒸发仪。

(7)振荡器。

(8)组织匀浆机。

(9)微孔滤膜:0.45 μm。

【色谱条件】

色谱柱:C_{18} 柱,250 mm×4.6 mm(i. d.),粒径 5 μm,或相当者。

流动相:甲醇-冰乙酸-水(94+3+3)。

流动相流速:0.7 mL/min。

衍生液流速:0.7 mL/min。

反应管:不锈钢 10 mm×0.2 mm(i. d.)。

反应温度:95 ℃。

检测波长：520 nm。

进样量：100 μL。

【测定方法】

(1)试样的制备　同本章第八节(一)高效液相色谱法试样的制备。

(2)提取　称取(5±0.05)g 试样，置于 30 mL 匀浆杯中，加入 10 mL 水，匀浆。浆液转入 50 mL 离心管中。用 10 mL 异辛烷洗刀头，并转入匀浆杯中洗匀浆杯，再转入 50 mL 离心管中，充分搅匀，振荡混合 3 min，3 000 r/min 离心 5 min，取上清液于另一支 50 mL 离心管中。残余物中加入 10 mL 异辛烷，按提取过程再重复提取 2 次，合并 3 次提取液。

(3)净化　用 5 mL 异辛烷预洗硅胶柱，不使流干。加入样品提取液，控制适宜流速。用 10 mL 二氯甲烷 洗涤杂质，用 6 mL 二氯甲烷-甲醇(9+1)洗脱，洗脱液收集于 15 mL 玻璃锥形瓶中。于 40 ℃旋转蒸发近干，用甲醇-水(9+1)1.0～2.0 mL溶解，用 0.45 μm 微孔滤膜过滤，收集滤液作为试样溶液，供高效液相色谱测定。

(4)测定　取适量试样溶液和相应浓度的标准工作溶液，作单点或多点校准，以色谱峰面积积分值定量。标准工作液及试样液中莫能菌素和盐霉素的响应值均应在仪器检测的线性范围之内。在上述色谱条件下，莫能菌素和盐霉素的保留时间分别在 8 min 和 9 min 左右。空白试验：除不加试料外，采用完全相同的测定步骤进行平行操作。

【计算】

按下式计算样品中莫能菌素或盐霉素的残留量：

$$X = \frac{cV}{M}$$

式中：X 为样品中莫能菌素或盐霉素的残留量，mg/kg；c 为供试试样溶液中对应的莫能菌素或盐霉素的浓度，μg/mL；V 为试样浓缩近干后溶解残余物的总体积，mL；M 为供试试样量，g。

【注意】

计算结果需扣除空白值；测定结果用平行测定的算术平均值表示，保留至小数点后 2 位。

(二)食品中氯羟吡啶的检测

样品中氯羟吡啶经乙腈提取，用碱性氧化铝柱和葡聚糖凝胶阴离子交换柱净化分离，洗脱液浓缩后用含内标物的甲醇溶解。所得溶液用配有紫外检测器的高效液相色谱仪测定，内标法定量。

【试剂】

(1)氯羟吡啶标准品：含氯羟吡啶($C_7H_7C_{12}N$)不得少于98%。

(2)苯甲酰胺：内标物。

(3)甲醇：色谱纯。

(4)乙腈：色谱纯。

(5)磷酸二氢钾。

(6)磷酸氢二钠。

(7)醋酸钠。

(8)冰醋酸。

(9)氧化铝：200～300目，层析用。

(10)葡聚糖凝胶：A50。

(11)碱性氧化铝SPE柱：取适量氧化铝粉末置马弗炉中，300～400 ℃烘烤3 h，冷却后准确称取100.0 g，加水5.0 mL，搅拌使均匀，振摇3 h，加甲醇适量，充入下装G1砂芯板的300 mm×8 mm玻璃柱中，填充至13 cm高度，用2倍柱体积甲醇淋洗，备用。

(12)葡聚糖凝胶阴离子交换柱：准确称取葡聚糖凝胶粉末10.0 g，置10%醋酸钠溶液中振摇2 h，G3级过滤，用50.0 mL 10%醋酸钠溶液分洗数次，用水冲洗至洗出液呈硝酸银阴性反应，再用2倍体积的水、甲醇、0.25%醋酸甲醇、甲醇冲洗，保存于甲醇中，充入下装G1砂芯板的300 mm×10 mm玻璃柱中，填充至10 cm高度，用适量甲醇淋洗，备用。

(13)苯甲酰胺内标溶液：准确称取苯甲酰胺25 mg，加甲醇溶解并稀释至1 000 mL，使成浓度为25 μg/mL的内标溶液。置4 ℃冰箱中保存。

(14)氯羟吡啶标准溶液：准确称取氯羟吡啶25 mg，加内标溶液溶解并稀释至250 mL，使成浓度为100 μg/mL标准储备液，置4 ℃冰箱中保存。临用前，取此储备液，用内标溶液稀释成浓度为5～50 μg/mL的标准工作液。

(15)磷酸盐缓冲溶液(pH7.0)：准确称取磷酸氢二钠(Na_2HPO_4)2.09 g，磷酸二氢钾(KH_2PO_4)1.40 g，加水溶解并稀释至500 mL，调节pH值至7.0。

【仪器】

(1)高效液相色谱仪(配紫外检测器)。

(2)涡动混合器。

(3)离心机。

(4)分析天平。

(6)旋转蒸发仪。

(7)振荡器。

(8)组织匀浆机

【色谱条件】

色谱柱：反相 C_{18} 柱：250 mm×4.6 mm，粒径 5 μm，或相当者。

流动相：磷酸盐缓冲溶液(pH7.0)-乙腈(85+15)。

流速：1.2 mL/min。

检测波长：270 nm。

进样量：10 μL。

分离度试验结果：氯羟吡啶与内标物的分离度应不小于 0.9。

【测定方法】

(1)试样的制备　同本章第八节(一)高效液相色谱法试样的制备。

(2)提取　准确称取(5±0.05)g 试样，置于 50 mL 聚丙烯离心管中，加入 25 mL 乙腈，旋涡振摇 5 min，然后以 3 000 r/min 离心 5 min 后，分离上清液备用。

(3)净化　将碱性氧化铝柱分别用 10 mL 甲醇和乙腈依次润洗，加入提取的上清液，用 15 mL 甲醇洗脱，并收集此甲醇洗脱液。再将此洗脱液过葡聚糖凝胶阴离子交换柱，流干后，用 20 mL 1%醋酸-甲醇液洗脱，洗脱液收集于 25 mL 锥形瓶中，于 40 ℃下旋转蒸发至近干，残余物用 1 mL 内标液溶解后，用 0.45 微孔滤膜过滤，收集滤液作为试样溶液，供高效液相色谱测定。

(4)测定　取适量试样溶液和相应浓度的标准工作液，作单点或多点校准，以色谱峰面积积分值定量。标准工作液及试样液中氯羟吡啶的响应值均应在仪器检测的线性范围之内。

同时做空白试验(除不加试料外，采用完全相同的测定步骤进行平行操作)。

【计算】

按下式计算样品中氯羟吡啶的残留量：

$$X=\frac{Ac_s}{A_s c}$$

式中：X 为样品中氯羟吡啶的残留量，mg/kg；A 为供试试样溶液中氯羟吡啶色谱峰的峰面积；A_s 为标准工作液中氯羟吡啶的峰面积；c_s 为标准工作液中氯羟吡啶的浓度，μg/mL；c 为最终试样溶液的浓度，g/mL。

【注意】

计算结果需扣除空白值，测定结果用平行测定的算术平均值表示，保留至小数点后 2 位。

(三)动物源食品中尼卡巴嗪的检测

【仪器】

HPLC 仪(具紫外检测器)。

【试剂】

(1)甲醇。

(2)乙腈。

(3)正己烷(重蒸)。

(4)氯仿。

(5)Al_2O_3:活性型,pH10～10.5。

(6)尼卡巴嗪标准品:纯度95%。

(7)尼卡巴嗪标准储存液(100 μg/mL):用乙腈溶解配制。

(8)尼卡巴嗪标准使用液(5 μg/mL):用流动相稀释配制。

【色谱条件】

紫外检测器:波长340 nm。

色谱柱:C_{18}柱,4.6 mm×250 mm。

流动相:甲醇+乙腈(70+30)。

流速:1 mL/min。

柱温:25 ℃。

进样量:50 μL。

【测定方法】

(1)提取与净化　准确称取样品10.0 g于均质器中,均质,将匀浆液置于离心管中,加乙腈100 mL,3 500 r/min离心5 min,上清液于分液漏斗中,再加乙腈50 mL,提取1次,合并上清液,并将上清液置于分液漏斗中,加正己烷(乙腈饱和)10 mL,提取1次,合并下层液后将提取液置于锥形瓶中,减压干燥,残渣用氯仿5 mL×3,溶解并3次洗瓶,加入Al_2O_3于层析柱中,用氯仿150 mL洗柱,再用甲醇+氯仿(10+90)洗脱,洗脱液于锥形瓶中,减压蒸干,并将残渣置于锥形瓶中,加流动相1 mL溶解,经0.45 μm滤膜过滤,待检。

(2)尼卡巴嗪标准出峰保留时间与峰面积　取尼卡巴嗪标准应用液50 μL注入HPLC仪,记录出峰保留时间与峰面积。

【计算】

$$X=\frac{A\times c_s}{A_s\times c}$$

式中:X为肉中尼卡巴嗪残留量,μg/g;A为样液中尼卡巴嗪峰面积,mm^2;A_s为标准液中尼卡巴嗪峰面积,mm^2;c_s为标准使用液的浓度,μg/mL;c为最终样液中所代表的样品浓度,g/mL。

(四)肉品中5种苯并咪唑类药物(BZs)的检测

【仪器】

HPLC仪(具紫外检测器)。

【试剂】

(1)C_{18}填料。

(2)正己烷。

(3)乙腈。

(4)噻苯咪唑(THI)、硫氧咪唑(OXF)、甲苯咪唑(MEB)、丙硫咪唑(ALB)、硫苯咪唑(FEN)标准品。

(5)THI、OXF、MEB、ALB、FEN标准储存液(1 mg/mL):用乙腈配制。

(6)THI、OXF、MEB、ALB、FEN标准使用液(0.8 μg/mL):用乙腈配制。

【色谱条件】

紫外检测器:波长290 nm。

色谱柱:Micro Park C_{18}柱,4 mm×300 mm,粒径10 μm。

流动相:乙腈+0.01 mol/L(40+60)。

流速:1 mL/min。

柱温:45 ℃。

进样量:20 μL。

【测定方法】

准确称取肉样1.0 g于研钵中,加C_{18}填料4 g,搅匀,研磨1 min,装入层析柱中。将样品装于层析柱中,加正己烷8 mL脱脂,用乙腈10 mL洗脱,洗脱液待检。取20 μL注入HPLC仪,记录峰面积。

取THI、OXF、MEB、ALB、FEN标准使用液各20 μL注入HPLC,记录各自峰面积。肉(牛肝)中5种BZs色谱图如图5-5所示。

【计算】

$$X = \frac{A \times c_s}{A_s \times c}$$

式中:X为肉中5种BZs残留量,μg/g;A为样液中THI、OXF、MEB、ALB、FEN峰面积,mm^2;A_s为标准液中THI、OXF、MEB、ALB、FEN峰面积,mm^2;c_s为标准液中THI、OXF、MEB、ALB、FEN的浓度,μg/mL;c为最终样液中所代表的样品浓度,g/mL。

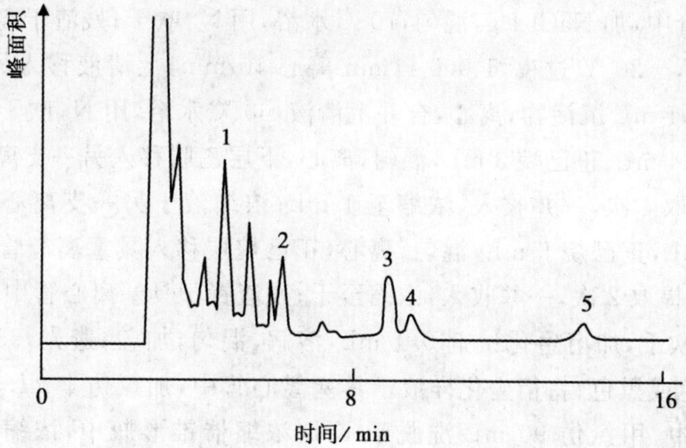

1. THI　2. OXF　3. MEB　4. ALB　5. FEN

图 5-5　肉(牛肝)中 5 种 BZs 标准色谱图

(五)肉品中伊维菌素(IVR)的检测

【仪器】

HPLC 仪(具荧光检测器)。

【试剂】

(1)丙酮＋水(1＋1)。

(2)NaCl。

(3)甲醇。

(4)异辛烷。

(5)乙腈。

(6)正己烷。

(7)衍生化试剂:N-甲基咪唑＋醋酸酐＋DMF(0.2＋0.3＋0.9)。

(8)氯仿。

(9)硅胶。

(10)伊维菌素(VIR)标准品。

(11)伊维菌素标准液(0.8 μg/mL)。

【测定方法】

准确称取 5.0 g 肉样于均质器中,加丙酮＋水(1＋1),均质;匀浆液移入离心管中,用异辛烷 15 mL 洗均质器,一并收入,混匀,1 000 r/min 离心 10 min,上层异辛烷移入另一支离心管中,再用异辛烷 15 mL×3,提取 3 次,一并收入;将异辛烷移入离心管中，加 NaCl 1 g，混匀，70 ℃水浴，用 N_2 吹干；残渣于离心管中，加甲醇4 mL 溶解，−20 ℃过夜，1 000 r/min 离心 10 min，上清液移入另一支离心管中，再用甲醇 1 mL 沉淀物，离心，合并上清液，60 ℃水浴，用 N_2 吹干；残渣于离心管中，加乙腈 4 mL、正己烷 3 mL，混匀，离心，下层乙腈移入另一支离心管中，加乙腈4 mL 再提取 1 次，一并收入，浓缩至 1 mL；浓缩液于另一支离心管中，加乙腈 1 mL，水 4 mL，正己烷 5 mL，混匀，离心，正己烷层移入具塞离心管中，再用正己烷 5 mL×2，提取 2 次，一并收入，浓缩至干；残渣置于具塞离心管中，加甲醇1 mL 溶解，用 N_2 吹干，加衍生化试剂 0.1 mL，溶解，混匀，加盖，避光，95 ℃油浴反应 1 h，呈深棕色或黑色；将衍生化样液于具塞离心管中，加氯仿 1 mL，混匀，移硅胶 SPE 层析柱中，用氯仿 90 mL 洗脱于 K-D 浓缩器锥形瓶中，浓缩至干，加甲醇 0.5 mL 溶解，经 0.45 μm 滤膜过滤，待检。取 50 μL 注入 HPLC 仪，记录峰面积。

IVR 标准峰面积检测：取 IVR 标准液（0.8 μg/mL）1 mL 于具塞试管中，用 N_2 吹干，加衍生化试剂 0.1 mL 进行衍生化反应，以下按样品测定方法进行操作，取 50 μL 注入 HPLC 仪，记录峰面积。

【计算】

$$X = \frac{A \times c_s}{A_s \times c}$$

式中：X 为肉品中 IVR 残留量，μg/g；A 为样液中 IVR 峰面积，mm^2；A_s 为标准液中 IVR 峰面积，mm^2；c_s 为 IVR 标准溶液的浓度，μg/mL；c 为最终样液中所代表的样品浓度，g/mL。

（六）食品中阿维菌素类药物（AVMs）的检测

【仪器】

聚苯乙烯酶联反应板；ELISA 检测仪。

【试剂】

（1）阿维菌素标准品：纯度＞97％。

（2）甲醇。

（3）2.5 mol/L H_2SO_4。

（4）磷酸盐缓冲液：PBS（0.01 mol/L，pH 7.4，0.15 mol/L NaCl）。

（5）包被原（C_{Ag}）和抗血清［C_{Ag} 1.25 μg/mL 5-O-（单）琥珀酰 AVM-OVA（1∶1 600 抗血清）］。

（6）辣根过氧氢酶标记羊抗兔抗体（HRP-IgG）。

（7）工作液 1∶1 000。

(8)底物(显色)液:邻苯二胺(OPD)。

【测定方法】

(1)样品前处理 准确称取样品 5.0 g 于均质器中,加甲醇 10 mL,均质,匀浆液移入离心管中,用甲醇 10 mL 洗均质器,一并收入。样液于离心管中,用超声波振荡 30 min,−20 ℃冷冻 1 h,2 000 r/min 离心 10 min,上清液转入烧杯中。向烧杯中加入等体积稀释抗血清,混匀,混合液待检。

(2)样液待检 于 40 孔酶标板上,每孔加 OVA-ABA 200 μL,包被,4 ℃过夜,洗涤;于每孔加待检液 200 μL,37 ℃,1 h,洗涤;于每孔加酶标抗体(HRP-IgG)200 μL,37 ℃,1 h,洗涤;于每孔加底物显色液(OPD)200 μL,37 ℃,1 h,洗涤;然后每孔加 2.5 mol/L H_2SO_4 50 μL 终止反应。于酶标检测仪,波长 490 nm,记录 *OD* 值。

(3)标准曲线绘制 用 PBS 液配制 AVM 系列(c)(ng/mL)0,0.01,0.1,1.0,10.0,100.0,1 000.0,按 ELISA 检测,绘制标准曲线 $B/Bo \sim \lg c$(Bo 为空白 *OD* 值,B 为 AVM 系列浓度 *OD* 值)。

【计算】

样液 *OD* 值查标准曲线 *OD* 值对应的浓度(ng/mL)比较定量。

(七)肉品中乙氧酰胺苯甲酯的检测

【仪器】

HPLC 仪(具紫外检测器)。

【试剂】

(1)乙腈。

(2)正己烷。

(3)丙酮。

(4)异丙烷。

(5)甲醇。

(6)乙氧酰胺苯甲酯标准储备液(100 μg/mL):准确称取乙氧酰胺苯甲酯标准品 10 mg,用甲醇溶解并稀释成 100 μg/mL,4 ℃冰箱保存,1 周有效。

(7)乙氧酰胺苯甲酯标准使用液:临用前,取乙氧酰胺苯甲酯标准储备液(100 μg/mL),用甲醇稀释成 0.05,0.10,0.25,0.5,1.0,2.5,5.0 μg/mL。

【色谱条件】

紫外检测器:270 nm。

色谱分析柱:C_{18} 柱,4.6 mm×250 mm,粒径 5 μm。

流动相:乙腈+水(3+7)。

流速:1 mL/min。

进样量:10 μL。

【测定方法】

准确称取样品 5.0 g 于离心管中,加乙腈 15 mL、正己烷 10 mL,经匀浆机匀浆,4 000 r/min 离心 10 min,再重复 1 次,将 2 次的乙腈提取液并入三角瓶中;然后加无水 Na_2SO_4 10 g,混合 10 min,静置 30 min,经定性滤纸过滤收于梨形烧瓶中,滤纸再用异丙醇 10 mL 洗滤,一并收入滤液于梨形烧杯中,置旋转蒸发仪上 40 ℃蒸发至近干。残留物于梨形烧杯中,加正己烷+丙酮(9+1)5 mL 溶解,超声 30 s,放置 30 min,移入离心管中。溶解液于离心管中,经 4 000 r/min 离心5 min,取上清液 1 mL 经硅胶小柱,用正己烷 3 mL 洗柱,再用甲醇 1 mL 洗脱,待检。取洗脱液 10 μL 注入 HPLC 仪,记录峰面积(同时做空白试验)。

标准曲线绘制:取乙氧酰胺苯甲酯标准使用液系列各 10 μL,分别注入 HPLC 仪,记录各自峰面积,以此为纵坐标、以标准使用液系列的浓度为横坐标,绘制标准曲线。

【计算】

$$X = \frac{A \times c_s \times V}{A_s \times m}$$

式中:X 为肉品中乙氧酰胺苯甲酯残留量,mg/kg;A 为样液中乙氧酰胺苯甲酯的峰面积,mm^2;A_s 为标准液中乙氧酰胺苯甲酯的峰面积,mm^2;c_s 为标准溶液的浓度,μg/mL;V 为样品提取液总体积,mL;m 为样品质量,g。

(八)食品中盐酸氯苯胍的检测

【仪器】

紫外分光光度计。

【试剂】

(1)甲醇。

(2)盐酸氯苯胍标准品。

(3)盐酸氯苯胍标准储备液(1 mg/kg):用甲醇配制。

(4)盐酸氯苯胍标准使用液(20 μg/kg):用甲醇配制。

【测定方法】

准确称取样品 5.0 g 于锥形瓶中,加甲醇 20 mL,混匀,振荡 20 min,移入离心管,3 000 r/min 离心 10 min,上清液移入 25 mL 容量瓶中。用甲醇定容至刻度,混匀(同时做空白试验)。于 1 cm 比色皿,零管调零,波长 352 nm 比色,记录吸光度。

标准曲线绘制:取盐酸氯苯胍标准使用液(20 μg/kg)0,0.2,0.4,0.6,0.8,1.0 mL,分别于25 mL容量瓶中,用甲醇定容至刻度,混匀,于1 cm比色皿,零管调零,波长352 nm比色,记录各管吸光度,绘制标准曲线。

【计算】

$$X = \frac{c_s \times V_2}{m \times V_1}$$

式中:X为食品中盐酸氯苯胍残留量,mg/kg;c_s为根据样液吸光度查标准曲线吸光度得到的含量,μg;V_1为检测用样液体积,mL;V_2为样液总体积,mL;m为样品质量,g。

(九)食品中氨丙啉的检测

【仪器】

荧光分光光度计。

【试剂】

(1)5%三氯乙酸。

(2)正戊醇。

(3)0.1 mol/L NaOH液,30% NaOH液。

(4)2% $AgNO_3$液。

(5)3% H_2O_2液。

(6)2% $K_3Fe(CN)_6$液。

(7)盐酸氨丙啉标准品。

(8)盐酸氨丙啉标准储备液(100 μg/mL):准确称取盐酸氨丙啉标准品10 mg于100 mL容量瓶中,加水15 mL、0.1 mol/L NaOH液2 mL,混匀溶解,加水至刻度。

(9)盐酸氨丙啉标准使用液(10 μg/mL)。

【测定方法】

准确称取样品5.0 g于均质器中,加5%三氯乙酸50 mL,均质,匀浆移入离心管中,3 500 r/min,离心10 min;取上清液5 mL于试管中,加30% NaOH液2 mL、2% $AgNO_3$液2 mL,混匀,2 min,加2% $K_3Fe(CN)_6$液3 mL、3% H_2O_2液2 mL氧化显色;显色液置于分液漏斗中,加正戊醇4 mL,振摇,静置分层,正戊醇层待检。于1 cm比色皿,零管调零,激发波长410 nm、发射波长455 nm比色,记录荧光强度(同时做空白试验)。

标准曲线绘制:取盐酸氨丙啉标准使用液(10 μg/mL)0,0.2,0.4,0.6,0.8,1.0 mL,分别于试管中,加水至5 mL混匀,加30% NaOH液、2% $AgNO_3$液各

2 mL，混匀，2 min，各加 2% $K_3Fe(CN)_6$ 液 3 mL、3% H_2O_2 液 2 mL 氧化显色；显色液置于分液漏斗中，加正戊醇 4 mL，振摇，静置分层，正戊醇层于 1 cm 比色皿，零管调零，激发波长 410 nm、发射波长 455 nm 比色，记录各自荧光强度，绘制标准曲线。

【计算】

$$X = \frac{c_s \times V_1}{m \times V_2}$$

式中：X 为样品中氨丙啉残留量，mg/kg；c_s 为根据样液荧光强度查标准曲线荧光强度所得的含量，μg；V_1 为样液总体积，mL；V_2 为样液检测用体积，mL；m 为样品质量，g。

（十）食品中硫苯咪唑（FEN）、硫氧苯唑（OXF）的检测

【仪器】

HPLC 仪。

【试剂】

(1)甲醇。

(2)乙醚＋乙酸乙酯(6＋4)。

(3)硅胶。

(4)FEN、OXF 标准品。

(5)FEN 标准液(2 μg/mL)。

(6)OXF 标准液(6 μg/mL)。

【色谱条件】

LC 仪：色谱柱 C_{18}，流动相 THF＋乙腈＋水(FEN 为 100＋500＋400)、(OXF 为 100＋300＋600)含 0.05 mol/mL 乙酸铵，进样量 20 μL。

MS 仪：TSP 接口，PCI 电离方式，m/z FEN 为 300、OXF 为 316。

【测定方法】

准确称取肉样 5.0 g 于均质器中，加甲醇 20 mL×2，均质 2 次，匀浆液并入分液漏斗中。然后向分液漏斗中加乙醚＋乙酸乙酯(6＋4) 20 mL×3，萃取 3 次，萃取液合并于锥形瓶中，移入硅胶 SPE 层析柱中，用流动相 10 mL 洗脱，洗脱液于 K-D 浓缩器锥形瓶中，浓缩至 0.5 mL，经 0.45 μm 滤膜过滤，待检。取20 μL注入 LC-MS 仪，记录丰度值。

FEN、OXF 标准峰面积：取 FEN 标准液(2 μg/mL)、OXF 标准液(6 μg/mL)各 20 μL 注入 LC-MS 仪，记录各自保留时间、丰度值。肉中 2 种 BZs 标准质谱图如图 5-6 所示。

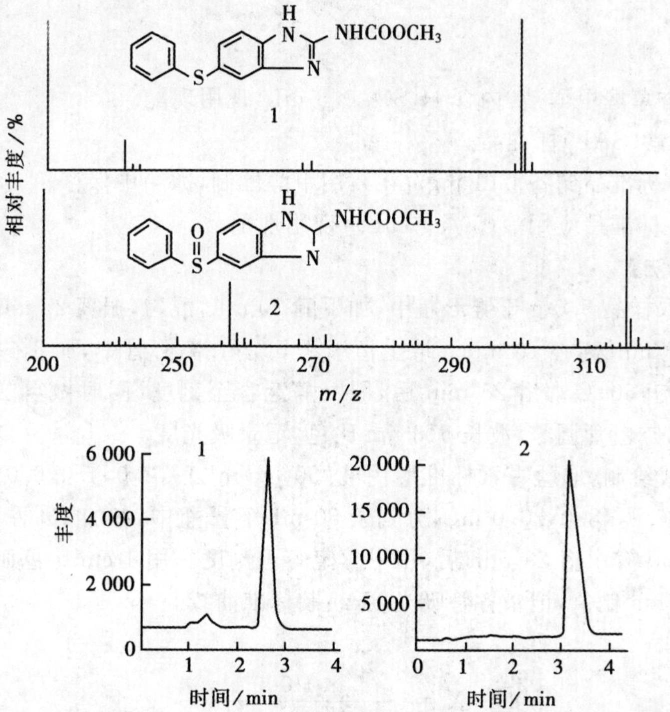

1. FEN　2. OXF

图 5-6　肉中 2 种 BZs 标准质谱图

【计算】

$$X = \frac{I \times c_s}{I_s \times c}$$

式中：X 为样品中 FEN、OXF 的残留量，mg/kg；I 为样液中 FEN、OXF 的丰度值；I_s 为标准液中 FEN、OXF 的丰度值；c_s 为 FEN、OXF 的标准液浓度，μg/mL；c 为最终样液中所代表的样品浓度，g/mL。

（十一）食品中聚醚类抗生素残留的检测

聚醚类抗生素包括常用的马杜霉素、莫能霉素、盐霉素和拉沙里菌素等，是常用的抗球虫药物。

1. 食品中盐霉素的检测（紫外分光光度法）

【仪器】

紫外分光光度计。

【试剂】

(1)甲醇。

(2)3%香草醛甲醇液:内含 H_2SO_4 0.5 mL,现用现配。

(3)盐霉素(SAL)标准品。

(4)SAL 标准品储备液(1 mg/mL):用甲醇配制,冰箱中保存。

(5)SAL 标准品应用液(50 μg/mL):现用现配。

【测定方法】

准确称取样品 5.0 g 于锥形瓶中,加甲醇 20 mL,混匀,振荡 20 min,移入离心管中,3 000 r/min 离心 10 min。取上清液于 50 mL 离心管中,加 3%香草醛甲醇液 3 mL,混匀,60 ℃水浴 25 min 后,用甲醇定容至刻度(同时做空白试验)。用 1 cm 比色皿,空白管调零,波长 518 nm 比色,记录吸光度。

标准曲线绘制:取盐霉素标准应用液(50 μg/mL)0,2.0,4.0,6.0,8.0,10.0,12.0,14.0,16.0,18.0,20.0 mL,分别于 50 mL 容量瓶中,各加 3%香草醛甲醇液 3 mL,混匀,60 ℃水浴 25 min 后,用甲醇定容至刻度。用 1 cm 比色皿,空白管调零,波长 518 nm 比色,记录各管吸光度,绘制标准曲线。

【计算】

$$X=\frac{c_s\times 1\ 000}{m\times\frac{V_1}{V_2}\times 1\ 000}$$

式中:X 为样品中 SAL 残留量,mg/kg;c_s 为根据样液吸光度查标准曲线吸光度所得的含量,μg;V_1 为检测用体积,mL;V_2 为样液总体积,mL;m 为样品质量,g。

2. 鸡蛋中莫能霉素(MON)、盐霉素(SAL)、甲基盐霉素(NAR)的检测

【仪器】

LC-MS 仪。

【试剂】

(1)甲醇+水(13+2)。

(2)0.1 mol/L NaOH 液。

(3)正已烷+甲苯(1+1)。

(4)乙腈+水(4+1)。

(5)MON、SAL、NAR 标准储备液(1 mg/mL)。

(6)MON、SAL、NAR 标准使用液(1 μg/mL)。

【色谱条件】

(1)LC 仪　色谱柱 C_{18}(150 mm×4.6 mm),流动相乙腈+甲醇+THF+三氯乙酸(TFA)(67+10+10+13+0.1),流速 1 mL/min。

(2)MS仪　离子峰(m/z)MON为693、SAL为773、NAR为787。

【测定方法】

称量鸡蛋样(5 g)放入均质器中,加甲醇+水(13+2)20 mL,均质,将匀浆液移入分液漏斗中,用0.1 mol/L NaOH液调pH值呈碱性,然后在分液漏斗中加入正己烷+甲苯(1+1)20 mL×3,提取3次,提取液合并于K-D浓缩器锥形瓶中,经减压浓缩至干,加乙腈+水(4+1)1 mL溶解,混匀,经0.45 μm滤膜过滤,待检。取10 μL注入LC-MS仪,记录丰度值。

标准丰度值及质谱图:取MON、SAL、NAR标准液(1 μg/mL)各10 μL注入LC-MS仪,记录各自丰度值。鸡蛋中MON、SAL、NAR质谱图如图5-7所示。

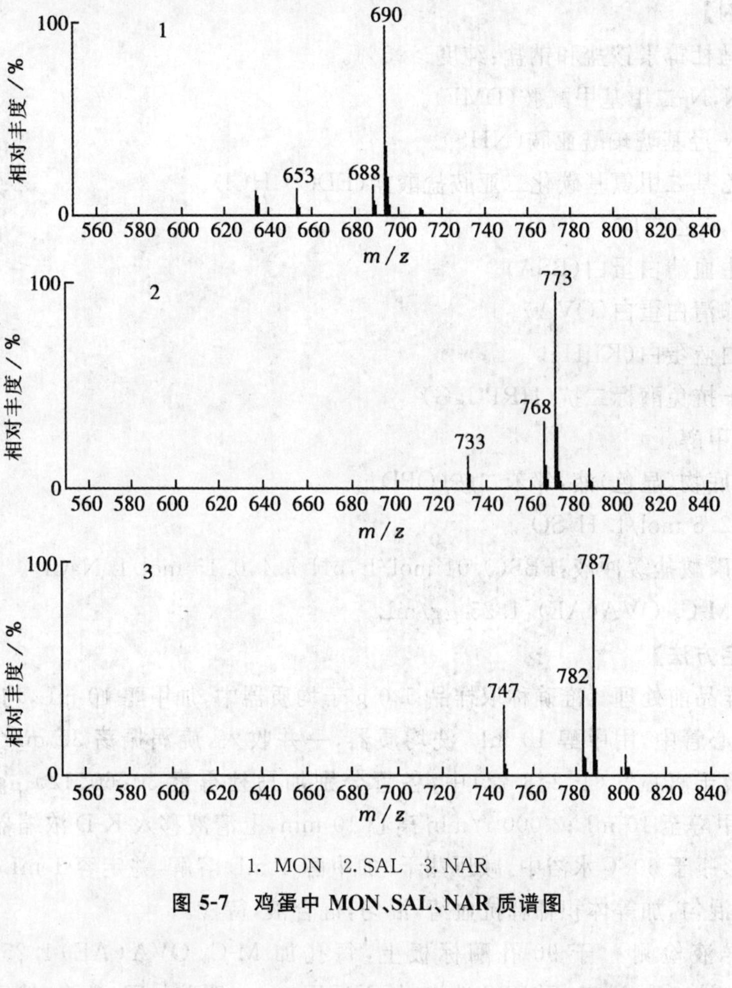

1. MON　2. SAL　3. NAR

图5-7　鸡蛋中MON、SAL、NAR质谱图

【计算】

$$X=\frac{I\times c_s}{I_s\times c}$$

式中：X 为鸡蛋中 MON、SAI 或 NAR 残留量，mg/kg；I 为样液中 MON、SAL 或 NAR 的丰度值；I_s 为标准液中 MON、SAL 或 NAR 的丰度值；c_s 为 MON、SAL 或 NAR 的标准液浓度，μg/mL；c 为最终样液中所代表的样品浓度，g/mL。

3. 食品中马杜霉素(MAD)的检测(酶联免疫吸附试验)

【仪器】

ELISA 仪及酶标板(96 孔)。

【试剂】

(1)马杜霉素铵盐和钠盐：纯度>95%。

(2)N,N-二甲基甲酰胺(DMF)。

(3)N-羟基琥珀酰亚胺(NHS)。

(4)乙基二甲氨基碳化二亚胺盐酸盐(EDC·HCl)。

(5)1,6-乙二胺。

(6)牛血清白蛋白(BSA)。

(7)卵清白蛋白(OVA)。

(8)白蓝蛋白(KLH)。

(9)羊抗兔酶标二抗(HRP-IgG)。

(10)甲醇。

(11)底物(显色)液：邻苯二胺(OPD)。

(12)2.5 mol/L H_2SO_4。

(13)磷酸盐缓冲液：PBS(0.01 mol/L，pH 7.4，0.15 mol/L NaCl)。

(14)M-C_6-OVA(AE)：1.25 μg/mL。

【测定方法】

(1)样品前处理　准确称取样品 5.0 g 于均质器中，加甲醇 10 mL，均质，匀浆液移入离心管中，用甲醇 10 mL，洗均质器，一并收入，旋涡振荡 30 min，冷却去脂；提取液于离心管(1、2、3 管)中，各管分别加马杜霉素 30、60、120 μg/mL 各 1 mL，加甲醇至 10 mL；2 000 r/min 离心 10 min，上清液移入 K-D 浓缩器锥形瓶中；将锥形瓶于 60 ℃水浴中，减压蒸干，加甲醇 1 mL 溶解，并定容 1 mL，加 PBS 液 3 mL，混匀，加等体积稀释抗血清，混匀，混合液，待检。

(2)样液检测　于 96 孔酶标板上，每孔加 M-C_6-OVA(AE)1.25 μg/mL 200 μL，包被，4 ℃过夜，用 PBS 洗涤，拍干后用 0.1%明胶封闭，洗涤；然后于每孔加待检液 200 μL,37 ℃,1 h,洗涤;于每孔加羊抗兔酶标二抗(HRP-IgG,1∶1 000)200 μL,37 ℃,1 h,洗涤;于每孔加底物显色液(OPD)200 μL,37 ℃,1 h,洗涤;最后于每孔加 2.5 mol/L H_2SO_4 50 μL 终止反应。于酶标检测仪,波长 490 nm,记录 *OD* 值。

(3)标准曲线绘制:用 PBS 液配制标准系列(ng/mL)0,0.01,0.1,1.0,10.0,100.0,1 000.0,按 ELISA 检测 *OD* 值,绘制标准曲线,在对数坐标纸上作图。

【计算】

样液 *OD* 值查标准曲线 *OD* 值对应的浓度(ng/mL),比较定量。

(十二)食品中硝基咪唑类药物的检测

【仪器】

HPLC 仪(具紫外检测器)。

【试剂】

(1)乙酸乙酯。

(2)1 mol/L HCl。

(3)正己烷。

(4)5 mol/L NaOH。

(5)甲醇。

(6)醋酸盐缓冲液(pH 4.3):取无水醋酸钠 0.82 g 溶于 800 mL 水中,用冰乙酸调 pH 值为 4.3,定容至 1 L。

(7)冰乙酸。

(8)乙腈。

(9)硝基咪唑类药物标准储备液(1 mg/mL):准确称取甲硝唑、地美硝唑、洛硝哒唑各 50 mg,用甲醇溶解成 1 mg/mL,于−20 ℃冰箱中保存,3 个月有效。

【色谱条件】

紫外检测器:波长 320 nm。

色谱分析柱:C_{18},4.6 mm×250 mm,粒径 5 μm。

流动相:醋酸盐缓冲液(pH 4.3)+乙腈(85+15)。

流速:1 mL/min。

进样量:10 μL。

【测定方法】

准确称取样品 10 g 于匀浆机中,加入 20 mL 乙酸乙酯,10 000 r/min 匀浆 1 min;取样液于离心管中,振荡 30 min,3 000 r/min 离心 5 min,加入 20 mL 乙酸乙酯再次提取,合并上清液于锥形瓶中;减压旋转蒸发(50 ℃)至干,加入1 mol/L HCl 2 mL、乙酸乙酯1.5 mL溶解,转入分液漏斗中;向分液漏斗中,加20 mL正己烷,振摇1 min,静止30 min,收集下层溶液。用1 mol/L HCl 4 mL、乙酸乙酯3 mL洗涤锥形瓶,移入分液漏斗中,振摇萃取,收集下层溶液合并于锥形瓶中。萃取液于锥形瓶中,用1 mol/L HCl或5 mol/L NaOH调pH值为4.8~5.2,待净化样液。固定相萃取柱(Watcrs Oasis™ HLB 500 mg/6 mL)用甲醇10 mL、水10 mL预洗、挤干,取待净化样液过柱,自然流出,挤下。用水3 mL洗柱,挤干,用甲醇3 mL洗脱,收集洗脱液于试管中,用 N_2 吹干,加流动相1 mL溶解,经0.45 μm滤膜过滤,待检。取待检液10 μL注入HPLC仪,记录峰面积(同时做空白试验)。

标准曲线绘制:准确取硝基咪唑类药物标准储备液(1 mg/mL),用流动相稀释成浓度分别为0.02~0.75 μg/mL的标准使用液系列,各取10 μL注入HPLC仪,记录峰面积,以此为纵坐标、以标准使用液为横坐标,绘制标准曲线。

【计算】

$$X = \frac{A \times c_s \times V \times 1\,000}{A_s \times m}$$

式中:X 为肉中硝基咪唑类药物残留量,mg/kg;A 为样液中硝基咪唑类药物的峰面积;A_s 为标准液中硝基咪唑类药物的峰面积;c_s 为标准使用液中对应的硝基咪唑类药物的浓度,μg/mL;V 为浓缩至干后溶解残留物所用流动相的总体积,mL;m 为样品质量,g。

第十节　食品中激素的检测

(一)己烯雌酚的测定

试样匀浆后,经甲醇提取过滤,注入HPLC柱中,经紫外检测器鉴定。于波长230 nm处测定吸光度,同条件下绘制标准曲线,己烯雌酚含量与吸光度值在一定浓度范围内成正比,试样与工作曲线比较定量。

【试剂】

(1)甲醇。

(2)0.043 mol/L磷酸二氢钠(NaH_2PO_4):取1 g磷酸二氢钠溶于水500 mL。

(3)磷酸。

(4)己烯雌酚(DES)标准溶液:精密称取100 mg己烯雌酚(DES)溶于甲醇,移入 100 mL 容量瓶中，加甲醇至刻度，混匀，每毫升含 DES 1.0 mg，储于冰箱中。

(5)己烯雌酚(DES)标准使用液：吸取 10.00 mL DES 储备液，移入 100 mL 容量瓶中，加甲醇至刻度，混匀，每毫升 DES 100 μg。

【仪器】

(1)高效液相色谱仪：具紫外检测器。

(2)小型绞肉机。

(3)小型粉碎机。

(4)电动振荡机。

(5)离心机。

【色谱条件】

紫外检测器：检测波长 230 nm。

灵敏度：0.04 AUFS。

流动相：甲醇＋0.043 mol/L 磷酸二氢钠(70＋30)，用磷酸调 pH＝5(其中 $NaH_2PO_4 \cdot 2H_2O$ 水溶液需过 0.45 μm 滤膜)。

流速：1 mL/min。

进样量：20 μL。

色谱柱：CLC-ODS-C_{18}(5 μm)6.2 mm×150 nm 不锈钢柱。

柱温：室温。

【测定方法】

(1)提取与纯化　称取 5 g(±0.1 g)绞碎(小于 5 mm)肉试样，放入 50 mL 具塞离心管中，加 10.00 mL 甲醇，充分搅拌，振荡 20 min，于 3 000 r/min 离心 10 min，将上清液移出，残渣中再加 10.00 mL 甲醇，混匀后振荡 20 min，于 3 000 r/min离心 10 min，合并上清液，此时若出现浑浊，需再离心 10 min，取上清液过0.5 μm FH 滤膜，备用。

(2)标准曲线绘制　称取 5 份(每份 5.0 g)绞碎的肉试样，放入 50 mL 具塞离心管中，分别加入不同浓度的标准液(0，6.0，12.0，18.0，24.0 μg/mL)各 1.0 mL，同时做空白。其中甲醇总量为 20.00 mL，使其测定浓度为 0.00，0.30，0.60，0.90，1.20 μg/mL，按上述(1)提取与纯化的方法提取备用。

(3)测定　分别取样 20 μL，注入 HPLC 柱中，可测得不同浓度 DES 标准溶液峰高，以 DES 浓度对峰高绘制工作曲线，同时取样液 20 μL，注入 HPLC 柱中，测得的峰高从工作曲线图中查相应含量，Rt＝8.235。

【计算】

按下式计算：

$$X=\frac{A\times V_2}{m\times V_1}$$

式中：X 为试样中己烯雌酚含量，mg/kg；A 为进样体积中己烯雌酚含量，μg；m 为进样的质量，g；V_2 为进样体积，μL；V_1 为试样甲醇提取液总体积，mL。

（二）性激素总量的测定

食品中性激素总量的测定可采用薄层色谱法。样品经有机溶剂提取、浓缩后，在硅胶 G 薄层板上点样，展开后喷以硫酸显色与标准斑点进行定性与定量。

【试剂】

(1)12 mol/L 盐酸。

(2)氯仿-甲醇混合溶剂(9∶1)。

(3)硅藻土 G，层析用。

(4)甲酰胺-丙酮(1∶9)。

(5)甲苯-氯仿(3∶1)或环己烷-石油醚(1∶1)。

(6)10%硫酸的 95%乙醇溶液。

【仪器】

(1)K-D 浓缩器。

(2)展开槽或展开缸。

(3)微量进行器(5 μL)。

(4)烘箱。

(5)紫外灯。

【测定方法】

(1)样品处理　称取捣碎混匀的样品 10.00～20.00 g(视激素含量而定)加 20 mL水或 5 mL 12 mol/L 盐酸，沸水加热 1 h，放冷。以 20 mol/L 氯仿-甲醇(9∶1)混合溶剂提取 3 次，合并提取液备用(若激素浓度低时可作浓缩处理)。

(2)薄层板的处理　采用硅藻土 G 板，在 105～110 ℃加热 1 h，于干燥容器中放冷；然后将一端浸入盛有浅层甲酰胺-丙酮(1∶9)的展开槽中密封，直至溶剂上行到板的上端，取出，挥散溶剂备用。

(3)点样与展开　将样品溶液、性激素标准溶液以及样液与标准的混合液各 5 μL分别点于薄板上，用甲苯-氯仿(3∶1)或环己烷-石油醚(1∶1)做流动相展开，展开溶剂的流向应与进行浸渍处理的流向一致。

(4)显色　将板取出挥干溶剂，120 ℃加热 15 min，趁热喷以含 10%硫酸的 95%乙醇溶液，在 120 ℃加热 10 min，冷却，在日光下或紫外线灯下观察斑点。

(5)定性与定量　样液斑点的 R_f 值与标准溶液相当，且二者混合液的相应斑点颜色变深或面积增大，则样品中含有该标准品的激素。然后再根据斑点颜色或面积比较进行概略定量。

【计算】

$$X=\frac{A\times 1\,000\times V_1}{m\times V_2}$$

式中：X 为性激素含量，mg/kg；A 为点板样液中性激素的含量，μg；m 为样品质量，g；V_1 为样品浓缩液的总体积，mL；V_2 为点样样液的体积，mL。

(三)雌激素的测定

样品经盐酸水解甾体缀合物，用有机溶剂提取后再经硫酸处理，在紫外光照射下产生蓝色荧光，其激发波长 542 nm，发射波长 560 nm，根据荧光强度可测定雌激素含量。

【仪器】

(1)荧光分光光度计。

(2)恒温水浴锅。

(3)K-D 浓缩器。

(4)离心机。

【试剂】

(1)乙醚(用玻璃蒸馏器蒸馏)。

(2)浓盐酸。

(3)石油醚：沸点 40～60 ℃，重蒸馏。

(4)浓硫酸。

(5)碳酸氢钠缓冲液(pH＝10.5)：20％氢氧化钠溶液 150 mL 与 8％碳酸氢钠溶液 1 000 mL 混合。

(6)1 mol/L 氢氧化钠溶液。

(7)8％碳酸氢钠溶液。

(8)碳酸氢钠固体。

(9)无水硫酸钠。

(10)4％氢醌溶液：氢醌重结晶，配成 4％的乙醇液。

(11)2％对-硝基酚二氯甲烷溶液：溶解 2 g 用苯重结晶的对-硝基酚于含有 1％乙醇的二氯甲烷 100 mL 中。

(12)二氯甲烷：重蒸馏。

(13)精制无水乙醇。

(14)雌激素标准储备液：准确称取雌酮、雌三醇各 8 mg 和 17β-雌二醇 4 mg，溶于 100 mL 无水乙醇中，于 4 ℃保存。

(15)雌激素标准使用液：准确吸取标准储备液 0.1 mL。

【测定方法】

(1)样品处理　称取捣碎混匀的固体样品 5.00～10.00 g(液体样品 10.0 mL)，置于 250 mL 锥形中，加水至 25 mL，再加几粒玻璃珠，加热蒸沸回流；经冷凝管上端加入浓盐酸 25 mL，继续加热煮沸 30 min，在流动的自来水下迅速将锥形瓶冷却，加乙醚提取两次，第 1 次 25 mL，第 2 次 15 mL，分取乙醚液于同一分液漏斗中，加 10 mL 碳酸氢钠缓冲液(pH 10.5)振摇，分层后弃去水层。加入 50 mL 石油醚于上述盛乙醚的分液漏斗中，以 1 mol/L 氢氧化钠提取混合溶剂 2 次，每次 25 mL；合并碱液于锥形瓶中，用固体碳酸氢钠调节 pH 值至 10。再将此水溶液转至分液漏斗中，用乙醚提取 3 次，第 1 次 50 mL，其余 2 次各 25 mL；合并醚液，加 20 mL 8%碳酸氢钠溶液，振摇，弃去水层；再用 10 mL 蒸馏水洗涤，尽可能将水分离尽。将乙醚提取液转入盛有 5 g 无水硫酸钠的锥形瓶中，分液漏斗用少量乙醚洗涤，洗液并入锥形瓶；用定量滤纸过滤，于 30 ℃减压蒸发至干；将残渣溶于 5 mL 无水乙醇中，备用。

(2)测定　取 4 支玻璃塞试管，其中两支各加入 2.0 mL 样品乙醇溶液，1 支加 0.10 mL 雌激素标准使用液(相当于总雌激素 0.02 μg；雌酮 0.008 μg；雌二醇 0.004 μg；雌三醇 0.008 μg)，另 1 支加 2 mL 无水乙醇作空白。各管均加入 4%氢醌蒸馏水及 0.75 mL 浓硫酸，密塞试管，置沸水浴中加热 40 min，并时时振摇。将试管置冰水浴中冷却，每管加水 1.5 mL，充分混匀，放置 5～25 min，各管加入 2%对-硝基酚二氯甲烷液 2.5 mL，加塞，剧烈振摇 30 s，离心分离(2 500 r/min)，弃去上层水液，将二氯甲烷层转入小池，在 540 nm 处激发，560 nm 处读取荧光强度(用空白调零，读取标准和样品的荧光读数)。

【计算】

$$X = \frac{A \times 5 \times 0.02}{m \times B \times 2} \times 1\,000$$

式中：X 为雌激素含量，μg/kg；A 为标准读数；B 为样品读数；m 为样品的质量，g；0.02 为加入标准液所相当的总雌激素的微克数；5 为样品溶液 5 mL；2 为测定取 2 mL。

(四)雄激素的测定

利用雄激素在色谱柱中固定相和流动相之间的分配而达到分离，分离后的雄激素进入检测器测定含量,采用紫外检测器。由于雄激素在 254 nm 波长处没有吸收,因此常做成 2,4-二硝基苯肼或异烟腙衍生物来检出,可检出纳克量。

【仪器】

(1)高效液相色谱仪,具 UV254 紫外线检测器。

(2)索氏提取器。

(3)K-D 浓缩器。

【色谱条件】

1 m×2 mm 不锈钢柱;流动相:2,2,4-三甲基戊烷;流量 0.5 mL/min;压力 40 kg/cm^2;检测器 254 nm。

【测定方法】

(1)样品处理 取捣碎混匀的样品 10.00~20.00 g 加 300 mL 苯于索氏提取器中抽提 6 h;将提取液蒸除苯液,残渣溶于 5 mL 无水乙醇后移入试管中,加入 2,4-二硝基苯肼试液 4 mL,加塞振摇,使样品充分溶解,室温放置 1 h 浓缩至 1 mL。

(2)测定 吸取上述样液和雄激素标准溶液(1 μg/mL)各 5 μL,分别注入色谱柱,记录色谱图。以峰高或峰面积与含量的关系求得样液中雄激素含量(或用标准曲线测定)。

【计算】

$$X = \frac{A \times 100}{m \times V_2 / V_1}$$

式中:X 为雄激素含量,μg/kg;A 为测定用样液中雄激素的含量,μg;m 为样品质量,g;V_1 为样品溶液的总体积,mL;V_2 为进柱样液的体积,mL。

(五)孕激素的测定

醋酸甲烯雌醇(MGA)可以用 CH_3CN 从低脂肪的组织中提取出来,提取液用正己烷分离。对于高脂肪组织,可用己烷提取,然后再转到 CH_3CN 中。将溶剂蒸发后,在 Florsil 柱上进行色谱分离,以除去类脂物的干扰。用己烷-丙酮(80:20)洗脱 MGA,然后用气相色谱法测定。而对肝脏样品,MGA 在分离柱上分离较差,要将己烷-丙酮蒸发除去,用 70%甲醇水溶液-己烷进行分配分离,再转入氯仿中进行蒸发,残渣用己烷-丙酮溶解,再注入气相色谱议。本法为 AOAC 法。

【仪器】

(1)高速匀浆器。

(2)垂融漏斗:中等空隙度。

(3)色谱柱:19 mm×400 nm 玻璃柱,带有中等空隙度的玻璃滤板,聚四氟乙烯活塞;气相色谱议,带有^{63}Ni 电子捕获检测器;旋转蒸发器,小型的蒸发器,用4孔洞的活塞控制此蒸发器,活塞与多通接头相连至两个冷凝收集器,此蒸发器与真空泵(140 L/min)相连,用干冰-乙醇的混合液冷却收集器,每个样品的圆底烧瓶用2个接头与蒸发器系统相连,并且用恒温水浴在45 ℃下加热。

【试剂】

(1)硅藻土,Celite545。

(2)Florsil:60～100目,在650 ℃下使之活化,使用前用130 ℃的烘箱加热48 h以上。

(3)氦气,最低纯度为99.5%。

(4)干冰。

(5)溶剂:丙酮、CH_3CN、苯、氯仿、己烷和甲醇(在玻璃仪器中蒸馏)。

(6)混合溶剂:

①己烷-丙酮(8∶2);

②己烷-丙酮(95∶5);

③70%甲醇水溶液。

(7)无水硫酸钠:用氯仿洗净,在110 ℃干燥,储存于玻璃塞瓶中。

(8)醋酸甲烯雌醇标准溶液:

①储备溶液:A液(1 mg/mL),将100.0 mg MGA(99.5%纯度)溶解于100 mL丙酮中(可保存2～3个月);B液(10 μg/mL),将1.0 mL A液用甲醇稀释至100 mL,当天现配。

②中间溶液:用甲醇将B液稀释成0.5,1.0,1.5 μg/mL的C液、D液、E液。

③工作溶液:0.25,0.5,0.75 μg/mL,取5.0 mL C、D、E液分别放入50 mL圆底烧瓶中,在旋转蒸发器中蒸发。将残渣溶解在10.0 mL己烷-丙酮(8∶2)中。

【色谱条件】

色谱柱:3 mm×0.9 m的硼硅酸盐玻璃柱,内充涂以1% OV-17的100～120目Gas Chrom Q担体的固定相,柱的两端塞入0.5 cm长的硅烷化玻璃棉。柱的老化:在240 ℃保持1 h,以40 mL/min的氦气作载气;然后在275 ℃保持1 h,用80 mL/min的氦气作载气。

柱温240～250 ℃。

进样口温度240～250 ℃。

检测器温度270～275 ℃。

载气流速:氦气60～80 mL/min。

【测定方法】

(1)提取

①肌肉、肝脏样品：将 25.0 g 冰冻的动物组织置于匀浆器中，加入 150 mL CH_3CN、20 g 硅藻土和 50 g 无水硫酸钠，低速匀浆 3 min。在垂融漏斗中加入 20 g 硅藻土并用 100 mL CH_3CN 洗涤，并将样液经此滤器抽滤，用 50 mL CH_3CN 冲洗匀浆器并移入漏斗中，将动物组织的滤瓶与滤垫分开，且转入匀浆器中(用叉子做转移工具)。

在匀浆器中加入 10 g 硅藻土、25 g 无水硫酸钠和 150 mL CH_3CN，低速匀浆 3 min，过滤并洗涤，将 2 次合并的滤液转入 1 L 圆底烧瓶中，加入 150 mL 苯，在旋转蒸发器中蒸干。在干燥的残渣中，通过接收管加入 200 mL 正己烷和 100 mL CH_3CN，将混合溶剂转入 1 L 分液漏斗中，用 200 mL 正己烷洗涤圆底烧瓶。加 100 mL CH_3CN 与分液漏斗，重复提取和分离 2 次，提取液并入圆底烧瓶中，加 50 mL苯，并用旋转蒸发器蒸发。

②脂肪样品：称取 25.0 g 样品置于 250 mL 烧杯中，加入 150 mL 正己烷，在蒸汽浴上预热(不要使之沸腾)，搅拌至脂肪融解。将 20 g 硅藻土放入垂融漏斗中用 100 mL CH_3CN 洗涤，弃去洗液，倒入温热的脂肪样液，抽滤于 1 L 吸滤瓶中，用50 mL 正己烷洗涤烧杯，以将其中固体转入漏斗中。将硅藻土滤饼的 3 mm 厚的上层转入匀浆器中(留在漏斗中的其余硅藻土可用于下次过滤)。

于匀浆器中加入 150 mL 正己烷，缓慢匀浆 3 min 后抽滤，用足够量的正己烷冲洗匀浆器以将固体转入漏斗。将吸滤瓶中已合并的滤液用正己烷加至约 400 mL，每次用 50 mL CH_3CN 共 2 次洗涤烧杯和匀浆器，并转入漏斗滤乳吸滤瓶中(此处 MGA 能从正己烷中被硅藻土吸附，因此，用 CH_3CN 冲洗)。在通风橱中放蒸汽浴上温热吸滤瓶，将滤液全部转入 1 L 分液漏斗中，用 5～15 mLCH_3CN 冲洗吸滤瓶，洗液并入分液漏斗中。以下按肌肉样品操作。

(2)色谱分离

①预分离：吸取 1.0 mL 1 mg/L MGA 标准溶液于 50 mL 圆底烧瓶中，在旋转蒸发器中蒸发溶剂。按下述方法在 Florsil 柱上进行色谱分离，测定 MGA 的回收率。回收率不得少于 95%。

②色谱柱的制备：在玻璃色谱管中加入已冷却的 Florisil，轻轻敲击加至 10 cm 高，于上端塞入一小团玻璃棉，在色谱柱的顶部放好储存器，依次用 100 mL 正己烷、100 mL 丙酮和 100 mL 正己烷预洗色谱柱(可施加 N_2 气压以加速预洗)。

③样品分离：将样品残渣溶于 20 mL 正己烷，再依次用 20 mL、200 mL 正己烷和 300 mL 正己烷-丙酮(95∶5)洗涤烧瓶，洗涤液加到色谱柱中。当最后的溶

剂流至色谱柱顶面时，将 500 mL 圆底烧瓶置于色谱柱下接液，用 150～170 mL 正己烷-丙酮(8：2)洗原烧瓶中的样品残渣，并转移至色谱柱以洗脱 MGA，洗脱至色谱柱流干，并用氦气吹出最后溶剂。烧瓶中溶剂用旋转蒸发器蒸干；每次用 2 mL丙酮，共洗 5 次，将残渣定量转入 50 mL 圆底烧瓶中，再用旋转蒸发器蒸发，用正己烷-丙酮(8：2)将样品稀释至 1.0 mL。

对于肝脏样液，需进行下列纯化以除去干扰物质：在旋转蒸发器上蒸发含 1 mL残渣的正己烷-丙酮溶液。用正己烷洗涤蒸干的残渣 3 次，每次 20 mL，全部转入 50 mL 分液漏斗中，加入 50 mL 70%甲醇水溶液剧烈振摇 1 min，静置分层 15 min，下层甲醇溶液转入第 2 个分液漏斗中，于第 1 个分液漏斗中再加入 50 mL 70%甲醇，重复提取和分离 2 次，下层液均并入另 1 个分液漏斗中。在第 2 个分液漏斗中加入 1.0 mL 饱和硫酸钠溶液、100 mL 去离子水和 50 mL 氯仿，剧烈振摇 1 min(应多次放气)，静置 15 min，将下层氯仿放入 500 mL 圆底烧瓶，再加入 50 mL 氯仿于分液漏斗中重复提取和分离 2 次，氯仿层并入烧瓶中。在旋转蒸发器上蒸发氯仿，于蒸干的残渣中每次加 2 mL 己烷-丙酮(8：2)，并将此溶液并入色谱仪中。

(3)测定　交替地注入 2～4 μL 样品空白和 0.25 mg/L MGA 标准溶液，调节气体流速和衰减，使得色谱峰高 20～25 nm。用 0.25 mg/L 的标准溶液测定含 10 μg/L左右的样品，0.5 mg/L 的标准溶液用于含 20 μg/L 的样品，0.75 mg/L 的标准溶液用于含 30 μg/L 的样品。

注入一定体积的样液和 MGA 的标准溶液，用基线法测量标准峰高 H' 和样品峰高 H。

【计算】

$$X = \frac{H \times W}{H' \times m \times V_2/V_1}$$

式中：X 为样品中醋酸甲烯雌醇的含量，ng/g；H 为样品色谱峰的峰高，cm；H' 为 MGA 标准溶液色谱峰的峰高，cm；W 为注入色谱柱的 MGA 标准样量，ng；m 为样品质量，g；V_1 为样品溶液的总体积(1.0 mL)；V_2 为注入色谱柱的样品溶液体积，mL。

(六)食品中克仑特罗的测定

国家标准提出的检测方法有酶联免疫法(ELISA 筛选法)、高效液相色谱法(HPLC)和气相色谱-质谱法(GC-MS)等。

1. 气相色谱-质谱法

固体试样剪碎，用高氯酸溶液匀浆。液体试样加入高氯酸溶液，进行超声加热提取，用异丙醇＋乙酸乙酯(40＋60)萃取，有机相浓缩，经弱相离子交换柱进行分离，用乙醇＋浓氨水(98＋2)洗液洗脱，洗脱液浓缩，经 N,O-双三甲基硅烷三氟乙酰酯(BSTFA)衍生后于气质联用仪上进行测定，以美托洛尔为内标法定量。

【试剂】

(1)克仑特罗(clenbuterol hydrochloride)，纯度≥99.5%。

(2)美托洛尔(metoprolol)，纯度≥99%。

(3)磷酸二氢钠。

(4)氢氧化钠。

(5)氯化钠。

(6)高氯酸。

(7)浓氨水。

(8)异丙醇。

(9)乙酸乙酯。

(10)甲醇：HPLC 级。

(11)乙醇。

(12)衍生剂：N,O-双三甲基硅烷三氟乙酰酯(BSTFA)。

(13)高氯酸溶液(0.1 mol/L)。

(14)氢氧化钠溶液(1 mol/L)。

(15)磷酸二氢钠缓冲液(0.1 mol/L，pH＝6.0)。

(16)异丙醇＋乙酸乙酯(40＋60)。

(17)乙醇＋浓氨水(98＋2)。

(18)美托洛尔标准液：准确称取美托洛尔标准品，用甲醇溶液配成浓度为 240 mg/L 的储备液，储存于冰箱中，使用时用甲醇稀释成 2.4 mg/L 的使用液。

(19)克仑特罗标准液：准确称取克仑特罗标准品，用甲醇溶液配成浓度为 250 mg/L 的标准储备液，储存于冰箱中，使用时用甲醇稀释成 0.5 mg/L 的克仑特罗标准使用液。

(20)弱离子交换柱(LC-WCX)3 mL。

(21)针管式微孔过滤膜(0.45 μm，水相)。

【仪器】

(1)气相色谱-质谱联用仪(GC/MS)。

(2)磨口玻璃离心管：11.5 cm×3.5 cm。

(3)5 mL 玻璃离心管。

(4)超声波清洗器。

(5)酸度计。

(6)离心机。

(7)振荡器。

(8)旋转蒸发器。

(9)旋涡式混合器。

(10)恒温加热器。

(11)N_2-蒸发器。

(12)匀浆器。

【色谱条件】

气相色谱-质谱法测定参数设定。

气相色谱柱:DB-5MS柱,30 m×0.25 mm,0.25 μm。

载气:He,柱前压:8 psi。

进样口温度:240 ℃。

进样量:1 μL,不分流。

柱温程序:70 ℃保持1 min,以18 ℃/min速度升至200 ℃,以15 ℃/min速度再升至245 ℃,再以25 ℃/min升至280 ℃并保持2 min。

EI源。

电子轰击能:70 eV。

离子源温度:200 ℃。

接口温度:285 ℃。

溶剂延迟:12 min。

EI源检测特征质谱峰:克仑特罗:m/z 86,187,243,262;美托洛尔:m/z 72,223。

【测定方法】

(1)提取

①肌肉、肝脏、肾脏试样:称取肌肉、肝脏或肾脏试样10.00 g,用20 mL 0.1 mol/L高氯酸溶液匀浆,置于磨口玻璃离心管中;然后置于超声波清洗器中超声20 min,取出置于80 ℃水浴中加热30 min。取出冷却后离心(4 500 r/min)15 min。倾出上清液,沉淀用5 mL 0.1 mol/L高氯酸溶液洗涤,再离心,将2次的上清液合并。用1 mol/L的氢氧化钠溶液调pH值至9.5±0.1,若有沉淀产生,再离心(4 500 r/min)10 min,将上清液转移至磨口玻璃离心管中,加入8 g氯化钠,混匀,加入25 mL异丙醇+乙酸乙酯(40+60),置于振荡器上振荡提取20 min。提取完毕,放置5 min(若有乳化层稍离心一下)。用吸管小心将上层有

机相移至旋转蒸发瓶中，用 20 mL 异丙醇＋乙酸乙酯(40＋60)再重复萃取一次，合并有机相，于 60 ℃在旋转蒸发器上浓缩至近干。用 1 mL 0.1 mol/L 磷酸二氢钠缓冲液(pH 6.0)充分溶解残留物，经针管式微孔滤膜过滤，洗涤 3 次后完全转移至 5 mL 玻璃离心管中，并用 0.1 mol/L 磷酸二氢钠缓冲液(pH 6.0)定容至刻度。

②尿液试样：用移液管量取尿液 5.0 mL，加入 20 mL 0.1 mol/L 高氯酸溶液，超声 20 min 混匀。置于 80 ℃水浴中加热 30 min。以下按①中从"用 1 mol/L 的氢氧化钠溶液调 pH 值至 9.5±0.1"起开始操作。

③血液试样：将血液于 4 500 r/min 离心，用移液管量取上层血清 1 mL 置于 5 mL 玻璃离心管中，加入 2 mL 0.1 mol/L 高氯酸溶液，混匀，置于超声清洗器中超声 20 min，取出置于 80 ℃水浴中加热 30 min。取出冷却后离心(4 500 r/min) 15 min。倾出上清液，沉淀用 1 mL 0.1 mol/L 高氯酸溶液洗涤，离心(4 500 r/min) 10 min，合并上清液，再重复一遍洗涤步骤，合并上清液。向上清液中加入 1 g 氯化钠，加入 2 mL 异丙醇＋乙酸乙酯(40＋60)，在旋涡式混合器上振荡萃取 5 min，放置 5 min(若有乳化层稍离心一下)，小心移出有机相于 5 mL 玻璃离心管中，按以上萃取步骤重复萃取两次，合并有机相。将有机相在 N_2 浓缩器上吹干。用 0.1 mol/L 磷酸二氢钠缓冲液(pH 6.0)定容至刻度。

(2)净化　依次用 10 mL 乙醇、3 mL 0.1 mol/L 磷酸二氢钠缓冲液(pH 6.0)、3 mL 水冲洗弱阳离子交换柱，取适量①、②、③中的提取液至弱阳离子交换柱上，弃去流出液，分别用 4 mL 水和 4 mL 乙醇冲洗柱子，弃去流出液，用 6 mL 乙醇＋浓氨水(98＋2)冲洗柱子，收集流出液。将流出液在 N_2 浓缩器上至干。

(3)衍生化　于净化、吹干的试样残渣中加入 100～500 μL 甲醇，50 μL 2.4 mg/L 的内标工作液，在 N_2 浓缩器上至干，迅速加入 40 μL 衍生剂(BSTFA)，盖紧塞子，在旋涡式混合器上混合 1 min，至于 75 ℃的恒温加热器中衍生 90 min。衍生反应完成后取出冷却至室温，在旋涡式混合器上混匀 30 s，至于 N_2 浓缩器上至干。加入 200 μL 甲苯，在旋涡式混合器上充分混匀，待气质联用仪进样。同时用克仑特罗标准使用液做系列同步衍生。

(4)测定　吸取 1 μL 衍生的试样液或标准液注入气质联用仪中，以试样峰(m/z 86，187，243，262，264，277，333)与内标峰(m/z 72，223)的相对保留时间定性，要求试样峰中至少有 3 对选择离子相对强度(与基峰的比例)不超过标准相应选择离子相对强度平均值的±20%或 3 倍标准差。以试样峰(m/z 86)与内标峰(m/z 72)的峰面积比单点或多点校准定量。

克仑特罗标准与内标衍生后的选择性离子的总离子流图及质谱图如图 5-8 至图 5-10 所示。

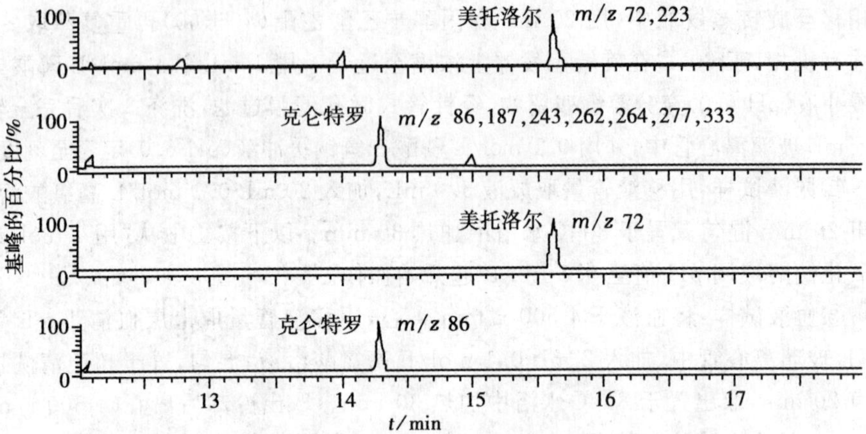

图 5-8 克仑特罗与内标衍生物的选择性离子总离子流图

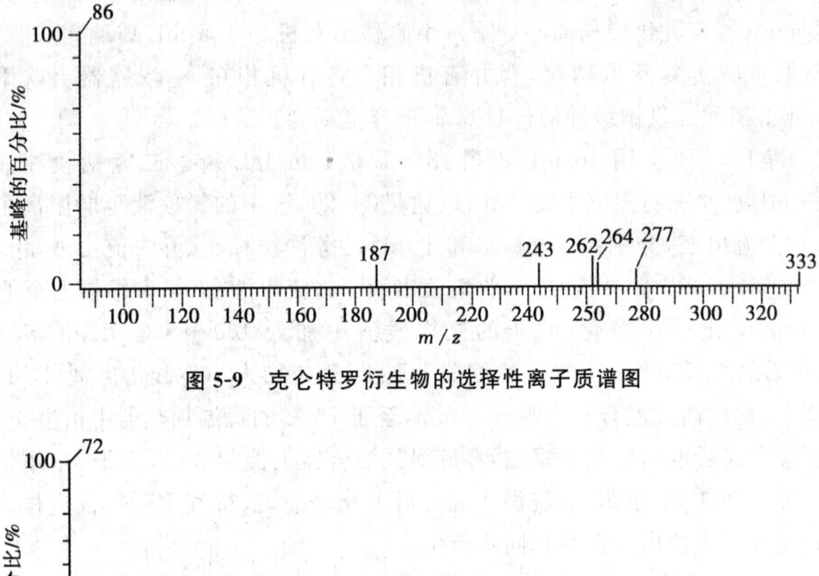

图 5-9 克仑特罗衍生物的选择性离子质谱图

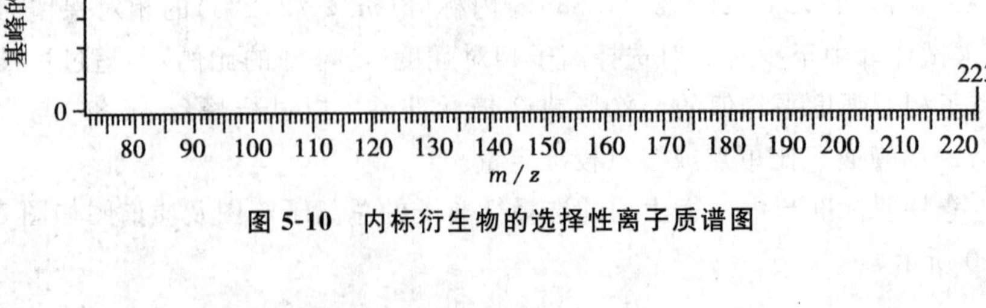

图 5-10 内标衍生物的选择性离子质谱图

【计算】

按内标法单点或多点校准计算试样中克仑特罗的含量：

$$X = \frac{A \times f}{m}$$

式中：X 为试样中克仑特罗的含量，μg/kg(μg/L)；A 为试样色谱峰与内标色谱峰的峰面积比值对应的克仑特罗质量，ng；f 为试样稀释倍数；m 为试样的取样量，g(mL)。

【精密度】

在重复条件下获得的两次独立测定结果的绝对差值不得超过算术平均值的 20%。

2. 高效液相色谱法(HPLC)

固体试样剪碎，用高氯酸溶液匀浆，液体试样加入高氯酸溶解，进行超声加热提取后，用异丙醇＋乙酸乙酯(40＋60)萃取，有机相浓缩，经弱阳离子交换柱进行分离，用乙醇＋氨(98＋2)溶液洗脱，洗脱液经浓缩，流动相定容后在高效液相色谱仪上进行测定，外标法定量。

【试剂】

(1)克仑特罗(clenbuterol hydrochloride)，纯度≥99.5%。

(2)磷酸二氢钠。

(3)氢氧化钠。

(4)氯化钠。

(5)高氯酸。

(6)浓氨水。

(7)异丙醇。

(8)乙酸乙酯。

(9)甲醇：HPLC 级。

(10)乙醇。

(11)高氯酸溶液(0.1 mol/L)。

(12)氢氧化钠溶液(1 mol/L)。

(13)磷酸二氢钠缓冲液(0.1 mol/L，pH＝6.0)。

(14)异丙醇＋乙酸乙酯(40＋60)。

(15)乙醇＋浓氨水(98＋2)。

(16)甲醇＋水(45＋55)。

(17)克仑特罗标准储存液：准确称取克仑特罗标准品，用甲醇溶液配成浓度为 250 mg/L 的标准储备液,储存于冰箱中,使用时用甲醇稀释成 0.5 mg/L 的克仑特罗标准使用液,进一步用甲醇+水(45+55)适当稀释。

(18)弱离子交换柱(LC-WCX)(3 mL)。

【仪器】

(1)水浴超声波清洗器。

(2)磨口玻璃离心管:11.5 cm×3.5 cm。

(3)5 mL 玻璃离心管。

(4)酸度计。

(5)离心机。

(6)振荡器。

(7)旋转蒸发器。

(8)旋涡式混合器。

(9)针筒式微孔过滤膜(0.45 μm,水相)。

(10)N_2 蒸发器。

(11)匀浆器。

(12)高效液相色谱仪。

【色谱条件】

色谱柱:BDS 或 ODS 柱,250 mm×4.6 mm,5 μm。

流动相:甲醇+水(45+55)。

流速:1 mL/min。

进样量:20～50 μL。

柱箱温度:25 ℃。

紫外检测器:244 nm。

【测定方法】

(1)提取　肌肉、肝脏、肾脏试样、尿液试样、血液试样的提取、净化同气相色谱-质谱法。

(2)试样测定前的准备　于净化、吹干的试样残渣中加入 100～500 μL 流动相,在旋涡式混合器上充分振摇,使残渣溶解,液体浑浊时用 0.45 μm 的针筒式微孔过滤膜过滤,上清液待进行色谱测定。

(3)测定　吸取 20～50 μL 标准校正溶液及试样液注入液相色谱仪,以保留时间定性,用外标法单点或多点校准法定量。

克仑特罗标准品的液相色谱图如图 5-11 所示。

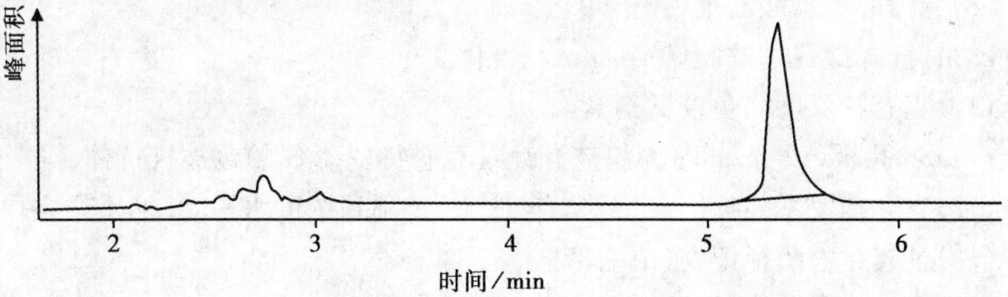

图 5-11　克仑特罗标准品(100 μg/L)的高效液相色谱图

【计算】

$$X = \frac{A \times f}{m}$$

式中：X 为试样中克仑特罗的含量，μg/kg(μg/L)；A 为试样色谱峰与内标色谱峰的峰面积比值对应的克仑特罗质量，ng；f 为试样稀释倍数；m 为试样的取样量，g(mL)。

【精密度】

在重复条件下获得的两次独立测定结果的绝对差值不得超过算术平均值的 20%。

3. 酶联免疫法(ELISA 筛选法)

微孔包被有针对克仑特罗 IgG 的包被抗体，经过孵育及洗涤后，加入竞争性酶标记物。克仑特罗与竞争性酶标记物竞争克仑特罗抗体，没有与抗体连接的克仑特罗标记酶在洗涤中被除去。将底物(过氧化尿素)和发色剂(四甲基联苯胺)加入到孔中孵育，结合的标记酶将无色的发色剂转化为蓝色的产物。加入反应停止液使颜色由蓝色转变为黄色。在 450 nm 处测量吸收度值，吸光度与克仑特罗浓度的自然对数成反比。

【试剂】

(1)磷酸二氢钠。

(2)高氯酸。

(3)异丙醇。

(4)乙酸乙酯。

(5)高氯酸溶液(0.1 mol/L)。

(6)氢氧化钠溶液(1 mol/L)。

(7)磷酸二氢钠缓冲液(0.1 mol/L，pH=6.0)。

(8)异丙醇＋乙酸乙酯(40＋60)。

(9)针筒式微孔过滤膜(0.45 μm,水相)。

(10)克仑特罗酶联免疫试剂盒。

(11)96 孔板(12 条×8 孔)包被有针对克仑特罗 IgG 的包被抗抗体。

(12)克仑特罗系列标准液(至少有 5 个倍比稀释浓度水平,外加 1 个空白)。

(13)过氧化物酶标记物(浓缩液)。

(14)克仑特罗抗体(浓缩液)。

(15)酶底物:过氧化尿素。

(16)发色剂:四甲基联苯胺。

(17)反应停止液:1 mol/L 硫酸。

(18)缓冲液:酶标记物及抗体浓缩液稀释用。

【仪器】

(1)超声波清洗器。

(2)磨口玻璃离心管:11.5 cm×3.5 cm,具塞。

(3)酸度计。

(4)离心机。

(5)振荡器。

(6)旋转蒸发器。

(7)旋涡式混合器。

(8)匀浆器。

(9)酶标仪(配备 450 nm 滤光片)。

(10)微量移液管:单道 20,50,100 μL 和多道 50～250 μL 可调。

【测定方法】

(1)提取

①肌肉、肝脏、肾脏试样同气相色谱-质谱法。

②尿液试样:若尿液浑浊先离心(3 000 r/min)10 min,将上清液适当稀释后上酶标板进行酶联免疫法筛选实验。

③血液试样:将血清或血浆离心(3 000 r/min)10 min,取血清适当稀释后上酶标板进行酶联免疫法筛选实验。

(2)测定

①试剂的准备:

竞争酶标记物:提供的竞争酶标记物为浓缩液。由于稀释的酶标记物稳定性不好,仅稀释试剂需用量的酶标物。在吸取浓缩液之前,要仔细振摇。用缓冲液以 1∶10 的比例稀释抗体浓缩液（如 400 μL 浓缩液＋4.0 mL 缓冲液，足够 4 个微孔板条 32 孔用）。

克仑特罗抗体：提供的克仑特罗抗体为浓缩液，由于稀释的克仑特罗抗体稳定性变差，仅稀释实际需用量的克仑特罗抗体。在吸取浓缩液之前，要仔细振摇。用缓冲液以 1∶10 的比例稀释抗体浓缩液（如 400 μL 浓缩液＋4.0 mL 缓冲液，足够 4 个微孔板条 32 孔用）。

包被有抗体的微孔板条：将锡箔袋沿横向边压皱外沿剪开，取出需用数量的微孔板及框架，将不用的微孔板放进原锡箔袋中并且与提供的干燥剂一起重新密封，保存于 2～8 ℃。

②试样准备：将提取物取 20 μL 进行分析。高残留的试样用蒸馏水进一步稀释。

③测定：使用前将试剂盒在室温（19～25 ℃）下放置 1～2 h。

a. 将标准和试样（至少按双平行实验计算）：所用数量的孔条插入微孔架，记录标准和试样的位置。

b. 加入 100 μL 稀释后的抗体溶液到每一个微孔中。充分混合并在室温孵育 15 min。

c. 倒出孔中的液体，将微孔架倒置在吸水纸上拍打（每行拍打 3 次）以保证完全除去孔中的液体。用 250 μL 蒸馏水充入孔中，再次倒掉微孔中液体，再重复操作 2 遍以上。

d. 加入 20 μL 的标准或处理好的试样到各自的微孔中。标准和试样至少做 2 个并行实验。

e. 加入 100 μL 稀释的酶标记物，室温孵育 30 min。

f. 倒出孔中的液体，将微孔架倒置在吸水纸上拍打（每行拍打 3 次）以保证完全除去孔中的液体。用 250 μL 蒸馏水充入孔中，再次倒掉微孔中液体，再重复操作 2 遍以上。

g. 加入 50 μL 酶底物和 50 μL 发色剂到微孔中，充分混合并在室温暗处孵育 15 min。

h. 加入 100 μL 反应停止液到微孔中。混合好尽快在 450 nm 波长测量吸光度值。

【计算】

用所获得的标准溶液和试样溶液吸光度值与空白溶液的比值进行计算。

$$X = \frac{B}{B_0} \times 100\%$$

式中：X 为相对吸光度值，%；B 为标准（或试样）溶液的吸光度值；B_0 为空白（浓度为 0 的标准溶液）的吸光度值。

将计算的相对吸光度值（%）对应的克仑特罗浓度（ng/L）的自然对数做半对数坐标系统曲线图，校正曲线在 0.004～0.054 ng（200 ng/L～2 000 ng/L）范围内呈线性，对应的试样浓度可从校正曲线算出。

$$X=\frac{A\times f}{m\times 1\ 000}$$

式中：X 为试样中克仑特罗的含量，μg/kg（μg/L）；A 为试样的相对吸光度值（%）对应的克仑特罗含量，ng/L；f 为试样稀释倍数；m 为试样的取样量，g（mL）。

计算结果表示到小数点后 2 位。阳性结果需要经过气相色谱-质谱法确证。

【精密度】

在重复条件下获得的两次独立测定结果的绝对差值不得超过算术平均值的 20%。

第六章　食品添加剂的检测

第一节　食品添加剂概述

一、食品添加剂的概念

食品添加剂(food additives)是指为改善食品的品质、色、香、味以及防腐和加工工艺的需要而加入食品中的化学合成物或天然物质。这些物质在产品中必须不影响食品的营养价值,并且有增强食品感官形状或提高食品品质的作用。联合国粮农组织(FAO)及世界卫生组织(WTO)对食品添加剂的定义如下:食品添加剂是指在生产、加工和保存过程中有意识添加到食物中、期望达到某种目的的物质。这些物质本身不作为食用目的,也不一定有营养价值,但必须对人体无害。

随着食品工业和化学工业的发展,食品添加剂的种类和数量越来越多,并由天然物质逐渐发展到化学合成物质,使用范围也在不断扩大。因此,长期食用含有化学合成添加剂的食品,是否对人体有毒害作用,已成为广大消费者普遍关心的问题。

二、食品添加剂的种类

食品添加剂的种类繁多,各国允许使用的食品添加剂种类各不相同。据统计,国际上目前使用的食品添加剂种类已达 14 000 多种,其中直接使用的大约为 4 000 种,常用的有 1 000 多种。目前我国已批准许可使用的食品添加剂有 6 大类 22 小类 1 747 种。食品添加剂按其来源可分为两大类,一类是从动植物体内提取的天然物质。一类是化学合成的物质。前者品种少,工艺性能差;后者品种多,工艺性能好。但化学合成的添加剂毒性大于天然添加剂,特别是因添加剂本身质量不纯、混有有害杂质或用量过大时易造成危害。目前使用的多为化学合成的添加剂,但未来的发展趋势是使用天然添加剂。

(一)根据来源分类

(1)化学合成的添加剂　利用各种有机、无机物通过化学合成的方法而得到的添加剂。目前使用的添加剂大部分属于这一类添加剂。如防腐剂中的苯甲酸钠、漂白剂中的焦硫酸钠、色素中的胭脂红和日落黄等。

(2)天然提取的添加剂　利用分离提取的方法，从天然的动、植物体等原料中分离纯化后得到的食品添加剂。如色素中的栀子黄、辣椒红，香料中天然香精油、薄荷等。此类添加剂由于比较安全，并且其中一部分又具有一定的功能及营养，符合食品产业发展的趋势。

(二)根据使用目的分类

目前，我国允许使用并已制定使用卫生标准的有防腐剂、抗氧化剂、护色剂、着色剂、漂白剂、酸度调节剂、稳定和凝固剂、酶制剂、膨松剂、增稠剂、消泡剂、营养强化剂、增味剂、甜味剂、乳化剂、被膜剂、水分保持剂、抗结剂、胶姆糖基础剂、面粉处理剂、香料和其他等22大类。

(三)根据安全性划分

食品法典委员会(CAC)下设的食品添加剂法典委员会(CCFC)根据FAO/WHO食品添加剂联合专家委员会(JECFA)提供的安全评价资料，建议把食品添加剂分为如下四大类：

第一类：GRAS物质(general recognized as safe)，即一般认为是安全的物质，可以按正常需要量使用，不需要建立ADI(每日允许摄入量)值者。

第二类：为A类，又分为A_1和A_2两类。

A_1类：经JECFA评价，认为毒理学性质清楚，可以使用，已制定出ADI值。

A_2类：JECFA已制定暂定ADI值，但毒理学资料不够完善，暂时允许用于食品。

第三类：为B类，JECFA曾进行过评价，由于毒理学资料不足，未制定出ADI值。

第四类：为C类，又分为C_1和C_2两类。

C_1类：JECFA根据毒理学资料认为在食品中使用不安全。

C_2类：JECFA根据毒理学资料认为应严格控制在某些食品中作为特殊使用。

三、食品添加剂的危害

WHO、FAO从20世纪50年代开始关注食品添加剂的安全评价(毒理学评价)工作。随着食品工业的发展，特别是进入21世纪以来，食品添加剂的安全性引起了社会各界的高度重视。

(1)急性毒性　有些食品添加剂本身有毒或其中含有毒杂质，可引起人急性中毒。例如,亚硝酸盐可引起组织缺氧。1955 年日本 12 000 人因食入含砷的“森永”奶粉而中毒,经调查,砷来自奶粉稳定剂磷酸二氢钠。

(2)慢性毒性　有些食品添加剂可在体内蓄积,引起慢性中毒。例如,在食品中加入维生素 A 为强化剂,经摄食后 3～6 个月总摄入量达到 25 万～84 万 IU 时,则出现食欲不振、便秘、体重停止增加、失眠、兴奋和肝脏肿大等症状。过去使用的许多色素和防腐剂是有毒性的,如 β-萘酚、罗达明 B 等有致癌作用。

(3)引起变态反应　近年来由于食品添加剂引起的变态反应的报道日益增多,例如糖精可以引起皮肤瘙痒症、日光性过敏性皮炎,苯甲酸及偶氮类染料可以引起呼吸器官炎症、咳嗽等,香料中许多物质也可引起呼吸器官发炎、支气管哮喘和皮肤瘙痒等。

(4)食品添加剂中的杂质及裂解产物的毒性　食品添加剂在制造过程中的一些杂质,如糖精中的杂质邻甲苯磺酰胺,用氨法生产的焦糖色中的 4-甲基咪唑等;同食品成分起反应的物质,如焦炭酸二乙酯,可形成强烈的致癌物质氨基甲酸乙酯,亚硝酸盐形成的亚硝基化合物,这些都是有害物质。

第二节　食品中亚硝酸盐的检测

一、亚硝酸盐在食品中的作用

亚硝酸盐是肉类食品的一种良好的发色剂和防腐剂,加入肉制品中,可使肉色鲜红。机理是硝酸盐先被亚硝基化菌作用生成亚硝酸盐,亚硝酸盐与肌肉中的肌红蛋白结合,生成热稳定性很高的鲜红色的亚硝基肌红蛋白,加热后赋予腌腊制品等好看的色彩。

亚硝酸盐类物质在肉制品中对微生物的增殖有明显的抑制作用。亚硝酸盐(150～200 mg/kg)可显著抑制罐装碎肉和腌肉中梭状芽孢杆菌,尤其是肉毒梭菌,pH 值在 5.0～5.5 时比在较高的 pH 值(6.5 以上)时能更有效地抑制肉毒梭菌。亚硝酸盐抗微生物的机制迄今为止仍不十分清楚,但有人认为在缺氧条件下,亚硝酸与巯基作用生成了微生物不能代谢的化合物,水中含有 0.1%～1%的亚硝酸盐时可以看到其明显的作用。亚硝酸盐与食盐并用则抑菌作用增强。亚硝酸盐对肉毒梭菌的特殊抑制作用,也是使用亚硝酸盐的重要理由。

亚硝酸盐另一个应用是能够增强腌肉制品的风味,研究结果和感官评定也表明亚硝酸盐主要通过抗氧作用对腌肉风味产生影响。有人对某些香肠制品进行的试验,结果使用亚硝酸盐的香肠比不使用亚硝酸盐的香肠风味有明显的增强。

二、亚硝酸盐的毒性作用

亚硝酸盐非人体所必需，摄入过多可对人体健康产生危害。根据亚硝酸盐中毒时表现的症状不同，可将亚硝酸盐中毒分为急性中毒和慢性中毒。硝酸盐急性毒性试验中大鼠口服 LD_{50} 为 3 236 mg/kg，亚硝酸盐是食品添加剂中急性毒性最强的一种"剧毒剂"，小鼠口服 LD_{50} 为 200 mg/kg，人中毒剂量为 0.3～0.5 g，致死量为 3 g。

1. 急性中毒

亚硝酸盐是一种血液毒。当摄入过量的亚硝酸盐时，可使血液中的二价铁离子氧化为三价铁离子，使亚铁血红蛋白转别为高铁血红蛋白，使血液输送氧的能力下降，从而使血红蛋白失去携氧机能，导致机体组织缺氧，出现呼吸困难、呕吐等亚硝酸盐中毒症状，严重时引起机体呼吸中枢麻痹，窒息死亡。此外，亚硝酸还有松弛平滑肌的作用，使小血管扩张，血压下降，但是当亚硝酸盐的摄取量下降时，在正铁血红蛋白还原酶的作用下，还原成亚铁血红蛋白，即可恢复正常的能力，若摄取量过多，引起血细胞破碎，血色素将出现在血浆及尿中，造成尿细管的堵塞，引起中毒。一般 1 g 的亚硝酸盐可使 1.855 g 的血红蛋白转化成正铁血红蛋白。

2. 慢性中毒

（1）致畸　亚硝酸盐能够透过胎盘进入胎儿体内，6 个月以内的婴儿对硝酸盐类特别敏感，对胎儿有致畸作用。欧盟建议亚硝酸盐不得用于婴儿食品，而硝酸盐应予以限制使用。20 世纪 80 年代南澳有一种地方性新生儿先天畸形，主要是中枢神经系统疾病。经过对流行病的大量调查，发现地下水含 NO_3^- 过高是致病的原因，NO_3^- 是致畸剂，在高 NO_3^- 时的风险是低时的 3 倍，研究指出，饮水中含 NO_3^- 超过 15 mg/L 时，先天畸形风险提高 4 倍。

（2）干扰碘代谢　摄入过量硝酸盐可能减少人体对碘的消化吸收，从而导致甲状腺肿。

（3）破坏维生素 A　长期摄入亚硝酸盐可导致维生素 A 的氧化破坏，并阻碍胡萝卜素转化为维生素 A，从而引起维生素 A 的缺乏。

（4）致癌　在适当条件下，亚硝酸盐可以和多种有机成分反应。如亚硝酸盐与仲胺或叔胺结合成亚硝胺类化合物。

三、食品中亚硝酸盐的含量标准

硝酸盐与亚硝酸盐使用时必须控制添加量，在保证护色的条件下并限制在最低水平。我国规定硝酸钠（钾）和亚硝酸钠只能用于肉类罐头和肉类制品，最大使用量分别为0.5 g/kg及0.15 g/kg。残留量以亚硝酸钠计，肉类罐头不得超过0.05 g/kg，肉制品不得超过0.03 g/kg。硝酸钠与亚硝酸钠ADI值分别为每千克体重0～3.7 mg和0～0.06 mg。食品中亚硝酸盐的允许量标准如表6-1所示。

表6-1 食品中亚硝酸盐的允许量标准 mg/kg

食品种类	亚硝酸钠	食品种类	亚硝酸钠	食品种类	亚硝酸钠
灌肠类（干香肠、香雪肠、红肠、肉肠等）	≤30.0	西式蒸煮、烟熏火腿	≤70.0	鱼类（鲜）	≤3.0
		火腿	≤20.0	肉类（鲜）	≤3.0
肴肉	≤30.0	香肠（腊肠）香肚	≤20.0	蛋类（鲜）	≤5.0
广式腊肉	≤20.0	粮食（大米、面粉、玉米）	≤3.0	酱腌菜	≤20.0
西式火腿罐头	≤70.0			牛乳粉	≤2.0
其他腌制罐头	≤50.0	蔬菜	≤4.0	食盐（精盐）	≤2.0

四、食品中亚硝酸盐的测定

亚硝酸盐含量的测定方法，常用的有重氮偶合比色法、镉粉还原分光光度法和示波极谱法等。其中，重氮偶合比色法操作简单，灵敏度符合要求，是常用的检测方法。所用的重氮化试剂多为对氨基苯磺酸，与亚硝酸盐生成重氮盐，所用的偶合试剂有盐酸萘乙二胺和α-萘胺，均与重氮盐生成红色染料，颜色的深浅与亚硝酸盐的含量成正比，故可用于比色测定。

样品经沉淀蛋白质、除去脂肪后，在弱酸性条件下亚硝酸盐与对氨基苯磺酸重氮化后，再与N-1-萘基乙二胺偶合形成紫色染料，其颜色的深浅与亚硝酸盐的含量成正比，与标准比较定量。

【仪器】

分光光度计。

【试剂】

(1)氯化铵缓冲液：取500 mL水加入1 000 mL容量瓶中，准确加入20 mL盐酸，振摇混匀。再加入50 mL氢氧化铵，用水稀释至刻度，必要时用稀盐酸和稀氢氧化铵调pH值为9.6～9.7。

(2)0.42 mol/L硫酸锌溶液：称取120 g硫酸锌（$ZnSO_4 \cdot 7H_2O$），用水溶解并稀释至1 000 mL。

(3)20 g/L氢氧化钠溶液：称取20 g氢氧化钠，用水溶解，稀释至1 000 mL。

(4)对氨基苯磺酸溶液：称取10 g对氨基苯磺酸，溶于700 mL水和300 mL冰乙酸中，置棕色试剂瓶中混匀，室温储存。

(5)1 g/L N-1 萘基乙二胺溶液：称取 0.1 g 萘基乙二胺，加 100 mL60%乙酸溶解混匀后，置棕色瓶中，冰箱储存，1 周内稳定。

(6)显色剂：临用前将 1 g/L N-1 萘基乙二胺和对氨基苯磺酸溶液等体积混合，临用现配，仅供一次使用。

(7)亚硝酸钠标准储备液：精密称取 250 mg 于硅胶干燥器中干燥 24 h 的亚硝酸钠，加水溶解移入 500 mL 容量瓶中，加 100 mL 氯化铵缓冲溶液，加水稀释至刻度，混匀，在 4 ℃避光储存。此溶液每毫升相当于 500 μg 的亚硝酸钠。

(8)亚硝酸钠标准使用液：准确吸取亚硝酸钠标准储备液 1 mL，置于 100 mL 容量瓶中，加水稀释至刻度，混匀，临用现配，此溶液每毫升相当于 5 μg 亚硝酸钠。

【测定方法】

(1)样品处理　准确称取 10.0 g 经绞碎混匀的样品，置打碎机中，加 70 mL 水和 12 g/L 氢氧化钠溶液，混匀，测试样品溶液的 pH 值。如样品液呈酸性，用 20 g/L氢氧化钠调至 pH 值为 8，定量转移至 200 mL 容量瓶中，加 10 mL 0.42 mol/L 备用硫酸锌溶液，混匀，如不产生白色沉淀，再补加 2～5 mL 20 g/L 氢氧化钠，混匀，在 60 ℃水浴中加热 10 min。取出，冷至室温，稀释至刻度，混匀。过滤，弃去初滤液 20 mL，其余滤液备用待测。

(2)测定

①标准曲线制作：吸取 5 μg/mL 亚硝酸钠标准使用液 0，0.5，1.0，2.0，3.0，4.0，5.0 mL(相当于 0，2.5，5.0，10.0，15.0，20.0，25.0 μg 亚硝酸钠)，分别置于 25 mL 带塞比色管中，于标准管中分别加入 4.5 mL 氯化铵缓冲液、2.5 mL60%乙酸，然后立即各加入 5 mL 显色剂，用水稀释至刻度，混匀，在暗处放置 25 min，用 1 cm 比色杯，以零管调节零点，于波长 550 nm 处测吸光度，绘制标准曲线。

②样品测定：吸取 10.0 mL 上述样品滤液与 25 mL 带塞比色管中，自①中“于标准管中分别加入 4.5 mL 氯化铵缓冲液”起依法操作。与标准曲线比较，选出与样品吸光度一致的标准液。

【计算】

$$X = \frac{20A}{m}$$

式中：X 为样品中亚硝酸盐的含量，mg/kg；m 为样品的质量，g；A 为测定时样品中亚硝酸钠的质量，μg。

第三节　食品中丁基羟基茴香醚的检测

一、丁基羟基茴香醚在食品中的作用

丁基羟基茴香醚(BHA)是一种常用的食品抗氧剂，一般是指2-丁基羟基茴香醚(2-BHA)与3-丁基羟基茴香醚(3-BHA)的混合物，以3-BHA为主。BHA主要用于动物脂、干酪、饼干和肉类等。BHA对热稳定，在弱碱条件下也不容易被破坏，具有一种良好的持久能力。

BHA 0.005%的浓度可使猪油延缓酸败期4～5倍，添加0.01%则可延缓6倍，用0.02%比0.01%浓度的抗氧化作用可增强10%，但超过0.02%效果反而下降。

BHA抗微生物作用强，使用量为100～200 mg/kg时能抑制蜡样芽孢杆菌、鼠伤寒沙门氏菌、金黄色葡萄球菌、枯草杆菌等；200 mg/kg能完全抑制青霉菌属、曲霉菌属、地丝菌属等霉菌。其抗菌作用比BHT(二丁基羟基甲苯)、TBHQ(特丁基对苯二酚)都强。

二、丁基羟基茴香醚的检测

BHA测定方法有分光光度法、薄层色谱法和气相色谱法，这些方法试样前处理繁琐，几种抗氧化剂的分离也较困难，干扰因素多。采用高效液相色谱法可同时分离BHA、BHT等物质。其方法平均回收率BHA为99%、BHT为84%。目前主要采用分光光度法和气相色谱法。

(一)分光光度法

试样中的BHA及BHT经石油醚提取，通过硅胶柱使BHA和BHT分离。BHA与2,6-二氯醌氯亚胺-硼砂溶液生成蓝色化合物；BHT与α,α'-联吡啶-氯化铁溶液生成橘红色物质，其颜色的深浅与浓度成正比分别与标准比色定量。

【试剂】

(1)0.01% 2,6-二氯醌氯亚胺乙醇溶液：储存于棕色试剂瓶中，冰箱中保存3 d。

(2)硼砂缓冲液：称取硼砂0.6 g，氯化钾0.7 g，氢氧化钠0.26 g，加无水乙醇至500 mL。放置过夜使之溶解，过滤使用。

(3)0.2%α,α'-联吡啶溶液：称取α,α'-联吡啶0.2 g，加乙醇2 mL，溶解，加水

至 100 mL。

(4)0.2%三氯化铁溶液(仅保存 24 h)。

(5)30%乙醇液。

(6)石油醚(沸程 30～60 ℃)。

(7)无水乙醇(A.R.)。

(8)硅胶(柱层析用,不活化)。

(9)BHA 标准储备液(0.5 mg/mL):准确称取 BHA 0.050 0 g,加少量无水乙醇溶解,定容至 100 mL。

(10)BHA 标准使用液(10 μg/mL)。

(11)BHT 标准储备液(1.0 mg/mL):准确称取 BHT 0.100 0 g,加少量无水乙醇溶解,定容至 100 mL。

(12)BHT 标准使用液(10 μg/mL)。

【仪器】

分光光度计。

【测定方法】

(1)样品处理　称取 10.0 g 试样于带塞锥形瓶中,加石油醚 50 mL,于振荡器上振荡 20 min,静置。取 25 mL 上清液,通过硅胶柱,以石油醚淋洗至 50 mL,混匀。取出 2 mL 于蒸发皿中挥干,用 2 mL 30%乙醇溶液溶解残渣。过滤,用6 mL 30%乙醇分 3 次洗涤滤纸,滤液与洗液一并移入 25 mL 具塞比色管中,供 BHT 测定。

用无水乙醇洗涤,以石油醚淋洗后的硅胶柱,至淋洗液为 50 mL 供 BHA 测定。

(2)样品测定与标准曲线制备

①BHA 测定与标准曲线制备:准确吸取 5 mL 待测液;同时分别准确吸取 BHA 标准使用液(10 μg/mL)0.00,0.50,1.00,1.50,2.00,2.50,3.00 mL,分别置于 25 mL 具塞比色管中。各管加无水乙醇至 8 mL,混匀,各加 1 mL 0.01% 2,6-二氯醌氯亚胺乙醇溶液,充分混匀,各加 2 mL 硼砂缓冲液,混匀 20 min。用分光光度计,波长 620 nm,试剂空白液调零,1 cm 比色皿比色,记录各管吸光度。样液吸光度查标准曲线得对应的含量或浓度。

②BHT 测定与标准曲线制备:于待测液中加无水乙醇至 8 mL;另外准确吸取 BHT 标准使用液 0.00,0.50,1.00,2.00,2.50,3.00 mL,分别置于 25 mL 比色管中,各加无水乙醇至 8 mL。

以上各管分别加 1.0 mL 0.2% α,α'-联吡啶溶液,摇匀后在暗室中迅速加

1 mL 0.2%三氯化铁溶液摇匀 60 min。用分光光度计，波长 520 nm，试剂空白管调零，1 cm 比色皿比色，记录各管吸光度。样液吸光度查标准曲线得相对应含量或浓度。

【计算】

$$X = \frac{AV_1}{mV_2}$$

式中：X 为样品中 BHA 或 BHT 含量，mg/kg；A 为根据样品吸光度查标准曲线得对应含量，μg；m 为试样质量，g；V_1 为样液总体积，mL；V_2 为样液测试体积，mL。

（二）气相色谱法

将含油脂食品用戊烷溶解后，以乙腈萃取，萃取液通过弗罗里硅土柱纯化，用乙腈洗脱，洗脱液浓缩至一定体积后，加入内标物芴，进行气相色谱分析。

【试剂】

(1)戊烷及戊烷饱和的乙腈：取乙腈 1 000 mL，加戊烷 200 mL，充分振摇后静置，分取乙腈层。

(2)氨水。

(3)无水硫酸钠。

(4)BHA 标准储备液(0.5 mg/mL)：准确称取 BHA 0.050 0 g，加少量无水乙醇溶解，定容至 100 mL。

(5)BHA 标准使用液(10 μg/mL)。

(6)BHT 标准储备液(1.0 mg/mL)：准确称取 BHT 0.100 0 g，加少量无水乙醇溶解，定容至 100 mL。

(7)BHT 标准使用液(10 μg/mL)。

【仪器】

气相色谱仪，附 FID 检测器。

【色谱条件】

色谱柱：玻璃柱，内径 3 mm，长 2 m，内填装 5% Silicone OV-17 的 Chromosorb W AW(60～80 目)。

温度：柱温 170 ℃，气化室 250 ℃，检测器 250 ℃。

载气：高纯氮气 40 mL/min；氢气 40 mL/min；空气 450 mL/min。

【测定方法】

(1)样品处理　称取 5.0 g 试样，如为油脂需在 40～50 ℃水浴中熔化后，移入离心管，加入 15 mL 戊烷，充分搅拌，再加入 5 mL 氨水，充分振摇，离心分离后分取戊烷层，合并全部戊烷层，加 5 g 无水硫酸钠 10 min 后过滤。

残渣用 10 mL 戊烷洗涤，洗液与滤液合并，将此液定量的移入分液漏斗中。

如为糜状试样于均质器中，加 15 g 无水硫酸钠和 100 mL 戊烷，均质后过滤，残渣加 100 mL 戊烷，剧烈搅拌后过滤，合并滤液，减压浓缩至 20 mL，定量的移入分液漏斗中。

然后在分液漏斗中加 100 mL 戊烷饱和的乙腈，振摇，分取乙腈层，再每次以 100 mL 戊烷饱和的乙腈反复操作 2 次，合并全部乙腈层，减压浓缩至干，准确加入正己烷 5 mL，供作样品待测液。

(2)样品测定与标准曲线制备　分别准确吸取 BHA、BHT 标准应用液系列及样品待测液 2 μL，注入气相色谱仪进样口。分别绘制 BHA、BHT 标准曲线。然后以样品峰高查标准曲线得相应的 BHA、BHT 含量。

【计算】

$$X = \frac{AV_1}{mV_2}$$

式中：X 为样品中 BHA 或 BHT 含量，mg/kg；A 为根据样品峰高查标准曲线得对应含量，μg；m 为试样质量，g；V_1 为样液总体积，mL；V_2 为样液测试体积，mL。

第四节　食品中氯化钠的检测

一、氯化钠在食品保藏中的作用及含量标准

氯化钠是肉类腌制最基本的成分，也是唯一必不可少的腌制材料。它的作用是：①突出鲜味。肉制品中含有大量的蛋白质、脂肪等具有鲜味的成分，常常要在一定浓度的咸味下才能表现出来。②防腐。食盐可以通过脱水作用和渗透压作用，抑制微生物的生长，延长肉制品的保存期；食盐可以促使硝酸盐、亚硝酸盐、糖等向肌肉深层渗透。然而单独使用食盐，会使腌制的肉色泽发暗，质地发硬，并仅有咸味，影响产品的品质。

5%的氯化钠溶液能完全抑制厌氧菌的生长，10%的氯化钠溶液对大部分细菌有抑制作用。但一些嗜盐菌在 15%的盐溶液中仍能生长，某些种类的微生物甚至能够在饱和盐溶液中生存。

近几年食盐与人体健康的关系引起人们的关心。据报道，长期摄入过多的食盐可促进高血压及视网膜模糊等，一般认为每人每日以 1～5 g 为好。所以，测定加工食品中氯化钠的含量是评价食品品质的一个重要项目。

我国食品卫生标准规定食品中食盐的含量标准：广式腊肉≤10%，硬质干酪1.3%～3.0%。

二、食品中氯化钠的测定

食品中氯化钠含量的测定方法分为两种，一是基于对氯离子的测定，另一是基于对钠离子的测定。无论是哪种方法测定的都不是添加的食盐量，而是食品中原来含有的与后来添加的钠或氯的总量。但天然食品中钠或氯的原始含量较低，对于加工食品，测定的结果基本上代表氯化钠的添加情况。

对于氯离子的定量，主要采用以硝酸银溶液滴定氯离子的容量分析法，包括电位滴定法、摩尔法、佛尔哈德法（硫氰酸盐反滴定法）和硝酸汞滴定法等。对于钠离子的测定，多采用原子吸收法和钠离子选择电极法。

（一）摩尔法（硝酸银滴定法）

样品中食盐采用炭化浸出法或灰化浸出法将其浸出，在中性溶液中与硝酸银作用，生成氯化银白色沉淀；当溶液中的氯离子完全作用后，稍过量的硝酸银即与指示剂铬酸钾作用，生成砖红色的铬酸银沉淀。根据硝酸银标准溶液消耗量计算含量。

【试剂】

（1）0.100 0 mol/L 硝酸银标准溶液。

（2）50 g/L 铬酸钾溶液。

【测定方法】

（1）样品处理

①炭化浸出法：称取 1.00～2.00 g 切碎均匀的样品，置于瓷蒸发皿中，用小火炭化完全，炭粉用玻棒轻轻研碎，然后加 25～30 mL 水，用小火煮沸冷却后，过滤于 100 mL 容量瓶中，并以热水少量分次洗涤残渣及容器，洗液并入容量瓶中，冷至室温，加水至刻度，混匀备用。

②灰化浸出法：称取 1.00～2.00 g 切碎均匀的样品，置于瓷蒸发皿中，先用小火炭化，再移入马弗炉中于 500～550 ℃灰化，残渣用 50 mL 热水分数次浸渍溶解，每次浸渍后过滤于 250 mL 容量瓶中，冷却至室温，加水至刻度，混匀备用。

（2）滴定　吸取 25 mL 滤液于瓷蒸发皿中，加 1 mL 50 g/L 铬酸钾溶液，混匀，用 0.100 0 mol/L 硝酸银标准溶液对样品制备液滴定至初现橘红色即为终点。同时用水代替样品做试剂空白试验。

【计算】

$$X=\frac{(V_1-V_0)\times c\times 0.0585}{m}\times 400$$

式中：X 为炭化浸出法或灰化浸出法测得 100 g 样品中食盐的含量(以 NaCl 计)，g；V_1 为样品消耗硝酸银标准溶液的体积，mL；V_2 为试剂空白消耗硝酸银标准溶液的体积，mL；c 为硝酸银标准溶液浓度，mol/L；0.058 5 为 1 mL 硝酸银标准溶液(0.100 0 mol/L)相当于以克表示的氯化钠的质量；m 为炭化浸出法或灰化浸出法称取样品质量，g。

【注意】

(1)样品浸取液若呈酸性，应以 0.1 mol/L 氢氧化钠溶液调至溶液呈淡红色(以酚酞为指示剂)，然后进行滴定。滴定时溶液的 pH 值控制在 6.5～10.5 之间。因为铬酸银会融解于酸中；且高的 OH^- 浓度能使 AgOH 的溶解度降低，使 AgOH 与 Ag_2CrO_4 一起沉淀，产生测定误差。

(2)为了防止灰化时氯的挥发损失，必要时样品中加入碳酸钠溶液(1 mol/L 碳酸钠溶液 1 mL)，干燥后灼烧灰化。

(3)反应生成的 AgCl 沉淀容易吸附溶液中的氯离子，而使溶液中氯离子的浓度降低造成测定误差。因此滴定时必须剧烈振荡，使被吸附的氯离子释放出来。

(二)硫氰酸反滴定法

在酸性溶液中，加入过量的硝酸银使其与氯化钠反应，生成白色的氯化银沉淀；然后以铁铵矾做指示剂，用硫氰酸溶液滴定过量的银离子，当滴定完过量的银离子后，过量的硫氰酸铵便于 Fe^{3+} 反应生成红色的 $FeSCN^{2+}$ 络合物即为终点。

【试剂】

(1)1 mol/L 碳酸钠溶液。

(2)硝酸。

(3)硝基苯。

(4)0.1 mol/L 硝酸银标准溶液。

(5)10%硫酸铁铵溶液。

(6)0.1 mol/L 硫氰酸铵标准溶液：①配制取硫氰酸铵 7.6 g，精密称重，加适量水溶液并稀释至 1 000 mL。②标定：取 0.1 mol/L 硫氰酸铵标准溶液 20 mL，加硝酸 0.5 mL 及 10%硫酸铁铵溶液 2 mL，混匀用硫氰酸铵溶液滴定，终点呈微红色。滴定 3 次取平均值。

【仪器】

酸式滴定管，三角瓶等。

【测定方法】

(1)样品处理　同硝酸银滴定法。

(2)滴定　准确吸取样品滤液 25.0 mL 与 250 mL 三角瓶中，加入硝酸 2 mL、0.1 mol/L 硝酸银溶液 20～25 mL(据氯化钠含量而定)和硝基苯 5 mL，混匀。加入 10%硫酸铁铵溶液 5 mL，用 0.1 mol/L 硫氰酸铵标准溶液滴定至红色。

【计算】

$$X=\frac{(M_1V_1-M_2V_2)\times 0.058\,45}{m\times\frac{25}{100}}\times 100$$

式中：X 为 100 g 样品中氯化钠的含量，g；M_1 为硝酸银标准溶液的浓度，mol/L；M_2 为硫氰酸铵标准溶液的浓度，mol/L；V_1 为硝酸银标准溶液加入量，mL；V_2 为硫氰酸铵标准溶液的滴定用量，mL；m 为样品质量，g。

【注意】

(1)用硫氰酸铵反滴定过量的 Ag^+，当达到等当点后，稍过量的 SCN^- 离子可能与 AgCl 沉淀反应：

$$AgCl + SCN^- = AgSCN\downarrow + Cl^-$$

这样就增加了硫氰酸铵标准溶液的用量，而产生误差。为避免这种反应所带来的误差，常采用以下 2 种方法：

①在加入过量的硝酸银标准溶液之后，将生成的 AgCl 沉淀过滤出去，再在滤液中进行滴定。

②在滴入硫氰酸铵标准溶液之前加入硝基苯，使硝基苯包覆氯化银沉淀，而避免 AgCl 沉淀与滴定溶液接触。

(2)本法应该在酸性溶液中进行，不能在中性或碱性溶液中进行滴定，因为在碱性或中性溶液中，指示剂铁铵矾中的 Fe^{3+} 将生成 $Fe(OH)_3$。

第五节　食品中山梨酸、苯甲酸的测定

样品酸化后，用乙醚提取山梨酸、苯甲酸，用附氢火焰离子化检测器的气相色谱仪进行分离测定，与标准系列比较定量。

【试剂】

(1)乙醚：不含过氧化物。

(2)石油醚：沸程 30～60 ℃。

(3)盐酸。

(4)无水硫酸钠。

(5)盐酸(1+1):取100 mL盐酸,加水稀释至200 mL。

(6)氯化钠酸性溶液(40 g/L)。

(7)山梨酸、苯甲酸标准液:准确称取山梨酸、苯甲酸各0.200 0 g,置于100 mL容量瓶中,用石油醚+乙醚(3+1)混合溶剂溶解后稀释至刻度。此溶液每毫升相当于2.0 mg山梨酸或苯甲酸。

(8)山梨酸、苯甲酸标准使用液:吸取适量山梨酸、苯甲酸标准液,以石油醚+乙醚(3+1)混合溶剂稀释至每毫升相当于50,100,150,200,250 μg山梨酸或苯甲酸。

【仪器】

具有氢火焰离子化检测器。

【色谱条件】

色谱柱:玻璃柱,内径3 mm,长2 m,内装涂以5%丁二酸二乙醇酯(DEGS)+1% H_3PO_4 固定液的60~80目Chromosorb W AW。

气流速度:载气,氮气,50 mL/min(氮气和空气、氢气之比按各仪器型号不同选择各自得最佳比例条件)。

温度:进样口230 ℃,检测器230 ℃,柱温170 ℃。

【测定方法】

(1)样品提取　称取2.50 g事先混合好均匀的样品,置于25 mL带塞试管中,加入0.5 mL盐酸(1∶1)酸化,用15 mL、10 mL乙醚提取2次,每次振摇1 min,将上层醚提取液吸入另一个25 mL带塞试管中,合并乙醚提取液。用3 mL氯化钠酸性溶液洗涤2次,静置15 min,用滴管将乙醚层通过无水硫酸钠滤入25 mL容量瓶中。加乙醚至刻度,混匀。准确吸取5 mL乙醚提取液于5 mL带塞试管中,置于40 ℃水浴上挥干,加入2 mL石油醚乙醚混合溶剂溶解残渣,备用。

(2)测定　进样2 μL标准系列中各浓度标准使用液于气相色谱仪中,可测得不同浓度山梨酸、苯甲酸的峰高,以浓度为横坐标、相应的峰高值为纵坐标,绘制标准曲线。

同时进样2 μL样品溶液,测得峰高与标准曲线比较定量。

【计算】

$$X=\frac{A\cdot V_1\times 25}{m\cdot V_2\times 5}$$

式中:X 为样品中山梨酸或苯甲酸的含量,g/kg;A 为测定用样品液中山梨酸或苯甲酸的质量,μg;V_1 为加入石油醚乙醚(3∶1)混合溶剂的体积,mL;V_2 为测定时进样的体积,μL；m 为样品的质量,g；5 为测定时吸取乙醚提取液的体积,mL；25 为样品乙醚提取液的总体积,mL。

第六节　食品中着色剂的测定

(一)高效液相色谱法

食品中的合成着色剂经提取后制成水溶液,注入高效液相色谱仪,经反相色谱分离,根据保留时间定性和与峰面积比较进行定量。

利用高效液相色谱法测定食品中合成着色剂的最小检出量为:新红 5 ng、柠檬黄 4 ng、苋菜红 6 ng、胭脂红 8 ng、日落黄 7 ng、赤藓红 18 ng、亮蓝 26 ng。当进样量为 0.025 g 样品时,最低检出浓度分别为 0.2,0.16,0.24,0.32,0.28,0.72,1.04 mg/kg。

【仪器】

高效液相色谱仪,带紫外检测器。

【试剂】

(1)正己烷。

(2)盐酸。

(3)乙酸。

(4)甲醇:经滤膜(0.45 μm)过滤。

(5)聚酰胺粉(尼龙 6):过 200 目筛。

(6)饱和硫酸钠溶液。

(7)乙酸铵溶液(0.02 mol/L):称取 1.54 g 乙酸铵,加水至 1 000 mL,溶解,经滤膜(0.45 μm)过滤。

(8)氨水:量取氨水 2 mL,加水至 100 mL,混匀。

(9)甲醇-甲酸(6+4)溶液:量取甲醇 60 mL,甲酸 40 mL,混匀。

(10)柠檬酸溶液:称取 20 g 柠檬酸($C_6H_8O_7 \cdot H_2O$),加水至 100 mL,溶解混匀。

(11)无水乙醇-氨水-水(7+2+1)溶液:量取无水乙醇 70 mL、氨水 20 mL、水 10 mL,混匀。

(12)三正辛胺正丁醇溶液(5%):量取三正辛胺 5 mL,加正丁醇至 100 mL,混匀。

(13)pH6 的水:水加柠檬酸溶液调 pH 值到 6。

(14)合成着色剂标准溶液:准确称取按其纯度折算为 100%质量的柠檬黄、日落黄、苋菜红、胭脂红、新红、赤藓红、亮蓝和靛蓝各 0.100 0 g，置 100 mL 容量瓶中，加 pH 6 的水到刻度。此溶液含着色剂 1.00 mg/mL。

(15)合成着色剂标准使用液：临用时合成着色剂标准溶液加水稀释 20 倍，经滤膜(0.45 μm)过滤。配成每毫升相当 50.0 μg 的合成着色剂。

【色谱条件】

色谱柱：WG-C_{18}，10 μm 不锈钢柱，4.6 mm×250 mm。

流动相：甲醇-乙酸铵溶液(0.02 mol/L)(pH 4)。

梯度洗脱：用浓度为 20%～35%的甲醇洗脱 5 min；用浓度为 35%～98%的甲醇洗脱 5 min；用浓度为 98%的甲醇继续洗脱 6 min。

流速：1 mL/min。

紫外检测器：波长 254 nm。

【测定方法】

(1)样品处理

①橘子汁、果味水、果子露、汽水等：称取 20.00～40.00 g，放入 100 mL 烧杯中。含二氧化碳样品需要加热以驱除二氧化碳。

②配制酒类：称取 20.0～40.0 g，放 100 mL 烧杯中，加小碎瓷片数片，加热驱除乙醇。

③硬糖、蜜饯类、淀粉软糖等：称取 5.00～10.00 g 粉碎样品，放入 100 mL 小烧杯中，加水 30 mL，温热溶解，若样品溶液 pH 较高，用柠檬酸溶液调 pH 值到 6 左右。

④巧克力豆及着色糖衣制品：称取 5.00～10.00 g，放入 100 mL 小烧杯中，用水反复洗涤色素，到巧克力豆无色素为止，合并色素漂洗液为样品溶液。

(2)色素提取

①聚酰胺吸附法：样品溶液加柠檬酸溶液调 pH 值至 6，加热至 60 ℃，将1 g聚酰胺粉加少许水调成粥状，倒入样品溶液中，搅拌片刻，以 G3 垂融漏斗抽滤，用 60 ℃pH 4 的水洗涤 3～5 次，然后用甲醇—甲酸混合溶液洗涤 3～5 次(含赤藓红的样品用液-液分配法处理)，再用水洗至中性，用乙醇-氨水-水混合溶液解吸 3～5 次，每次 5 mL，收集解吸液，加乙酸中和，蒸发至近干，加水溶解，定容至 5 mL 经滤膜(0.45 μm)过滤，取 10 μL，进行 HPLC 分析。

②液-液分配法(适用于含赤藓红的样品)：将制备好的样品溶液放入分液漏斗中，加 2 mL 盐酸、三正辛胺正丁醇溶液(5%)10～20 mL，充分振摇提取，静置分取有机相，重复提取 2～3 次，每次 10 mL，直至有机相无色。合并有机相，用饱和硫酸钠溶液洗 2 次，每次 10 mL，分取有机相，放于蒸发皿中，水浴加热浓缩至

10 mL,转移至分液漏斗中,加 60 mL 正己烷,混匀,加氨水提取 2～3 次,每次 5 mL,合并氨水溶液层(含水溶性酸性色素),用正己烷洗 2～3 次,分取氨水层加乙酸调成中性,水浴加热蒸发至近干,加水定容至 5 mL。经滤膜(0.45 μm)过滤,取10 μL进高效液相色谱仪。

(3)测定　取相同体积样液和合成着色剂标准使用液分别注入高效液相色谱仪,根据保留时间定性,外标峰面积法定量。

【计算】

$$X=\frac{m_1V_1}{m_2V_2\times 1\ 000}$$

式中:X 为样品中着色剂的含量,mg/g; m_1 为样液中着色剂的质量,μg;V_2 为样品进样体积,mL;V_1 为样品稀释总体积,mL;m_2 为样品质量,g。

(二)薄层色谱法及纸色谱法

水溶性酸性合成着色剂在酸性条件下,被聚酰胺吸附后与食品中的其他成分分离,经过滤、洗涤及在碱性溶液(乙醇-氨)中解吸附,再经薄层色谱法或纸色谱法纯化、洗脱后,用分光光度法进行测定,可与标准比较定性、定量。

【仪器】

(1)可见分光光度计。

(2)微量注射器或血色素吸管。

(3)展开槽 25 cm×6 cm×4 cm。

(4)层析缸。

(5)滤纸:中速滤纸。

(6)玻砂漏斗 G3(50 mL)。

(7)抽气装置。

(8)恒温水箱。

(9)薄层板:5 cm×20 cm。

(10)电吹风机。

【试剂】

(1)石油醚:沸程 60～90 ℃。

(2)甲醇。

(3)聚酰胺粉(尼龙 6) 200 目,使用前于 100 ℃洗化 1 h,放冷密封备用。

(4)硅胶 G。

(5)硫酸(1+10)。

(6)甲醇-甲酸溶液(6+4)。

(7)氢氧化钠溶液(50 g/L)。

(8)盐酸(1+10)。

(9)乙醇(50%)。

(10)乙醇-氨溶液:取 1 mL 氨水,加乙醇(70%)至 100 mL。

(11)pH 6 的水:用柠檬酸溶液(200 g/L)调蒸馏水的 pH 值至 6。

(12)海沙、碎瓷片:先用盐酸(1+10)煮沸 15 min,用水漂洗至中性,再用氢氧化钠溶液(50 g/L)煮沸 15 min,用水漂洗至中性,再于 105 ℃干燥,储于具玻璃塞的瓶中备用。

(13)柠檬酸溶液(200 g/L)。

(14)钨酸钠溶液(100 g/L)。

(15)展开剂:

①正丁醇-无水乙醇-氨水(1%)(6+2+3):供纸色用。

②正丁醇-吡啶-氨水(1%)(6+3+4):供纸色谱用。

③甲乙酮-丙酮-水(7+3+3):供纸色谱用。

④甲醇-乙二胺-氨水(10+3+2):供薄层色谱用。

⑤甲醇-氨水-乙醇(5+1+10):供薄层色谱用。

⑥柠檬酸钠溶液(25 g/L)-氨水-乙醇(8+1+2):供层色谱用。

(16)合成着色剂标准储备液:准确称取按其纯度折算为 100%质量的柠檬黄、日落黄、苋菜红、胭脂红、新红、赤藓红、亮蓝和靛蓝各 0.100 g,加少量 pH 值为 6 的水溶解,再转移至 100 mL 容量瓶中并定容至刻度。配制成的各着色剂标准储备液浓度为 1.00 mg/mL。

(17)合成着色剂标准使用液:临用时吸取合成着色剂标准溶液各 5.0 mL,分别置于 50 mL 容量瓶中,加 pH 6 的水稀释至刻度。此溶液每毫升相当于 0.10 mg着色剂。

【测定方法】

(1)样品的处理　称取试样 1.0 g,加丙酮 20 mL,于研钵中研磨,重复 3 次,弃丙酮并挥干。用 1∶10 硫酸溶液调 pH 值到 1,加 10%钨酸钠溶液 2 mL,充分混匀,过滤。滤液用乙醇-氨溶液提供色素,再过滤。

滤液加热至 70 ℃,加入 1.0 g 聚酰胺粉充分搅拌。用 20%柠檬酸钠溶液酸化至pH 4 的 70 ℃水反复洗涤,每次 20 mL,边洗边搅拌,若含有天然色素,再用甲醇-甲酸洗涤 1～3 次,每次 20 mL,至洗液无色为止。再用 70 ℃水多次洗涤至流出的溶液为中性。然后用乙醇-氨溶液分次解析全部色素,收集全部解析液,于水浴上驱氨。

如试样中仅为单一色素，则用水准确定容至 50 mL，用分光光度法测定。如试样中为多种色素混合，则进行薄层层析分离后再测定。

立即将上述溶液置水浴上浓缩至 2 mL，然后移入 5 mL 容量瓶中，用 50% 乙醇洗涤容器，洗液并入容量瓶中，并定容至刻度。

(2)定性分析

①纸色谱法：取层析滤纸，在距底边 2 cm 处用铅笔划一条点样线，于点样线上间隔 2 cm 标记刻度。在每个刻度处分别点 3～10 μL 样品纯化溶液和 1～2 μL 着色剂标准溶液，各点直径不超过 3 mm，悬挂于分别盛有正丁醇-无水乙醇-氨水(1%)(6+2+3)、正丁醇-吡啶-氨水(1%)(6+3+4)展开剂的层析缸中，用上行法展开，待溶剂前沿展至 15 cm 处，将滤纸取出于空气中自然晾干，与标准色斑移动的距离(R_f 值)进行比较定性。如 R_f 值相同即为同一色素。

也可取 0.5 mL 样液，在起始线上从左到右点成条状，纸的左边点着色剂标准溶液，依法展开，晾干后先定性后再供定量用。靛蓝在碱性条件下易褪色，可用甲乙酮-丙酮-水(7+3+3)展开剂。

②薄层色谱法：薄层板的制备：称取 1.6 g 聚酰胺粉、0.4 g 可溶性淀粉及 2 g 硅胶 G，置于合适的研钵中，加 15 mL 水研匀后，立即置涂布器中铺成厚度为 0.3 mm 的板。在室温晾干后，于 80 ℃ 干燥 1 h，置干燥器中备用。

点样：在距离板底边 2 cm 处将 0.5 mL 样液，从左到右点成与底边平行的条状，板的左边点 2 μL 色素标准溶液。

展开：苋菜红与胭脂红用甲醇-乙二胺-氨水(10+3+2)展开剂，靛蓝与亮蓝用甲醇-氨水-乙醇(5+1+10)展开剂，柠檬黄与其他着色剂用柠檬酸钠溶液(25 g/L)-氨水-乙醇(8+1+2)展开剂。取适量展开剂倒入展开槽中，将薄层板放入展开，待着色剂明显分开后取出，晾干，与标准斑移动的距离(R_f 值)进行比较定性。如 R_f 值相同即为同一色素。

(3)定量分析

①标准曲线制备：分别吸取 0.00，0.50，1.00，2.00，3.00，4.00 mL 胭脂红、苋菜红、柠檬黄和日落黄色素标准使用溶液，或 0.0，0.2，0.4，0.6，0.8，1.0 mL 亮蓝或靛蓝色素标准使用溶液，分别置于 10 mL 比色管中，各加水稀释至刻度。用 1 cm 比色杯，以零管调节零点，于一定波长下(胭脂红 510 nm，苋菜红 520 nm，柠檬黄 430 nm，日落黄 482 nm，亮蓝 627 nm，靛蓝 620 nm)，测定吸光度，分别绘制标准曲线。

②样品的测定：将纸色谱的条状色斑剪下，用少量热水洗涤数次，直至提取完

全，合并提取液于 10 mL 比色管中，冷却后加水至刻度。

将薄层色谱的条状色斑包括有扩散的部分，分别用刮刀刮下，移入漏斗中，用乙醇-氨溶液解吸着色剂，少量反复多次至解吸液于蒸发皿中，于水浴上挥去氨，移入 10 mL 比色管中，加水至刻度，做比色用。

将上述样品液分别用 1 cm 比色杯，以零管调节零点，按标准曲线绘制操作，在一定波长下测定样品液的吸光度，并与标准系列比较定量或与标准系列目测比较。

【计算】

$$X=\frac{AV_1}{mV_2}$$

式中：X 为样品中色素的含量，g/kg(g/L)；A 为测定用样液中色素的含量，mg；m 为样品质量(体积)，g(mL)；V_1 为样品解吸后总体积，mL；V_2 为样液点板(纸)体积，mL。

第七节　食品中违禁成分的检测

一、食品中苏丹红的检测

苏丹红属偶氮系列化工合成染料，应用广泛，主要应用于蜡、油彩和汽油等工业领域，目前已确认有机偶氮染料具有毒性，其大多数有致癌性，包括苏丹红Ⅰ、苏丹红Ⅱ、苏丹红Ⅲ和苏丹红Ⅳ。我国《食品添加剂使用卫生标准》允许使用的添加剂不包括苏丹红。有些不法商贩为使其生产的食品具有鲜艳的红色，在辣椒油、辣椒酱、番茄酱中添加苏丹红，为使生产的鸭蛋蛋黄具有鲜艳的红色，在饲料中添加苏丹红。苏丹红检测方法(GB/T 19681—005)如下：

样品经溶剂提取、固相萃取净化后，用反相高效液相色谱-紫外可见光检测器进行色谱分析，采用外标法定量。

【试剂】

(1)乙腈：色谱纯。

(2)丙酮：色谱纯、分析纯。

(3)甲酸：分析纯。

(4)乙醚：分析纯。

(5)正己烷：分析纯。

(6)无水硫酸钠：分析纯。

(7)层析用氧化铝(中性 100～200 目):105 ℃ 干燥 2 h,于干燥器中冷至室温,每 100 g 中加入 2 mL 水降活,混匀后密封,放置 12 h 后使用。(注:不同厂家和不同批号氧化铝的活度有差异,须根据具体购置的氧化铝产品略作调整,活度的调整采用标准溶液过柱,将 1 μg/mL 的苏丹红的混合标准溶液 1 mL 加到柱中,用 5%丙酮正己烷溶液 60 mL 完全洗脱为准,4 种苏丹红在层析柱上的流出顺序为苏丹红Ⅱ、苏丹红Ⅳ、苏丹红Ⅰ和苏丹红Ⅲ,可根据每种苏丹红的回收率作出判断。苏丹红Ⅱ、苏丹红Ⅳ的回收率较低,表明氧化铝活性偏低,苏丹红Ⅲ的回收率偏低时表明活性偏高)。

(8)5%丙酮的正己烷液:吸取 50 mL 丙酮,用正己烷定容至 1 L。

(9)标准物质:苏丹红Ⅰ、苏丹红Ⅱ、苏丹红Ⅲ和苏丹红Ⅳ:纯度≥95%。

(10)标准储备液:分别称取苏丹红Ⅰ、苏丹红Ⅱ、苏丹红Ⅲ及苏丹红Ⅳ各 10.0 mg(按实际含量折算),用乙醚溶解后用正己烷定容至 250 mL。

【仪器】

(1)高效液相色谱仪(配有紫外-可见光检测器)。

(2)分析天平:感量 0.1 mg。

(3)旋转蒸发仪。

(4)均质机。

(5)层析柱管:1 cm(内径)×5 cm(高)的注射器管。

(6)离心机。

(7)0.45 μm 有机滤膜。

(8)氧化铝层析柱:在层析柱管底部塞入一薄层脱脂棉,干法装入处理过的氧化铝至 3 cm 高,轻敲实后加一薄层脱脂棉,用 10 mL 正己烷预淋洗,洗净柱中杂质后,备用。

【色谱条件】

色谱柱:Zorbax SB-C_{18} 3.5 μm,4.6 mm×150 mm(或相当型号色谱柱)。

流动相:

溶剂 A:0.1%甲酸的水溶液+乙腈 = 85+15。

溶剂 B:0.1%甲酸的乙腈溶液+丙酮=80+20。

梯度洗脱:流速:1 mL/min;柱温:30 ℃;检测波长:苏丹红Ⅰ 478 nm;苏丹红Ⅱ、苏丹红Ⅲ、苏丹红Ⅳ 520 nm;于苏丹红Ⅰ出峰后切换。进样量 10 μL。梯度条件见表 6-2。

表 6-2 梯度条件

时间/min	流动相		曲线
	A/%	B/%	
0	25	75	线性
10.0	25	75	线性
25.0	0	100	线性
32.0	0	100	线性
35.0	25	75	线性
40.0	25	75	线性

【测定方法】

(1)样品制备　将液体、浆状样品混合均匀,固体样品需磨细。

(2)样品处理

①红辣椒粉等粉状样品:称取 1.00～5.00 g(准确至 0.001 g)样品于三角瓶中,加入 10～30 mL 正己烷,超声 5 min,过滤,用 10 mL 正己烷洗涤残渣数次,至洗出液无色,合并正己烷液,用旋转蒸发仪浓缩至 5 mL 以下,慢慢加入氧化铝层析柱中,为保证层析效果,在柱中保持正己烷液面为 2 mm 左右时上样,在全程的层析过程中不应使柱干涸,用正己烷少量多次淋洗浓缩瓶,一并注入层析柱。控制氧化铝表层吸附的色素带宽宜小于 0.5 cm,待样液完全流出后,视样品中含油类杂质的多少用 10～30 mL 正己烷洗柱,直至流出液无色,弃去全部正己烷淋洗液,用含 5%丙酮的正己烷液 60 mL 洗脱,收集、浓缩后,用丙酮转移并定容至 5 mL,经 0.45 μm 有机滤膜过滤后待测。

②红辣椒油、火锅料、奶油等油状样品:称取 0.500 0～2.000 g(准确至 0.001 g)样品于小烧杯中,加入适量正己烷溶解(1～10 mL),难溶解的样品可于正己烷中加温溶解。按①中"慢慢加入氧化铝层析柱中,……经 0.45 μm 有机滤膜过滤后待测"操作。

③辣椒酱、番茄沙司等含水量较大的样品:称取 10.00～20.00 g(准确到 0.01 g)样品于离心管中,加 10～20 mL 水将其分散成糊状,含增稠剂的样品多加水,加入 30 mL 正己烷∶丙酮=3∶1,匀浆 5 min,3 000 r/min 离心 10 min,吸出正己烷层,于下层再加入 20 mL×2 次正己烷匀浆,离心,合并 3 次正己烷,加入无水硫酸钠 5 g 脱水,过滤后于旋转蒸发仪上蒸干并保持 5 min,用 5 mL 正己烷溶解残渣后,按①中"慢慢加入氧化铝层析柱中,……经 0.45 μm 有机滤膜过滤后待测"操作。

④香肠等肉制品：称取粉碎样品 10.00～20.00 g（准确到 0.01 g）于三角瓶中，加入 60 mL 正己烷充分匀浆 5 min，滤出清液，再以 20 mL×2 次正己烷匀浆，过滤。合并 3 次滤液，加入 5 g 无水硫酸钠脱水，过滤后于旋转蒸发仪上蒸至 5 mL以下，按①中“慢慢加入氧化铝层析柱中，……经 0.45 μm 有机滤膜过滤后待测”操作。

(3)标准曲线　吸取标准储备液 0，0.1，0.2，0.4，0.8，1.6 mL，用正己烷定容至 25 mL，此标准系列浓度为 0，0.16，0.32，0.64，1.28，2.56 μg/mL，绘制标准曲线。

【计算】

$$R = c \times V / m$$

式中：R 为样品中苏丹红含量，mg/kg；c 为由标准曲线得出的样液中苏丹红的浓度，μg/mL；V 为样液定容体积，mL；m 为样品质量，g。

二、食品中次硫酸氢钠甲醛的检测

次硫酸氢钠甲醛或甲醛次硫酸氢钠（sodium formaldehyde sulfoxylate）俗称吊白块，又称雕白粉，为半透明白色结晶或小块，易溶于水。高温下具有极强的还原性，有漂白作用。遇酸即分解，120 ℃下分解产生甲醛、二氧化硫和硫化氢等有毒气体。吊白块水溶液在 60 ℃以上就开始分解出有害物质。吊白块在印染工业用作漂白剂和还原剂，生产靛蓝染料、还原染料等。还用于合成橡胶、制糖以及乙烯化合物的聚合反应。

吊白块被一些不法厂商用作增白剂在食品加工中添加，使一些食品如米粉、面粉、粉丝、银耳、食糖、腐竹、面食品及豆制品等色泽变白，有的还能增强韧性，不易腐烂变质。尽管吊白块有增白作用，但由于其危害人体健康，所以我国禁止在食品中添加吊白块。

(一)离子色谱法

添加到食品中的次硫酸氢钠甲醛在碱性条件下被过氧化氢氧化成甲酸根和硫酸根，经过滤后用离子色谱分离后测定，根据色谱峰的保留时间及其摩尔比进行定性分析，再根据峰面积利用标准曲线法进行定量分析。

【试剂】

(1)淋洗液：分别称取 0.190 8 g 无水碳酸钠和 0.142 8 g 碳酸氢钠（均在 105 ℃烘干 2 h，干燥器中放冷）溶解于水中，移入 2 000 mL 容量瓶中，用水稀释至刻度，摇匀，经 0.45 μm 的微孔滤膜过滤后，储备在聚乙烯淋洗瓶中。碳酸钠的浓度为 0.90 mmol/L，碳酸氢钠的浓度为 0.85 mmol/L。

(2)硫酸根标准使用液Ⅰ(1 mL 溶液含 0.10 mg 硫酸根)：称取 0.148 0 g 于 105～110 ℃干燥至恒重的无水硫酸钠，溶于水，移入 1 000 mL 容量瓶中稀释至刻度。

(3)硫酸根标准使用液Ⅱ(1 mL 溶液含 0.010 mg 硫酸根)：吸取 10.00 mL 硫酸根标准使用液Ⅰ于 100 mL 容量瓶中，加水稀释至刻度。

(4)甲酸根标准使用液Ⅰ(1 mL 溶液含 0.10 mg 甲酸根)：称取甲酸钠 $HCOONa \cdot H_2O$ 0.231 2 g，溶于水，移入 1 000 mL 容量瓶中，稀释至刻度。

(5)甲酸根标准使用液Ⅱ(1 mL 溶液含 0.010 mg 甲酸根)：吸取 10.00 mL 甲酸根标准使用液Ⅰ于 100 mL 容量瓶中，加水稀释至刻度。

(6)再生液：取 1.33 mL 浓硫酸于 1 000 mL 容量瓶中(瓶中装有少量水)，用水稀释至刻度。

(7)4%NaOH 溶液：称取 4 g NaOH 溶于 100 mL 水中。

(8)3% H_2O_2 溶液：量取 10.00 mL 30%的 H_2O_2(经 $KMnO_4$ 法标定)于 100 mL容量瓶中，用水稀释至刻度。

(9)氯离子标准储备液(1 mL 溶液含 0.10 mg 氯离子)：称 0.164 8 g 氯化钠(105 ℃烘 2 h)溶于水，移入 1 000 mL 容量瓶中，用水稀释至标线。

【仪器】

(1)离子色谱仪(具有分离柱、抑制器、电导检测器)。

(2)进样器。

(3)恒温磁力搅拌器。

(4)接点温度计。

【色谱条件】

AllsepA-2Anion 阴离子交换柱；淋洗液流速为 1.2 mL/min，进样量为 50 μL。

【测定方法】

(1)样品的前处理

①恒温搅拌氧化法：准确称取试样 2.00 g(准确至 0.01 g)于 50 mL 容量瓶中，加入高纯水 20 mL，加入 4% NaOH 溶液 1.2 mL，3% H_2O_2 溶液 1.8 mL，加入高纯水稀释至刻度，摇匀加入一小磁子，放入已恒温至 50 ℃水浴中(烧杯)搅拌 40 min 取出样品，放冷后，干过滤于一个微型干燥的烧杯中(或干燥的称量瓶中，体积约 5 mL)，弃去初流液，收集约 2 mL，即为离子色谱分析的测定液，同时做空白实验。

②蒸馏氧化法：于500 mL蒸馏瓶中加入5 mL 10%磷酸，2.0 mL液体石蜡，200 mL水，一定量的样品，电热套搅拌加热，于200 mL容量瓶中加入10.0 mL 4% NaOH溶液，10.0 mL3% H_2O_2溶液，10 mL水，摇匀做吸收液，球形冷凝管中通自来水冷却，收集流出液近200 mL刻度时，取下容量瓶，补充水至刻度，摇匀，放置于50 ℃的恒温水浴中30 min后，得离子色谱分析测定液，同时做空白实验。

(2)制作标准曲线　准确吸取甲酸根标准使用液Ⅱ 0.00，0.50，1.00，3.00，5.00，7.00，10.00 mL和硫酸根标准使用液Ⅰ 0.00，0.50，1.00，1.50，2.00，2.50，3.00 mL分别置于7个50 mL容量瓶中，用水稀释至刻度、摇匀。调整好色谱条件，用微量注射器(注射器前安装0.45 μm微孔滤膜过滤)进样。分别以甲酸根和硫酸根的峰面积(扣除空白)为纵坐标，甲酸根和硫酸根的浓度为横坐标，绘制甲酸根和硫酸根的标准曲线。

(3)样品测定　按绘制标准曲线相同的色谱条件，用微量注射器吸取前处理后的测定液进样。

(4)分析结果的表示

①定性分析：根据样品中甲酸根和硫酸根的色谱峰的保留时间与相同条件下测得标准溶液的离子色谱图进行比较，保留时间一致，即初步确定样品中存在次硫酸氢钠甲醛。再根据2个峰的峰面积确定物质的量之比是否符合或接近1∶1的关系，进一步确定次硫酸氢钠甲醛的有无。若只进行定性鉴定，可以取2份浓度相同的样品，一份不加次硫酸氢钠甲醛，而另一份加入次硫酸氢钠甲醛，比较2个样品的离子色谱图，峰高或峰面积增加的那2个色谱峰即证明有次硫酸氢钠甲醛。

②定量分析：根据样品中甲酸根的峰面积(扣除不含次硫酸氢钠甲醛的样品的空白值)从标准曲线上获得甲酸根的浓度，然后再按下式换算成次硫酸氢钠甲醛的含量：

$$X_1 = (c \times V \times 3.424)/W$$

式中：X_1为次硫酸氢钠甲醛的含量，mg/kg；c为样品中所含甲酸根的浓度，μg/mL；3.424为甲酸根换算成次硫酸氢钠甲醛的换算系数；W为试样的质量，g；V为样品溶液的总体积，mL。

根据样品中硫酸根的峰面积(扣除不含次硫酸氢钠甲醛的样品的空白值)从标准曲线上获得硫酸根的浓度，然后再按下式换算成次硫酸氢钠甲醛的含量：

$$X_2 = (c \times V \times 1.604)/W$$

式中：X_2为次硫酸氢钠甲醛的含量，mg/kg；c为样品中所含硫酸根的浓度，

μg/mL；1.604 为硫酸根换算成次硫酸氢钠甲醛的换算系数；W 为试样的质量，g；V 为样品溶液的总体积，mL。

取平行双样测定结果的算术平均值，用 3 位有效数字表示分析结果。平行测定值的相对偏差不得大于 10%。

(5)干扰及消除　任何与甲酸根和硫酸根离子保留时间相近的阴离子均干扰测定。高浓度的有机酸根，如乙酸根、葡萄糖酸根均干扰甲酸根测定。氯离子的保留时间与甲酸根相近，浓度大时干扰测定，若采用蒸馏法测定可消除干扰。

【注意】

(1)样品溶液经 ϕ25 mm、0.45 μm 微孔滤膜过滤，用以除去样品中的颗粒物，以防玷污柱子。

(2)淋洗液经 ϕ150 mm、0.45 μm 微孔滤膜过滤，滤瓶为 2 000 mL。

(3)整个系统不要进气泡，否则会影响分离效果。

(4)样品溶液与标准溶液在相同色谱条件下进行测定。

(5)对于 Cl^- 含量高的食品，可以先用 Ag^+ 交换柱除 Cl^- 后，按实验方法进行测定或按蒸馏法测定，对于难以过滤的样品也可以用蒸馏法测定。

(6)视样品中次硫酸氢钠甲醛的含量的高低可适当改变取样量。

(7)视样品酸碱度的不同，可适量增加或减少氢氧化钠的用量，保证 pH 值不小于 12。

(8)当样品离子色谱图由于甲酸根分离不好时，影响按 X_1 进行定量分析，而硫酸根的峰分离好时，可按 X_2 进行定量分析。

(二)分光光度法

样品经酸化后，次硫酸氢钠甲醛中的甲酸被释放出来，经水蒸气蒸馏，收集后的吸收液中的甲醛与乙酰丙酮及铵离子反应生成黄色物质，与标准系列比较定量。

【试剂】

(1)磷酸溶液：吸取 10 mL 磷酸(85%)，加蒸馏水至 100 mL。

(2)硅油。

(3)淀粉溶液：称取 1 g 可溶性淀粉，用少量水调成糊状，缓缓倒入 100 mL 沸水，随加随搅拌，煮沸，放冷备用，此溶液临用时现配。

(4)乙酰丙酮溶液：在 100 mL 蒸馏水中加入醋酸铵 25 g，冰醋酸 3 mL 和乙酰丙酮 0.40 mL 振摇促溶，储备于棕色瓶中，此液可保存 1 个月。

(5)碘溶液：$c(1/2I_2)=0.1$ mol/L。

(6)硫代硫酸钠标准滴定溶液：$c(Na_2S_2O_3)=0.1000$ mol/L。

(7)氢氧化钾溶液：$c(KOH)=1$ mol/L。

(8)10%硫酸溶液：取 90 mL 蒸馏水，缓缓加入 10 mL H_2SO_4(浓)。

(9)甲醛标准储备液：取甲醛 1 g 放入盛有 5 mL 蒸馏水的 100 mL 容量瓶中精密称量后，加水至刻度，从该溶液中吸取 10.0 mL 放入碘量瓶中，加 0.1 mol/L 碘溶液 50.0 mL，1 mol/L KOH 溶液 20 mL，在室温放置 15 min 后，加 10% H_2SO_4 溶液 15 mL，用 0.1000 mol/L $Na_2S_2O_3$ 标准滴定溶液滴定，滴定至溶液为淡黄色时，加入 1 mL 淀粉溶液，继续滴定至无色，同时取 10.0 mL 蒸馏水进行空白试验。

【计算】

$$X=\frac{(V_0-V_1)\cdot c\times 15\times 1\,000}{10\times 1\,000}$$

式中：X 为甲醛标准储备液的浓度，mg/mL；V_0 为滴定空白溶液消耗硫代硫酸钠标准滴定溶液的体积，mL；V_1 为滴定样品溶液消耗硫代硫酸钠标准滴定溶液的体积，mL；c 为标准硫代硫酸钠溶液的摩尔浓度；15 为甲醛(1/2HCHO)的摩尔质量，g/mol；10 为滴定时吸取甲醛标准储备液的体积，mL。

(10)甲醛标准使用液：将标定后的甲醛标准储备液用蒸馏水稀释至 5 μg/mL。

【仪器】

(1)分光光度计。

(2)水蒸气蒸馏装置。

【测定方法】

(1)样品处理 准确称取 5.00～10.00 g 样品(根据样品中含有两次硫酸氢钠甲醛的量而定)置于 500 mL 蒸馏瓶中，加入蒸馏水 20 mL(与样品混匀)，硅油 2～3 滴和磷酸溶液 10 mL，立即连通水蒸气蒸馏装置，进行蒸馏，冷凝管下口应插入盛有约 20 mL 蒸馏水并且置于冰水浴中的 250 mL 容量瓶中，待蒸馏液约 250 mL 时取出，放至室温后，加水至刻度，混匀，另做空白蒸馏。

(2)测定 根据样品中次硫酸氢钠甲醛的含量，准确吸取样品蒸馏液 2.0～10.0 mL 于 25 mL 带刻度的具塞比色管中，补充蒸馏水至 10 mL。另取甲醛标准使用液 0，0.50，1.00，3.00，5.00，7.00，10.0 mL(相当于 0.00，2.50，5.00，15.00，25.00，35.00，50.00 μg 甲醛)分别置于 25 mL 带刻度具塞比色管中，补充蒸馏水至 10 mL。

在样品及标准系列管中分别加入乙酰丙酮溶液 1 mL，摇匀，置沸水浴中 3 min，用 1 cm 比色杯以零管溶液调节零点，于波长 435 nm 处测吸光度，绘制标准曲线，并记录样品吸光度值，扣除空白液吸光度值，查标准曲线计算结果。

【计算】

$$X=\frac{AV_2\times 1\ 000}{mV_1\times 1\ 000\times 1\ 000}$$

式中：X 为样品中游离甲醛的含量，g/kg；A 为测定用样品液中甲醛的质量，μg；m 为样品质量，g；V_1 为测定用样品溶液体积，mL；V_2 为蒸馏液总体积，mL。

【注意】

(1)水蒸气蒸馏过程中，回收瓶底部要稍稍加热，促使样品酸化过程中反应完全。

(2)平行测定结果用算术平均值表示，保留2位有效数字。

(3)方法最小检出量为2 mg/kg(以游离甲醛计)。

(4)该试验结果以游离甲醛计，若以次硫酸氢钠甲醛计，可乘以系数值5.133。

(5)部分产品原材料中可能含有醛糖类物质，经酸化处理后测出含有甲醛，但浓度很低(<20 mg/kg)，所以，当测试值>20 mg/kg时，才考虑样品中是否加入吊白块。

第七章 食品中化学致癌物质的检测

第一节 食品中黄曲霉毒素的检测

一、概　　述

霉菌毒素主要是指霉菌在其所污染的食品中产生的有毒代谢产物。产毒霉菌产生毒素需要一定的条件，霉菌污染食品并在食品上繁殖是产毒的先决条件，食品中的水分、外界的温度和湿度及空气流通情况等对于霉菌的繁殖产毒特别重要。霉菌产毒只限于少数的产毒霉菌，而产毒菌种中也只有一部分菌株产毒。目前已经发现的霉菌毒素约有200种，其中比较重要的有黄曲霉毒素、赫曲霉毒素和杂色曲霉毒素等，它们的毒性作用可表现为肝脏毒、肾脏毒、神经毒和光致敏皮炎毒等，有的还对动物和人有致癌作用。本节仅介绍黄曲霉毒素。

黄曲霉毒素是近代引起人类重视的霉菌毒素，自从1960年，在英国英格兰南部及东部地区发生了火鸡大量死亡事件，当时称X病，后来证明是由于饲料污染了黄曲霉毒素所致。世界各国对真菌毒素才开始了研究。由于黄曲霉毒素对粮食、饲料、肉类、乳品和发酵制品等均有严重污染，能引起人畜中毒、死亡，因此日益引起重视。

黄曲霉毒素(Aflatoxin)简称AFT或AF，是黄曲霉菌和寄生曲霉菌中产毒菌株的代谢产物，温特曲霉菌也能产生少量的黄曲霉毒素。我国常见的是黄曲霉菌的某些产毒菌株，寄生曲霉菌在我国少见。黄曲霉毒素是化合物中毒性和致癌性最强的物质之一。

黄曲霉毒素分为B族和G族，B族包括B_1、B_2、B_3、M_1、M_2、B_{2a}、Q_1、H_1、P_1、2-甲氧基B_2、3-甲氧基B_2、2-乙基B_2、2,3-环氧B_1等，G族包括G_1、G_2、G_{2a}、GM_1、2-乙基G_2等。是一组化学性质十分稳定、耐高温的化合物，其分解温度为280 ℃，在中性或弱酸性溶液中很稳定，在pH值1～3的强酸性溶液中稍有分解；易被强碱或强氧化剂破坏，在pH值9～10的强碱性溶液中能迅速分解。黄曲霉毒素对紫外线照射很稳定，但低浓度时对光很敏感，易被紫外线所破坏。

黄曲霉毒素难溶于水和一般溶剂(已烷、石油醚和乙醚等)，易溶于甲醇、乙醇、乙腈、氯仿、苯、丙酮和二甲基甲酰胺等有机溶剂，因此可用甲醇、丙酮等溶剂提取，提取物可在硅胶上进行薄层层析。$AFTB_1$ 和 G_1 在含 10%Pd 的碳粉催化下，于 21 ℃时加氢，可以得到相应的衍生物 B_2 和 G_2；B_1 和 G_1 在酸催化加水的条件下，则可相应得到毒性更小的 B_{2a} 和 G_{2a}。

黄曲霉毒素是一种在紫外区域能发生强烈荧光的物质。在紫外光(365 nm)照射下，B_1、B_2 产生蓝紫色荧光，G_1、G_2 则产生黄绿色荧光，故可以此鉴别并确定黄曲霉毒素的存在。

二、黄曲霉毒素对食品的污染

植物性食品可在栽培及储存过程中被霉菌污染，在适宜条件下大量繁殖并产毒。在各类粮、油食品中，最易受污染的是玉米、花生，其次是大米、稻谷、小麦、豆类及高粱等。

黄曲霉毒素对动物性食品的污染主要是腌腊制品、灌肠类及乳和乳制品，还有蛋及蛋制品、肉制品等。由于这种毒素广泛存在于霉变的牲畜饲料中，当饲料被 AFT 污染并达到一定的有效浓度时，可引起畜禽中毒症。中毒畜禽在一定的时间内不但在乳、尿、胆汁、粪便等含有 $AFTB_1$，而且在肝、肾、肌肉中也含有少量的 B_1 及相应的代谢产物 M_1。用含 $AFTB_1$ 100 μg/kg 的饲料喂奶牛，可测出牛乳中 1 μg/kg 的 $AFTM_1$。对于猪来说，不但是由于摄进 B_1 而引起中毒的黄疸病猪有黄曲霉毒素 B_1 和 M_1，而且摄入了 B_1 而未发生黄疸的鲜猪肉中也有一定的含量，因此对于无黄疸症状的鲜销猪肉也应进行检测。此外，冷库霉菌问题应引起注视，调查研究表明，从冷库采集的霉菌，有能产生 AFT 的菌株。

各种黄曲霉毒素的熔点范围为 200～300 ℃，到达熔点时，它可随之分解。其结构式都有一内酯环，内酯环被打开，则荧光消失，毒性消除。在水溶液中，毒素的内酯环很容易与氧化剂起反应，特别是与碱试剂反应，可部分水解为酚式化合物，所以实验室常用 5%次氯酸钠作为消毒剂。黄曲霉毒素与氢氧化钠溶液生成钠盐，使荧光消失。盐水浸泡发霉花生米也可降低其黄曲霉毒素含量，目前一般用辐射或碱去毒。

三、黄曲霉毒素的毒性作用

黄曲霉毒素 B_1 可在胃肠道内迅速吸收，主要分布于肝脏，其次是肾、脾、肾上腺。毒素在肝脏内经微粒体酶代谢转化，代谢产物很快由胆汁排出，24 h 后约 57%由粪便排出，23%由尿排出，一次摄入后，经约 1 周大部分可排出体外。黄曲霉毒素的主要代谢途径是脱甲基、羟基化和环氧化反应，生成各种代谢衍生物，其中大部分为无毒或低毒的代谢产物，少部分环氧化物成为致癌因子。如强毒的黄曲霉毒 B_1 经生物转化后而成为黄曲霉毒素 M_1、P_1、Q_1 和黄曲霉毒醇等。黄曲霉毒素的毒性主要表现为急性中毒、慢性中毒和致癌作用。

1. 急性毒性

AFTB 属于剧毒类，其中以 B_1 毒性最大。目前所说黄曲霉毒素主要是指 B_1 而言，它的毒性比敌敌畏大 100 倍，比砒霜大 68 倍，比氰化钾还要高 10 倍，仅次于肉毒毒素，是目前已知霉菌毒素中毒性最强的。人类可因食用污染黄曲霉毒素的食品而发生急性中毒。

黄曲霉毒素主要侵犯动物和人的肝脏，属于肝毒类。哺乳动物的细胞培养液中含 $B_1$0.3 μg/mg 时可使细胞致死，所以它又是细胞毒素。动物中毒时主要变化在肝脏，呈现肝细胞变性、出血和坏死。食品和饲料中含黄曲霉毒素 1 mg/kg 以上有剧毒。人类食用被黄曲霉毒素污染严重的食品后可出现食欲减退、发热、腹痛、呕吐，严重者 2～3 周内出现肝脾肿大、肝区疼痛、皮肤黏膜黄染、腹水及肝功能异常等中毒性肝炎症状，也可能出现心脏扩大、肺水肿，甚至痉挛和昏迷等症。

2. 慢性毒性

长期摄入微量黄曲霉毒素可造成慢性中毒，表现为食欲减退、体重减轻、生长发育缓慢、肝脏的亚急性或慢性损伤，肝实质性细胞坏死，胆管上皮增生，纤维组织细胞增生，形成再生结节，也可形成肝硬化。

3. 致癌作用

根据流行病学调查，世界上许多肝癌发病率高的地区，食物中黄曲霉毒素污染亦比较高。研究表明，人类肝癌的发病率与黄曲霉毒素的摄入量是相平行的，毒素污染严重地区，居民肝癌发病率较高。1988 年国际癌症研究机构将黄曲霉毒素 B_1 列为 A 类致癌物质。

动物实验也肯定了黄曲霉毒素的致癌活性，动物长期摄入低浓度的黄曲霉毒素或短期摄入高浓度后，均可诱发肝癌。黄曲霉毒素可使鱼类和哺乳动物诱发原发性肝癌。突出的例子是美国鳟鱼因饲料中含有被黄曲霉毒素污染的棉籽粉而引起肝癌暴发，1972 年就有黄曲霉毒素诱发猴肝癌的报道。大白鼠饲料中含 $AFTB_1$0.5 mg/kg，肝癌发病率可达 100%，含 $AFTB_1$15 μg/kg 时，雄鼠在 68 周、雌鼠在 82 周时全部出现肿瘤，并有明显的剂量—效应关系。此外，还能引起染色体畸变和 DNA 损伤、畸胎。

四、黄曲霉毒素在食品中的允许含量

黄曲霉毒素具有很强的毒性，特别是它的强致癌性，世界各国对于其污染食品的情况都很重视,并对其在食品中的含量作了严格限制。我国食品卫生标准规定的主要食品中 $AFTB_1$(GB 2761—81)和 $AFTM_1$(GB 9676—88)允许含量如表7-1所示。

表 7-1 食品中 AFTB 允许含量标准 μg/kg

食品种类	$AFTB_1$ 指标	食品种类	$AFTM_1$ 指标
玉米、花生仁、花生油	≤20	牛乳及其制品(按含牛乳折算)	≤0.5
玉米及花生仁制品(按原料折算)	≤20	黄油	≤0.5
大米及其他食用油	≤10	新鲜猪组织(肝、肾、血、瘦肉)	≤0.5
其他粮食、豆类、发酵食品	≤5		
婴儿代乳品	不得检出		

1995年,世界卫生组织制定的食品黄曲霉毒素最高允许浓度为15 μg/kg。美国联邦政府有关法律规定人类消费食品和奶牛饲料中的黄曲霉毒含量(指 $B_1+B_2+G_1+G_2$ 的总量)不能超过15 μg/kg,人类消费的牛奶中的含量不能超过0.5 μg/kg,其他动物饲料中的含量不能超过300 μg/kg。而欧盟国家规定更加严格,要求人类生活消费品中的黄曲霉毒素 B_1 的含量不能超过0.05 μg/kg。

五、食品中黄曲霉毒素的测定

薄层色谱法是我国检测 $AFTB_1$ 的国标方法,适用于粮食、花生及其制品、薯类、豆类、发酵食品及酒类等各种食品中 $AFTB_1$ 的测定。$AFTB_1$ 与 $AFTM_1$ 的薄层色谱法适用于测定牛乳及其制品、黄油及新鲜猪组织(肝、肾、血、瘦肉)等食品中的 $AFTB_1$ 和 $AFTM_1$,$AFTB_1$、$AFTB_2$、$AFTG_1$、$AFTG_2$ 的总AFT。$AFTB_1$、$AFTB_2$、$AFTG_1$ 和 $AFTG_2$ 的微柱筛选法可用于测定各种食品中总AFT。除上述方法外,还建立了多克隆抗体或单克隆抗体酶联免疫吸附法及高效液相色谱法等。

(一)食品中黄曲霉素 B_1 的测定

这里介绍薄层色谱法(Thin layer chromatography,TCL)。

样品中黄曲霉毒素 B_1 经提取、浓缩、薄层分离后,在波长365 nm紫外光下产生蓝紫色荧光,根据其在薄层上显示荧光的最低检出量来测定含量。

【试剂】

(1)三氯甲烷。

(2)正己烷或石油醚(沸程 30～60 ℃或 60～90 ℃)。

(3)甲醇。

(4)苯。

(5)乙腈。

(6)无水乙醚或乙醚经无水硫酸钠脱水。

(7)丙酮。

以上试剂于试验时先进行一次试剂空白试验,如不干扰测定即可使用,否则需逐一检查进行重蒸。

(8)苯-乙腈混合液:量取 98 mL 苯,加 2 mL 乙腈,混匀。

(9)甲醇-水溶液(55+45)。

(10)硅胶 G:薄层色谱用。

(11)三氟乙酸。

(12)无水硫酸钠。

(13)氯化钠。

(14)黄曲霉毒素 B_1 标准溶液。

①仪器校正:测定重铬酸钾溶液的摩尔消光系数,以求出使用仪器的校正因素。精密称取 25 mg 经干燥的基准级重铬酸钾,用 0.009 mol/L 硫酸溶解后准确稀释至 200 mL,相当于 0.000 4 mol/L 溶液。再吸取 25 mL 此稀释液于 50 mL 容量瓶中,加 0.009 mol/L 硫酸稀释至刻度,相当于 0.000 2 mol/L 溶液。再吸取 25 mL 此稀释液于 50 mL 容量瓶中,加 0.009 mol/L 硫酸稀释至刻度,相当于 0.000 1 mol/L 溶液。用 1 cm 石英杯,在最大吸收峰的波长(接近 350 nm 处)用 0.009 mol/L 硫酸作空白,测得以上 3 种不同浓度的摩尔溶液的吸光度,并按下式计算出以上 3 种浓度的摩尔消光系数的平均值:

$$E_1 = \frac{A}{m}$$

式中:E_1 为重铬酸钾溶液的摩尔消光系数;A 为测得的重铬酸钾溶液的吸光度;m 为重铬酸钾溶液的摩尔浓度。

再以此平均值与重铬酸钾的摩尔消光系数值 3 160 比较,即求出使用仪器的校正因数。

$$CF = \frac{3\ 160}{M}$$

式中:CF 为使用仪器的校正因数;M 为测得的重铬酸钾摩尔消光系数平均值。

若 CF 大于 0.95 或小于 1.05,则使用仪器的校正因数可略而不计。

②10 μg/mL 黄曲霉毒素 B_1 标准溶液的制备:精密称取 1～1.2 mg 黄曲霉毒

素 B_1 标准品，先加入 2 mL 乙腈溶解后，再用苯稀释至 100 mL。避光置于 4 ℃冰箱保存。用紫外分光光度计测此标准溶液的最大吸收峰的波长及该波长的吸光度值。

按下式计算：

$$X_1 = \frac{A \times MW \times 1\,000 \times CF}{E_2}$$

式中：X_1 为黄曲霉毒素 B_1 标准溶液的浓度，μg/mL；A 为测得的吸光度值；MW 为黄曲霉毒素 B_1 的分子量，312；CF 为使用仪器的校正因数；E_2 为黄曲霉毒素 B_1 在苯-乙腈混合液中的摩尔消光系数，19 800。

根据计算用苯-乙腈混合液调到标准溶液浓度恰为 10 μg/mL，并用分光光度计核对其浓度。

③纯度的测定：取 5 μL 10 μg/mL 黄曲霉毒素 B_1 标准溶液滴加于涂层厚度 0.25 mm 的硅胶 G 薄层板上，用甲醇-三氯甲烷（4＋96）与丙酮-三氯甲烷（8＋92）展开剂展开，在紫外光灯下观察荧光的产生，必须符合以下条件：

在展开后，只有单一的荧光点，无其他杂质荧光点。原点上没有任何残留的荧光物质。

(15)黄曲霉毒素 B_1 标准使用液：精密吸取 10 mL 10 μg/mL 标准溶液于 10 mL容量瓶中，加苯-乙腈混合液至刻度，混匀。此溶液每毫升相当于 1 μg 黄曲霉毒素 B_1。吸取 1.0 mL 此稀释液置于 5 mL 容量瓶中，加苯-乙腈混合液稀释至刻度，此溶液每毫升相当于 0.2 μg 黄曲霉毒素 B_1。另吸取 1.0 mL 此液置于 5 mL 容量瓶中，加苯-乙腈混合液稀释至刻度，此溶液每毫升相当于 0.04 μg 黄曲霉毒素 B_1。

(16)次氯酸钠溶液（消毒用）：取 100 g 漂白粉，加入 500 mL 水，搅拌均匀。另将 80 g 工业用碳酸钠（$Na_2CO_3 \cdot 10H_2O$）溶于 500 mL 温水中，再将两液混合，搅拌，澄清后，过滤。此滤液含次氯酸钠浓度约为 2.5%。若用漂粉精制备，则碳酸钠的量可以加倍，所得溶液的浓度约为 5%。污染的玻璃仪器用 1% 次氯酸钠溶液浸泡半天或用 5% 次氯酸钠溶液浸泡片刻后，即可达到去毒效果。

【仪器】

(1)小型粉碎机。

(2)样筛。

(3)电动振荡器。

(4)全玻璃浓缩器。

(5)玻璃板：5 cm×20 cm。

(6)薄层板涂布器。

(7)展开槽:内长 25 cm、宽 6 cm、高 4 cm。

(8)紫外光灯:100～125 W,带有波长 365 nm 滤光片。

(9)微量注射器或血色素吸管。

【测定方法】

(1)取样　样品中污染黄曲霉毒素高的霉粒一粒可以左右测定结果,而且有毒霉粒的比例小,同时分布不均匀。为避免取样带来的误差必须大量取样,并将该大量粉碎样品混合均匀,才有可能得到确能代表一批样品的相对可靠的结果,因此采样必须注意以下几点:

①根据规定采取有代表性样品。

②对局部发霉变质的样品要检验时,应单独取样检验。

③每份分析测定用的样品应从大样经粗碎与连续多次用四分法缩减至 0.5～1 kg,然后全部粉碎。粮食样品全部通过 20 目筛,混匀。花生样品全部通过直径 10 目筛孔,混匀。或将好、坏分别测定,再计算其含量。花生油和花生酱等样品不需制备,但取样时应搅拌均匀。必要时,每批样品可采取 3 份大样做样品制备及分析测定用,以观察所采样品是否具有一定的代表性。

(2)提取

①玉米、大米、麦类、面粉、薯干、豆类、花生和花生酱:有两种方法。

甲法:称取 20.00 g 粉碎过筛样品(面粉、花生酱不需粉碎)置于 250 mL 具塞锥形瓶中,加 30 mL 正己烷或石油醚和 100 mL 甲醇水溶液,在瓶塞上涂上一层水,盖严防漏。振荡 30 min,静置片刻,用折叠式的快速定性滤纸过滤于分液漏斗中,待下层甲醇水溶液分清后,放出甲醇水溶液于另一具塞锥形瓶内。取 20.0 mL 甲醇水溶液(相当于 4 g 样品)置于另一个 125 mL 分液漏斗中,加 20 mL 三氯甲烷,振摇 2 min,静置分层,如出现乳化现象可滴加甲醇促使分层。放出三氯甲烷层,经盛有约 10 g 预先用三氯甲烷湿润的无水硫酸钠的定量慢速滤纸过滤于 50 mL 蒸发皿中,分液漏斗中再加 5 mL 三氯甲烷重复振摇提取,三氯甲烷层一并滤于蒸发皿中,最后用少量三氯甲烷洗滤器,洗液并于蒸发皿中。将蒸发皿放在通风柜内于 65 ℃水浴上通风挥干,然后放在冰盒上冷却 2～3 min 后,准确加入 1 mL 苯-乙腈混合液(或将三氯甲烷用浓缩蒸馏器减压吹气蒸干后,准确加入 1 mL苯-乙腈混合液)。用带橡皮头的滴管的管尖将残渣充分混合,若有苯的结晶析出,将蒸发皿从冰盒上取下,继续溶解、混合,晶体即消失,再用此滴管吸取上清液转移于 2 mL 具塞试管中。

乙法(限于玉米、大米、小麦及其制品):称取 20.00 g 粉碎过筛样品于250 mL

具塞锥形瓶中，用滴管加 6 mL 水，使样品湿润，准确加入 60 mL 三氯甲烷，振荡 30 min，加 12 g 无水硫酸钠，振摇后，静置 30 min，用折叠式的快速定性滤纸过滤于 100 mL 具塞锥形瓶中。取 12 mL 滤液(相当 4 g 样品)于蒸发皿中，在 65 ℃水浴上通风挥干，准确加入 1 mL 苯-乙腈混合液，用带橡皮头的滴管的管尖将残渣充分混合，若有苯的结晶析出，将蒸发皿从冰盒上取下，继续溶解、混合，晶体即消失，再用此滴管吸取上清液转移于 2 mL 具塞试管中。

②花生油、香油、菜油等：称取 4.00 g 样品置于小烧杯中，用 20 mL 正己烷或石油醚将样品移于 125 mL 分液漏斗中。用 20 mL 甲醇水溶液分次洗烧杯，洗液一并移入分液漏斗中，振摇 2 min，静置分层后，将下层甲醇水溶液移入第二个分液漏斗中，再用 5 mL 甲醇水溶液重复振摇提取 1 次，提取液一并移入第二个分液漏斗中，在第二个分液漏斗中加入 20 mL 三氯甲烷，以下按①的甲法中自“振摇 2 min，静置分层”起，依法操作。

③酱油、醋：称取 10.00 g 样品于小烧杯中，为防止取时乳化，加 0.4 g 氯化钠，移于分液漏斗中，烧杯用 15 mL 三氯甲烷分次洗涤，洗液并入分液漏斗中。以下按①的甲法中自“振摇 2 min，静置分层”起，依法操作。最后加入 2.5 mL 苯-乙腈混合液，此溶液每毫升相当于 4 g 样品。

或称取 10.00 g 样品，置于分液漏斗中，再加 12 mL 甲醇(以酱油体积代替水，故甲醇与水的体积比仍约为 55：45)，用 20 mL 三氯甲烷提取，以下按①的甲法中自“振摇 2 min，静置分层”起，依法操作。最后加入 2.5 mL 苯-乙腈混合液。此溶液每毫升相当于 4 g 样品。

或称取 10.00 g 样品，置于分液漏斗中，再加 12 mL 甲醇(以酱油体积代替水，故甲醇与水的体积比仍约为 55：45)，用 20 mL 三氯甲烷提取，以下按①的甲法中自“振摇 2 min，静置分层”起，依法操作。最后加入2.5 mL 苯-乙腈混合液。此液溶每毫升相当于 4 g 样品。

④干酱类(包括豆豉、腐乳制品)：称取 20.00 g 研磨均匀的样品置于 =250 mL具塞锥形瓶中，加入 20 mL 正己烷或石油醚与 50 mL 甲醇水溶液。振荡 30 min，静置片刻，以叠成折叠式快速定性滤纸过滤，滤液静置分层后，取 24 mL 甲醇水层(相当 8 g 样品，其中包括 8 g 干酱类本身约含有 4 mL 水的体积在内)置于分液漏斗中，加入 20 mL 三氯甲烷，以下按①的甲法中自“振摇 2 min，静置分层”起，依法操作。最后加入 2 mL 苯-乙腈混合液。此溶液每毫升相当于 4 g 样品。

⑤发酵酒类：同③，但不加氯化钠。

(3)测定

①单向展开法　薄层板的制备：称取约 3 g 硅胶 G，加相当于硅胶量 2～3 倍左右的水，用力研磨 1～2 min 至成糊状后立即倒于涂布器内，推成 5 cm×20 cm、厚度约 0.25 mm 的薄层板 3 块。在空气中干燥约 15 min 后，在 100 ℃活化 2 h，取出放干燥器中保存。一般可保存 2～3 d，若放置时间较长，可再活化后使用。

点样：将薄层板边缘附着的吸附剂刮净，在距薄层板下端 3 cm 的基线上用微量注射器或血色素吸管滴加样液。一块板可滴加 4 个点，点距边缘和点间距约为 1 cm，点直径约 3 mm。在同一板上滴加点的大小应一致，滴加时可用吹风机用冷风边吹边加。滴加样式如下：

第 1 点：10 μL 0.04 μg/mL 黄曲霉毒素 B_1 标准使用液。

第 2 点：20 μL 样液。

第 3 点：20 μL 样液＋10 μL 0.04 μg/mL 黄曲霉毒素 B_1 标准使用液。

第 4 点：20 μL 样液＋10 μL 0.2 μg/mL 黄曲霉毒素 B_1 标准使用液。

展开与观察：在展开槽内加 10 mL 无水乙醚，预展 12 cm，取出挥干。再于另一展开槽内加 10 mL 丙酮-三氯甲烷(8＋92)，展开 10～12cm，取出。在紫外光下观察结果，方法如下：

由于样液点上加滴黄曲霉毒素 B_1 标准使用溶液，可使黄曲霉毒素 B_1 标准点与样液中的黄曲霉毒素 B_1 荧光点重叠。如样液为阴性，薄层板上的第 3 点中黄曲霉毒素 B_1 为 0.000 4 μg，可用作检查在样液内黄曲霉毒素 B_1 最低检出量是否正常出现，如为阳性，则起定位作用。薄层板上的第 4 点中黄曲霉毒素 B_1 为 0.002 μg，主要起定位作用。

若第 2 点在与黄曲霉毒素 B_1 标准点的相应位置上无蓝紫色荧光点，表示样品中黄曲霉毒素 B_1 含量在 5 μg/kg 以下，如在相应位置上有蓝紫色荧光点，则需进行确证试验。

确证试验：为了证实薄层板上样液荧光系由黄曲霉毒素 B_1 产生的，加滴三氟乙酸，产生黄曲霉毒素 B_1 的衍生物，展开后此衍生物的比移值约在 0.1。

于薄层板左边依次滴加 2 个点。

第 1 点：10 μL 0.04 μg/mL 黄曲霉毒素 B_1 标准使用液。

第 2 点：20 μL 样液。

于以上两点各加一小滴三氟乙酸盖于其上，反应 5 min 后，用吹风机吹热风 2 min，使热风吹到薄层板上的温度不高于 40 ℃，再于薄层板上滴加以下 2 个点。

第 3 点：10 μL 0.04 μg/mL 黄曲霉毒素 B_1 标准使用液。

第 4 点：20 μL 样液。

再展开同前，在紫外光灯下观察样液是否产生与黄曲霉毒素 B_1 标准点相同的衍生物。未加三氟乙酸的 3、4 两点，可依次作为样液与标准的衍生物空白对照。

稀释定量：样液中的黄曲霉毒素 B_1 荧光点的荧光强度如与黄曲霉毒素 B_1 标准点的最低检出量(0.000 4 μg)的荧光强度一致，则样品中黄曲霉毒素 B_1 含量即为 5 μg/kg。如样液中荧光强度比最低检出量强，则根据其强度估计减少滴加微升数或将样液稀释后再滴加不同微升数，直至样液点的荧光强度与最低检出量的荧光强度一致为止。滴加式样如下：

第 1 点：10 μL 0.04 μg/mL 黄曲霉毒素 B_1 标准使用液。

第 2 点：
第 3 点：根据情况滴加 10、15、20 μL 样液等。
第 4 点：

计算：

$$X = \frac{D \times V_1 \times 0.000\,4}{mV_2} \times 1\,000$$

式中：X 为样品中黄曲霉毒素 B_1 的含量，μg/kg；V_1 为加入苯-乙腈混合液的体积，mL；V_2 为出现最低荧光时滴加样液的体积，mL；D 为样液的总稀释倍数；m 为加入苯-乙腈混合液溶解时相当样品的质量，g；0.000 4 为黄曲霉毒素 B_1 的最低检出量，μg。

②双向展开法　如用单向展开法展开后，薄层色谱由于杂质干扰掩盖了黄曲霉毒素 B_1 的荧光强度，需采用双向展开法。薄层板先用无水乙醚做横向展开，将干扰的杂质展至样液点的一边而黄曲霉毒素 B_1 不动，然后用丙酮-三氯甲烷(8+92)做纵向展开，样品在黄曲霉毒素 B_1 相应处的杂质底色大量减少，因而提高了方法灵敏度。有滴加两点法和滴加一点法，如用双向展开法中滴加两点法展开仍有杂质干扰时，则可改用滴加一点法。

a. 甲法：滴加两点法，操作方法如下。

点样：取薄层板 3 块，在距下端 3 cm 基线上滴加黄曲霉毒素 B_1 标准使用液与样液。在 3 块板的距左边缘 0.8～1 cm 处各滴加 10 μL 0.04 μg/mL 黄曲霉毒素 B_1 标准使用液，在距左边缘 2.8～3 cm 处各滴加 20 μL 样液；然后在第 2 块板的样液点上加滴 10 μL 0.04 μg/mL 黄曲霉毒素 B_1 标准使用液，在第 3 块板的样液点上加滴 10 μL 0.2 μg/mL 黄曲霉毒素 B_1 标准使用液。

展开：

横向展开：在展开槽内的长边置一玻璃支架，加 10 mL 无水乙醚，将上述点好的薄层板靠标准点的长边置于展开槽内展开，展至板端后，取出挥干，或根据情况需要时可再重复展开 1～2 次。

纵向展开：挥干的薄层板以丙酮-三氯甲烷（8＋92）展开至 10～12 cm 为止。丙酮与三氯甲烷的比例根据不同条件自行调节。

观察及评定结果：在紫外光灯下观察第 1 板和第 2 板，若第 2 板的第 2 点在黄曲霉毒素 B_1 标准点的相应处出现最低检出量，而第 1 板在与第 2 板的相同位置上未出现荧光点，则样品中黄曲霉毒素 B_1 含量在 5 μg/kg 以下。

若第 1 板在与第 2 板的相同位置上出现荧光点，则将第 1 板与第 3 板比较，看第 3 板上第 2 点与第 1 板上第 2 点的相同位置上的荧光点是否与黄曲霉毒素 B_1 标准点重叠，如果重叠，再进行确证试验。在具体测定中，第 1 板、第 2 板和第 3 板可以同时做，也可按照顺序做。如按顺序做，当在第 1 板出现阴性时，第 3 板可以省略，如第 1 板为阳性，则第 2 板可以省略，直接做第 3 板。

确证试验：另取薄层板 2 块，于第 4 块和第 5 块板距左边缘 0.8～1 cm 处各滴加 10 μL 0.04 μg/mL 黄曲霉毒素 B_1 标准使用液及一小滴三氟乙酸；距左边缘 2.8～3 cm 处，第 4 板滴加 20 μL 样液及一小滴三氟乙酸；第 5 板滴加 20 μL 样液、10 μL 0.04 μg/mL 黄曲霉毒素 B_1 标准使用液及一小滴三氟乙酸，反应 5 min 后，用吹风机吹热风 2 min，使热风吹到薄层板上的温度不高于 40 ℃，再用双向展开法展开后，观察样液是否产生与黄曲霉毒素 B_1 标准点重叠的衍生物，观察时，可将第 1 板作为样液的衍生物空白板。

如样液黄曲霉毒素 B_1 含量高，则将样液稀释后，按以下做确证试验：

于薄层板左边依次滴加 2 个点。

第 1 点：10 μL 0.04 μg/mL 黄曲霉毒素 B_1 标准使用液。

第 2 点：20 μL 样液。

于以上两点各加一小滴三氟乙酸盖于其上，反应 5 min 后，用吹风机吹热风 2 min，使热风吹到薄层板上的温度不高于 40 ℃，再于薄层板上滴加以下 2 个点。

第 3 点：10 μL 0.04 μg/mL 黄曲霉毒素 B_1 标准使用液。

第 4 点：20 μL 样液。

再展开同前，在紫外光灯下观察样液是否产生与黄曲霉毒素 B_1 标准点相同的衍生物。未加三氟乙酸的 3、4 两个点，可依次作为样液与标准的衍生物空白对照（展开后此衍生物的比移值在 0.1 左右）。

稀释定量：样液中的黄曲霉毒素 B_1 荧光点的荧光强度如与黄曲霉毒素 B_1 标准点的最低检出量（0.000 4 μg）的荧光强度一致，则样品中黄曲霉毒素 B_1 含量即为 5 μg/kg。如样液中荧光强度比最低检出量强，则根据其强度估计减少滴加微升数或将样液稀释后再滴加不同微升数，直至样液点的荧光强度与最低检出量的荧光强度一致为止。滴加式样如下：

第1点：10 μL 0.04 μg/mL 黄曲霉毒素 B_1 标准使用液。

第2点：
第3点：根据情况滴加10、15、20 μL 样液等。
第4点：

如黄曲霉毒素 B_1 含量低，稀释倍数小，在定量的纵向展开板上仍有杂质干扰，影响结果的判断，可将样液再作双向展开法测定，以确定含量。

计算：

$$X=\frac{D\cdot V_1\times 0.0004}{m\cdot V_2}\times 1000$$

式中：X 为样品中黄曲霉毒素 B_1 的含量，μg/kg；V_1 为加入苯-乙腈混合液的体积，mL；V_2 为出现最低荧光时滴加样液的体积，mL；D 为样液的总稀释倍数；m 为加入苯-乙腈混合液溶解时相当样品的质量，g；0.000 4 为黄曲霉毒素 B_1 的最低检出量，μg。

b. 乙法：滴加一点法，操作方法如下。

点样：取薄层板3块，在距下端3 cm基线上滴加黄曲霉毒素 B_1 标准使用液与样液如下：在3块板距左边缘0.8～1 cm处各滴加20 μL样液，在第2板的点上加滴10 μL 0.04 μg/mL 黄曲霉毒素 B_1 标准使用液，在第3板的点上加滴10 μL 0.2 μg/mL 黄曲霉毒素 B_1 标准使用液。

展开：同滴加两点法的横向展开与纵向展开。

观察及评定结果：在紫外光灯下观察第1板和第2板，如第2板出现最低检出量的黄曲霉毒素 B_1 标准点，而第1板与其相同位置上未出现荧光点，样品中黄曲霉毒素 B_1 含量在5 μg/kg以下。如第1板在与第2板黄曲霉毒素 B_1 标准点相同位置上出现荧光点，则将第1板与第3板比较，看第3板上与第1板相同位置的荧光点是否与黄曲霉毒素 B_1 标准点重叠，如果重叠，再进行以下确证试验：另取两板，于距左边缘0.8～1 cm处，第4板滴加20 μL样液、一小滴三氟乙酸；第5板滴加20 μL样液、10 μL 0.04 μg/mL 黄曲霉毒素 B_1 标准使用液及一小滴三氟乙酸。产生衍生物及展开方法同滴加两点法。再将以上2块板在紫外光灯下观察，以确定样液点是否产生与黄曲霉毒素 B_1 标准点重叠的衍生物，观察时可将第1板作为样液的衍生物空白板。

经过以上确证试验定为阳性后，再进行稀释定量，如含黄曲霉毒素 B_1 低，不需稀释或稀释倍数小，杂质荧光仍有严重干扰，可根据样液中黄曲霉毒素 B_1 荧光的强弱，直接用双向展开法定量，或与单向展开法结合，方法同上。

计算：

$$X=\frac{D\cdot V_1\times 0.0004}{m\cdot V_2}\times 1000$$

式中：X 为样品中黄曲霉毒素 B_1 的含量，μg/kg；V_1 为加入苯-乙腈混合液的体积，mL；V_2 为出现最低荧光时滴加样液的体积，mL；D 为样液的总稀释倍数；m 为加入苯-乙腈混合液溶解时相当样品的质量，g；0.000 4 为黄曲霉毒素 B_1 的最低检出量，μg。

【注意】

(1)称此微量的标准品须用百万分之一天平，比较困难。现介绍简便又可减少黄曲霉毒素 B_1 固体在空间污染环境的配制方法如下：

①在用纸盒制成类似的接种柜中，用微量匙取出少量白色结晶的标准品于量瓶中，按方法先加入乙腈，再按比例加入一定体积的苯，使配制的标准液浓度高于 10 μg/mL。

②按配制 10 μg/mL 黄曲霉毒素 B_1 标准溶液的方法，用紫外分光光度计测定并计算其每毫升的黄曲霉毒素 B_1 的含量，再按此浓度用溶剂稀释后，再测定，一直稀释至相当于每毫升含有 8～10 μg 的黄曲霉毒素 B_1 的吸光度值，然后再按配制黄曲霉毒素 B_1 标准溶液中纯度的测定进行，若符合纯度要求，即可当作标准液使用。

(2)黄曲霉毒素 B_1 标准液须保存于具塞试管中，将塞密闭并封严，避光，贮于 4 ℃冰箱。用后在标准液的液面处做记号，用前检查标准液在储存期的体积有否改变，若有明显减少，则应准确滴加，补充溶剂到记号处后再用，因此管径愈细，则滴加到记号处的误差较小。此外，5～10 μg/mL 的黄曲霉毒素 B_1 标准液也可定期再用紫外分光光度计测定其浓度，以及做薄层色谱的纯度测定，以检查其浓度与纯度有否改变。

(二)食品中黄曲霉素 M_1 与 B_1 的测定

1. 薄层色谱法(TCL)

【试剂】

(1)同黄曲霉毒素 B_1 测定。

(2)异丙醇。

(3)氯化钠及 4%氯化钠溶液。

(4)硅胶 G：层析用。

(5)硫酸(1+3)。

(6)玻璃砂:用酸处理后洗净干燥,约相当 20 目。

(7)黄曲霉毒素 M_1 标准液:用三氯甲烷配制成每毫升相当于 10 μg 的黄曲霉素 M_1 标准溶液。以三氯甲烷做空白试剂,黄曲霉毒素 M_1 的紫外最大吸收峰的波长应接近 357 nm,摩尔消光系数为 19 950。避光,置于 4 ℃冰箱中保存。

(8)黄曲霉毒素 M_1 与 B_1 混合标准使用液:用三氯甲烷配制成每毫升相当于各 0.04 μg 黄曲霉毒素 M_1 与 B_1,避光,置于 4 ℃冰箱中保存。

【仪器】

(1)小型粉碎机。

(2)样筛。

(3)电动振荡器。

(4)全玻璃浓缩器。

(5)玻璃板:5 cm×20 cm。

(6)薄层板涂布器。

(7)展开槽:内长 25 cm、宽 6 cm、高 4 cm。

(8)紫外光灯;100~125 W,带有波长 365 nm 滤光片。

(9)微量注射器或血色素吸管。

【测定方法】

整个操作需在暗室条件下进行。

(1)提取　样品提取制备见表 7-2。

表 7-2　样品制备

样品名称	称样量/g	加水量/mL	加甲醇量/mL	提取液量/mL	加 4%氯化钠溶液量/mL	浓缩体积/mL	滴加体积/μL	方法灵敏度/(μg/kg)
牛乳	30	0	90	62	25	0.4	100	0.1
炼乳	30	0	90	52	35	0.4	50	0.2
牛乳粉	15	20	90	59	28	0.4	40	0.5
乳酪	15	5	90	56	31	0.4	40	0.5
黄油	10	45	55	80	7	0.4	40	0.5
猪肝	30	0	90	59	28	0.4	50	0.2
猪肾	30	0	90	61	26	0.4	50	0.2
猪瘦肉	30	0	90	58	29	0.4	50	0.2
猪血	30	0	90	61	26	0.4	50	0.2

注:样品中水分量参照中国医学科学院卫生研究所编著的食物成分表。

提取液量可由下式计算：

$$X_1=\frac{8\times(90+A+B)}{15}$$

式中：X_1 为提取液量，mL；A 为样品中的水分量，mL（牛乳、炼乳及猪组织的取样量为 30 g，牛乳粉、乳酪的取样量为 15 g）；B 为加水量，mL。

因各提取液中含 48 mL 甲醇，需 39 mL 水才能调到甲醇与水之体积比为 55∶45，因此加入 4%氯化钠溶液体积（mL）=87（mL）－提取液体积（mL）。

①牛乳与炼乳：称取 30 g 混匀的样品置于小烧杯中，再分别用 90 mL 甲醇移于 300 mL 具塞锥形瓶中，盖严防漏。振荡 30 min，用折叠式快速滤纸滤于 100 mL具塞量筒中，按表 7-2 收集 62 mL 炼乳与 52 mL 炼乳（各相当于 16 g 样品）提取液。

②牛乳粉：取 15 g 样品，置于具塞锥形瓶中，加入 20 mL 水，使样品湿润后再加入 90 mL 甲醇，振荡 30 min，用折叠式快速滤纸滤于 100 mL 具塞量筒中。按表 7-2 收集 59 mL 提取液（相当于 8 g 样品）。

③乳酪：称取 15 g 切细、过 10 目圆孔筛的混匀样品，置于具塞锥形瓶中，加 5 mL水和 90 mL 甲醇，振荡 30 min，用折叠式快速滤纸滤于 100 mL 具塞量筒中，按表 7-2 收集 56 mL 提取液（相当于 8 g 样品）。

④黄油：称取 10 g 样品，置于小烧杯中，用 40 mL 石油醚将黄油溶解并移于具塞锥形瓶中。加 45 mL 水和 55 mL 甲醇，振荡 30 min 后，将全部液体移于分液漏斗中。再加入 1.5 g 氯化钠摇动溶解，待分层后，按表 7-1 收集 80 mL 提取液（相当于 8 g 样品）于具塞量筒中。

⑤新鲜猪组织：取新鲜或冷冻保存的猪组织样品（包括肝、肾、血、瘦肉），先切细、混匀，然后称取 30 g 置于小乳钵中，加玻璃砂少许，磨细，新鲜全血用打碎机打匀，或用玻璃珠振摇抗凝。混匀后称取 30 g，将各样品置于 300 mL 具塞锥形瓶中，加入 90 mL 甲醇，振荡 30 min，用折叠式快速滤纸滤于 100 mL 具塞量筒中，按表 7-2 收集 59 mL 猪肝、61 mL 猪肾、58 mL 猪瘦肉及 61 mL 猪血等提取（各相当于 16 g 样品）。

（2）净化

①用石油醚分配净化：将以上收集的提取液移入 250 mL 分液漏斗中，再按各种食品加入一定体积的 4%氯化钠溶液（见表 7-2）。再加入 40 mL 石油醚，振摇 2 min，待分层后，将下层甲醇-氯化钠水层移入原量筒中，将上层石油醚溶液从分液漏斗上口倒出，弃去。再将量筒中溶液转移于原分液漏斗中。再重复用石油醚

提取 2 次，每次 30 mL，最后将量筒中溶液仍移于分液漏斗中。黄油样液总共用石油醚提取 2 次，每次 40 mL。

②用三氯甲烷分配提取：于原量筒中加入 20 mL 三氯甲烷，摇匀后，再倒入原分液漏斗中，振摇 2 min。待分层后，将下层三氯甲烷移于原量筒中，再重复用三氯甲烷提取 2 次，每次 10 mL 合并于原量筒中。弃去上层甲醇水溶液。

③用水洗三氯甲烷层与浓缩制备：将合并后的三氯甲烷层倒回原分液漏斗中，加入 30 mL 4%氯化钠溶液，振摇 30 s，静置。待上层混浊液有部分澄清时，即可将下层三氯甲烷层收集于原量筒中。加入 10 g 无水硫酸钠，振摇，放置澄清后，将此液经装有少许无水硫酸钠的定量慢速滤纸过滤于 100 mL 蒸发皿中。氯化钠水层再用 10 mL 三氯甲烷提取 1 次，并经过滤器一并滤于蒸发皿中。最后将无水硫酸钠一起倒于滤纸上，用少量三氯甲烷洗量筒与无水硫酸钠，也一并滤于蒸发皿中。于 65 ℃水浴上，通风挥干。用三氯甲烷将蒸发皿中残留物转移于浓缩管中。若蒸发皿中残渣太多，则经滤纸滤入浓缩管中，于 65 ℃用减压吹气浓缩装置将此液浓缩至 0.4 mL 以下，再用少量三氯甲烷洗管壁后，浓缩定量至 0.4 mL 备用。

(3)测定

①硅胶 G 薄层板的制备：薄层板厚度为 3 mm，105 ℃活化 2 h，在干燥器中可保存 1～2 d。

②点板：取 5 cm×20 cm 的薄层板两块，距板下端 3cm 的基线上各滴加 2 点，在距离第 1 板与第 2 板的左边缘 0.8～1 cm 处各滴加 10 μL 黄曲霉毒素 M_1 与 B_1 混合标准使用液，在距各板左边缘 2.8～3 cm 处各滴加同一样液点(各种食品的滴加体积见表 7-2)，在第二板的第 2 点上再滴加 10 μL 黄曲霉毒素 M_1 与 B_1 混合标准使用液。一般可将薄层板放在盛有干燥硅胶的层析槽内进行滴加，边加边用吹风机冷风吹干。

③展开

横展：在槽内加入 15 mL 事先用无水硫酸钠脱水的无水乙醚(500 mL 无水乙醚中加 20 g 无水硫酸钠)。将薄层板靠近标准点长边置于槽内，展至板端后，取出挥干，再同上继续展开一次。

纵展：将横展两次挥干后的薄层板再用异丙醇-丙酮-苯-正己烷-石油醚(60～90 ℃)：三氯甲烷(5+10+10+10+10+55)混合展开剂纵展至前沿距原点距离为 10～12 cm，取出挥干。

横展：将纵展挥干后的板再用乙醚横展 1～2 次。

④观察与评定结果：在紫外光灯下将第1板和第2板相互比较观察，若第2板的第2点在黄曲霉毒素M_1与B_1标准点的相应处出现最低检出量（M_1与B_1的比移值依次为0.25与0.43）。而在第1板相同位置上未出现荧光点，则样品中黄曲霉毒素M_1与B_1含量在其所定的方法灵敏度以下（见表7-2）。

如果第1板的相同位置上出现黄曲霉毒素M_1与B_1的荧光点，则看第2板第2点的样液点是否各与滴加的标准点重叠，如果重叠，再进行以下的定量与确证试验。

⑤稀释定量：样液中的黄曲霉毒素M_1与B_1荧光点的荧光强度与黄曲霉毒素M_1与B_1的最低检出量（0.000 4 μg）的荧光强度一致，则牛乳、炼乳、牛乳粉、乳酪及黄油样品中黄曲霉毒素M_1与B_1的含量依次为0.1、0.2、0.5、0.5及0.5 μg/kg；新鲜猪组织（肝、肾、血、瘦肉）样品均为0.2 μg/kg（表7-2）。如样液中黄曲霉毒素M_1与B_1的荧光强度比最低检出量强，则根据其强度逐一进行测定，估计减少滴加微升数或经稀释后再滴加不同微升数，直至样液点的荧光强度与最低检出量点的荧光强度一致为止。

⑥确证试验：在做完定性或定量的薄层板上，将要确证的黄曲霉毒素M_1与B_1的点用大头针圈出。喷以硫酸溶液（1＋3），放置5 min后，在紫外灯光下观察，若样液中黄曲霉毒素M_1与B_1点同标准点一样均变为黄色荧光，则进一步确证检出的荧光点是黄曲霉毒素M_1与B_1。

【计算】

$$X = \frac{D \cdot V_1 \times 0.000\,4}{m \cdot V_2} \times 1\,000$$

式中：X为黄曲霉毒素M_1或B_1含量，μg/kg；V_1为样液浓缩后体积，mL；V_2为出现最低荧光样液的滴加体积，mL；D为浓缩样液的总稀释倍数；m为浓缩样液中所相当的样品质量，g；0.000 4为黄曲霉毒素M_1或B_1的最低检出量，μg。

【注意】

(1)测试样品必须具有代表性，每份平均采样1 kg左右。对局部发霉的样品，要单独取样，单独检测。

(2)薄层板应干燥保存，最好活化后当天使用。

(3)展开剂应临用时配制。展开剂中丙酮与氯仿比例，可随分离情况调节，黄曲霉毒素B_1或M_1比移值随展开剂中丙酮量增加而增大。

(4)阳光可使黄曲霉毒素荧光消失，故整个操作要避免阳光直射。

(5)无水乙醚不应含水与乙醇，否则薄层板在横向展开后，黄曲霉毒素B_1会移位。

(6)确证黄曲霉毒素 B_1 也可滴加三氟乙酸。这是由于黄曲霉毒素 B_1 经过三氟乙酸的催化作用,转化成黄曲霉毒素 B_{2a},R_f 值极低,为 0.05 左右,基本上固定未移动。如背景还不够清楚,可再展开第 2 次,并经三氟乙酸熏蒸 5 min,使黄曲霉毒素 B_{2a} 点黄色深,且可使某些背景杂质褪色,使阳性斑点更加清楚。

(7)由于黄曲霉毒素具强致癌性,使用时应特别小心。凡受污染的玻璃器皿、台面、地面等,须经 5%次氯酸钠溶液浸泡或擦抹干净。

2. 高效液相色谱法(HPLC)

高效液相色谱法是在原有的液相柱色谱基础上,引入了气相色谱理论,并加以改进而发展起来的。它兼有液相和气相两种色谱分析方法的优点。该方法不仅在分离速度、分离效能、检测灵敏度(可达 10^{-10} g)和自动化等方面均达到了可与气相色谱法相媲美的程度,而且还保持了液相色谱对试样适应范围广和流动相改变的灵活性大等方面的优点。

【试剂】

(1)甲醇。

(2)二氯甲烷。

(3)10%氯化钠溶液。

(4)乙酸锌溶液:取 150 g 二水合乙酸锌[$Zn(CH_3COO)_2 \cdot 2H_2O$]和 150 g 氯化钠,用水溶解,加入 1 mL 冰乙酸,用水稀释至 1 000 mL。

(5)纤维素粉:用二氯甲烷浸泡数小时,再用二氯甲烷洗涤。

(6)硅胶粉:70～230 目,105 ℃活化 1 h,再加入 1%水混合,过夜。

(7)甲苯-乙酸(9+1)。

(8)乙醚-己烷(3+1)。

(9)二氯甲烷-丙酮(9+1)。

(10)氯仿-环己烷-乙腈(25+7.5+1.0)。

(11)黄曲霉毒素 B_1 标准溶液(0.5 μg/mL):同薄层色谱法。

(12)黄曲霉毒素 M_1 标准溶液(0.5 μg/mL):同薄层色谱法。

【仪器】

(1)组织捣碎机。

(2)抽滤器。

(3)水浴锅。

(4)微量注射器。

(5)层析柱:20 mm×500 mm 和 10 mm×300 mm 各一。

(6)高效液相色谱仪:附荧光检测器。

【色谱条件】

检测器:荧光检测器。

激发滤色器:360 nm。

发射滤色器:430 nm。

固定相:微粒硅胶(10 μm),用以水饱和的氯仿+环己烷+乙腈(25+7.5+1.0)溶剂装柱。

色谱柱:2 mm×0.5 m 不锈钢柱。

淋洗剂:氯仿-环已烷-乙腈(25+7.5+1.0)。流速:1.0 mL/min。

【测定方法】

(1)样品处理

①提取:称取 50.00 g 样品放入组织捣碎机中,加 50 mL 10%氯化钠溶液和 200 mL 甲醇,搅碎 3~4 min,用快速滤纸减压抽滤。取滤液 100 mL(相当样品 20 g)于 250 mL 烧杯中,加 100 mL 乙酸锌溶液,搅拌,静置 6 min 以使色素沉淀,过滤。取 100 mL 滤液(相当样品 10 g)于 250 mL 分液漏斗中,每次加 25 mL 二氯甲烷剧烈振摇约 1 min,进行 2 次提取,每次将下层经层析柱纯化。

②纯化:将分液漏斗的下层二氯甲烷层经纤维素柱,用二氯甲烷 50 mL 洗涤分液漏斗后进行洗脱,收集全部洗脱液于 150 mL 烧杯中,在蒸汽浴上蒸发近干(不可过热),用 2 mL 二氯甲烷溶解残渣后,倾注到 2 g 硅胶柱(1 cm×30 cm)内,先用 25 mL 甲苯-乙酸(9+1)、然后用 50 mL 乙醚-已烷(3+1)洗涤,弃去两者的洗涤物。用 60 mL 二氯甲烷-丙酮(9+1)洗脱,收集洗脱液于 100 mL 烧杯内,在蒸汽浴上蒸发近干,用适量以水饱和的氯仿-环已烷-乙腈(25+7.5+1.0)溶剂溶解干样品提取物,装入带塞的小瓶中,盖塞,备高效液相色谱用。

(2)测定 取 10 μL 样液注入高效液相色谱仪中,测得样品的色谱图。各注入 10 μL 黄曲霉毒素 B_1、M_1 标准溶液(0.5 μg/mL),得其标准溶液色谱图。由色谱图峰高(或峰面积)与含量的比例关系,求出进机样液中黄曲霉毒素的含量(也可用标准曲线法测定含量)。

【计算】

$$X = \frac{AV_1}{mV_2} \times 1\,000$$

式中:X 为黄曲霉毒素 B_1 或 M_1 含量,μg/kg;A 为进机样液中黄曲霉毒素的含量,μg;m 为纯化前吸取滤液中相当样品的质量,g;V_1 为纯化后样品稀释液的总体积，mL；V_2 为样液进样体积，mL。

第二节　食品中苯并(a)芘的检测

一、苯并(a)芘概述

苯并(a)芘(BaP)是多环芳香族碳氢化合物(多环芳烃)中的一种。多环芳烃包括一大群物质，目前已发现的有200余种，其中一部分具有致癌活性，并在人类环境中出现。一般有致癌作用的多为四、五、六、七环之间的多环芳烃，苯并(a)茁、二苯并(a,h)蒽、二苯并(b,e)芘和二苯并(a,h)芘等都有强致癌性。其中以苯并(a)芘污染最广，含量最多，致癌作用最强，是多环芳烃类化合物中具有代表性的物质和主要的环境和食品污染物。一般把苯并(a)芘作为环境和食品受多环芳烃污染的指标和代表。

BaP在常温下为黄色固体，有单斜针状结晶和菱形片状结晶两种形状的结晶，化学性质均很稳定。BaP在10%KOH-乙醇溶液中加热回流一小时无任何变化，在碱性溶液中稳定。但在酸性溶液中不稳定，易与硝酸、过氯酸等起化学反应，对氯、溴等卤族元素的化学亲和力较强。苯并(a)芘在波长415～425 nm处有一特殊吸收峰，呈现黄绿色荧光，故可用荧光分光光度计进行测定。

二、苯并(a)芘对食品的污染

各种动植物可合成多环芳烃(PAH)，在未受污染的陆地上或海水中生长的植物或动物体内也含有微量的BaP。食品中PAH含量高的主要原因是食品加工过程或环境污染所致。

(一)食品加工和储存过程中受到污染

1. 熏制的污染

BaP是烟中的一个重要成分，食品在烟熏过程中与燃料不完全燃烧产生的PAH直接接触而受到污染，使食品中BaP含量比熏前有明显增加。如烟熏猪肉制品，熏前新鲜猪肉的BaP含量为0～0.04 μg/kg，熏后即增加至1～10 μg/kg；香肠熏前为1.5 μg/kg，熏后最高可达88.5 mg/kg；烟熏鳗鱼熏前BaP含量为1～2.7 μg/kg，而熏后增加到5.9～15.2 μg/kg。国际抗癌研究组织发表的材料，熏肉中BaP的含量可高达107 μg/kg。熏制的方式、时间、温度均可影响食品中BaP的含量。一般热烟比冷烟(320 ℃以下)产生的BaP多，电炉代替木炭熏制可降低

BaP含量，远红外线炉加工的产品含量最低，烘烤、熏制的时间越长，食品中所含BaP的量就越多。一般认为烟熏是食品受污染的主要途径。

2. 食品烘烤的污染

由于烘烤时温度较高，使蛋白质、脂肪和碳水化合物等有机物质受热分解，经环化、聚合而形成Bap，使食品中BaP的含量增加。经测定，脂类于700 ℃烘烤时，热聚产生的BaP可达1.2～88.8 μg/kg。在烘烤肉类过程中，滴于火上的油滴可热聚产生BaP，并附着于烤肉表面，这可能是烤制品中BaP的主要来源。有人测定烤制过程中滴下的脂肪，其BaP含量比烤制品高10～70倍，烘烤对食品中BaP的污染程度，往往与烘烤的温度、燃料种类以及烘烤的时间长短有关。一般烘烤食品的温度约400 ℃左右，在正常情况下对食品的污染并不严重；当食品被烤焦或炭化时，则BaP的含量显著增加。一般烘烤肉类时，其BaP含量为0.17～0.63 μg/kg，而以炭火烘烤的肉类可达2.6～11.2 μg/kg，烧烤用燃料顺序为红外线＜电＜山草＜炭＜煤柴。如将肉挂在炉旁长时间烘烤，则高达107 μg/kg。油脂经多次反复加热，可促使脂肪氧化分解而产生BaP。如炸油条的油，由于反复循环使用，经测定BaP含量比一般植物油高，油条中含量有的达11 μg/kg。

3. 其他污染

烟熏和烘烤的动物性食品在贮存过程中，BaP会由最初主要附着于食品的表层（深度不超过1.5 mm的皮层）逐渐向食品的深部渗透，存放40 d后，内层的含量可升至总量的40%～45%，从而产生更严重的污染。

食品加工保存过程中，某些设备、管道或含有PAH的液体石蜡涂渍的包装材料中的BaP也可污染食品，采用橡胶管运输原料或产品时，因其填充料炭黑和加工橡胶时用的重油中含有的BaP会溶到食品中，机械密封不好时，润滑油中BaP随油滴漏而造成食品严重污染。

（二）环境中的BaP对食品的污染

1. 植物的叶面受到大气降尘的污染

木柴、麸粮、煤炭、石油、煤气、香烟及其他各种有机物燃烧不全时都会产生苯并(a)芘，通过烟尘和浮尘粒子的沉降，使空气、土壤、水体受到污染。排入大气的苯并(a)芘散落在农作物表面可被吸收，造成直接污染。据调查，当大气中的BaP含量为0.04～0.4 μg/mg时，蔬菜中的含量(μg/kg)为：番茄0.22、菠菜7.4、韭菜6.6。植物中苯并(a)芘的含量取决于局部空气污染的程度，如西德调查，农村产的苹果和小麦BaP含量分别为0.2～0.5 μg/kg和0.19～0.34 μg/kg，而工业区产的苹果和小麦分别含30～60 μg/kg和0.72～3.52 μg/kg。

2. 植物从污染的土壤中吸收多环芳烃

土壤中的 BaP 主要是由工业污水和空气降尘污染的结果，可被作物的根部所吸收。如土壤中的 BaP 含量为 0.5～4 μg/kg(干土)时，生长的作物中 BaP 的含量为 9 μg/kg，当土壤中 BaP 增至 150 μg/kg 时，作物中 BaP 的含量也相应增至 57 μg/kg。

(三)食物链的富集作用

生产炭黑、炼油、炼焦、合成橡胶等行业的废水中含有大量的 BaP，排入水源中通过食物链产生富集。水生生物有很强的富集多环芳烃的能力，如海鱼含 BaP 可达 2～65 μg/kg，比海水含量高许多倍。石油污染水域的牡蛎体内，多环芳烃可达 200 μg/kg，其中 BaP 2～6 μg/kg。陆生食物链也可将 BaP 予以浓缩，从而造成食品原料的污染。

(四)生物体自身合成

食品中的多环芳烃主要是污染所致。但许多研究证明，生物体本身也能合成少量的 BaP。许多细菌、原生动物、藻类和高等植物体内均可合成 BaP。

三、苯并(a)芘的毒性作用

BaP 对人体的毒性主要是致癌作用，BaP 是最早发现的致癌物质。自 1775 年报告英国烟囱清洁工人阴囊癌发病率很高，经研究证明，BaP 是一种主要的致癌因素，可引起皮肤癌、胃癌和肺癌。

动物实验表明，经口饲喂 BaP，对鼠类及多种实验动物有致癌作用，其最低剂量为 4 mg/kg(饲料)，可以诱发多种肿瘤。人体试验表明，人体与 BaP 接触 3 周，即可发生皮肤的鳞状上皮瘤。根据流行病学调查，接触沥青及煤焦油的工人中，皮肤癌、肺癌的发病率较高。近年来，关于胃癌与多环芳烃的关系屡有报道。长期食用熏制食品与某些癌症发病有一定关系，如海边居民因食用大量咸鱼及熏鱼，其胃肠道及呼吸道的癌症发病率较内陆居民高 3 倍；冰岛的胃癌死亡率为 125.5/10 万人，可能与该地居民喜吃烟熏食品有关。日本也是胃癌发生率很高的国家，一些居民有在炭火上烤鱼吃的习惯。BaP 对人引起癌症的潜伏期很长，一般 20～25 年。BaP 还具有致畸性和生殖毒性。在小鼠和兔中，BaP 能通过血-胎盘屏障发挥致癌活性，造成子代肺腺瘤和皮肤乳头状瘤，还观察到有降低生殖能力和对卵母细胞有破坏作用。

BaP 进入机体大部分被吸收，主要经呼吸道吸收，也可经消化道和皮肤吸收，仅有1%～2%保持原形或从粪便中排出体外。被吸收的部分经肝羧基化酶作用生成单羧基及多羧基化合物，与葡萄糖醛酸结合，从尿中排出，使其失去致癌性。而被吸收的另一部分没有参与代谢分解，却与部分蛋白质结合，由于BaP结构中的高能电子密度区，使它容易和亲电子的细胞受体结合，致使控制细胞生长的酶和激素结构中的蛋白质部分发生变异或丢失，造成细胞发生突变或癌变。

四、防止苯并(a)芘污染的措施

1. 改进食品加工方式

(1)研制能在更低的温度下产生烟的新型发烟器，用锯末代替木材燃料，并对烟进行过滤。这种发烟器所产生的烟及其熏制的食品，其BaP的含量大大降低。同时必须注意不要使食品与燃烧物直接接触及在烘烤食品时掌握好炉温和时间，阻止烤焦和炭化。

(2)研制无烟熏制法将各类鱼和灌肠制品用熏制液进行加工，它们既不含有致癌性多环芳烃，又能防腐，并赋予肉制品以熏制所特有的色、香、味。

(3)粮食作物收割后不准在柏油公路等处脱粒或翻晒，以免沥青污染。烘烤食品采用间接加热式远红外线照射，以防止BaP污染食品。

(4)机械转动部分应密封严密，以防止润滑油滴漏在食品中；采用植物油替代矿物润滑油，以减少BaP对食品的污染；采用无毒无害的涂料涂敷容器。

2. 综合治理“三废”

加强环境污染的管理和监测工作，认真做好工业“三废”的综合利用和治理工作，减少BaP对大气、土壤及水体的污染，以利于降低农作物中BaP的含量。特别是石油提炼、炭黑、炼焦及橡胶合成等工业废水中含BaP高，应采用吸附沉淀、氧化等方法处理后排放，工厂废烟气在排出之前进行回收。汽车安装消烟装置以减少对环境和食品的污染。

3. 去毒

世界上许多国家都对食品中BaP的含量作了限制，我国食品卫生标准中规定各类肉制品BaP的允许含量为不超过5 μg/kg，因此对含BaP量高的食品原料应进行去毒。

(1)烟熏食品　揩去表面的烟油可使产品中BaP的含量减少20%左右。熏烤肉类等动物性食品时滴下的油，BaP含量较高，不宜食用。食品烤焦时，应刮去表面烤焦部分后食用。

(2)氧化或吸附食品中BaP　经日光或紫外线照射或臭氧等氧化剂处理，可使之失去致癌作用。活性炭是从油脂中除去BaP的优良吸附剂。食油精炼过程中加0.3%活性炭，可使食油中BaP含量减少90%左右。油脂和小麦均可采用氧化法去毒。

(3)碾磨加工及稀释粮谷类　经碾磨加工去除表皮的同时，使BaP含量降低40%～60%，或根据BaP含量情况经过稀释使其降低到允许范围之内供食用，或改做饲料、工业原料。

五、食品中苯并(a)芘的允许含量

食品中苯并(a)芘的含量随品种、产地及加工方法而异。部分食品中苯并(a)芘的含量(GB 7104—94)见表7-3。

表7-3　食品中苯并(a)芘的限量标准*　μg/kg

食品名称	指标	食品名称	指标
烧烤猪肉、鸡、鸭、鹅	≤5	熏红肠、熏香肠	≤5
火腿、板鸭	≤5	植物油	≤10
叉烧、羊肉串	≤5	稻谷	≤5
烟熏鱼	≤5	小麦	≤5
熏鸡、熏马肉、熏牛肉	≤5	大麦	≤5

* 德国、奥地利、波兰等国家食品卫生标准规定熏肉中苯并(a)芘不得超过1 μg/kg。

六、食品中苯并(a)芘的测定方法

食品中苯并(a)芘的测定方法有荧光分光光度法、目测比色法、气相色谱法和液相色谱法等。荧光分光光度法可准确用于苯并(a)芘的定量，是我国食品卫生检验标准的首选方法，也是公认的方法之一。气相色谱法和液相色谱法精密度与准确度高。

(一)荧光分光光度法

样品用有机溶剂提取，经液-液分配或色谱柱净化，在乙酰化滤纸上分离。将分离滤纸部分剪下，以溶剂浸出后，用荧光光度计测定荧光强度。

【试剂】

(1)环己烷：重蒸馏。

(2)二氯甲烷：重蒸馏。

(3)苯：重蒸馏。

(4)醋酸酐。

(5)浓硫酸。

(6)氢氧化钾。

(7)无水硫酸钠。

(8)硅胶(60～100 目)。

(9)中性氧化铝(100～120 目):经 130 ℃活化 4 h。

(10)苯并(a)芘标准储备液(100 μg/mL):准确称取纯品苯并(a)芘 10.0 mg,用环己烷溶解并定容至 100 mL。

(11)苯并(a)芘标准应用液(1 μg/mL)。

(12)乙酰化滤纸的制备:将层析用滤纸裁成 5 cm×20 cm 纸条,浸入盛有 300 mL 苯、260 mL 醋酸酐和 0.2 mL 浓硫酸的层析缸中不断搅拌 4 h 后,过夜,取出纸条在通风橱内晾干,用蒸馏水洗 2～3 次晾干后,放入无水乙醇中浸泡 4 h,取出晾干压平。

【仪器】

(1)荧光分光光度计。

(2)紫外灯:带有波长为 365 nm 的滤光片。

【测定方法】

(1)样品处理

①称取试样 50.00 g 于三角烧瓶中,加 95%乙醇 100 mL,氢氧化钾 12 g,装上冷凝管,于水浴(95 ℃)加热回流 3 h,取下三角烧瓶,样液滤入装有 100 mL 水的分液漏斗中。

②依次用乙醇 50 mL、环已烷 150 mL 分 2 次洗三角烧瓶,过滤后一并收于分液漏斗中,振摇 3 min,静置分层,下层液放于第 2 个分液漏斗中,再用环已烷 70 mL 提取 3 min,分层后,弃水层。

③环已烷提取液合并于第 1 个分液漏斗中,用环已烷 8 mL 淋洗漏斗,洗液一并收入,用 40 ℃100 mL 水洗环已烷提取液 3 次,水洗液合并于第 2 个分液漏斗中,用环已烷 30 mL,提取 1 次,振摇 1 min,分层后弃水层,再用 40 ℃水 50 mL,重复 1 次。

④全部环已烷提取液经层析柱纯化,用 100 mL 苯淋洗层析柱,流速 2 mL/min。洗脱液用 K-D 浓缩器浓缩至 0.1～0.5 mL,待测。

(2)纸层析

①点样:在乙酰化滤纸一端 5 cm 处,以铅笔划一横线,用微量注射器吸取样品浓缩液(10～50 μL),同时点苯并(a)芘标准应用液(1 μg/mL)20 μL。

②展开:将点样后的乙酰化纸上端挂在圆柱形层析缸缸盖的挂钩上,层析缸内加 30 mL 无水乙醇、5 mL 二氯甲烷为展开剂,纸的下端浸入溶剂约 1 cm,在避

光处展开,待展开剂前沿上升到距纸顶 1 cm 时取出晾干,重复操作 2～3 次。

③紫外灯下照射:取展开后的乙酰化纸于紫外灯(波长 365 nm)下照射,用铅笔圈出与苯并(a)芘标准点相应位置的荧光带,剪下圈内的这一部分,并剪成小碎片,放入具塞小试管中,准确加 5 mL 苯,盖紧后于 60 ℃水浴加热 20 min,在其间摇匀 2 次,冷却待测。

(3)荧光测定

①定性分析:将测定液移入石英杯中,置荧光分光光度计上,调节仪器参数,将激发波长固定在 386 nm,对测定液和标准液分别在发射波长 400～500 nm 间扫描,绘出荧光发射光谱。再将发射波长固定在 405 nm,对激发波长 250～400 nm 间扫描,绘出激发光谱。如两者图谱相同,确认为苯并(a)芘。

②定量分析:将激发波长固定在 386 nm,分别测定 405,400,410 nm 处测定液和标准液的荧光强度,然后用基线法求出在 405 nm 处的峰高值 I。$I = I_{405} - 1/2(I_{400} + I_{410})$。利用定点直线比较法计算测定样品中苯并(a)芘的含量。

$$Y = \frac{I_0 \times Y_0}{I_n \times m} \times 1\,000$$

式中:Y 为测定液 BaP 值,μg/kg;Y_0 为标准液 BaP 含量 μg;I_n 为测定液的荧光强度;I_0 为标准液的荧光强度;m 为试样质量,g。

【注意】

(1)熟肉制品试样处理应先加水 30 mL 和氢氧化钾 12 g,放置 30 min 后再加乙醇 100 mL。

(2)用 40 ℃温水洗环己烷提取液时,第一次轻摇 15 次,第二次轻摇 30 次,最后振摇 1 min,避免剧烈振摇,防止乳化。

(3)层析柱下端放少量脱脂棉,先装入 10 g 硅胶,后装 3 g 中性氧化铝,装时注意使装好的柱中没有气泡。层析柱中也可填入硅镁型吸附剂(60～100 目)。该试剂处理参照黄曲霉毒素测定高效液相色谱法。

(4)脱脂棉:于脂肪提取器中放入药棉,用环己烷浸泡,在水浴上经抽提 4 h 以上,取出晾干。

(5)本法最低检出限量食品中为 0.1 μg/kg,方法回收率为 85.9%,变异系数为 4.8%。

(二)气相色谱法

样品经皂化、提取、净化后,用气相色谱仪分析 BaP,比较被测物与内标物苯并(b)芘的色谱峰面积计算结果。

【试剂】

(1)丙酮:重蒸馏。

(2)环己烷:重蒸馏。

(3)二甲基甲酰胺(DMF):重蒸馏。

(4)异丙醇:重蒸馏。

(5)硅胶:100～200 目,层析用,于 100 ℃活化 1 h,使用前 24 h 加水 15%。

(6)葡聚糖凝胶(Sephadex)LH_{20}:使用前 24 h 用异丙醇平衡。

(7)2 mol/L KOH 的甲醇-水(9+1)溶液。

(8)KOH。

(9)BaP 标准液:用 DMF 配制,每微升中含有 0.2～1 μg BaP,储存于暗处,保存时间不超过 1 个月。

(10)苯并(b)芘(内标物)标准液:用 DMF-水(9+1)溶液配制,浓度为 5 μg/mL。

【仪器】

(1)旋转蒸发器。

(2)电动搅拌器。

(3)层析柱:①硅胶用:长 200 mm,内径 10 mm。②葡聚糖凝胶 LH_{20} 用:长 100 mm,内径 22～30 mm。

(4)气相色谱仪:带有氢火焰离子化检测器。

【色谱条件】

色谱柱:玻璃柱,长 10 mm,内径 2 mm,填充 5%OV-101 Gaschrom Q(100～120 目,酸碱洗)。

载气:氮气,30 mL/min。

检测器温度:260 ℃。

柱温和进样品温度:250 ℃。

【测定方法】

(1)样品处理

①高蛋白食品:称取样品 20.00 g,放入搅拌器混匀,定量转移至 1 000 mL 圆底烧瓶中,加入 300 mL 2 mol/L 氢氧化钾的甲醇-水(9+1)溶液及 5 μg 苯并(b)芘。装上冷凝管,加热皂化回流 2～4 h。消化好后冷至室温,转移至 2 L 分液漏斗中,用 400 mL 甲醇-水(9+1)溶液洗涤回流瓶,洗液并入分液漏斗中。取 800 mL 环己烷加入分液漏斗内,振摇,静置分层后。弃去下层(甲醇-水)。用 400 mL 甲醇-水(1+1)溶液洗涤环己烷层,分层后弃去洗涤液;再用 400 mL 水重复洗涤 2

次，分出环己烷层。用旋转蒸发器在 35 ℃水浴中减压维持恒定沸腾，将己烷提取液浓缩到约 100 mL。移入分液漏斗中，加 200 mL DMF-水(9+1)，振摇，静置分层，弃去环己烷层。再加入 200 mL 水和 200 mL 环己烷，振摇，分层后弃去下层(DMF-水)，用 100 mL 水洗涤 2 次。将环己烷层转移至圆底烧瓶内，用旋转蒸发器在 35 ℃水浴减压下维持沸腾，浓缩至 1 mL。

②脂肪与油脂：将 20.00 g 样品溶于 100 mL 环己烷中，并加入 5 μg 苯并(b)芘，移入分液漏斗中，加 200 mL DMF-水(9+1)，振摇，静置分层，弃去环己烷层。再加入 200 mL 水和 200 mL 环己烷，振摇，分层后弃去下层(DMF-水)，用 100 mL 水洗涤 2 次。将环己烷层转移至圆底烧瓶内，用旋转蒸发器在 35 ℃水浴减压下维持沸腾，浓缩至 1 mL。

(2)柱层析净化

①层析柱的制备：取 10.00 g 硅胶，加入 40 mL 环己烷，摇动赶气，全部装入玻璃柱内。放出溶剂，直到液面与硅胶上表面平齐。

②将浓缩提取液移入柱内，用环己烷洗涤蒸发瓶，洗液移入同一柱内。打开活塞，使提取液和洗液沿柱而下，在溶剂液面离硅胶上表面 1 mm 时停止。用 100 mL 环己烷洗脱，收集洗脱液。

③洗脱液置于 100 mL 圆底烧瓶中，用旋转蒸发器在水浴温度 35 ℃减压下维持恒定沸腾，将洗脱液蒸发至干。残留物溶于 1 mL 异丙醇。

(3)苯并(b)芘分离

①层析柱的制备：取 10.00 g 葡聚糖凝胶 LH_{20} 加 50 mL 异丙醇，平衡 4～24 h。然后全部转移至层析柱内，将溶剂放出至液面与葡聚糖凝胶 LH_{20} 上表面平齐。

②将上述 1 mL 异丙醇样液移入柱内，用 1 mL 异丙醇洗涤蒸发瓶，洗液也移入柱内使样液与洗液顺柱而下，至溶剂液面离葡聚糖凝胶上表面 1 mm 时停止。用 48 mL 异丙醇洗脱，弃去洗脱液；再用 150 mL 异丙醇洗脱，将洗脱液收集于 100 mL 圆底烧瓶内(这部分含有 3 环以上多环芳烃)。

(4)气相色谱分析用提取液制备　用旋转蒸发器在水浴温度 35 ℃减压下维持恒定沸腾，将异丙醇洗脱液蒸发至近干，残留物溶于 1 mL 丙酮，定量转移至 10 mL 浓缩管中，每次用 1 mL 丙酮洗涤 100 mL 烧瓶 2 次，洗液并入浓缩管中，于室温下使溶剂挥干，加入 10 μL DMF，留做气相色谱分析。

(5)测定　用微量进样器注入 1 μL 样液，再注入 0.2～1 μg/μL BaP 标准液 1 μL，测量 BaP 和内标物的峰高和保留时间。

【计算】

$$X = \frac{t h m_s}{t_s h_s m}$$

式中：X 为 BaP 的含量，μg/kg；t 为 BaP 的保留时间，cm(min)；t_s 为内标物的保留时间，cm(min)；h 为 BaP 的峰高，cm；h_s 为内标物的峰高，cm；m_s 为所加入内标物的质量，μg；m 为样品质量，kg。

第三节　食品中二噁英的检测

二噁英(dioxins)是一类氯代含氧三环芳香类化合物，它包括多氯代二苯并二噁英(polychlorodibenzo-P-dioxin，PCDDs)和多氯代二苯并呋喃(polychlorodibenzofuran，PCDFs)。PCDDs 是由两个氧桥连接的双苯环化合物，PCDFs 是二苯呋喃环结构。由于氯原子取代的位置不同，构成了 210 个同系物异构体，包括 75 个 PCDDs 和 135 个 PCDFs，缩写为 PCDDs/Fs。基于与其毒性的相似性，其他一些卤代芳烃化合物，如多氯联苯、氯代二苯醚、氯代萘及其他混合卤代芳烃化合物也包括在内，统称为二噁英及其类似物，目前最为关注的是 PCDDs/Fs，其中 2，3，7，8-四氯代二苯并二噁英(2，3，7，8-TCDD)是目前所有已知化合物中毒性最大、毒性作用最多的物质。它们产生的途径非常广泛，在环境中难以降解，可通过食物链在人体富集，对人类的危害很严重，尤其对人类生长发育、生殖功能和繁衍的影响最令人担忧。研究表明人类二噁英的 90% 是通过动物性食物摄入的。

一、二噁英的污染来源

二噁英是在人类工业生产和生活活动中产生的。环境中 PCDDs/Fs 的污染，在工业化国家主要来自城市固体垃圾焚烧(如塑料、橡胶、秸秆和木材)，含氯化学物品的杂质(如氯代苯氧乙酸、氯代联苯醚除草剂、菌螨酚和氯酚杀虫剂)，纸浆漂白，汽车尾气排放。而我国有着与工业化国家不同的污染来源：因预防血吸虫病使用大量氯酚钠杀灭钉螺，造成长江流域江河湖泊的严重污染；小型造纸厂遍布全国各地，排放的废水与废渣也造成江河湖泊污染。在饲料和人类食品中的二噁英通常是外源性污染。

二噁英进入人和动物体内的主要途径是通过污染的饲料、饮水和空气。空气中的二噁英，一是来源于化学物品燃烧和汽车尾气，焚化炉灰尘中二噁英含量可为 10 000 pg/g，城市地区空气中达 0.01～0.1 pg/m^3。空气中的二噁英随降尘而附着在叶面被植物吸收，随降水进入土壤被植物根吸收。二是来源于使用含二噁英的农药，喷洒农药能使空气中二噁英的浓度升高到 0.01 pg/m^3，这类农药均为苯环氢被氯取代的化学物质，工业合成时产生的二噁英混杂其中，如苯氧羧酸类除草剂(2,4-D,2,4,5-D 等)、皮蝇磷(含三氯苯基)和六氯双酚等。水中的二噁英来源于空气尘降和降水，植物叶面含二噁英的农药被雨水冲洗，以及化工厂和造纸厂等工业生产中的废水不合理排放。二噁英不溶于水，但可被吸附在淤泥中。在污染的水体中，水生动物和植物可以富集二噁英，并通过食物链逐级放大和传递，最终进入动物和人体内。如在美国污染最严重的地区，即北美大湖及大湖盆地的河流中鱼的污染状况研究表明，25%样品中检出 2,3,7,8-TCDD(0.5～2.0 ng/kg)，10%的样品超过 5.0 ng/kg，最高水平达 85 ng/kg。

生长中的植物与土壤、地表水以及空气中沉降的 PCDDs/Fs 接触而受到污染。根茎作物是由于外表皮与土壤接触而受到污染，如在胡萝卜、马铃薯等根茎作物中检出低浓度 PCDDs/Fs，但通过削皮可大部分除去。对高污染区样品的研究发现，削皮也可除去苹果、梨中大部分的 PCDDs/Fs，而洗涤的去除效果不大。

陆栖动物接触 PCDDs/Fs 的主要途径是食用含痕量 PCDDs/Fs 的草料和吞食污染土壤。由于体内对不同同系物异构体的吸收与消除具有选择性，动物组织通常仅含有或主要含有 2,3,7,8-TCDD 取代的同系物。据调查表明，受污染地区的动物产品中都含有一定量的 PCDDs/Fs，如英国牛乳的污染水平为 0.05～0.13 ng/kg，肉类 0.2～0.4 ng/kg，蛋类 0.16～0.22 ng/kg，鱼类 0.15～1.84 ng/kg。另外，食品加工与烹调过程也可产生 PCDDs/Fs，如在冷烟熏制的猪肉中，2,3,7,8-TCDD 的含量是生猪肉的 2 倍。

二、二噁英的毒性

PCDDs 的毒性强弱与动物种属、品系及年龄有关，豚鼠及幼龄动物较敏感。用大鼠进行慢性毒性试验表明，2,3,7,8-TCDD 对肝的最大无作用剂量为 0.06～0.4 pg/kg，最小作用剂量为 1 ng。动物急性毒性试验表明，其经口 LD_{50} (μg/kg) 为：豚鼠 1，大鼠 22～100，小鼠 114～284，兔 10～15，鸡 25～50，恒河猴<70，犬 30～300。

1. 一般毒性

PCDDs 可以使动物中毒死亡，是已知毒性最强的化合物之一。WHO 和我国 1997 年将其列为最高级的剧毒或极毒化学物，大鼠经口 LD_{50}<1 mg/kg，其毒性比氰化钾强 50～100 倍。PCDDs 大部分蓄积在机体脂肪组织内，代谢和排出缓慢，生物半衰期为 8 年。二噁英使动物死亡的时间长达数周。中毒特点为染毒几天内出现体重骤减，并伴随肌肉和脂肪组织的急剧减少，称之为废物综合征。在

非致死剂量时，可引起实验动物胸腺萎缩，对于正在发育的胎鼠及新生鼠，还伴随免疫抑制。二噁英可引起皮肤过度角化或色素沉着，出现痤疮。二噁英产生的肝脏毒性，以肝脏肿大、实质细胞增生与肥大为共同特征。

2. 致癌性

二噁英是一种多位点强致癌物。动物试验表明，可以诱发肝、肺、黏膜和皮肤癌，其对雌鼠的致癌性比黄曲霉毒素 B_1 强 3 倍。每天给大鼠 10 000～20 000 pg/kg 的剂量，可以诱发 10%～20%大鼠发生癌症。2,3,7,8-TCDD 对动物具有极强的致癌性，在 4 种动物种属(大鼠、小鼠、仓鼠和鱼)中进行的 19 次研究均呈阳性结果。对啮齿动物不断进行 2,3,7,8-TCDD 染毒，可以在两种性别诱发多部位肿瘤，大、小鼠的最低致肝癌剂量为 10 ng/kg。最近的流行病学研究提示，人群接触 2,3,7,8-TCDD 及其同系物，与人群所有癌症的总体危险性增加有关。据此，国际癌症研究机构于 1997 年将其判定为人类的 I 组致癌物。

二噁英的毒效应主要通过芳烃受体(Ah)实现。Ah 受体作为细胞浆中的信使蛋白质，与固醇类激素相似，起着信号传导与基因转录的作用。二噁英与 Ah 结合形成复合物再与 DNA 结合，从而导致 DNA 构象发生改变，特定基因组发生转录，使细胞增生与分化发生改变，导致相应的毒效应和致癌作用。但这种结合是可逆性的，故二噁英本身不具有致突变性，是一种强促癌剂。

3. 免疫毒性

大鼠、小鼠和兔的试验表明，二噁英具有免疫毒性。对小鼠的体液免疫和细胞免疫均有抑制作用，如一次染毒量为 10 ng/kg 2,3,7,8-TCDD 的小鼠对流感病毒感染的死亡率增加，说明二噁英对小鼠免疫抑制作用的剂量极低。尽管二噁英对动物具有明显的免疫毒性，但现有资料尚不足以确定其对人有免疫抑制或增强作用。

4. 生殖毒性

对雌性动物，二噁英有对抗雌激素的作用，如 2,3,7,8-TCDD 可导致大鼠、小鼠及灵长类雌性动物的受孕、坐窝数与子宫质量减小，以及排卵周期改变出现卵巢功能障碍。对雄性动物，可使其雌性化，还可引起恒河猴、大鼠、小鼠、豚鼠和鸡以精细胞减少为特征的睾丸形态改变，使成熟大鼠的生殖能力降低。流行病学研究显示，在 2,4,5-三氯酚生产中接触 2,3,7,8-TCDD 的男性工人血清睾酮水平降低，而血中促卵泡素和黄体激素增加，因而推测 2,3,7,8-TCDD 对人有生殖毒性。

5. 发育毒性

二噁英能影响胚胎或胎儿多种器官的分化过程，并影响与细胞膜相关成分(如酶、受体、离子通道、膜表面蛋白等)的结构和功能，从而引起生长发育障碍。

在发育早期染毒，可引起动物中枢神经系统功能改变，并在发育后期表现出来。在胚胎期或哺乳期以0.064～0.16 μg/kg的剂量给母体染毒，雄性仔鼠发育到成年时可出现雌性化，雌性仔鼠黄体激素分泌水平也发生改变。

6. 致畸性

二噁英致畸的动物包括猴、仓鼠、兔、绵羊、大鼠、小鼠和驯鹿等。实验证明，二噁英在低于可引起任何母体毒性或胚胎毒性剂量时，就能引起后代动物肾盂积水、输尿管阻塞和腭裂等畸形，因此致畸可能是二噁英最敏感的毒性指标。

三、二噁英的最高残留限量

1990年WHO根据TCDD对人和动物的肝脏毒性、生殖毒性和免疫毒性，并结合动力学资料，制定了TCDD的人体暂定每日耐受量(TDI)为10 pg/kg。1998年WHO总部邀请15个国家的40多位专家重新评估了二噁英的TDI，修订为1～4 pg/kg。人们在评价二噁英的危险性时，以17个2,3,7,8-TCDD的毒性当量(TEQs)表示。根据原有TDI为10 pg/kg，欧洲各国制定了相应的食品中PCDDs/Fs的MRL(pg/g)标准：英国，乳及乳制品TEQs(以鲜重计)＜17.5(如果乳脂含量低则以全乳计＜0.7)；德国，乳TEQs(以脂肪计)＜5；荷兰，乳及乳制品TEQs(以脂肪计)＜6；美国EPA饮用水＜30 pg/L。从目前可接受危险性看，如果采用TDI为4 pg/kg，则PCDDs/Fs以脂肪计的允许限量应该为3 pg/g。

四、二噁英的检测

食品中二噁英(PCDDs/Fs)分析属超痕量分析(fg至pg)、多组分(同系物、异构体的分离)和复杂的前处理技术，对特异性、选择性和灵敏度的要求极高，成为当今食品和环境分析领域的难点。只有良好的净化技术及特异性的分离手段才能满足要求。高分辨气相色谱/高分辨双聚焦磁式质谱联用仪-多离子检测(-MID)分析方法是目前唯一适用的化学方法，常检测的是17个2,3,7,8-TCDD。本法参照美国EPA1613方法，用^{13}C标记的同位素稀释法，采用高分辨气相色谱/高分辨双聚焦磁式质谱联用仪对样品中17个2,3,7,8-TCDD进行痕量分析和定量检测。

(一)食品中二噁英的检测——气相色谱-质谱法

样品经索氏抽提、自动纯化系统纯化、浓缩后，采用高分辨双聚焦磁式质谱仪对样品中的二噁英进行痕量分析和定量检测。

【试剂】

(1)二氯甲烷、正己烷、甲醇、丙酮、甲苯、乙醇、乙醚、壬烷(要求均为分析纯)。

(2)标准品:

①^{13}C标记的2,3,7,8-TCDD的标准溶液含有15个化合物。净化标准溶液，进样内标溶液纯度≥98%。

②窗口定义标准溶液、校正标准溶液:CS_1,CS_2,CS_3,CS_4,CS_5标准溶液、同分异构体特异度检测标准溶液纯度≥98%,其中CS_3是日常校正标准溶液。

【仪器】

(1)高分辨双聚焦磁式质谱仪,分辨率在分析检测中可稳定地维持在10 000。

(2)气相色谱仪。

(3)索氏抽提器。

(4)氮气吹扫蒸发仪。

(5)旋转蒸发仪。

(6)自动纯化系统(FMS)以及与其配套的硅胶柱、铝柱和碳柱。

【色谱条件】

毛细管柱:DB-5MS(60 m length×0.25 mm LD.×0.32 μm film);进样口温度:280 ℃;传输线温度:280 ℃;进样方式:不分流;载气流量:1.0 mL/min(恒流)。

升温程序:

$$120\ ℃\xrightarrow{1\ min}120\ ℃\xrightarrow{2.3\ min}220\ ℃\xrightarrow{15\ min}250\ ℃\xrightarrow{18\ min}250\ ℃\xrightarrow{1.5\ min}310\ ℃\xrightarrow{8\ min}310\ ℃$$

质谱条件离子源:电子轰击源(EI源:pos);电子能量:60 eV;温度:260 ℃;多离子检测(MID),检测M^+,$(M+2)^+$的质量色谱峰;加速电压:5 000 V;分辨率:用全氟三丁胺(FC43)为调谐标准化合物对质谱仪参数进行优化,调仪器分辨率至少达10 000(10%峰谷定义)。

【测定方法】

(1)样品预处理过程

①样品提取:将10 μL 15个2,3,7,8-TCDD的稳定同位素标记的同系物加入到纸套筒,然后依次加入10 g左右的无水硫酸钠,1～50 g样品,10 g左右的无水硫酸钠,采用300 mL的二氯甲烷-正己烷(1+1)溶液,用索氏抽提仪提取24 h。同时做空白试验。

②样品净化:采用旋转蒸发仪,将提取液浓缩到0.5 mL,向提取液加入$^{37}CL_4$-2,3,7,8-TCDD净化标准,以检测净化过程的效率。采用FMS自动纯化系

统对样品有机提取液进行净化。首先采用正己烷对整个管路、硅胶柱、铝柱及碳柱进行老化，然后采用大约 20 mL 的正己烷将提取液加到硅胶柱上，采用不同极性的溶剂淋洗硅胶柱及铝柱，将目标化合物转移到碳柱上，最后用 150 mL 甲苯反向淋洗碳柱，收集洗脱液于 250 mL 洁净的烧瓶内。纯化结束后，分别用甲苯、二氯甲烷-正己烷(1＋1)及正己烷冲洗管路及整个系统，防止下次实验系统的污染。

③样品浓缩：采用旋转蒸发仪将收集液浓缩至 0.5 mL 左右，再采用氮气吹扫蒸发仪，在细小的氮气流下将样品浓缩至干，加入 10 μL 壬烷和 10 μL 进样内标溶液($^{13}C_{12}$-1,2,3,4-TCDD 和 $^{13}C_{12}$-1,2,3,7,8,9-HxCDD)混匀。采用多离子检测(MID)进行高分辨气相色谱/高分辨质谱分析(HRGC/HRMS)。

(2)17 个 2,3,7,8-TCDD 的定性分析和定量检测

①进样 2 μL 的窗口定义标准溶液，定义不同氯取代基的 PCDDs/Fs 在毛细管柱的流出时间，以建立 MID 检测的时间窗口，并验证毛细管柱的分辨能力。

②由于待测样品中二噁英浓度含量比较低。为了建立一条待测物浓度在线性范围的标准曲线，需将 CS_1 的浓度稀释 5 倍，称为 $CS_{0.2}$，分别连续进样 2 μL $CS_{0.2}$-CS_4 校正标准溶液，建立浓度与峰面积关系曲线，并得到 *RR* 值。

③进样 20 μL 日常校正标准 CS_3，对仪器性能进行质量控制，以验证仪器的性能稳定性。

④进样 2 μL 的样品提取液，进行定性和定量分析。

【计算】

采用内标法和外标法，根据峰面积与浓度的相对响应值，采用仪器装配的 Xcalibur 软件和 Quandesk 软件进行样品的定性定量，计算公式如下：

$$RR = \frac{A_n \times cl}{Al \times cn}$$

式中：RR 为非标记 PCDDs/Fs 与其对应的标记同系物的相对响应；A_n 为校正标准溶液中每一个非标记的 PCDD/PCDF 的两个主要分子、离子峰的总面积；Al 为校正标准溶液中每一个标记的 PCDD/PCDF 的两个主要分子、离子峰的总面积；cl 为校正标准溶液中标记的 PCDD/PCDF 的浓度，pg/μL；cn 为校正标准中非标记的 PCDD/PCDF 的浓度，pg/μL。

通过 5 个校正浓度，可计算每一个 PCDD/PCDF 的平均 *RR*，进一步计算样品中化合物的浓度。按下式计算样品中每一个 PCDD/PCDF 的浓度：

$$c = \frac{A_n \times cl}{Al \times RR_{av}} \times V \times \frac{1}{m}$$

式中：c 为样品中待测的 PCDDs/Fs 的浓度，pg/g；A_n 为样品提取液中每一个非标记的 PCDD/PCDF 的两个主要分子、离子峰的总面积；Al 为样品提取液中每一个

标记的 PCDD/PCDF 的两个主要分子、离子峰的总面积；cl 为样品提取液中标记的 PCDDs/Fs 的浓度，pg/μL；RR_{av} 为 PCDDs/Fs 的平均 RR；V 为样品提取液的最终定容体积，μL；m 为提取的样品质量，g。

【注意】

(1)本法适用于环境及生物材料中 PCDD/Fs 的分析。该方法灵敏，定性、定量准确，为目前国际上权威认可的二噁英定量检测方法。

(2)样品的取样量依样品类型、污染水平、潜在干扰物质与方法的检测限而定。一般样品为 1～50 g，对于含脂低、污染轻的样品必要时可增加到 100～1 000 g。

(3)FAO/WHO 食品法典委员会正在着手建立食品二噁英限量标准和相应检验方法，起草人认为高分辨气相色谱与高分辨质谱联用技术(HRGC-HRMS)是目前唯一适用的化学方法。而用 DNA 重组技术建立的生物学方法在二噁英总 TEQ 水平测定可达到特异性、选择性和灵敏度的要求，且所测结果与 HRGC-HRMS 方法相当，可作为大量样品筛选手段。

(二)多氯联苯的检测

1. 气相色谱法(GC)

样品经石油醚抽提后，再进行净化，将洗提液浓缩至一定量后，注入气相色谱仪中进行鉴定和定量。

【试剂】

(1)无水硫酸钠。

(2)硅胶(层析用，60～100 目)。

(3)浓硫酸。

(4)正己烷、石油醚(沸程 30～60 ℃)，重蒸馏。

(5)氢氧化钾乙醇溶液：氢氧化钾 3.5 g 溶于 2 mL 水中，加无水乙醇至 100 mL，临用时配制。

(6)多氯联苯标准液(1 μg/mL)：准确称取 Aroclor 1254 及 1232 纯品 0.1 mg，用正己烷溶解并定容至 100 mL。

【仪器】

气相色谱仪(具电子捕获检测器)。

【色谱条件】

具电子捕获检测器，玻璃色谱柱 2 m×3 mm，内装填 0.23%OV-17 和 2.8%

OV-210 的 Chromosorb W AW DMCS；柱温 210 ℃，气化室温度 230 ℃，检测器温度 250 ℃，纸速 10 mm/min；进样量 5 μL；高纯氮气(99.99%)，50 mL/min。

【测定方法】

(1)样品提取　取 5.00 g 试样，加 20.00 g 无水硫酸钠，研成干粉状，置于具塞锥形瓶中，加 40 mL 石油醚振荡 30 min，过滤于锥形瓶中，残渣用石油醚洗 2 次，每次 10 mL，合并滤液，在吹氮气条件下于 40 ℃水溶液中挥干浓缩约 5 mL。

(2)样品净化

①磺化：适用于含油量 0.2～0.9 g 的试样。于上述提取液中加 5 mL 浓硫酸，振摇，离心析出石油醚。取石油醚 10 mL 于装有 2 g 硅胶的柱中，用 9 mL 正己烷洗脱，流速以逐滴为宜，洗脱液浓缩至 1 mL，待测。

②皂化：适用于含油量 0.2 g 以下的试样。于提取液中加氢氧化钾乙醇溶液 5.5 mL，加塞，置 70 ℃水浴中 1 h，若滴加水不发生浑浊即皂化完全。冷却，加正己烷 4 mL、水 2 mL，振摇，离心，提出正己烷层；水层再用正己烷洗 3 次，每次 2 mL，离心提出正己烷层，合并于 10 mL 比色管中，用正己烷定容，待测。

(3)测定　将上述的正己烷样液与同量的多氯联苯标准液分别注射入不同的色谱柱中，根据样品与标准品色谱峰的保留时间进行定性，根据色谱峰的峰高进行定量。

【计算】

$$X = \frac{c_s V_1}{m V_2} \times 1\,000$$

式中：X 为食品中多氯联苯含量，ng/kg；c_s 为根据试样峰高查标准曲线所得的含量，μg；m 为试样质量，g；V_1 为浓缩体积，mL；V_2 为进样体积，mL。

【注意】

(1)硅胶层析柱：湿法装柱，硅胶上、下层各有 1 cm 高的无水硫酸钠。

(2)硅胶品种、目数及减活后放置时间对吸附效果有一定影响，因此临用时应先用标准多氯联苯上柱，测试洗脱液的用量。

(3)试样含油量在 0.2 g 以上时，皂化不彻底，故常用磺化处理，1 次便可净化完全，而且多氯联苯不受磺化或皂化的影响。

(4)本法对 Aroclor 1232(含氯 32%)及 Aroclor 1254(含氯 54%)的最低检出量为 0.04 mg/kg。磺化过柱法回收率为 76%～103%，皂化未过柱回收率为 79%～109%。

2. 海产食品中多氯联苯的测定

海产食品中，多氯联苯残留物用正己烷(或石油醚)提取。提取液经过净化、硅胶柱分离、浓缩处理，用电子捕获检测器的气相色谱仪测定其总含量。

【试剂】

(1)己烷：分析纯，于全玻璃蒸馏器中重蒸。

(2)石油醚：分析纯。

(3)浓硫酸：优级纯。

(4)无水硫酸钠：优级纯，经 550 ℃高温灼烧，干燥器中储存。

(5)硅胶：层析用，60～100 目，于 360 ℃加热处理 10～12 h，冷却后加 3.0%水，振摇 2 h 以后，干燥器中储存。

(6)多氯联苯标准液：准确称取 10.0 mg PCS_3 和 PCS_5，分别置于两个100 mL容量瓶中，用正己烷稀释至刻度，混匀。该溶液浓度为 100 μg/mL。使用前用正己烷稀释成标准液。此使用液每毫升含 PCS_3 和 PCS_5 各 0.20 μg。

【仪器】

(1)100 mL 具塞三角烧瓶。

(2)刻度具塞离心管。

(3)10 mm×150 mm 具塞玻璃层析柱。

(4)离心机。

(5)恒温水浴锅。

(6)K-D 浓缩器。

(7)气相色谱仪 ECD Ni^{63}。

【色谱条件】

色谱柱为内径 3 mm、长 2 mm 的玻璃柱。

固定相：① 2.8% OV-210 + 0.23% OV-17 Chromosorb W AW DMCS 80～100 目。

②3%OV-101 Chromosorb W AW DMCS 80～100 目。

温度：柱温 210 ℃；检测器 250 ℃；气化室 230 ℃。

载气：高纯氮(99.99%)。

【测定方法】

(1)样本制备和提取　取捣匀的可食部分鱼样 5 g，加 20 g 左右无水硫酸钠研磨成沙状，置具塞三角烧瓶中，加正己烷 40 mL，振摇 0.5 h 或浸泡过夜，残渣再用每次 10 mL 正己烷淋洗 2 次，合并过滤液于刻度具塞离心管中，浓缩至 5 mL，加浓硫酸 5 mL，用 3 000 r/min 离心 15 min，去除已烷提取液。

(2)提取液的净化　取 1 mL 正己烷提取液，置于装有 2 g 硅胶的柱中(湿法装柱)，硅胶的上、下层各装有 1 cm 高的无水硫酸钠，用 7 mL 正己烷淋洗，流速以逐滴(约30滴/min)为宜,淋洗液浓缩至1.0 mL,即可供色谱测定。

(3)测定　取相同体积的试样提取液和多氯联苯标准使用液,在同一色谱操作条件下进入色谱仪,采用 PCS_3 和 PCS_5 主要峰的峰高之和进行定量。PCB_3 至少采用一个主要峰,PCB_5 至少采用3个主要峰之和计算定量。见图7-1中1,2,3,4峰。

【计算】

$$X = \frac{H_1 \times c}{H_2 \times M}$$

式中:X 为试样中多氯联苯含量,mg/kg;H_1 为试样中多氯联苯的峰高之和,mm;H_2 为标准使用液中多氯联苯的峰高之和,mm;c 为标准使用液中多氯联苯的浓度,μg/mL;M 为进样体积(μL)相当于试样的质量,g。

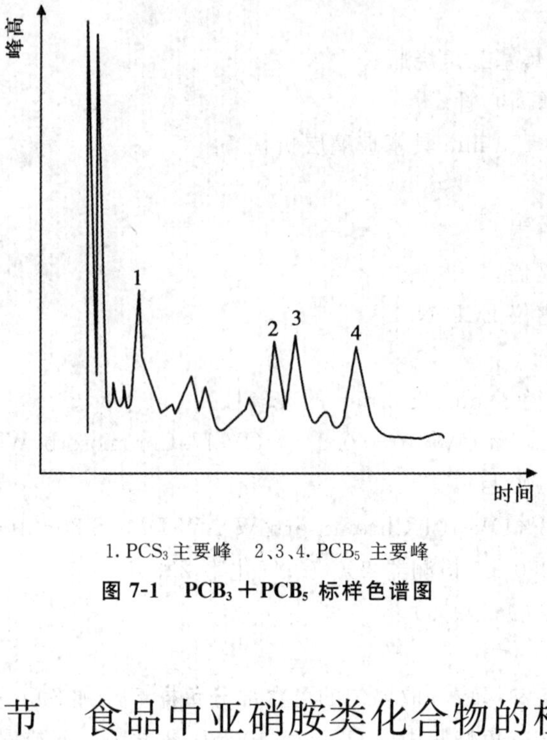

1. PCS_3 主要峰　2、3、4. PCB_5 主要峰

图7-1　PCB_3+PCB_5 标样色谱图

第四节　食品中亚硝胺类化合物的检测

一、亚硝胺类化合物概述

亚硝胺类化合物(Nitrosamine)是N-亚硝基化合物中的一大类物质。N-亚硝

基化合物是由亚硝酸盐与二级胺(仲胺)反应形成的一类化合物,它包括亚硝胺和亚硝酰胺两类。亚硝酰胺的化学性质活泼,在酸性及碱性环境中均不稳定。低分子量的亚硝胺(如二甲基亚硝胺和二乙基亚硝胺)在常温下为黄色液体,高分子量亚硝胺(如二苯基亚硝胺)为固体。除二甲基亚硝胺和二乙基亚硝胺外,均稍溶于水和脂肪,但易溶于醇、醚和二氯甲烷等有机溶剂,部分亚硝胺具有挥发性。

亚硝胺类化合物化学性质稳定,不易水解,在中性及碱性环境中较稳定,但在酸性溶液中及紫外光照射下可缓慢分解;在哺乳动物体内经酶解作用,可转化成有致癌活性的代谢物。胺类化合物在酸性介质中经亚硝化作用可生成亚硝胺。

胺类化合物在酸性介质中,经亚硝化作用易生成亚硝胺,在甲醛催化作用下,胺在碱性介质中也能发生亚硝化而生成亚硝胺。亚硝基除与二级胺起硝化作用外,还能同一级胺和三级胺反应而生成亚硝胺,但生成量很少。亚硝胺类在环境中、食品中、动物和人体内均可由其前体物质亚硝酸盐与胺类作用而合成。

N-亚硝基化合物是一大类有致癌性的物质。现已查明,在已检验出的130余种N-亚硝基化合物中,有80%是致癌的,其中研究较多的是亚硝胺。

二、亚硝胺对食品的污染及毒性作用

(一)亚硝胺对食品的污染

亚硝胺不是食品中天然存在的物质,而是食品中的亚硝酸盐与仲胺在酸性条件下的反应产物,这一反应在人的胃中亦可进行,据实验推算,每人每天可合成0.5 g亚硝胺。

亚硝胺主要存在于一些加工食品中,如腌熏、烘烤和发酵等食品。其中以盐腌咸鱼、油煎咸肉片、腌菜之类含量较高,而天然食品一般不含或微含亚硝胺。加热是某些食品中产生亚硝胺的重要因素之一。腌制食品及肉制品加工过程中加入的发色剂,在硝酸盐还原菌作用下,将硝酸盐还原成亚硝酸盐,再与胺类化合物反应而生成亚硝胺,并随时间延长而有所增加。奶制品、豆类发酵制品和酱油等食品中也含有一定量的亚硝胺。鱼制品加工时,不论是晒干、烟熏、装罐均可导致仲胺的大量增加,沙丁鱼晒干或装罐过程可增加5～7倍,特别是墨鱼体内仲胺可增加500～700倍。

土壤中由于缺钼、锰等而影响植物代谢,抑制含氮物质硝酸盐的同化作用,会造成植物体内硝酸盐的大量蓄积。在室温下存放时,经酶及细菌作用,还原成亚硝酸盐,有的蔬菜中亚硝酸盐可高达200～300 mg/kg。

鲜生鱼中一般不含亚硝胺或含量极低,但经过盐腌、烘烤、油煎或烟熏处理后，亚硝胺含量增加。海产品中亚硝胺含量较高的原因与腐败变质后含有大量胺类和加入的粗盐有关，而海水中含硝酸盐和亚硝酸盐在适当条件下可生成亚硝胺。另外，生鱼中天然存在的少量亚硝酸盐也可能是亚硝胺形成的原因之一。

还有，食品中霉菌和细菌污染能促进亚硝胺的合成。某些香料（如黑胡椒和辣椒）与亚硝酸盐作为腌制剂会产生亚硝胺。亚硝胺前体广泛存在于食品中，应引起食品卫生检测工作的高度重视。

（二）亚硝胺类化合物的毒性作用

亚硝胺类化合物是一类强致癌物，在 100 多种亚硝胺类化合物中，证实有 80 多种可使动物致癌，一次给予大剂量或长期多次小剂量皆可诱发动物肿瘤。亚硝胺类诱发肿瘤以肝、食管和胃等器官为主，但也可诱发脑、肺、肠、肾、胰和膀胱等肿瘤。

亚硝胺的一个显著特点是它们具有对任何器官诱发肿瘤的能力，被认为是最多面性的致癌物之一，此类化合物对器官具有高度特异性，即仅在特定的器官上诱发肿瘤。对称亚硝胺主要诱发肝癌，如二甲基亚硝胺是食品中最常见的亚硝胺，主要引起肝癌，个别也会引起肾癌。二乙基亚硝胺剂量为 0.075～14 mg/kg 时，使 300 只大鼠有 255 只为肝癌，仅 37 只为食管癌，不对称亚硝胺主要诱发食管癌，如甲基苄基亚硝胺即是如此。这一器官特异性是出于特定的器官优先代谢某种亚硝胺的能力所引起的，从而形成最终的致癌物。作用的位置还取决于其他因素，如服药的方式、动物的种类及年龄、剂量以及动物的饮食及营养状况等。

亚硝胺类对人类的致癌性从目前已知的动物实验和流行病学调查资料推测，认为关系密切。智利胃癌居世界首位，可能与大量使用硝酸盐肥料（智利硝石世界驰名），土壤中硝酸盐还原菌把它转变为亚硝酸盐，而在作物和动物体内与仲胺类合成亚硝胺类化合物有关。日本胃癌多，有人提出与日本人多吃咸鱼和腌菜有关，海鱼有较多的胺类，腌菜有较高的硝酸盐和亚硝酸盐，二者结合成亚硝胺而致癌。

亚硝胺还可通过胎盘或乳汁进入胎儿或婴儿体内，胎儿及新生儿对亚硝胺的敏感性较成年人高，从而对子代产生致癌作用。动物实验用亚硝胺通过胎盘引发子代癌肿，发病率可达 100%。

三、食品中亚硝胺致癌作用的防止措施

1. 减少亚硝胺前体物的摄入量

硝酸盐、亚硝酸盐是形成亚硝胺的前提物质，减少其摄入量可减少亚硝胺的形成。咸鱼、熏肉等不要经常大量使用，以减少硝酸盐及亚硝酸盐摄入体内。此

外，严格限制食品中硝酸盐、亚硝酸盐的使用量和残留量。我国规定肉类制品及肉类罐头中硝酸钠的使用量不得超过 0.5 g/kg，亚硝酸钠不得超过 0.15 g/kg。

2. 阻断食品中亚硝胺的形成

利用与寻找一些阻断剂与亚硝酸盐反应而减少亚硝胺的合成。如食品加工过程中加入维生素 C、α-生育酚、酚类没食子酸及某些还原物质（谷胱甘肽等），能够抑制和减少亚硝胺的合成。它们主要是通过使亚硝酸被还原成 NO，达到阻断亚硝胺合成的目的。猕猴桃汁等天然食品，不但含多种阻断亚硝胺合成的有效成分，且易被人们接受，价廉而来源丰富，抑制效率高于同浓度的维生素 C，说明猕猴桃除含丰富的维生素 C 外，还存在其他活性物质。

3. 改进食品加工方法

利用烟液或烟发生器产生的锯屑冷烟取代燃烧木材烟熏剂熏制食品，可消除或降低亚硝胺的合成。腌肉及鱼制品，在使用食盐、胡椒、辣椒粉等配料之前，它们应分别包装，切莫混合一起而产生亚硝胺。同时在肉制品加工中，不用或尽量少用硝酸盐及亚硝酸盐。

4. 推广钼肥的利用

土壤中缺钼地区推广施用钼肥，促使粮食蔬菜中硝酸盐、亚硝酸盐的含量降低。例如：林果增施钼肥后，降低硝酸盐和亚硝酸盐 18%～48%，而植物中维生素 C 增加 25%，粮食增产 15%～20%。

5. 改进和提高饮食卫生习惯

多吃新鲜蔬菜、水果及动物性食品，特别增加膳食中充足的维生素，同时要注意减少食用腌制蔬菜，即使食用它也必须在腌制时间达 1 个月以上，同时要特别防止进食霉变与腐败变质的食品。

四、食品中亚硝胺的允许含量

为了有效地控制食品中亚硝胺的含量，我国曾经制定了啤酒、肉制品和海产品中亚硝胺的允许限量，见表 7-4。

表 7-4　食品中亚硝胺的允许限量指标

品　种	限　量	
	N-亚硝基二甲胺	N-亚硝基二乙胺
海产品/(μg/kg)	4	7
肉制品/(μg/kg)	3	5
啤酒/(μg/L)	3	—

五、动物性食品中亚硝胺的测定

亚硝胺在食品中的含量极低，一般在μg/kg级，需要有效的分离与净化手段和灵敏的测定方法，并应使用不同的方法互相验证。本节主要介绍气相色谱法(GC)和气相色谱-质谱分析法(GC-MS)。

(一)食品中N-亚硝胺测定——气相色谱-质谱分析法(GC-MS)

样品中的N-亚硝胺类化合物经水蒸气蒸馏和有机溶剂萃取后，浓缩至一定量，采用气相色谱-质谱联用仪的高分辨峰匹配法进行确认和定量。本方法适用于酒类、肉及肉制品、蔬菜、豆制品、调味品、茶叶等食品中N-亚硝基二甲胺、N-亚硝基二乙胺、N-亚硝基二丙胺及N-亚硝基吡咯烷含量的测定。

【试剂】

(1)二氯甲烷：须用全玻璃蒸馏装置重蒸。

(2)硫酸(1+3)。

(3)无水硫酸钠。

(4)氯化钠(优级纯)。

(5)3 mol/L氢氧化钠溶液。

(6)N-亚硝胺标准溶液：用二氯甲烷作溶剂，分别配制N-亚硝基二甲胺、N-亚硝基二乙胺、N-亚硝基二丙胺、N-亚硝基吡咯烷的标准溶液，使每毫升分别相当于0.5 mg N-亚硝胺。

(7)N-亚硝胺标准使用液：在4个10 mL容量瓶中，加入适量二氯甲烷，用微量注射器各吸取100 μL N-亚硝胺标准溶液，分别置于上述4个容量瓶中，用二氯甲烷稀释至刻度。此溶液每毫升分别相当于5 μg N-亚硝胺。

(8)耐火砖颗粒：将耐火砖破碎，取直径为1～2 mm的颗粒，分别用乙醇、二氯甲烷清洗后，在马弗炉中(400 ℃)灼烧1 h，作助沸石使用。

【仪器】

(1)水蒸气蒸馏装置如图7-2所示。

(2)K-D浓缩器。

(3)气相色谱-质谱联用仪。

【色谱条件】

(1)气相色谱条件

气化室温度：190 ℃。

色谱柱温度：对N-亚硝基二甲胺、N-亚硝基二乙胺、N-亚硝基二丙胺、N-亚硝

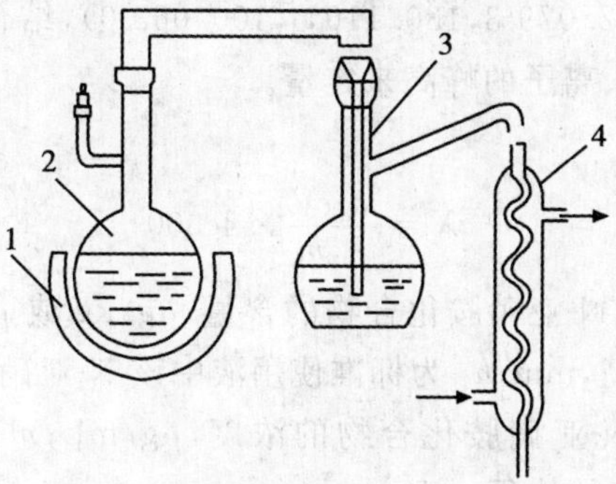

1. 加热器　2. 2 000 mL 水蒸气发生器　3. 1 000 mL 蒸馏瓶　4. 冷凝器

图 7-2　水蒸气蒸馏装置

基吡咯烷分别为 130，145，130，160 ℃。

色谱柱：内径 1.8～3.0 mm、长 2 m 的玻璃柱、内装涂以 15%PEG-20M 固定液和 1%氢氧化钾溶液的 80～100 目 Chromosorb W AW-DMCS。

载气：氦气，流速为 40 mL/min。

(2)质谱条件

分辨率：≥7 000；离子化电压：70 V；离子化电流：300 μA；离子源温度：180 ℃；离子源真空度：10^{-6}Otorr；界面温度：180 ℃。

【测定方法】

(1)水蒸气蒸馏　称取 200 g 切碎(或绞碎、粉碎)后的样品置于水蒸气蒸馏装置的蒸馏瓶中(液体样品直接量取 200 mL)，加入 100 mL 水(液体样品不加水)，摇匀。在蒸馏瓶中加入 120 g 氯化钠，充分摇动使氯化钠溶解。将蒸馏瓶与蒸汽发生器及冷凝器连接好，并在锥形接收瓶中加入 40 mL 二氯甲烷及少量冰块，收集 400 mL 馏出液。

(2)萃取纯化　在锥形接收瓶中加入 80 g 氯化钠和 3 mL 1∶3 的硫酸，搅拌使氯化钠完全溶解，然后转移到 500 mL 分液漏斗中，振荡 5 min，静止分层，将二氯甲烷层分至另一锥形瓶中，再用 120 mL 二氯甲烷分 3 次提取水层，合并 4 次提取液，总体积为 160 mL。对于含有较高浓度乙醇的样品，如蒸馏酒、配制酒等，须用 50 mL 3 mol/L 氢氧化钠溶液洗有机相两次，以除去乙醇的干扰。

(3)浓缩　将有机相用 10 g 无水硫酸钠脱水后，转移至 K-D 浓缩器中，加入一粒耐火砖颗粒，于 50 水浴上浓缩至 1 mL。备用。

(4)测定　采用电子轰击源高分辨峰匹配法，用全氟煤油(PFK)的碎片离子(它们的质荷比 68.995 27，99.993 6，130.992 0，99.993 6)分别监视 N-亚硝基二甲胺、N-亚硝基二乙胺、N-亚硝基二丙胺及 N-亚硝基吡咯烷的分子、离子(它们的质荷比为 74.048 0,102.079 3,130.110 6,100.063 0),结合它们的保留时间来定性,以示波器上该分子、离子的峰高来定量。

【计算】

$$X = \frac{h_1 c V}{h_2 m} \times 1\,000$$

式中:X 为样品中某一 N-亚硝胺化合物的含量,μg/kg 或 μg/L;h_1 为浓缩液中该 N-亚硝胺化合物的峰高,mm;h_2 为标准使用液中该 N-亚硝胺化合物的峰高,mm;c 为标准使用液中该 N-亚硝胺化合物的浓度,μg/mL;m 为样品质量(体积),g(mL);V 为试样浓缩液的体积,mL。

(二)气相色谱法(GC)

样品经提取、纯化、浓缩后,注入色谱柱,组分经气-液(或气-固)两相间的多次分配以后而得到分离,在柱后接上检测器,记录色谱峰,与亚硝胺标准溶液比较,即可定性和定量。

【试剂】

(1)氯化钠。

(2)二氯甲烷。

(3)3 mol/L 盐酸溶液。

(4)3 mol/L 氢氧化钠溶液。

(5)正己烷。

(6)三氟乙酸。

(7)助滤硅藻土:Celite 545,700 ℃烘 12 h。

(8)过氧化氢:30%。

(9)20%碳酸钾溶液。

(10)乙醚。

(11)中性氧化铝:层析用,240 ℃烘 4 h。

(12)亚硝胺标准溶液:与薄层色谱法相同,但用正戊烷或正己烷做溶剂。

【仪器】

(1)组织捣碎机。

(2)K-D 浓缩器。

(3)水蒸气蒸馏装置。

(4)气相色谱仪:具氢焰离子检测器或电子捕获检测器。

【色谱条件】

(1)氢焰离子检测器

色谱柱:10%聚乙二醇己二酸酯(PEGA)涂于助滤硅藻土(Celite545)上,80～100 目。

柱温:126 ℃。

检测器温度:200 ℃以上。

气化室温度:200 ℃。

载气流量(mL/min):N_2 88,H_2 75,空气 450。

(2)氚钛源电子捕获检测器

色谱柱:10%聚乙二醇(Carbowax)20 M/Chromosorb W(60～80 目或 80～100 目)。

柱温:110～140 ℃。

气化室温度:200 ℃。

检测器温度:150～170 ℃。

载气流量(高纯氮):40～50 mL/min。

(3)N^{63}源电子捕获检测器

色谱柱:与氚钛源相同。

柱温:140 ℃。

气化室温度:200 ℃。

检测器温度:225 ℃。

载气流量(高纯氮):40 mL/min。

【测定方法】

(1)样品处理　取样品 100.00 g,加水 100 mL 和氯化钠 40 g,经组织捣碎机充分捣碎以后,移入蒸馏瓶中,进行水蒸气蒸馏,收集馏出液 200 mL。将馏出液全部转入 500 mL 分液漏斗中,用二氯甲烷提取 3 次,每次 50 mL,合并二氯甲烷提取液,以 50 mL 3 mol/L 盐酸溶液和 50 mL 3 mol/L 氢氧化钠溶液各洗 1 次,浓缩至 3～5 mL,再通氮浓缩至 2 mL。将浓缩液经助滤硅藻土柱净化,再用二氯甲烷淋洗至 50 mL,浓缩至 2 mL,取其中 1 mL 于 2 mL 正己烷中,通氮除二氯甲烷,即可供氢焰离子检测器测定用。另 1 mL 浓缩液加三氟乙酸 5 mL 和 30%过氧化氢 4 mL,振摇,静置过夜(12～24 h),加 20%碳酸钾溶液 50 mL,中和至弱碱性溶液,再用 60 mL 二氯甲烷分 3 次提取,合并提取液,于浓缩器浓缩至 1 mL,经中性氧化铝柱,用正己烷洗去二氯甲烷;再用乙醚淋洗下被氧化铝所吸附的亚硝胺,收集淋洗液 15 mL,于浓缩器中浓缩至 1 mL,即可供电子捕获检测器测定用。

(2)测定　将亚硝胺标准溶液用正戊烷或正己烷稀释至 10^{-3} mg/mL 浓度，进注 5 μL 于色谱柱内；同样进注 5 μL 样品浓缩液（采用电子捕获检测器时进注量 2～4 μL）。测其峰高，与标准峰高比较，可计算出相应亚硝胺的含量。

【计算】

$$X = \frac{AV_1}{mV_2}$$

式中：X 为亚硝胺含量，μg/kg；A 为测定用样液中相当于标准亚硝胺的量，ng；m 为样品浓缩液所相当的样品质量，g；V_1 为样品浓缩液的总体积，mL；V_2 为进样的浓缩液体积，mL。

第八章 动物性食品的理化检验

第一节 鲜肉类的理化检验

鲜肉系指活畜禽屠宰加工后，经兽医卫生检验符合市场鲜销而未经冷冻的猪、牛、羊、鸡、鸭等肉。屠宰后的肉类，在自然条件下存放，胴体在组织酶和外界微生物的作用下，一般经过僵直(rigor)、成熟(ripening)、自溶(autolysis)和腐败(spoilage)4个连续的变化过程。在僵硬和成熟阶段，肉是新鲜的，自溶现象的出现标志着腐败变质的开始。在成熟和自溶阶段的分解产物为微生物生长、繁殖提供了良好的营养物质，微生物的大量繁殖导致肉更复杂的分解，主要是在微生物蛋白酶(protease)和肽链内切酶(endopeptidase)等作用下，使氨基酸脱氨、脱羧生成吲哚、甲吲哚、酚、腐胺、尸胺、酪胺、组胺、色胺、氨、硫化氢、甲烷、硫、二氧化碳及各种含氮酸和脂肪酸类，引起肉类蛋白质的腐败。

肉的腐败变质(meat spoilage)除蛋白质的分解外，还有其他化学成分的分解。如脂类及糖类受微生物酶的作用生成各种类型的低级产物；脂类在脂酶的作用下水解成甘油、甘油二酯或甘油一酯以及相应的脂肪酸，最后通过氧化作用生成低分子酸、醇、酯等；磷脂类经酶解后形成脂肪酸、甘油、磷酸和胆碱，后者又进一步转化为三甲胺、甲胺、毒碱和神经碱；糖类在相应酶的作用下形成醛、酮、羧酸直至二氧化碳和水。

肉类腐败的原因虽然是多方面的，但主要是微生物的分解作用，使肉中的营养成分分解成低分子代谢产物，这些低分子代谢产物的含量与肉的腐败程度成正相关关系。因此，可以通过对某些低分子代谢产物如氨及胺类化合物、硫化氢等的测定来判定肉的新鲜度。

一、挥发性盐基氮的测定

(一)挥发性盐基氮的产生及毒性

挥发性盐基氮(volatile basic nitrogen，简称 VBN)也称挥发性碱性总氮(total volatile basic nitrogen，简称 TVBN)，是指食品水浸出液在碱性条件下能与水蒸气一起蒸馏出来的总氮量，即在此条件下能形成NH_3的含氮物质(含氨态氮、胺基态氮等)的总称。

肉在保存过程中由于酶和细菌作用，使肉中蛋白质、脂肪及糖类等发生分解变化而腐败变质。在肉品腐败的过程中，其中蛋白质分解产生氨(NH_3)和胺类(RCH_2NH_2)等碱性含氮的有毒物质，如酪胺、组胺、尸胺和色胺等，统称肉毒胺，它们具有一定毒性，可引起食物中毒。如酪胺能引起血管收缩，组胺能使血管扩张，尸胺、腐胺等也能引起明显的中毒反应。大多数肉毒胺有很强的耐热性，需在100 ℃加热1.5 h才能破坏。

胺类物质与在腐败过程中产生的有机酸结合，形成盐基态氮($NH_4^+R^-$)而积聚于肉品当中，因其具有挥发性，故称为挥发性盐基氮。肉品中所含挥发性盐基氮的量，随着其腐败的进行而增加，与腐败过程之间有明确的对应关系。故测定挥发性盐基氮的含量是衡量肉品质量(新鲜度)的重要标志之一。

(二)采样方法及部位

从肉尸体的下列部位采取样品200 g左右：

(1)从第四、五颈椎相对部位的颈部肌肉采样(因为在屠宰加工过程中颈部易污染，且颈部肌肉组织肉层薄并为多层肌肉，细菌易沿肌肉结缔组织间隙向深层浸入，较易腐败)。

(2)肩部肌肉，从肩胛附近表层采取。

(3)股部深层肌肉，代表深层肌肉状态。

(4)如果被检肉不是整个肉尸而是一部分，则在感官上有变化的部位或可疑部位采样。

(三)肉品中挥发性盐基氮的测定

挥发性盐基氮的测定方法有半微量定氮法、微量扩散法。半微量定氮法的测定方法如下。

【仪器】

半微量凯氏定氮器；微量滴定管(最小分度0.01 mL)。

【试剂】

(1)无氨蒸馏水。

(2)吸收液：2%硼酸溶液。

(3)1%氧化镁混悬液(取MgO 1.0 g加水100 mL制成混悬液)。

(4)混合指示剂(A.0.2%甲基红乙醇溶液；B.0.1%次甲基蓝水溶液。临用时将 A、B 两液等量混合）。

(5)0.01 mol/L 盐酸标准溶液。

【测定方法】

(1)样品处理　称取除去脂肪和结缔组织的肉样 10.0 g 剪细、研匀，置于 250 mL 锥形瓶中，加入无氨蒸馏水 100 mL 浸渍 30 min，其间不断振摇，然后用干燥滤纸过滤备用。

(2)测定

①将半微量凯氏定氮器安装好，把蒸馏瓶中的水加热沸腾并有足量的蒸汽发生。

②断绝蒸汽进入管，将预先盛有 10 mL 吸收液并加 5～6 滴混合指示剂的接受瓶（150 mL 锥形瓶）置于冷凝器下，使冷凝管下端没入液面下。

③取样品滤液 5 mL 加入反应室内，再加入 1%氧化镁混悬液 5 mL，迅速夹紧，然后在漏斗中加入少量水，以防漏气。

④打开蒸汽进入管，通入蒸汽进行蒸馏。以冷凝管内壁出现第一滴冷凝水开始计时，蒸馏 5 min，移动接收瓶使冷凝管下端离开液面再蒸馏 1 min。

⑤取下接受瓶，置微量滴定管下，用 0.01 mol/L 盐酸溶液滴定至蓝紫色出现为止。

⑥蒸馏完毕，将漏斗的水倒掉，断绝蒸汽进入管，反应室内液体被自动吸出，如此反复 3 次后，将蒸馏器底部残液弃去。

⑦用无氨蒸馏水 5 mL 代替样品滤液做一次空白试验。

【计算】

按下列公式计算出 100 g 肉样中总挥发性盐基氮含量：

$$X=\frac{(V_1-V_2)\times m\times 14}{W}\times 2\,000$$

式中：X 为 100 g 肉样中总挥发性盐基氮含量，mg；V_1 为样品液消耗的盐酸标准溶液的体积，mL；V_2 为空白液消耗的盐酸标准溶液的体积，mL；m 为盐酸标准溶液的浓度，mol/L；W 为样品的质量，g。

【说明】

(1)半微量蒸馏器在使用前应用蒸馏水并通入水蒸气对其内室充分洗涤后开始做空白试验。操作结束后用稀硫酸溶液并通入水蒸气洗净其内室残留物，然后用蒸馏水再同样洗涤。

(2)空白试验需稳定后才能开始正式试验。

(3)每个样品测定之间应用蒸馏水洗涤 2～3 次。

(4)滴定终点观察时空白试验与正式试验应色调一致。

(5)挥发性盐基氮的半微量蒸馏法是在常量蒸馏法的基础上于 20 世纪 40 年

代首先由国外开始应用，国内于1960年后经过肉与肉制品订标协作组验证而采用。该方法灵敏度为0.005 mg氮，标准回收率平均为99.6%，标准加样品回收率平均为96.5%，挥发完全，重现性稳定。

【判定标准】

挥发性盐基氮与肉品新鲜度的关系如表8-1所示。

表8-1 肉品新鲜度的判定指标

项目	每100 g肉品中挥发性盐基氮含量/mg		
	一级鲜度	二级鲜度	变质肉
各种鲜肉	≤15	≤25	>25
咸猪肉	≤20	≤45	>45

二、pH值的测定

肉浸液的pH值可以作为判定肉品新鲜度的参考指标之一。动物生前肌肉的pH值为7.1～7.2。屠宰后由于肌肉中肌糖原的酵解作用，产生了大量的乳酸，三磷酸腺苷(ATP)分解产生磷酸。乳酸和磷酸逐渐集聚，使肉的pH值下降。一般宰后1 h的热鲜肉，其pH值可降至6.2～6.3，经过24 h后降至5.6～6.0，此pH值在肉品工业中叫"排酸值"，它一直维持到肉品发生腐败分解前期。所以新鲜肉的肉浸液，其pH值一般在5.8～6.4范围之内。

肉腐败时，蛋白质在细菌酶的作用下被分解为氨和氨类化合物等碱性物质，而使肉逐渐趋于碱性，pH值增高，可达到6.7或以上。因此，肉的pH值可以反映肉的新鲜度。但是，pH值不能作为判定肉品新鲜度的绝对指标，因为还有其他因素能影响肉的pH值，如屠宰前处于过度疲劳、虚弱或患病的动物，由于生前能量消耗过大，肌肉中所储存的糖原减少，宰后肌肉中产生的乳酸量较低而使肉的pH值较高。

测定肉中pH值的方法有比色法和酸度计测定法，其中以酸度计较为准确，操作也简便。

(一)比色法

样品水溶液与一定pH值的标准缓冲溶液加同一指示剂进行颜色比较，求出pH值。

【试剂】

(1)磷酸二氢钾-氢氧化钠混合液(pH值5.8～8.0)：

①0.2 mol/L 磷酸二氢钾溶液：取27.218 0 g磷酸二氢钾溶于水中，准确稀释成1 000 mL。

②0.2 mol/L 氢氧化钠溶液。

每200 mL中含0.2 mol/L磷酸二氢钾溶液50 mL，含0.2 mol/L氢氧化钠溶液的体积如表8-2所示。

表8-2　氢氧化钠溶液的体积

pH值	0.2 mol/L氢氧化钠溶液的体积/mL	pH值	0.2 mol/L氢氧化钠溶液的体积/mL
5.8	3.6	7.0	29.1
6.0	5.6	7.2	34.7
6.2	8.1	7.4	39.1
6.4	11.6	7.6	42.4
6.6	16.4	7.8	44.5
6.8	22.4	8.0	46.1

(2) 溴麝香草酚蓝(BTB)指示液：0.01 g溴麝香草酚蓝溶于0.02 mol/L氢氧化钠溶液10.75 mL中，加水至250 mL。

(3)酚红指示液：0.01 g酚红溶于0.02 mol/L氢氧化钠溶液14.20 mL中，加水至250 mL。

(4)标准比色管：

①不同pH值溴麝香草酚蓝标准比色管的配制：将上述不同pH值(5.8～7.6)缓冲溶液各10 mL，分别置于已加入溴麝香草酚蓝指示液各0.5 mL的相同大小、相同色调试管(长15 cm，直径1.5 cm±0.05 cm，色泽一致的硬质试管)内。混匀，加塞封蜡即成。

②不同pH值酚红标准比色管的配制：将上述不同pH值(6.8～8.0)缓冲溶液10 mL，分别置于已加入酚红指示液各0.5 mL的相同大小、相同色调的硬质管内，混匀，加塞封蜡即成。

(上述各列标准比色管，夏季保存1个月，冬季保存3个月。)

【测定方法】

(1)样品处理　自检样肉的不同部位采取肌肉组织，捣碎混匀，称取10 g，置锥形瓶内，加新煮沸后冷却的水100 mL；浸渍半小时后过滤或离心，滤液备用。

(2)测定

①分别吸取滤液10 mL于两个试管(与标准比色管的质量相同)内，一个试管中加溴麝香草酚蓝(BTB)指示液0.5 mL，另一个试管加酚红(P. R.)指示液0.5 mL。

②将上述两试管与标准比色管对光(或在白色背景上),观察比较,当样品管与标准管色度一致时,则标准管的 pH 值即为样品 pH 值。

(二)酸度计测定法

酸度计法测定 pH 值,是利用电极在不同溶液中所产生的电位变化来测定溶液 pH 值的,并符合能斯特方程式。将一个测试电极(玻璃电极)和一个参比电极(甘汞电极)同浸于一溶液中组成一个电池时,玻璃电极所显示的电位因溶液氢离子浓度不同而改变,甘汞电极的电位保持不变。因此,两电极之间即产生电位差(电池电动势),电动势的大小与溶液的氢离子浓度有关。在 25 ℃时,溶液的 pH 值每相差一个 pH 值单位,电极电位即差 59.16 mV,pH 值可在 pH 计的刻度表上直接读出。

【试剂】

(1)pH 4.01 标准缓冲溶液(20 ℃):准确称取在(115±5)℃烘干 2～3 h 的优级纯邻苯二甲酸氢钾($KHC_8H_4O_4$)10.12 g,溶于无二氧化碳(CO_2)的水中,稀释至 1 000 mL 摇匀。

(2)pH 6.88 标准缓冲溶液(20 ℃):准确称取在(115±5)℃烘干 2～3 h 的磷酸二氢钾(KH_2PO_4) 3.39 g 和无水磷酸氢二钠(Na_2HPO_4) 3.53 g,溶于无二氧化碳(CO_2)的水中,稀释至 1 000 mL,摇匀。

(3)pH 9.22 标准缓冲溶液(20 ℃):准确称取纯硼砂($Na_2B_4O_7 \cdot 10H_2O$) 3.8 g,溶于无二氧化碳(CO_2)的水中,稀释至 1 000 mL,摇匀。

【仪器】

pH 计(酸度计):25 型;玻璃电极:221 型;甘汞电极;222 型。

【测定方法】

不同型号酸度计的操作方法可参考说明书。

(1)pH 计的校正　酸度计接上电源预热 5 min,调节温度补偿开关使与当时测定的温度相同。电极安装后浸入已知标准 pH 缓冲液中,根据已知 pH 值将量程开关拨至"0～7"或"7～14"档。旋转零点调节开关,使指针在 pH 7 处。揿下读数键,调节"定位调节器",使指针恰好在已知 pH 值处。重复校正数值不变为止。用蒸馏水洗涤电极数次,用滤纸吸干。

(2)样品测定　肉、鱼类样品一般按 1∶10 用中性蒸馏水浸泡、过滤,取滤液进行测定。将电极放入待测溶液,轻轻摇动,使电极与待测液均匀接触,揿下读数键,指针所指的数值即为样品的 pH 值。测定完后将量程旋扭拨至"0",关闭电源,将电极清洗干净,测下一个样品,或浸入蒸馏水中。

【说明】

(1)复合或玻璃电极在使用、校正、测定前后均应蒸馏水充分洗净。

(2)测定时检样温度与缓冲溶液相同或相近(温差±2 ℃)。

(3)肉品新鲜度的判定标准为：

①新鲜肉(一级鲜度)：pH 5.8～6.2。

②次鲜肉(二级鲜度)：pH 6.3～6.6。

③变质肉：pH 6.7 以上。

(三)快速测定法——pH 计直接测定法

将待测肌肉用小刀刺一深约 3 cm 的孔，pH 计按上法调校好后，将复合电极直接插入孔内，拨下读数开关，表头指针示数即为待测肌肉的 pH 值。

三、过氧化物酶的测定

正常动物的机体中含有一种过氧化物酶，在有过氧化物酶存在时，可以使过氧化氢发生反应而放出氧气，并且这种过氧化物酶只在健康牲畜的新鲜肉中才经常存在。当肉处于腐败状态时，尤其是当牲畜宰前因某种疾病使机体能发生高度障碍而死亡或被迫实行急宰时，肉中过氧化物酶的含量减少，甚至全无。因此，对肉中过氧化物酶的测定，不仅可以测知肉品的新鲜程度，而且能推知屠畜宰前的健康状况。

根据过氧化物酶能从过氧化氢中裂解出氧的特性，在肉浸液中加入过氧化氢和某种容易被氧化的指示剂(联苯胺)，肉浸液中的过氧化物酶从过氧化氢中裂解出氧，将指示剂氧化而改变颜色(淡蓝绿色)，根据显色时间判定肉品的新鲜度。此化合物经一定时间后变成褐色，所以判定时间要掌握好，不可超过 3 min。

【试剂】

(1)0.2%联苯胺乙醇溶液(95%乙醇)：棕色瓶中保存，时间不超过 1 个月。

(2)1%过氧化氢溶液：取 30%过氧化氢 1 mL 与 29 mL 蒸馏水混合，现用现配。

【测定方法】

(1)制备肉浸液　自检样的不同部位采取肌肉组织捣碎混匀，称取 10 g 置锥形瓶内，加煮沸冷却的蒸馏水 100 mL，摇匀，浸渍 30 min 后过滤或离心，滤液备用。

(2)测定　取 2 支小试管，一支加入肉浸液 2 mL，另一支加入蒸馏水 2 mL 为对照。于试管中各加 0.2%联苯胺乙醇溶液 5 滴，充分振荡，立即观察在 3 min 内溶液颜色变化的速度和程度，按判定标准进行判定。

【判定标准】

根据肉浸液呈色反应的时间判定肉品的新鲜程度，见表 8-3。

表 8-3　过氧化物酶试验结果判定标准

样　品	呈色反应的时间	结果	说　明
健康并新鲜肉	0.5～1.5 min 显蓝绿色（以后变成褐色）	阳性（+）	有过氧化物酶存在
新鲜度可疑肉	2～3 min 出现淡青棕色，或完全无变化	阴性（－）	没有过氧化物酶，若感官上无变化而 pH 值在 6.5～6.6，说明来自病畜或过劳和衰弱的牲畜

四、肉中粗氨的测定

肉类腐败时蛋白质分解生成的氨和铵盐等物质称为粗氨。肉中的粗氨随着腐败程度的加深而相应增多，因此氨和铵盐可作为鉴定肉类腐败程度的标志之一。但不能把粗氨测定的阳性结果作为肉类腐败的绝对标志，因为动物机体在正常状态下含有少量氨，并以谷氨酰胺的形式储积于组织之中，谷胺酰胺的含量直接影响测定结果；另外，疲劳动物的肌肉中，氨的含量可能比正常时增大 1 倍，因此屠畜宰前的疲劳程度也会间接影响测定结果。粗氨的测定常采用纳氏试剂(Nessler)法，纳氏试剂无论对肉中游离的氨还是结合的氨均能起反应，是测定氨的专用试剂。

在碱性溶液中氨和氨离子能与纳氏试剂作用，生成黄色或橙色沉淀（碘化二亚汞铵），黄色沉淀物的多少与粗氨的含量成正比。

【试剂】

纳氏试剂：35 g 碘化钾溶在 100 mL 水中，17 g 升汞（$HgCl_2$）溶于 300 mL 水中，将升汞溶液倒入碘化钾溶液中至呈红色不溶性沉淀为止，加入 600 mL 20％氢氧化钠溶液及其余的升汞溶液，静置 24 h，吸取上清液（几乎无色或微黄色）于棕色胶塞瓶中密封，阴凉处保存。

【测定方法】

(1)制备肉浸液　称取肉样 10.00 g 加无氨蒸馏水 100 mL，搅拌浸渍 15 min，过滤待检。

(2)测定

①取 2 支小试管，在一支内加入肉浸液 1 mL，在另一支内加入煮沸 2 次冷却

的无氨蒸馏水 1 mL 作为对照。

②轮流向 2 支试管内滴加纳氏试剂上清液，每加一滴后都要振荡，同时观察比较两管中溶液颜色的变化；各滴入 10 滴为止。

【判定标准】

按表 8-4 判定。

表 8-4　粗氨含量及肉的鲜度

纳氏试剂滴数	肉液变化现象	每 100 g 肉中的粗氨含量/mg	肉的新鲜度评价
10	透明无变化	＜16	一级鲜度
10	黄色透明	16～20	二级鲜度
10	淡黄色浑浊，有少量悬浮物	21～30	腐败初期，应迅速利用
6～9	黄色浑浊，稍有沉淀	31～45	腐败肉，经处理尚可食用
1～5	大量黄色或棕色沉淀	＞46	完全腐败，不能食用

五、肉中硫化氢的测定

在组成肉类的氨基酸中，有一些含巯基(—SH)的氨基酸。在肉腐败分解的过程中，它们在细菌产生的脱巯基酶作用下发生分解，放出硫化氢(H_2S)，根据硫化氢的存在与否可判断肉品的鲜度。在完全新鲜的肉里(特别是猪肉)也时常发现含有硫化氢，这是由于动物生前肝脏中产生并通过血液运送到肌肉组织中，而在腐败肉里却并不始终都含有硫化氢，因此，当肉发生腐败时，仅用一种检查方法往往不能得出正确结果，必须运用不同的检查方法，根据 pH 值的测定、氨的测定、过氧化物酶试验、硫化氢的测定和球蛋白沉淀试验等指标的测定结果进行综合判定。

硫化氢在碱性环境中与醋酸铅碱性溶液发生反应生成黑色的硫化铅，因此，测定肉中硫化氢与醋酸铅反应呈色的深浅可判定肉品的新鲜度。

【试剂】

(1)碱性醋酸铅溶液：10％醋酸铅溶液中加入 10％氢氧化钠直至析出沉淀为止。

(2)碱性醋酸铅滤纸：将滤纸条放入上述碱性醋酸铅溶液中浸泡后取出晾干，备用。

【测定方法】

(1)将被检肉剪成绿豆大小的碎块，置于 50～100 mL 具塞锥形瓶中，至瓶容积的 1/3，并尽量使其平铺于瓶底。

(2)用一张碱性醋酸铅滤纸条悬挂于瓶口与瓶盖之间，以瓶盖固定滤纸条，要求滤纸条紧接肉块表面而又不与肉块接触。

(3)在室温下静置 30 min 后,观察瓶内滤纸条的颜色变化。冬天可将锥形瓶浸于 50～60 ℃温水中,以加快反应。

【判定标准】

①新鲜肉:滤纸条无变化;②新鲜度可疑肉:滤纸条的边缘变成淡褐色;③腐败肉:滤纸条的下部变为褐色或黑褐色。

六、球蛋白沉淀试验

肌肉中的球蛋白在碱性环境中呈可溶解状态,而在酸性条件下不溶。新鲜肉呈酸性反应,因此肉浸液中无球蛋白存在。而腐败的肉,由于大量有机碱的生成而呈碱性,其肉浸液中溶解有球蛋白。肉品腐败越严重肉浸液中球蛋白的量就越多。因此,可根据肉浸液中有无球蛋白和球蛋白的多少来检验肉品新鲜度。与 pH 值一样,宰前患病或过劳的牲畜,肉中呈碱性反应,可使球蛋白试验显阳性结果。

【原理】

蛋白质在碱性溶液中能与重金属离子(Cu^{2+})结合形成蛋白质盐而沉淀。

【试剂】

10%硫酸铜溶液。

【测定方法】

(1)样品处理　同"三、过氧化物酶的测定"。

(2)测定　取 2 支 5 mL 试管,一支加入 2 mL 肉浸液,另一支加入 2 mL 蒸馏水作为对照。然后向上述两试管中各滴入 5 滴 10%硫酸铜溶液,充分振荡后观察。

【判定标准】

①新鲜肉:液体呈淡蓝色,并完全透明;②次鲜肉:液体呈轻度浑浊,或有少量混悬物;③腐败肉:液体浑浊,并有白色沉淀。

鲜肉的其他理化及卫生指标的测定见有关章节。

第二节　肉类制品的理化检验

一、水分的测定

测定肉制品水分的方法主要有真空干燥法、加沙常压干燥法、直接干燥法、减压干燥法和蒸馏法,后 3 种方法见第二章第一节。

(一)真空干燥法

取均匀肉样 20.00 g 于已恒重的水分皿中,置真空干燥箱内,将水分皿盖打开,在 80 kPa 下和 75～80 ℃的温度下干燥至恒重,称量样品干重,计算含量。

(二)加沙常压干燥法

(1)沙粒的制备　将通过 35～40 目筛孔的细沙用水淘洗干净,2%盐酸溶液浸泡 24 h,过滤,水洗至中性,置 100～105 ℃干燥箱中烘烤至恒重(4～6 h),冷后储存瓶中备用。

(2)测定　称取均匀肉样 10.00 g 于盛有 6～8 g 沙子的水分皿中,置 100～105 ℃恒温干燥箱中,将水分皿盖打开,烘干至恒重,计算水分含量。

(3)计算

$$X = \frac{a-b}{W} \times 100\%$$

式中:X 为样品中水分含量,%;a 为干燥前水分皿沙和样品的质量,g;b 为干燥后水分皿沙和样品的质量,g;W 为样品质量,g。

二、其他理化及卫生指标的测定

食品在生产、加工、运输及销售过程中易受到有害元素(汞、镉、铅、砷)、有毒化学物质及某些食品添加剂如亚硝酸盐的污染,从而降低食品的卫生质量,危害人体健康。有关这些物质的检验参见第三章、第六章等。

三、肉松水分隧道式快速测定法

采用红外线加热至 160 ℃,在 15 min 短时间内烘干的快速测定法。样品隧道式排列逐个移入烘干,并自行读出水分的含量。此法为参考方法。

【仪器】

隧道式水分测定器。

【测定方法】

先将仪器加热恒温至 160 ℃,每份样品称取 10.0 g,分别排列于盘上,每 15 min 逐个移入烘干测定,自行读出水分的含量。注意控制温度与时间,以免样品发生焦化现象。

本法与一般烘干法比较,两法 t 值为 1.828 6,$P>0.05$,无显著差异。其 r 值为 0.950,相关密切。目前已为肉松生产单位所采用。

第三节　动物性油脂的理化检验

一、水分的测定

油脂中水分含量的多少将决定其品质的优劣，水分是脂肪水解的根源，在动物性油脂中水分含量越多，则越容易发生水解和变质。动物性油脂水分的测定采用直接干燥法，参见第二章第一节。判定标准见表8-5。

表8-5　动物性油脂中的水分含量　　%

精炼猪油	未精炼猪油				牛脂			羊脂		
	特级	优级	一级	二级	特级	一级	二级	特级	一级	二级
≤0.1	≤0.15	≤0.25	≤0.3	≤0.5	≤0.15	≤0.43	≤0.5	≤0.15	≤0.3	≤0.5

二、酸价的测定

动物油脂水解产生游离脂肪酸，使油脂酸价升高。酸价是指中和1 g油脂中的游离脂肪酸所需要的氢氧化钾的毫克数。酸价越低，说明油脂质量、新鲜度和精炼程度越好。

酸价的测定系利用游离脂肪酸能溶于有机溶剂的特性，将之溶于醇醚混合溶剂中，以酚酞为指示剂，用标准氢氧化钾溶液滴定，根据氢氧化钾的用量即可求出油脂的酸价。

【仪器】

分析天平；碱式滴定管。

【试剂】

(1)中性乙醇-乙醚混合液［按2∶1的比例将乙醚和酒精(95%)混合，加入1%酚酞指示剂，用0.1 mol的氢氧化钾溶液滴定至中性］。

(2)1%的酚酞指示剂。

(3)0.1 mol/L的氢氧化钾标准溶液。

【测定方法】

称取2.0 g油脂于锥形瓶中，在水浴上融化，加入20 mL乙醇-乙醚混合液，混合后再加入3～5滴1%的酚酞指示剂，迅速用0.1 mol/L的氢氧化钾滴定至溶液呈玫瑰红色，并在1 min内不消失为止。

【计算】

$$X=\frac{5.6\times V\times R}{W}$$

式中：X 为酸价；V 为滴定时消耗 0.1 mol/L 氢氧化钾标准溶液的体积，mL；R 为滴定液的修正系数；W 为油脂样品的质量，g。

【判定标准】

动物性油脂酸价的标准见表 8-6。

表 8-6 动物性油脂酸价标准 mL/g

油脂种类	特级	优级	一级	二级
精炼猪油	≤0.50	≤0.50	≤0.50	≤0.50
未精炼猪油	≤1.00	≤1.25	≤2.25	≤3.50
牛脂	≤1.25		≤2.25	≤3.50
羊脂	≤1.25		≤2.25	≤3.50

三、过氧化值的测定

动物性油脂放置时间过久或储存不善，其中不饱和脂肪酸的双键与空气中的氧结合生成过氧化物。过氧化物在动物油脂中的含量以其氧化生成的碘占油脂的百分含量表示，称为过氧化值，油脂的过氧化值上升，表明腐败变质已开始，因此，过氧化值是动物性油脂腐败变质的定量检验指标之一。

根据碘化氢与油脂中的过氧化物反应而析出碘，再用硫代硫酸钠标准溶液滴定析出的碘，从其消耗量即可求得油脂的过氧化值（常用碘的百分数表示）。

【试剂】

(1)氯仿-冰乙酸混合液：二者等量混合。

(2)碘化钾饱和溶液：取碘化钾 10 g，加水 5 mL，微热助溶，冷后储于棕色瓶中。

(3)1%淀粉：称取 1 g 可溶性淀粉，溶于少量蒸馏水中，用玻璃棒搅拌成糊状，慢慢倒入沸腾的 100 mL 蒸馏水中，随倒随搅拌，至呈透明状液体，冷后备用，临用现配。

(4)0.005 mol/L 硫代硫酸钠标准溶液。

【仪器】

碘量瓶；棕色滴定管。

【测定方法】

(1)样品处理

①固体样品:取绞碎或研碎的脂肪样品置于小烧杯中,于 80~ 90 ℃水浴上融化成油脂后备用。

②液体样品:可直接取样测定。

(2)测定　精密称取 2.00~3.00 g 融化的油脂,置于 250 mL 碘量瓶中,加入 30 mL 氯仿-冰乙酸混合液及 1 mL 碘化钾饱和溶液,盖好瓶塞,摇匀,放置于黑暗处。5 min 取出,加入 100 mL 蒸馏水稀释,用 0.005 mol/L 硫代硫酸钠溶液滴定,至浅黄色时加入 1 mL 1%淀粉溶液,此时溶液显蓝色。继续用硫代硫酸钠标准溶液滴定,至蓝色消失时为终点。同时作空白实验对照。

【计算】

$$X = \frac{(V_1 - V_2) \times N \times 0.1269}{m} \times 100$$

式中:X 为过氧化值(相当于 100 g 溶液中碘的含量),g;V_1 为样品消耗 $Na_2S_2O_3$ 标准溶液的体积,mL;V_2 为空白消耗 $Na_2S_2O_3$ 标准溶液的体积,mL;N 为硫代硫酸钠标准溶液的浓度,mol/L;m 为样品质量,g。

【判定标准】

动物性油脂中过氧化值的标准是:新鲜油脂<0.03,次鲜油脂 0.03~0.05,开始变质油脂 0.06~0.10,变质油脂>0.10。

【说明】

碘与硫代硫酸钠的反应在中性弱酸性溶液中进行,滴定时溶液温度不能高,不要剧烈摇动。为防止 I^- 被空气氧化,应放在暗处,避免阳光照射;析出 I_2 后应立即用 $Na_2S_2O_3$ 溶液滴定。在滴定过程中,不要过早加入淀粉,以免淀粉吸附太多碘而造成测定误差。

四、油脂硫代巴比妥酸值的测定

动物性油脂硫代巴比妥酸值(简称 TBA 值)系指 1 kg 油脂中丙二醛的毫克数。丙二醛是动物油脂变质过程中的最终氧化产物,TBA 值的测定是根据丙二醛在酸性条件下可随水蒸气蒸出,与硫代巴比妥酸作用生成红色化合物,用分光光度计于 532 nm 处比色测定。TBA 值越大说明油脂被氧化程度越高。

【仪器】

(1)分光光度计。

(2)凯氏烧瓶。

【试剂】

(1)盐酸溶液(1∶2 体积比)。

(2)0.02 mol/L TBA 溶液：称取 α-硫代巴比妥酸 2.883 g，溶于 90%醋酸中，并加醋酸至 100 mL，在水浴中加热助溶。

(3)TEP 标准储备液(1 mL 含 0.2 mg TEP)：精确称取 200 mg 1,1,3,3-四乙氧基丙烷(TEP)置于 1 000 mL 容量瓶中，加水至刻度，置冰箱中可保存 7 d 左右。

(4)TEP 标准使用液(1 mL 含 0.01 mg TEP)：临用时吸取 TEP 标准溶液 5 mL 于 1 000 mL 溶量瓶中，用水定容至刻度。

【测定方法】

(1)样品处理　称取油脂 10.00 g 于 100 mL 凯氏烧瓶中，加水 20 mL，加盐酸溶液 2 mL，调节 pH 值至 1.5，加液体石蜡 2 mL，连接水蒸气蒸馏装置蒸馏 10 min 以上，收集蒸馏液近 50 mL，用水补足 50 mL 定容。取出 5 mL 置于 25 mL 比色管中，加 TBA 试剂 5 mL 混匀，置沸水浴中 35 min 取出，置冷水中冷却 10 min。用分光光度计于 532 nm 处比色测定。

(2)标准管与空白管　分别取 TEP 标准应用液 0，0.1，0.3，0.5，1.0，1.5，2.5 mL 于 25 mL 具塞比色管中，各管加水补足 5 mL，加 TBA 试剂 5 mL，盖塞混匀，与样品管同时置沸水浴中 23 min 取出，置流水中冷却 10 min 比色测定，并绘制标准曲线。

【计算】

$$X = A \times 7.8$$

式中：X 为 TBA 值；A 为样品测定液的吸光度；7.8 为收集蒸馏液 50 mL 时的有关常数。

【判定标准】

新鲜油脂 TBA 值范围为 0.202 8～0.664；变质油脂≥0.664。

五、油脂碘值的测定

油脂的碘值系指 100 g 油脂起加成反应时所需碘的克数。碘值是各种动物油脂的特征性常数之一，标志着油脂的质量和纯度。油脂碘值的测定是利用油脂中的不饱和脂肪酸在氯仿溶液中与过量的溴化碘（或氯化碘）起加成反应。剩余的溴化碘与过量的碘化钾作用析出游离碘然后再用硫代硫酸钠标准溶液滴定游离的碘，根据试样在加成反应中所消耗的量，即可计算出油脂的碘值。

【仪器】

分析天平；碘量瓶；微量滴定管；刻度吸量管；电热恒温水浴锅。

【试剂】

(1)溴化碘醋酸溶液:称 13.2 g 纯碘溶于 1 000 mL 冰醋酸中,用 0.05 mol/L 硫代硫酸钠($Na_2S_2O_3$)标定,求出碘的用量,按 126.41 g 碘相当于 79.92 g 溴的量加入比重 3.1 的溴。加溴后再用 0.05mol/L $Na_2S_2O_3$ 滴定以校正,使加溴后的溶液恰好为加溴前的 2 倍。

(2)15%碘化钾溶液。

(3)0.05 mol/L $Na_2S_2O_3$ 溶液。

(4)1%淀粉溶液。

【测定方法】

称取样品 0.05 g 于碘量瓶中,加 10 mL 氯仿,振摇溶解后加溴化碘溶液 25 mL,盖塞,置暗处 30 min 后加 15%碘化钾溶液 20mL,蒸馏水 100 mL,盖塞振动,用 0.05 mol/L $Na_2S_2O_3$ 溶液滴定至黄色,加 1 mL 1%的淀粉指示剂,继续滴定至蓝色消失,记录 $Na_2S_2O_3$ 的用量。同时做试剂空白试验。

【计算】

$$X = \frac{(V_1 - V_2) \times N \times 0.126\,9}{W} \times 100$$

式中:X 为碘值(相当于 100 g 溶液中碘的含量),g;V_1 为滴定试剂空白时 $Na_2S_2O_3$ 溶液的体积,mL;V_2 为滴定样液时 $Na_2S_2O_3$ 溶液的体积,mL;N 为硫代硫酸钠溶液的浓度,mol/L;0.126 9 为 1 mL 0.05 mol/L $Na_2S_2O_3$ 相当于碘的克数,g;W 为样品质量,g。

【判定标准】

猪油:54～70;牛油:35～45;羊油:32～50。

第四节 乳与乳制品的理化检验

乳是哺乳动物产仔后从乳腺分泌的一种白色或稍带微黄色的不透明液体,是一种既有充分的营养价值又易于消化吸收的食品。乳与乳制品的品种范围主要有新鲜牛羊乳、消毒乳、酸乳、全脂乳粉、淡炼乳、甜炼乳、奶油和硬质干酪等。另外还有马乳、水牛乳及其制品。

乳品是细菌生长繁殖的良好基质,往往容易成为一些人畜共患传染病的媒介;乳及其制品被微生物污染后极易腐败变质;一些对人体有害的化学物质,如黄曲霉毒素、抗生素和农药等,可通过饲料及饮水进入乳牛体内,并经牛乳排出。因此,必须对乳与乳制品进行卫生检验,以确保广大消费者的食用安全。

一、乳卫生的理化检验

(一)乳的性状及化学组成

乳为胶体溶液,其中乳糖和一部分可溶性盐类可形成真正的溶液状态,蛋白质与不溶性盐类形成胶体悬浮液,脂肪则形成乳浊液状态的胶体性液体,水分作为分散介质,构成一种均匀稳定的悬浮状态和乳浊状态的胶体溶液。

正常乳的 pH 值为 6.5～6.7,酸度为 16～18°T(指滴定酸度)。乳的酸度分为自然酸度和发酵酸度,二者之和称为总酸度。乳的总酸度对乳品的加工和乳的卫生检验都具有一定的意义。鲜乳酸度过高,除明显降低乳对热的稳定性外,还会降低乳粉的保存性和溶解度,同时对其他乳制品的品质也有一定的影响。

正常乳的相对密度为 1.028～1.032。乳中的非脂干物质比水重,所以乳中的非脂类干物质愈多,则相对密度愈大。初乳的相对密度为 1.038。乳中加水时相对密度会降低。

组成乳的化学成分主要有:水分(87.5%)、蛋白质(3.50%)、脂肪(3.40%)、乳糖(4.60%)、无机盐类、磷脂、维生素、酶、免疫抗体、色素、气体以及其他的微量成分。

牛乳中蛋白质比人乳多,乳糖含量比人乳少,矿物质钙的含量比人乳多,而铁的含量比人乳少。

(二)鲜乳卫生标准理化指标(GB 19301—2003)

1. 理化指标

鲜乳的理化指标见表 8-7。

表 8-7　鲜乳卫生标准理化指标

项　目	指　标	项　目	指　标
相对密度/(20 ℃/4 ℃)	≥1.028	杂质度/(mg/kg)	≤4.0
蛋白质/(g/100 g)	≥2.95	铅(Pb)/(mg/kg)	≤0.05
脂肪/(g/100 g)	≥3.1	无机砷/(mg/kg)	≤0.05
非脂乳固体/(g/100 g)	≥8.1	黄曲霉毒素 M_1/(μg/kg)	≤0.5
酸度/°T		六六六/(mg/kg)	≤0.02
牛乳	≤18	滴滴涕/(mg/kg)	≤0.02
羊乳	≤16		

2. 兽药残留

兽药残留量应当符合国家有关标准规定。

(三)乳的理化检验(GB/T 5009.46—2003)

1. 相对密度

牛乳密度为 20 ℃的牛乳与同体积 4 ℃水的质量比值。

【仪器】

(1)乳稠计:牛乳密度用乳稠计测定,乳稠计有 20 ℃/4 ℃和 15 ℃/15 ℃两种。前者较后者测得的结果低 2°。

(2)玻璃圆筒或 200~250 mL 量筒:圆筒高度应大于乳稠计的长度,其直径大小应使沉入乳稠计时其周边和圆筒内壁的距离不小于 5 mm。

【测定方法】

取混匀并调节温度为 10~25 ℃的牛乳试样,小心倒入容积为 250 mL 的玻璃圆内并加到容积的 3/4,勿使发生泡沫并测量试样温度。小心将乳稠计沉入试样中到相当刻度 30°处,然后让其自然浮动,但不能与筒内壁接触。静置 2~3 min 后,眼睛对准筒内牛乳液面的高度,读出乳稠计数值。根据试样的温度和乳稠计读数查表 8-8 换算成 20 ℃时的度数。

【计算】

相对密度与乳稠计度数的关系式为:

$$X = (\rho_4^{20} - 1.000) \times 1\ 000$$

式中:X 为乳稠计读数;ρ_4^{20} 为试样的相对密度。

计算举例:牛乳温度为 18 ℃,使用 20 ℃/4 ℃的乳稠计,读数 28°,得相对密度为 1.028;换算成 20 ℃时的相对密度,查表 8-8(18 ℃,28°读数)应为 27.5°,20 ℃时的相对密度为 1.027 5。

表 8-8 乳稠计读数转换为温度 20 ℃时的度数的换算表

乳稠计	鲜乳温度/℃															
读数	10	11	12	13	14	15	16	17	18	19	20	21	22	23	24	25
25	23.3	23.5	23.6	23.7	23.9	24.0	24.2	24.4	24.6	24.8	25.0	25.2	25.4	25.5	25.8	26.0
26	24.2	24.4	24.5	24.7	24.9	25.0	25.2	25.4	25.6	25.8	26.0	26.2	26.4	26.6	26.8	27.0
27	25.1	25.3	25.4	25.6	25.7	25.9	26.1	26.3	26.5	26.8	27.0	27.2	27.5	27.7	27.9	28.1
28	26.0	26.1	26.3	26.5	26.6	26.8	27.0	27.3	27.5	27.8	28.0	28.2	28.5	28.7	29.0	29.2
29	26.9	27.1	27.3	27.5	27.6	27.8	28.0	28.3	28.5	28.8	29.0	29.2	29.5	29.7	30.0	30.2
30	27.9	28.1	28.3	28.5	28.6	28.8	29.0	29.3	29.5	29.8	30.0	30.2	30.5	30.7	31.0	31.2
31	28.8	29.0	29.2	29.4	29.6	29.8	30.0	30.3	30.5	30.8	31.0	31.2	31.5	31.7	32.0	32.2

续表 8-8

乳稠计	鲜乳温度/℃															
读数	10	11	12	13	14	15	16	17	18	19	20	21	22	23	24	25
32	29.3	30.0	30.2	30.4	30.6	30.7	31.0	31.2	31.5	31.8	32.0	32.3	32.5	32.8	33.0	33.3
33	30.7	30.8	31.1	31.3	31.5	31.7	32.0	32.2	32.5	32.8	33.0	33.3	33.5	33.8	34.1	34.3
34	31.7	31.9	32.1	32.3	32.5	32.7	33.0	33.2	33.5	33.8	34.0	34.3	34.4	34.8	35.1	35.3
35	32.6	32.8	33.1	33.3	33.5	33.7	34.0	34.2	34.5	34.7	35.0	35.3	35.5	35.8	36.1	36.3
36	33.5	33.8	34.0	34.3	34.5	34.7	34.9	35.2	35.6	35.7	36.0	36.2	36.5	36.7	37.0	37.3

2. 脂肪

(1)罗兹-哥特里法:见第二章第三节。

(2)盖勃氏法。

【试剂】

异戊醇,硫酸(密度 1.820～1.825)。

【仪器】

盖勃氏乳脂计,最小刻度 0.1%,见图 8-2。

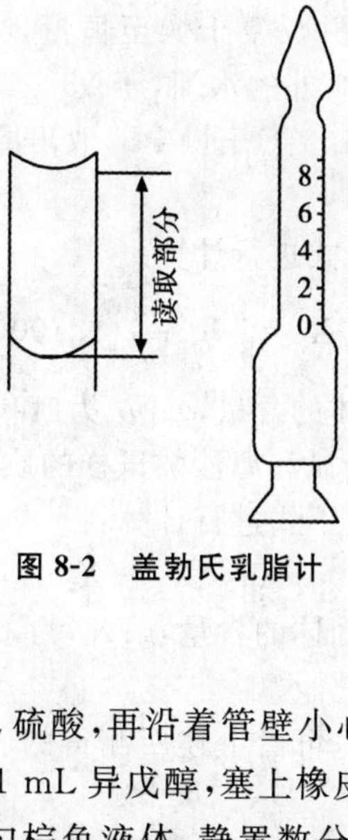

图 8-2　盖勃氏乳脂计

【测定方法】

于乳脂计中先加入 10 mL 硫酸,再沿着管壁小心准确地加入 11 mL 样品,使样品与硫酸不要混合,然后加 1 mL 异戊醇,塞上橡皮塞,使管口向下,同时用布包裹以防冲出,用力振摇使呈均匀棕色液体,静置数分钟(管口向下),置 65～70 ℃水浴中 5 min,取出后放乳脂离心机中以 1 000 r/min 的转速离心 5 min,再置 65～70 ℃水浴中,注意水浴水面应高于乳脂计脂肪层,5 min 后取出,立即读数,即为脂肪的百分数。

【说明】

(1)盖勃氏法是乳脂肪含量测定的简易法,因为它把牛乳和脂肪的密度看作一定值。因此进行严格的定量分析时,一定要用重量法,即罗兹-哥特里法。

(2)加入硫酸,可破坏牛乳胶质性,破坏覆盖在脂肪球上的蛋白质外膜,在离心作用下,脂肪集中浮在上层。

(3)加入异戊醇促使脂肪从蛋白质中游离出来。振摇、加热和离心,都是为了使脂肪完全而迅速地分离。

(4)盖勃氏乳脂计的刻度 0～8 的容积为 1.0 mL,因此 1 刻度为 0.125 mL。牛乳脂肪密度(60 ℃时)为 0.9。0.125 mL(即 1 刻度)牛乳脂肪的质量为 0.112 5 g,测定时取牛乳 11.0 mL,实际从吸管放入乳脂计中的牛乳为 10.9 mL,牛乳的平均密度取 1.032 时所取试样为 $10.9 \times 1.032 = 11.25$ g。所以 1 刻度脂肪相当于 100 g 牛乳中含脂肪 1 g,即 $\frac{0.1125}{11.25} \times 100 = 1$。

3. 非脂固体

【测定方法】

(1)甲法　取直径 5～7 cm 的玻璃皿,加 20 g 精制海沙,在 95～105 ℃干燥 2 h,于干燥器冷却 0.5 h,称量,并反复干燥至恒量,吸取 5.0 mL 试样于恒量的皿内,称量,置水浴上蒸干,擦去皿外的水渍,于 95～100 ℃干燥 3 h,取出放干燥器中冷却0.5 h,称量,再于 95～105 ℃干燥 1 h,取出冷却后称量,至前后两次质量相差不超过1.0 mg。

试样中总固体的含量按下式进行计算:

$$X = \frac{m_1 - m_2}{m_3 - m_2} \times 100$$

式中:X 为 100 g 试样中总固体的含量,g;m_1 为皿和海沙加试样干燥后的质量,g;m_2为皿和海沙的质量,g;m_3 为皿和海沙加试样的质量,g。

试样中非脂固体的含量按下式进行计算:

$$X = X_1 - X_2$$

式中:X 为 100 g 试样中非脂固体的含量,g;X_1 为 100 g 试样中总固体的含量,g;X_2 为 100 g 试样中脂肪的含量,g。

(2)乙法　利用上述两式,可由上述所测得的乳稠计读数及脂肪含量计算总固体的含量。

$$X_3 = 0.25X_1 + 1.2X_2 + 0.14$$

式中:X_3为 100 g 试样中非脂固体的含量,g;X_1为乳稠计上刻度读数;X_2为 100 g 试样中脂肪的含量,g。

如用 20 ℃/4 ℃乳稠计时,应将测得的读数加上 2°,然后按上式计算。

4. 酸度

新鲜正常乳的酸度在16～18 °T,乳的酸度由于微生物的作用而增高。酸度(°T)的度数是以酚酞为指示剂,中和100 mL乳所需0.100 0 mol/L氢氧化钠标准滴定溶液的毫升数。

【试剂】

氢氧化钠标准滴定溶液[c (NaOH)=0.100 0 mol/L];酚酞指示液:1 g酚酞溶于100 mL乙醇中。

【测定方法】

准确吸取10.0 mL样品于150 mL锥形瓶中,加20 mL经煮沸冷却后的水和数滴酚酞指示液,混匀,用0.100 0 mol/L氢氧化钠标准滴定溶液滴定至初现粉红色,并在0.5 min内不退色。消耗0.100 0 mol/L氢氧化钠标准滴定溶液毫升数乘以10即为酸度(°T)。

【说明】

(1)牛乳的蛋白质同时含氨基和羧基,另一方面含酸性磷酸盐,对酚酞呈酸性反应,所以正常新鲜乳的酸度在16～18°T。牛乳中含乳糖4%～6%,在微生物的作用下,乳糖分解成乳酸。酸度增高反映了微生物在生长繁殖。因此测定牛乳酸度可判断其新鲜程度。但酸度低于16°T,可怀疑加水或加中和剂,例如不新鲜的高酸度牛乳,掺入碱(Na_2CO_3)可使酸度降低。急性慢性乳房炎的牛所产生的乳的酸度也低于正常乳。酸度高于正常值视为不新鲜乳。

(2)滴定终点不易判断,可采用标准颜色法,取滴定酸度的同批和同样数量的牛乳置入250 mL锥形瓶中,加入20 mL水,再加入3滴0.05 g/L碱性品红溶液摇匀后作为该样品滴定酸度终点判定的标准颜色。

5. 消毒效果试验(磷酸酶测定)

生牛乳中含有磷酸酶,它能分解有机磷酸化合物成为磷酸及原来与磷酸相结合的有机单体。牛乳经消毒后,磷酸酶失效,在同样条件下就不能分解有机磷化合物。利用苯基磷酸双钠在碱性缓冲溶液中被磷酸酶分解产生苯酚,苯酚再与2,6-双溴醌氯酰胺作用显蓝色,蓝色深浅与苯酚含量成正比,即与消毒的完善与否成反比。

【试剂】

(1)中性丁醇:沸点115～118 ℃。

(2)吉勃氏酚试剂:称取0.04 g 2,6-双溴醌氯酰胺溶于10 mL乙醇中,置棕色瓶中于冰箱内保存,临用时新配。

(3)硼酸盐缓冲液:称 28.472 g 硼酸钠($Na_2B_4O_7 \cdot 10H_2O$)溶于 900 mL 水中,加 3.27 g 氢氧化钠或 81.75 mL1 mol/L 氢氧化钠溶液,加水至 1 000 mL。

(4)缓冲基质溶液:称取 0.05 g 苯基磷酸双钠结晶溶于 10 mL 硼酸盐缓冲溶液中,加水至 100 mL,用时新配。

【测定方法】

吸取 0.5 mL 样品,置具塞试管中,加 5 mL 缓冲基质溶液,稍振摇后置 36~44 ℃水浴或孵箱中 10 min,然后加 6 滴吉勃氏酚试剂,立即摇匀,静置 5 min,有蓝色出现表示消毒处理不够,为增加灵敏度,可加 2 mL 中性丁醇,反复完全倒转试管,每次倒转后稍停使气泡破裂,分出丁醇,然后观察结果,并同时做空白对照试验。

本法不仅可以查出鲜乳的消毒是否完善,还可以查出巴氏消毒处理的乳中混入 0.5%以下的生牛乳。

6. 掺碱的检验

鲜乳中如加碱,可使溴麝香草酚蓝指示剂变色,由颜色的不同,判断加碱量的多少。

【试剂】

溴麝香草酚蓝-乙醇溶液(0.4 g/L)。

【测定方法】

量取 5 mL 试样置试管中,将试管保持倾斜位置,沿管壁小心加入 5 滴 0.4 g/L溴麝香草酚蓝乙醇溶液,将试管轻轻斜转 2~3 回,使其更好地相互接触,切勿使液体相互混合,然后将试管垂直放置,2 min 后根据环层指示剂颜色的特征确定结果,同时用未掺碱的鲜乳作空白对照试验。

按环层颜色变化界限判定结果如表 8-9 所示。

表 8-9 环层颜色与含碱量的关系

乳中含 Na_2CO_3/%	环层颜色	乳中含 Na_2CO_3/%	环层颜色
无	黄色	0.50	青绿色
0.03	黄绿色	0.70	淡青色
0.05	淡绿色	1.0	青色
0.10	绿色	1.5	深青色
0.30	深绿色		

7. 异常乳的检验

《乳与乳制品卫生管理办法》第四条二项规定乳房炎乳及变质乳等均不得供食用。

【测定方法】

(1)氯糖数的测定　健康牛乳中氯糖数不超过4,患乳房炎的乳中氯糖数则增高。

①乳糖的测定:参见第二章第四节。

②氯化物的测定:用吸管吸取20.0 mL牛乳,注入200 mL容量瓶中,加入100 mL 200 g/L的硫酸铝溶液及8 mL 2 mol/L氢氧化钠溶液,混合均匀,加水至刻度,混匀后过滤。取100 mL滤液,注入250 mL锥形瓶中,加入1 mL 100 g/L铬酸钾溶液,用0.028 17 mol/L的硝酸银溶液(每升水溶入4.788 g硝酸银,需标定)滴定到红砖色(1 mL 0.028 17 mol/L的硝酸银相当于1 mg氯),同时作空白对照试验。

注:滴定前,须用石蕊试纸测定溶液酸碱性。如果呈酸性,则须事先用氢氧化钠溶液中和至中性。

$$X=\frac{(V_1-V_2)\times 10}{1.030\times 1\,000}$$

式中:X为100 g样品中氯的含量,g;V_1为滴定样品时用去的硝酸银的体积,mL;V_2为空白试验时用去的硝酸银的体积,mL;1.030为正常牛乳的相对密度;$(V_1-V_2)\times 10$为每100 mL牛乳中含氯量,mg。

$$Y=\frac{X\times 100}{L}$$

式中:Y为氯糖数;X为100 g样品中氯的含量,g;L为100 g样品中乳糖的含量,g。

(2)血与脓的检出　用小刀尖取少量的二氨基联苯,将其溶解在盛有2 mL 96%的乙醇试管内,加入2 mL 3%的过氧化氢溶液,摇匀后再加入3～4滴冰乙酸。

在上述配制的试剂中,加入4～5 mL牛乳,如有血与脓存在时,在20～30 s后,液体呈深蓝色。

【说明】

乳房炎乳除用氯糖数测定法判定外,还有简易定性法,方法如下:

(1)称取60 g $Na_2CO_3\cdot 10H_2O$溶于100 mL水中。另称取40 g无水氯化钙溶于300 mL水中。二者须搅拌均匀,加温、过滤,然后将2种滤液倾注一起,搅拌、混合、加温和过滤,于此滤液中加入等量的150 g/L氢氧化钠溶液,搅拌加温、过滤,滤液即为试液。加入少许溴甲酚紫有助于结果观察。试剂放棕色瓶中保存。

(2)吸取乳样3 mL于白色平皿中,加0.5 mL试液,立即回转混合,约10 s后观察结果。判别标准见表8-10。

表 8-10 乳房炎乳的判别

现象	结果
无沉淀及絮片	—(阴性)
稍有沉淀发生	±(可疑)
有片条状沉淀	+(阳性)
发生黏稠性团块,并继之分为薄片	++(强阳性)
有持续性黏稠性团块(凝胶)	+++(强阳性)

8. 牛乳掺假检验

牛乳掺假除水外按其物理化学及生物学性质分为以下几类物质:电解质类,常见的有中性盐,如食盐、硝酸钠和芒硝(Na_2SO_4);弱酸弱碱性盐,如碳酸铵;强碱弱酸性盐,如碳酸钠、碳酸氢钠;其他盐类,如明矾、石灰水等。这些掺假物质,有的为了增加比重,有的为了中和牛乳酸度,掩盖酸败牛乳。非电解质晶体类,这些物质是指在水中不发生电离,以真溶液形式存在于水中的小分子物质,如尿素、蔗糖等。胶体物质,一般都是大分子液体,以胶体溶液、乳浊液等形式存在,如米汁(米汤)、豆浆等。防腐剂类指具有抑菌或杀菌能力的物质,如甲醛、硼酸及其盐类、苯甲酸和水杨酸等。抗生素类,如青霉素等。这类物质一般掺入量很少,但危害严重。杂质,指和牛乳呈互不溶状态的物质,如白陶土等。这些掺假物质,轻者使食用者得不到应有的营养,经济受损失,重者危害食用者身体健康,甚至造成食物中毒,严重者造成死亡。

(1)掺水或脱脂的检验

$$X_1 = \frac{E - E_1}{E} \times 100\%$$

$$X_2 = \frac{F - F_1}{F} \times 100\%$$

$$A = 100\% - \frac{F_1}{F} \times 100\%$$

$$B = 100\% - \frac{E_1}{E} \times 100\%$$

$$X_3 = A - B$$

式中:X_1 为加水百分率,%;X_2 为加入脱脂乳百分数(或取出脂肪百分率),%;A 为加水和脱脂乳的百分数,%;B 为加水百分数,%;X_3 为加脱脂乳百分数,%;E 为“畜舍”乳样中或标准规定的非脂乳固体百分数,%;E_1 为被检验乳样中的非脂乳固体百分数,%;F 为“畜舍”乳样中或标准规定的脂肪百分数,%;F_1 为被检验乳样中的脂肪百分数,%。

掺水乳的检验与计算可用相对密度和脂肪含量变化估计掺水量,方法如下:

$$X = \frac{d_1 - d_2}{d_1} \times 100\%$$

式中：d_1 为以密度计度数表示的正常牛乳的密度（如正常牛乳的密度为 1.029，则密度计的度数为 29°）；d_2 为以密度计度数表示的被检乳的密度；X 为估计掺水量。

牛乳掺水，脂肪含量降低，测定可疑掺水牛乳的脂肪含量之后，可根据下式计算加水百分率：

$$X = \frac{F_1 - F_2}{F_1} \times 100\%$$

式中：X 为加入水的百分率，%；F_1 为正常牛乳的脂肪含量，%（一般可用 3.2%）；F_2 为被检乳的脂肪含量，%。

（2）掺蔗糖的检验——间苯二酚法　取 30.0 mL 牛乳，加入 2 mL 浓盐酸混合，过滤。取滤液 15 mL，加入 1 g 间苯二酚，置于沸水浴中 5 min，有蔗糖存在时即有红色出现。

（3）掺淀粉的检验　取 5.0 mL 牛乳注入试管中，稍稍煮沸，待冷却后，加入数滴碘液（碘的酒精溶液或 0.1 mol/L 碘液），有淀粉存在时，则有蓝色或青蓝色沉淀物出现。

二、乳粉卫生的理化检验

乳粉指以牛乳或羊乳为主料，添加或不添加辅料，经加工制成的粉状产品，包括全脂乳粉、全脂加糖乳粉、脱脂乳粉和调味乳粉。

（一）卫生标准理化指标（GB 5410—1999）

蛋白质、脂肪、蔗糖、水分、复原乳酸度、不溶度指数和杂质度如表 8-11 和表 8-12 所示。

表 8-11　乳粉卫生标准理化指标（一）

项　目	全脂乳粉	脱脂乳粉	全脂加糖乳粉	调味乳粉	
				全脂	脱脂
蛋白质/%	≥非脂乳固体* 的 34		≥18.5	≥16.5	≥22.0
脂肪/%	≥26.0	≤2.0	≥20.0	≥18.0	—
蔗糖/%	—	—	≤20.0	—	—
复原乳酸度/°T	≤18.0	≤20.0	≤16.0	—	—
水分/%			≤5.0		
不溶度指数/mL			≤1.0		
杂质度/(mg/kg)			≤ 16		

* 非脂乳固体＝100%－脂肪实测值－水分实测值。

表 8-12 乳粉卫生标准理化指标(二)

项　目	全脂乳粉	脱脂乳粉	全脂加糖乳粉	调味乳粉
铅/(mg/kg)			≤0.5	
铜/(mg/kg)			≤10	
硝酸盐(以 $NaNO_3$ 计)/(mg/kg)			≤100	
亚硝酸盐(以 $NaNO_3$ 计)/(mg/kg)			≤2	
黄曲霉毒素 M_1/(μg/kg)			≤5.0	

食品添加剂和食品营养强化剂的添加量应符合 GB 2760 和 GB 14880 的规定。

(二)检验方法(GB/T 5009.46—2003)

1. 水分

参见第二章第一节食品中水分的测定。

2. 脂肪

参见第二章第三节食品中脂肪的测定。

3. 酸度

试剂同鲜乳的检验。

【测定方法】

称取 4.00 g 试样于 50 mL 烧杯中,用 96 mL 新煮沸冷却水分数次将试样溶解并移入 250 mL 锥形烧瓶中,加数滴酚酞指示剂,混匀。用 0.1 mol/L 氢氧化钠标准滴定溶液滴定至初显粉红色并在 0.50 min 内不退色为终点,记录消耗氢氧化钠标准溶液的体积。

【计算】

$$X = \frac{c \times V \times 12}{m}$$

式中:X 为试样的酸度,°T;c 为氢氧化钠标准滴定溶液的实际浓度,mol/L;V 为试样消耗氢氧化钠标准溶液的体积,mL;m 为试样质量,g;12 为 12 g 干燥乳粉相当 100 mL 鲜乳。

4. 溶解度

【仪器】

(1)50 mL 离心管。

(2)离心机:1 000 r/min。

【测定方法】

称取约 5.00 g 试样于 50 mL 烧杯中，用 25～30 ℃水 38 mL，分数次将试样溶解于离心管中，加塞，将离心管放于 30 ℃水浴中保温 5 min 后取出。上下充分振摇 3 min，使试样充分溶解。于离心机中以 1 000 r/min 离心 10 min，使不溶物沉淀，倾出上清液并用棉栓拭清管壁，再加入 30 ℃的水 38 mL，加塞，上下充分振荡 3 min，使沉淀悬浮，再于离心机中以 1 000 r/min 离心 10 min，倾出上清液，用棉栓仔细拭清管壁。用少量水将沉淀物洗入已恒量的称量皿中，先在水浴上蒸干，再于 100 ℃干燥 1 h，置干燥器中冷却 30 min，称量，再于 100 ℃干燥30 min 后取出，冷却，称量，至前后两次质量相差不超过 1.0 mg。

$$X = 100 - \frac{(m_2 - m_1) \times 100}{m_3}$$

式中：X 为 100 g 试样的溶解度，g；m_3 为样品质量，g；m_1 为称量皿质量，g；m_2 为称量皿加不溶物质量，g。

【说明】

离心机转速准确。倾去清液时要防止沉淀物丢失。

5. 杂质度

【仪器】

2 000～2 500 mL 抽滤瓶；能安放过滤棉板的瓷质过滤漏斗或特制漏斗，在漏斗与棉板间安放一块细纱布。棉质过滤板：直径 32 mm，过滤时牛乳通过直径为 28.6 mm 的圆。

【试剂】

(1)胃酶-盐酸溶液：称取 5.0 g 胃酶粉，溶于 25 mL 水中，加 15 mL 盐酸，加水稀释至 500 mL。

(2)杂质标准的制备：使牛粪、园土和木炭通过一定筛孔，然后在 100 ℃烘干，按照下列比例配合混匀：

牛粪：通过 40 目，53%；

牛粪：通过 20 目不通过 40 目筛，2%；

园土：通过 20 目，27%；

木炭：通过 40 目，14%；

木炭：通过 20 目不通过 40 目，4%。

将上述各物混匀，称取 2.0 g，加 4 mL 水，搅匀后加入 46 mL 阿拉伯胶溶液(7.5 g/L)，再加入已过滤的、清洁的蔗糖溶液，使成 100 mL。此溶液每毫升相当于2 mg杂质，取此溶液5.0 mL于50 mL容量瓶中，用蔗糖溶液(500 g/L)稀释至刻度。此溶液每毫升相当于0.2 mg杂质。

现以500 mL牛乳或62.5 g全脂乳粉配制成500 mL乳液，制备各标准过滤板，如表8-13所示。

表8-13 标准过滤板

牛乳量/mL	加入杂质量	浓度/(mg/L)
500	1.0 mL×2 mg/mL=2 mg	4
	0.75 mL×2 mg/mL=1.5 mg	3
	0.50 mL×2.0 mg/mL=1.0 mg	2
	2.5 mL×0.2 mg/mL=0.5 mg	1
	1.25 mL×0.2 mg/mL=0.25 mg	0.5
	0.31 mL×0.2 mg/mL=0.063 mg	0.125

将上述配好的各种不同浓度的溶液于棉质过滤板上过滤，用水冲洗黏附的牛乳，置于干燥箱中干燥即得。

上述杂质度的浓度，系以500 mL牛乳计的标准。若以62.5 g全脂牛乳粉为计算基础，则杂质度应以表8-13上数字倍报告，其浓度单位为毫克/千克。

【测定方法】

称取62.5 g试样，用60～70 ℃水500 mL溶解后，于棉质过滤板上过滤。为使过滤迅速，可用真空泵抽滤，用水冲洗黏附在过滤板上的牛乳。将棉质过滤板置于干燥箱中干燥，其上的杂质与标准比较即得。将表8-13所示杂质度乘以8，即得牛乳的杂质度。

溶解度较差的牛乳粉及滚筒牛乳粉测定如下：称取62.5 g试样，加250 mL胃酶-盐酸溶液混合，置45 ℃水浴中保持20 min，加入约0.5 mL辛醇，加热使在5～8 min内沸腾，立刻在棉质板上过滤，并用沸水冲洗容器及棉质过滤板。将棉质过滤板干燥后，与标准比较，照上法计算杂质度。

【说明】

(1)标准杂质板已由全国乳品标准化质量检测中心制备印成杂质度标准板。

(2)杂质度测定用水均需事先过滤除去杂质后才能应用。

(3)本操作全过程应严格防止灰尘。

三、酸乳卫生的理化检验

酸乳系以牛(羊)乳或复原乳为主原料，经杀菌、发酵、搅拌或不搅拌，添加或不添加其他成分制成的纯酸乳和风味酸乳。

(一)卫生标准理化指标(GB 19302—2003)

酸乳卫生标准理化指标如表 8-14 所示。

表 8-14　酸乳卫生标准理化指标

项　目		指标	
		纯酸乳	风味酸乳
脂肪/(g/100 g)	全脂	≥3.00	≥2.5
	部分脱脂	0.5～3.0	0.5～2.5
	脱脂	≤0.5	≤0.5
非脂乳固体/(g/100 g)		≥8.1	≥6.5
总固形物/(g/100 g)		—	≥17.0
蛋白质/(g/100 g)		≥2.9	≥2.3
酸度/°T		≥70.00	
铅(Pb)/(mg/kg)		≤0.05	
无机砷/(mg/kg)		≤0.05	
黄曲霉毒素 M_1/(μg/kg)		≤0.5	

(二)检验方法(GB/T5009.46—2003)

1. 脂肪

【试剂】和**【仪器】**同本节一(三)乳的脂肪测定中的盖勃氏法。

【测定方法】

在乳脂计中先加入 10 mL 硫酸，再沿管壁小心加入 5.0 mL 已混匀的样品，然后吸取 6 mL 水，仔细洗涤吸试样的吸管，洗液注入乳脂计中，再加入 1 mL 异戊醇，以下按本章乳中脂肪测定(盖勃氏法)自“塞上橡皮塞……”起依法操作，最后按照刻度读出脂肪的百分数乘以 2.2，即为试样的脂肪百分数。

2. 酸度

【试剂】和**【仪器】**同本节一(三)中乳的酸度测定。

【测定方法】

称取 5.00 g 已搅拌均匀的试样，置于 150 mL 锥形瓶中，加 40 mL 新煮沸放冷至 40 ℃的水，混匀，然后加入 5 滴酚酞指示液，用氢氧化钠标准滴定溶液至微红色，在 0.5 min 内不消失为终点。消耗的氢氧化钠标准滴定溶液毫升数乘以 20，即为酸度(°T)。

第五节 蛋品的理化检验

一、蛋的理化特性

(一)相对密度

禽蛋各部分的相对密度都不相同,蛋壳最大,为 1.741～2.134,蛋白为 1.039～1.052,蛋黄为 1.028 8～1.029 9,新鲜全蛋相对密度为 1.078～1.094,陈旧蛋的相对密度逐渐减轻。

(二)酸度

新鲜蛋白 pH 值为 6.0～7.7,在储藏期间,由于二氧化碳向外逸出,pH 值逐渐升高,在 10 d 左右可达 9.0 以上,在蛋白腐败阶段,pH 值迅速下降。新鲜蛋黄的 pH 值为 6.0～6.4,呈弱酸性,保存期间变化缓慢。

(三)黏度

禽蛋各部分黏度不相同,新鲜禽蛋蛋白黏度以浓稠蛋白最高,稀薄蛋白最低,平均为 3.5～10.5 mPa·s;陈旧蛋、营养不良蛋黏度较低。新鲜蛋黄黏度为 110～250 mPa·s。

(四)禽蛋的冰结点

蛋白的冰结点为－0.48～－0.41 ℃,平均为－0.25 ℃;蛋黄的冰结点为－0.67～－0.45 ℃,平均为－0.6 ℃。

(五)蛋的凝固变性

1. 热变性

禽蛋加热便要凝固,开始凝固时的温度便是凝固点。新鲜蛋白的热凝固温度为 62～64 ℃,平均为 63 ℃;蛋黄的热凝固温度为 68～71.5 ℃,平均为 69.5 ℃。

2. 酸碱变性

一定浓度的酸、碱会影响盐键。酸能消除负电荷,碱能消除正电荷,它们都能破坏蛋白质的盐键而改变蛋白质分子的空间结构,使蛋白质凝固。

(六)蛋黄和蛋白间的渗透作用

将禽蛋放在盐类溶液中,盐类便通过蛋壳进入蛋白内,再通过蛋黄膜进入蛋黄内,这种现象叫做渗透作用。蛋黄与蛋白之间仅隔一层薄膜,由于两者的有机物、无机物特别是水相差较大,储存期间的蛋,其蛋白中的水分便向蛋黄中渗透,而且温度越高渗透越大,25 ℃下保存的蛋经 15 d 后,蛋黄能增重 1.3 g。

二、鲜蛋、冰蛋品和干蛋品的检验

(一)脂肪的测定

用三氯甲烷浸取脂肪,将浸出物蒸除溶剂即得脂肪含量。

【试剂】

(1)中性三氯甲烷(内含 1%无水乙醇):取三氯甲烷以等量的水洗一次,同时按三氯甲烷体积的 20∶1 的比例加入 10%的氢氧化钠溶液,洗涤 2 次,静置分层。倾去洗涤液,再用等量水洗涤 2～3 次,至呈中性。将三氯甲烷用无水氯化钙脱水后,于 80 ℃水浴上进行蒸馏,接取中间蒸馏液并检查是否为中性。于每 100 mL 三氯甲烷中加入无水乙醇 1 mL,储于棕色瓶中。

(2)无水硫酸钠。

【仪器】

(1)脂肪浸抽管(18 mm×150 mm)。

(2)脂肪瓶(150 mL)。

【测定方法】

精密称取 2.0～2.50 g 均匀样品于 100 mL 烧杯中,加约 15 g 无水硫酸钠粉末,用玻璃棒搅匀,充分研细,小心移入脂肪浸抽管中,用少许脱脂棉拭净烧杯及玻璃棒上附着的样品,将脱脂棉一并移入脂肪浸抽管内。用 100 mL 中性三氯甲烷分 10 次浸洗管内样品,脂肪洗净为止。将三氯甲烷滤入已知质量的脂肪瓶中,移脂肪瓶于水浴并连接冷凝器回收三氯甲烷。将脂肪瓶置于 70～ 75 ℃恒温真空干燥箱中干燥 4 h(在开始 30 min 内抽气至真空度 53 kPa,以后至少间隔抽 3 次,每次真空度 93 kPa 以上),取出,移入干燥器内放置 30 min,称量,以后每干燥 1 h(抽气 2 次)称 1 次,至前后两次称量差不超过 2 mg。

【计算】

$$X=\frac{m_1-m_2}{m}\times 100\%$$

式中：X 为样品中脂肪含量，%；m 为样品的质量，g；m_1 为脂肪瓶加脂肪质量，g；m_2 为脂肪瓶质量，g。

蛋中脂肪含量一般为：鸡蛋 11.5%，鸭蛋 14.3%，鹅蛋 13.3%，火鸡蛋 11.8%。

（二）游离脂肪酸的测定

蛋制品中的游离脂肪酸含量是一定的，超过指标预示蛋制品的质量不佳。蛋中的游离脂肪酸易溶解在中性三氯甲烷溶液中，用标准的乙醇钠溶液进行滴定即可求得其游离脂肪酸（以油酸计）的含量。

【试剂】

(1)中性三氯甲烷（内含1%无水乙醇）。

(2)酚酞指示液（1%的乙醇溶液）。

(3)0.05 mol/L 乙醇钠标准溶液：量取 800 mL 无水乙醇，置于锥形瓶中，将1 g金属钠均成碎片，加入无水乙醇中。待作用完毕后，摇匀、密塞、静置过夜，将澄清液倾入棕色瓶中，按下述方法鉴定：

精密称取约 2.0 g 在 105～110 ℃干燥至恒重的基准邻苯二甲酸氢钾，加50 mL新煮过的冷水，振摇溶解，加 3 滴酚酞指示液，用 0.05 mL/L 乙醇钠标准溶液滴定至初现粉红色 30 s 不退，同时做试剂空白试验。

$$N = \frac{m}{(V_1 - V_2) \times 0.2040}$$

式中：N 为乙醇钠标准溶液的浓度，mol/L；m 为邻苯二甲酸氢钾的质量，g；V_1 为邻苯二甲酸氢钾消耗乙醇钠溶液的体积，mL；V_2 为试剂空白消耗乙醇钠溶液的体积，mL。

【测定方法】

将测定脂肪后所得到的干燥浸出物以 30 mL 中性三氯甲烷溶解，加 3 滴酚酞指示剂，用 0.05 mol/L 乙醇钠标准溶液滴定，至溶液呈粉红色 30 s 不退为终点。

【计算】

$$X = \frac{N \times V_3 \times 0.2820}{m} \times 100\%$$

式中：X 为样品中游离脂肪酸含量，%；N 为乙醇钠标准溶液的浓度；V_3 为样品消耗乙醇钠标准溶液的体积，mL；m 为测定脂肪时所得干燥浸出物的量，g。

【判定标准】

皮蛋：<5.6%，巴氏消毒冰鸡全蛋及冰鸡蛋黄≤4.0%，巴氏消毒鸡全蛋粉及鸡蛋黄粉≤4.5%。

(三)蛋粉溶解指数的测定

蛋粉的溶解指数高低反映了蛋粉的新鲜程度和加工时温度是否过高。储藏过久的蛋粉溶解度下降,加工时温度过高可使蛋白质凝固成不易溶解的熟粉。

【仪器】

阿贝氏折光计。

【试剂】

5%的氯化钠溶液。

【测定方法】

称取 1.00 g 均匀样品 (以干样汁)置于 50 mL 锥形瓶中,准确加入 5 mL 5%氯化钠溶液,加 5 粒小玻璃珠,用橡皮塞塞紧瓶口,轻轻旋摇锥形瓶使蛋粉全部湿润,然后振荡 30 min。取下锥形瓶,将样液倾入内径 15 mm 试管中(如样液仍有蛋粉颗粒存在须重做试验),静置 1.5 h,取内径约 2 mm 的尖端吸管,尖端向下,用手指压紧吸管上口,小心将吸管插入试管至样液底部,开启吸管上口,使管底样液升入吸管尖端内部少许,紧堵吸管上口取出吸管。用脱脂棉将吸管外壁的蛋液拭净,小心将样液滴于折光计三棱壁上,调节折光计所附水管的水温为 20 ℃,读取样液的折光指数。同时测定 5%氯化钠溶液的折光指数。

【计算】

$$X=(R-R_1)\times 100$$

式中:X 为溶解指数;R 为样品溶液的折光指数;R_1 为 5% NaCl 溶液的折光指数。

【卫生标准】

蛋粉溶解指数在 20 以上。

三、皮蛋的检验

(一)pH 值测定

皮蛋的 pH 值直接关系着皮蛋的质量。pH 值较低时,外界侵入的细菌和皮蛋内残存的细菌大量繁殖,使蛋白质分解,蛋白、蛋黄的凝胶液化。pH 值较高有助于蛋白质凝胶的稳定性,且不利于细菌的生存,但 pH 值过高则不利于人体健康。

【测定方法】

(1)样品处理　将 5 个皮蛋洗净、去壳,按皮蛋∶水=2∶1 的比例加入水,在组织捣碎机中捣成匀浆。称取 15 g 匀浆稀释至 150 mL,混匀后用双层纱布过滤,量取 50 mL 作为测定的样品。

(2)测定　见本章第一节“二、pH 值的测定”。

【判定标准】

皮蛋的 pH 值标准为≥9.5。

(二)总碱度的测定

样品的总碱度是指样品灰分中能与强酸相作用的所有物质的含量,按 100 g 皮蛋消耗 0.1 mol/L 盐酸量计算。

【试剂】

(1)0.1 mol/L 氢氧化钠标准溶液。

(2)0.1 mol/L 盐酸标准溶液。

(3)酚酞指示液:称取无水氯化钙 40 g 溶于 100 mL 水中,加酚酞指示剂 3 滴,用 0.1 mol/L 盐酸中和后过滤备用。

【测定方法】

取 10.00 g 或 15.00 g 制备的匀浆[方法同(一)]置于坩埚中,先于 120 ℃加热 3 h,再以小火炭化至无烟,再置马弗炉中于 550 ℃灰化 1～2 h,取出冷却(如灰化不完全,加20 mL水,用玻璃棒搅碎,置水浴中蒸干,再灰化 1 h)。用热水将灰分洗于烧杯中,充分洗涤坩埚,洗液并入烧杯中,加入 50.0 mL 0.1 mol/L 盐酸标准溶液,烧杯上盖以表面皿,小心加热至微沸 5 min,冷却。加 40%氯化钙溶液 30 mL 及酚酞指示液 10 滴,以 0.1 mol/L 氢氧化钠标准溶液滴定到溶液初现微红色,0.5 min 不退色为终点。

【计算】

$$X=\frac{N_1\times V_1-N_2\times V_2}{m}\times 100$$

式中:X 为样品中的总碱度;N_1 为盐酸标准溶液的浓度,mol/L;N_2 为氢氧化钠标准溶液的浓度,mol/L;V_1 为加入盐酸标准溶液的体积,mL;V_2 为样品消耗氢氧化钠标准溶液的体积,mL;m 为样品质量,g。

【判定标准】

硬心皮蛋总碱度不超过 15,溏心皮蛋总碱度不超过 10。

四、蛋与蛋制品的理化指标

蛋与蛋制品的卫生标准理化指标见表 8-15。

表 8-15　蛋与蛋制品卫生标准部分理化指标上限　mg/kg

项目	汞	铅	砷	铬	镉	金霉素	土霉素	磺胺类[a]	恩诺沙星
鸡蛋	0.03	0.2	0.5	1.0	0.05	0.2	0.2	0.1	不得检出
皮蛋	0.03	2.0[b] 0.5	0.5	1.0	0.05	不得检出	0.2		
咸鸭蛋	0.03	0.1	0.5	1.0	0.05	不得检出	0.2		

a 以磺胺类总量计。b 为传统工艺生产。引自 NY 5039—2005、NY 5143—2002、NY 5144—2002。

第六节　水产品的理化检验

一、新鲜度的检查

（一）挥发性盐基氮的测定

【测定方法】

（1）样品处理

①鱼类：将样品先用流水冲洗，去鳞待干后在鱼背部沿脊椎切开约 5 cm，自切口的两端再向两侧做垂直切口，使脊椎两侧的背肌分别向两侧翻开，从其内部剪取鱼的肌肉制成肉糜（墨鱼要用流水仔细冲洗净墨囊中的墨液，清除骨片及内脏之后制成糜状）。称取 10 g 肉糜置于 250 mL 锥形瓶中，加水 100 mL，不时振摇，浸渍 30 min 后过滤，滤液备用。

②其他水产品：将样品置流水下冲洗净。虾类去头、胸节，剥除外壳和肠管，切除与头、胸节连接处的肌肉，取胸部肌肉；牡蛎（蚝、海蛎子）、花蛤剥去外壳，取可食部分；蟹类剥开壳盖和腹部（俗称蟹脐），去除腮条后再置流水下冲洗干净，滤干水，用刀切成左、右两片，再将一片蟹体的蟹肉挤出制成肉糜。按前述方法制备滤液。

（2）测定步骤　见本章第一节有关部分。

（二）腐败程度的检查

鱼肉中球蛋白在碱性条件下呈溶解状态，而鱼在腐败过程中有大量的碱性物质生成，使环境碱性化。根据蛋白质在碱性溶液中能与重金属离子结合形成蛋白质沉淀的特性，用升汞（$HgCl_2$）做沉淀剂，依据生成沉淀的情况判断其腐败程度。

【试剂】

A液：1% $HgCl_2$液。

B液：称取1 g $HgCl_2$，加36%乙酸5 mL，用水稀释至100 mL。

【测定方法】

称取研碎混匀的鱼肉1.0 g，加水10 mL，室温下放置30 min，时时搅拌，然后离心分离，取上清备用。将A液和B液（酸性）各2 mL分别加于试管内，分别滴加上清液0.2 mL，观察其浑浊程度。

【判定标准】

鱼肉新鲜度的判定标准见表8-16。

表8-16 鱼肉新鲜度的判定标准

新鲜度	观察结果
新鲜	A、B液均不浑浊
开始腐败前	A液浑浊，混匀后浑浊仍不消失，B液不浑浊
腐败初期	A液浑浊，混匀后浑浊仍不消失，B液虽然一时浑浊，但混匀后浑浊消失
腐败	A、B液均浑浊，浑浊物沉降于管底

（三）三甲胺氮的测定（GB/T 5009.179—2003）

三甲胺[$(CH_3)_3N$]是鱼肉类食品由于细菌的作用，在腐败过程中将氧化三甲胺[$(CH_3)_3NO$]还原而产生的，系挥发性碱性含氮物质，将此项物质抽提于无水甲苯中，与苦味酸作用，形成黄色的苦味酸三甲胺盐，然后与标准管同时比色，即可测得试样中三甲胺盐含量。

【试剂】

(1)20%三氯乙酸溶液。

(2)甲苯：试剂级，用无水硫酸钠脱水，再用0.5 mol/L硫酸振摇，蒸馏，除干扰物质，最后再用无水硫酸钠脱水使其干燥。

(3)苦味酸甲苯溶液

储备液：将2 g干燥的苦味酸溶于100 mL无水甲苯中，使其成为2%苦味酸甲苯溶液。

应用液：将储备液稀释成为0.02%苦味酸甲苯溶液即可应用。

(4)1+1碳酸钾溶液。

(5)10%甲醛溶液：先将甲醛（含量为36%～38%）用碳酸镁振摇处理并过滤，然后稀释成10%浓度。

(6)无水硫酸钠。

(7)三甲胺氮标准溶液配制：称取盐酸三甲胺约 0.5 g，稀释至 100 mL，取其 5 mL，再稀释至 100 mL，取最后稀释液 5 mL，用微量或半微量凯氏蒸馏法准确测定三甲胺氮量，并计算出每毫升的含量，然后稀释至每毫升含有 100 μg 的三甲胺氮，作为储备液用。测定时将上述储备液 10 倍稀释，使每毫升含有 10 μg 三甲胺氮量。准确吸取，最后稀释标准液 1.0，2.0，3.0，4.0，5.0 mL(相当于 10，20，30，40，50 μg)于 25 mL Maijel Gerson 反应瓶中，加蒸馏水至 5.0 mL，并同时做一空白，以下处理按试样操作方法，以光密度数制备成标准曲线。

【仪器】

(1)25 mL Maijel Gerson 反应瓶。

(2)100 mL 或 150 mL 玻塞三角瓶。

(3)100 mL 量筒。

(4)试管。

(5)吸管。

(6)微量或半微量凯氏蒸馏器。

(7)581 或 72 型光电比色计。

【测定方法】

(1)试样处理　取被检肉样 20 g(视新鲜程度确定取样量)剪细研匀，加水 70 mL 移入玻塞三角瓶中，并加 20%三氯乙酸 10 mL，振摇，沉淀蛋白后过滤，滤液即可供测定用。

(2)测定　取上述滤液 5.0 mL(亦可视试样新鲜程度确定，但必须加水补足至 5 mL)于 Maijel Gerson 反应瓶中，加 10%甲醛溶液 1 mL、甲苯 10 mL 及 1+1 碳酸钾溶液 3 mL，立即盖塞，上下剧烈振摇 60 次，静置 20 min，吸去下面水层，加入无水硫酸钠 0.5 g 进行脱水，吸出 5 mL 于预先已置有 0.02%苦味酸甲苯溶液 5 mL 的试管中，在 410 nm 处或用蓝色滤光片测得吸光度，并做一空白试验，同时按上述三甲胺氮标准溶液(相当于 10，20，30，40，50 μg)按上法同样测定，制备标准曲线，计算即得试样中的三甲胺氮含量。

【计算】

$$X=\frac{\frac{OD_1}{OD_2}\times m}{m_1\times\frac{V_1}{V_2}}\times 100$$

式中：X 为 100 g 肉样中三甲胺氮含量，mg；OD_1 为试样光密度；OD_2 为标准光密度；m 为标准管三甲胺氮质量，mg；m_1 为试样质量，g；V_1 为测定时体积，mL；V_2 为稀释后体积，mL。

（四）吲哚的测定

吲哚是由蛋白质中色氨酸在细菌脱羧酶的作用下产生的。由于吲哚能与水蒸气一起挥发，利用水蒸气蒸馏分离和收集样品中吲哚，用有机溶剂萃取后，与对二甲氨基苯甲醛反应生成有色化合物，进行比色定量。

【仪器】

分光光度计；蒸馏装置。

【试剂】

(1)无水乙醇。

(2)饱和硫酸钠溶液。

(3)氯仿。

(4)稀盐酸溶液。

(5)纯乙酸：取乙酸 500 mL 加高锰酸钾 25 g 和硫酸 20 mL，用全玻璃蒸馏器蒸馏，收集的蒸馏液不超过 400 mL。

(6)显色剂：溶解对二甲氨基苯甲醛 0.4 g 于 5 mL 乙酸中，加入 92 mL 85% 磷酸溶液和 3 mL 盐酸混匀。

(7)吲哚标准使用液：准确称取 10 mg 吲哚置于 100 mL 容量瓶中，用乙醇溶解并稀释至 100 mL(0.1 mg/mL)，于冰箱中可保存 2 周。

【测定方法】

(1)样品处理　称取样品 25.00 g 或 50.00 g(视样品中吲哚含量而定)，充分磨碎后加蒸馏水或乙醇(样品为虾时)80 mL，放入 500 mL 圆底烧瓶中，连接蒸馏装置进行蒸馏(约 45 min)。注意蒸汽不可通入太猛，以免产生过多的泡沫。烧瓶适当加热，以保持瓶内有 80～90 mL 的溶液。收集馏出液 350 mL(样品加乙醇时收集 450 mL)，用少量乙醇冲洗冷凝管，洗液与馏出液混合。

(2)测定　将全部馏出液移入 500 mL 分液漏斗中，加 5 mL 稀盐酸和 5 mL 饱和硫酸钠溶液，用 60 mL 三氯甲烷提取，剧烈振摇 1～2 min，静置分层，放出三氯甲烷层于另一个 250 mL 分液漏斗内。然后于三氯甲烷溶液中加水 150 mL、饱和硫酸钠溶液 2 mL、稀盐酸 5 mL，振摇，再将三氯甲烷层移入 50 mL 分液漏斗中，加入 10 mL 显色剂，振摇 2 min，静置，使酸层尽量分离。吸取酸层液 9 mL 于 50 mL 容量瓶中，加乙酸定容至刻度，混匀后静置 10 min，于分光光度计 560 nm 波长处以空白调零测其吸光度。

(3)标准曲线绘制　用新配制吲哚标准液的系列使用液按上述步骤操作并绘

制标准曲线。

【计算】

$$X = \frac{A}{m} \times 100$$

式中：X 为 100 g 样品中吲哚的含量，mg；A 为从标准曲线上求得样液中吲哚的量，mg；m 为样品的质量，g。

【判定标准】

当 100 g 样品中吲哚含量达到 1.5 mg 时，说明其已开始腐败变质。

【注意】

水中含有游离氯可部分或全部抑制吲哚显色，因此水蒸气发生器中的水若含有游离氯，可加入少量硫代硫酸钠和 10％氢氧化钠溶液，以消除干扰。

二、组胺的测定

水产品中组胺的测定方法有分光光度法、荧光法和高效液相色谱法等，分光光度法是我国国家标准检测方法。

(一)分光光度法(GB 5009.45—2003)

鱼体中组胺用正戊醇提取，遇偶氮试剂显橙色，与标准系列比较定量。

【试剂】

(1)正戊醇。

(2)三氯乙酸溶液(100 g/L)。

(3)碳酸钠溶液(50 g/L)。

(4)氢氧化钠溶液(250 g/L)。

(5)盐酸(1＋11)。

(6)组胺标准储备液：准确称取 0.276 7 g 于(100±5)℃干燥 2 h 的磷酸组胺溶于水，移入 100 mL 容量瓶中，再加水稀释至刻度。此溶液每毫升相当于1.0 mg 组胺。

(7)磷酸组胺标准使用液：吸取 1.0 mL 组胺标准液，置于 50 mL 容量瓶中，加水稀释至刻度。此溶液每毫升相当于 20.0 μg 组胺。

(8)偶氮试剂：

甲液：称取 0.5 g 对硝基苯胺，加 5 mL 盐酸溶液溶解后，再加水稀释至 200 mL，置冰箱中。

乙液：亚硝酸钠溶液(5 g/L)，临用现配。

吸取甲液 5 mL、乙液 40 mL 混合后立即使用。

【测定方法】

(1)试样处理　称取 5.00～10.00 g 绞碎并混合均匀的试样，置于具塞锥形瓶中，加入 15～20 mL 三氯乙酸溶液，浸泡 2～3 h，过滤。吸取 2.0 mL 滤液，置于分液漏斗中，加氢氧化钠溶液使呈碱性，每次加入 3 mL 正戊醇，振摇 5 min，提取 3 次，合并正戊醇并稀释至 10.0 mL。吸取 2.0 mL 正戊醇提取液于分液漏斗中，每次加 3 mL 盐酸(1+11)振摇提取 3 次，合并盐酸提取液并稀释至 10.0 mL，备用。

(2)测定　吸取 2.0 mL 盐酸提取液于 10 mL 比色管中，另取 0，0.20，0.40，0.60，0.80，1.0 mL 组胺标准使用液(相当于 0，4.0，8.0，12.0，16.0，20.0 μg 组胺)，分别置于 10 mL 比色管中，加水至 1 mL，再各加 1 mL 盐酸(1+11)。试样与标准管各加 3 mL 碳酸钠溶液(50 g/L)，3 mL 偶氮试剂，加水至刻度，混匀，放置 10 min 后用 1 cm 比色杯以零管调节零点，于 480 nm 波长处测吸光度，绘制标准曲线比较，或与标准系列目测比较。

【计算】

$$X=\frac{m_1}{m_2\times\frac{2}{V_1}\times\frac{2}{10}\times\frac{2}{10}\times 1\,000}\times 100$$

式中：X 为 100 g 试样中组胺的含量，mg；m_1 为测定时试样中组胺的质量，μg；m_2 为试样质量，g；V_1 为加入三氯乙酸溶液(100 g/L)的体积，mL。

计算结果表示到小数点后一位。

【精密度】

在重复性条件下获得的两次独立测定结果的绝对差值不得超过算术平均值的 10%。

(二)高效液相色谱法

用甲醇/水直接提取组胺，经柱前或柱后衍生，用高效液相色谱法分析。该法灵敏度优于分光光度法。

三、河豚毒素的检测

(一)定性鉴定

在酸性溶液中河豚毒素与重铬酸钾生成绿色化合物和动物毒性试验进行鉴定。

【仪器及实验动物】

振荡器；启普发生器；注射器；真空干燥器；青蛙。

【试剂】

(1)5%乙酸铅溶液。

(2)无水乙醇。

(3)硫酸。

(4)硫化氢气体:用硫化亚铁与 3 mol/L 硫酸于启普发生器中产生。

(5)10%磷钨酸溶液。

(6)重铬酸钾。

【测定方法】

(1)样品处理　称取 10.00～20.00 g 捣碎混匀的样品,加 50 mL 水于振荡器上不断振摇 30 min,过滤。滤液内加入 2 mL 乙酸铅溶液摇匀,滤去沉淀,向滤液中通入硫化氢气体以除去过剩的 Pb^{2+},再过滤,收集滤液。滤液中滴加磷钨酸溶液,沉淀后滤除胆碱等杂质,将滤液置于真空干燥器中蒸发干燥。所得残渣用无水乙醇多次浸渍洗涤,除去乙醇后所剩残渣备用。

(2)鉴定方法

①将上述制备的部分残渣溶于硫酸,加少许重铬酸钾,如果呈现美丽绿色,则证明样品中含有河豚毒素。

②残渣加水溶解,微微煮沸 2 min 进行灭菌,放冷后注射于青蛙体内,如果数分钟后呈麻痹状态,最后呼吸麻痹而死,则证明样品中含有河豚毒素。

(二)定量鉴定

河豚毒素的含量以其对小白鼠的毒力来表示。将样液对小白鼠进行腹腔注射,选择死亡时间在 15～30 min 内的小白鼠作为毒力判断标准。用检样 1 g 致死小白鼠的克数为单位,以 MU(鼠单位)来表示。

【仪器及实验动物】

离心机;回流冷凝装置;注射器;小白鼠。

【试剂】

(1)甲醇。

(2)乙醚。

(3)3 mol/L 乙酸溶液:取冰乙酸以水稀释 2.7 倍。

【测定方法】

(1)样品处理　准确称取绞碎混匀的样品 5.0 g,置于 250 mL 锥形瓶中,加甲醇 50 mL,以 3 mol/L 乙酸溶液使呈微酸性(pH 值 4～5),连接回流冷凝装置,于水浴上提取 10～20 min,重复提取一次。将每次提取液离心分离后,合并上清液并蒸除大部分甲醇后移入小蒸发皿中，置水浴上加热蒸发使其成为糖浆状，移入分液漏斗中，用 20 mL 乙醚分数次洗涤以除去脂肪。将残留物用水溶解至 10 mL 作为原液（如有不溶物需滤除）。此原液每毫升相当于样品 0.5 g。

（2）生物试验　选择 15～20 g 健康小白鼠，每组 3 只以上。将制成的原液以水稀释成各种浓度，每只小白鼠腹腔注射 0.5 mL。

选择死亡时间在 15～30 min 内的小白鼠作为毒力判断标准。

小白鼠应呈现河豚毒素中毒的特有症状：最初出现不安、突然旋动，继之步履蹒跚、呼吸困难，最后迅速跳跃翻滚，四肢痉挛而死（因毒力强弱时间不同而有差异）。

【计算】

$$X=\frac{W_1V_1\cdot n}{mV_2}$$

式中：X 为河豚毒素的毒力，MU（鼠单位）；W_1 为小白鼠体重，g；n 为最小致死量的原液稀释倍数；m 为样品质量，g；V_1 为原液的体积，mL；V_2 为注射剂量的体积，mL。

四、水产品中孔雀石绿和结晶紫残留量的测定

液相色谱-串联质谱法适用于鲜活水产品及其制品中孔雀石绿（malachite green）及其代谢物隐色孔雀石绿（leucomalachite green）、结晶紫（crystal violet）及其代谢物隐色结晶紫（leucocrystal violet）残留量的检验（GB/T 19857—2005）。

试样中的残留物用乙腈-乙酸铵缓冲溶液提取，乙腈再次提取后，液液分配到二氯甲烷层，经中性氧化铝和阳离子固相柱净化后用液相色谱-串联质谱法测定，内标法定量。

【试剂和材料】

除另有规定外，所有试剂均为分析纯，水为重蒸馏水。

（1）乙腈：色谱纯。

（2）甲醇：色谱纯。

（3）二氯甲烷。

（4）无水乙酸铵。

（5）5 mol/L 乙酸铵缓冲溶液：称取 38.5 g 无水乙酸铵溶解于 90 mL 水中，用冰乙酸调 pH 值到 7.0，用水定容至 100 mL。

（6）0.1 mol/L 乙酸铵缓冲溶液：称取 7.71 g 无水乙酸铵溶解于 1 000 mL 水中，用冰乙酸调 pH 值到 4.5。

（7）5 mmol/L 乙酸铵缓冲溶液：称取 0.385 g 无水乙酸铵溶解于 1 000 mL 水

中，用冰乙酸调 pH 值到 4.5，过 0.2 μm 滤膜。

(8)冰乙酸。

(9)0.25 g/mL 盐酸羟铵溶液。

(10)1.0 mol/L 对甲苯磺酸溶液：称取 17.2 g 对甲苯磺酸，用水溶解并定容至 100 mL。

(11)2%甲酸溶液。

(12)5%乙酸铵甲醇溶液：量取 5 mL 乙酸铵缓冲溶液(5)用甲醇定容至 100 mL。

(13)阳离子交换柱：MCX，60 mg/3 mL，使用前依次用 3 mL 乙腈、3 mL 2%甲酸溶液活化。

(14)中性氧化铝柱：1 g/3 mL，使用前用 5 mL 乙腈活化。

(15)标准品：孔雀石绿(MG)、隐色孔雀石绿(LMG)、结晶紫(CV)、隐色结晶紫(LCV)、同位素内标氘代孔雀石绿(D_5-MG)、同位素内标氘代隐色孔雀石绿(D_6-LMG)，纯度大于 98%。

(16)标准储备液：准确称取适量的孔雀石绿、隐色孔雀石绿、结晶紫、隐色结晶紫、氘代孔雀石绿和氘代隐色孔雀石绿标准品，用乙腈分别配制成 100 μg/mL 的标准储备液。

(17)混合标准储备液(1 μg/mL)：分别准确吸取 1.00 mL 孔雀石绿、结晶紫、隐色孔雀石绿和隐色结晶紫的标准储备液(16)至 100 mL 容量瓶中，用乙腈稀释至刻度，1 mL 该溶液分别含 1 μg 的孔雀石绿、结晶紫、隐色孔雀石绿和隐色结晶紫。−18 ℃避光保存。

(18)混合标准储备液(100 ng/mL)：用乙腈稀释混合标准储备液(17)，配制成每毫升含孔雀石绿、隐色孔雀石绿、结晶紫和隐色结晶紫均为 100 ng 的混合标准储备溶液。−18 ℃避光保存。

(19)混合内标标准溶液：用乙腈稀释标准储备液(16)，配制成每毫升含氘代孔雀石绿和氘代隐色孔雀石绿各 100 ng 的混合内标溶液。−18 ℃避光保存。

(20)混合标准工作溶液：根据需要，临用时吸取一定量的混合标准储备液(18)和混合内标标准溶液(19)，用乙腈-5 mmol/L 乙酸铵溶液(1+1)稀释配制适当浓度的混合标准工作溶液，每毫升该混合标准工作液含有氘代孔雀石绿和氘代隐色孔雀石绿各 2 ng。

【仪器】

(1)高效液相色谱-串联质谱联用仪：配有电喷雾(ESI)离子源。

(2)匀浆机。

(3)离心机。4 000 r/min。

(4)超声波水浴。

(5)旋涡振荡器。

(6)K-D浓缩瓶,25 mL。

(7)固相萃取装置。

(8)旋转蒸发仪。

【色谱条件】

液相色谱-串联质谱条件:

色谱柱:C_{18}柱,50 mm×2.1 mm(i.d.),粒度3 μm。

流动相:乙腈+5 mmol/L乙酸铵=75+25。

流速:0.2 mL/min。

柱温:35 ℃。

进样量:10 μL。

离子源:电喷雾ESI,正离子。

扫描方式:多反应监测MRM。

雾化气、窗帘气、辅助加热气、碰撞气均为高纯氮气;使用前应调节各气体流量以使质谱灵敏度达到检测要求。

喷雾电压、去集簇电压、碰撞能等电压值应优化至最优灵敏度。

监测离子对:孔雀石绿 m/z 329/313(定量离子)、329/208;隐色孔雀石绿 m/z 331/316(定量离子)、331/239;结晶紫 m/z 372/356(定量离子)、372/251;隐色结晶紫 m/z 374/359(定量离子)、374/238;氘代孔雀石绿 m/z 334/318(定量离子);氘代隐色孔雀石绿 m/z 337/322(定量离子)。

【测定方法】

(1)鲜活水产品

①提取:称取5.00 g已捣碎样品于50 mL离心管中,加入200 μL混合内标标准溶液(19),加入11 mL乙腈,超声波振荡提取2 min,8 000 r/min匀浆提取30 s,4 000 r/min离心5 min,上清液转移至25 mL比色管中;另取一支50 mL离心管加入11 mL乙腈,洗涤匀浆刀头10 s,洗涤液移入前一支离心管中,用玻棒捣碎离心管中的沉淀,旋涡振荡器上振荡30 s,超声波振荡5 min,4 000 r/min离心5 min,上清液合并至25 mL比色管中,用乙腈定容至25.0 mL,摇匀备用。

②净化:移取5.00 mL样品溶液加至已活化的中性氧化铝柱(14)上,用K-D浓缩瓶接收流出液,4 mL乙腈洗涤中性氧化铝柱,收集全部流出液,45 ℃旋转蒸

发至约 1 mL，残液用乙腈定容至 1.00 mL，超声振荡 5 min，加入 1.0 mL 5 mmol/L 乙酸铵，超声振荡 1 min，样液经 0.2 μm 滤膜过滤后供液相色谱-串联质谱测定。

(2)加工水产品

①提取：称取 5.00 g 已捣碎样品于 100 mL 离心管中，加入 200 μL 混合内标标准溶液(19)，依次加入 1 mL 盐酸羟胺溶液(9)、2 mL 对甲苯磺酸溶液(10)、2 mL 乙酸铵缓冲溶液(6)和 40 mL 乙腈，匀浆 2 min(1 0000 r/min)，离心 3 min(3 000 r/min)，将上清液转移到 250 mL 分液漏斗中，用 20 mL 乙腈重复提取残渣一次，合并上清液。于分液漏斗中加入 30 mL 二氯甲烷、35 mL 水，振摇 2 min，静置分层，收集下层有机层于 150 mL 锥形瓶中，再用 20 mL 二氯甲烷萃取一次，合并二氯甲烷层，45 ℃旋转蒸发近干。

②净化：将中性氧化铝柱(14)串接在阳离子交换柱(13)上方。用 6 mL 乙腈分 3 次(每次 2 mL)，用旋涡振荡器涡旋溶解上述提取物，并依次过柱，控制阳离子交换柱流速不超过 0.6 mL/min，再用 2 mL 乙腈淋洗中性氧化铝柱后，弃去中性氧化铝柱。依次用 3 mL 2%甲酸溶液、3 mL 乙腈淋洗阳离子交换柱，弃去流出液。用 4 mL 5%乙酸铵甲醇溶液(12)洗脱，洗脱流速为 1 mL/min，用 10 mL 刻度试管收集洗脱液，用水定容至 10.0 mL，样液经 0.2 μm 滤膜过滤后供液相色谱-串联质谱测定。

(3)液相色谱-串联质谱测定　按照液相色谱-串联质谱条件测定样品和混合标准工作溶液(20)，以色谱峰面积按内标法定量，孔雀石绿和结晶紫以氘代孔雀石绿为内标物计算，隐色孔雀石绿和隐色结晶紫以氘代隐色孔雀石绿为内标物计算。在上述色谱条件下孔雀石绿、氘代孔雀石绿、结晶紫、氘代隐色孔雀石绿、隐色孔雀石绿和隐色结晶紫的参考保留时间分别为 2.27，2.30，2.88，5.21，5.31，5.61 min。

(4)液相色谱-串联质谱确证　按照液相色谱-串联质谱条件测定样品和标准工作溶液，分别计算样品和标准工作溶液中非定量离子对与定量离子对色谱峰面积的比值，仅当两者数值的相对偏差小于 25%时方可确定两者为同一物质。

同时做空白试验，除不加试样外，均按上述测定步骤进行。

【计算】

按下式计算样品中孔雀石绿、隐色孔雀石绿、结晶紫和隐色结晶紫残留量，计算结果需扣除空白值：

$$X = \frac{c \cdot c_i \cdot A \cdot A_{si} \cdot V}{c_{si} \cdot A_i \cdot A_s \cdot W}$$

式中：X 为样品中待测组分残留量，μg/kg；c 为孔雀石绿、隐色孔雀石绿、结晶紫或隐色结晶紫标准工作溶液浓度，μg/L；c_{si} 为标准工作溶液中内标物浓度，μg/L；c_i 为样液中内标物浓度，μg/L；A_s 为孔雀石绿、隐色孔雀石绿、结晶紫或隐色结晶紫标准工作溶液的峰面积；A 为样液中孔雀石绿、隐色孔雀石绿、结晶紫或隐色结晶紫的峰面积；A_{si} 为标准工作溶液中内标物的峰面积；A_i 为样液中内标物的峰面积；V 为样品定容体积，mL；W 为样品称样量，g。

【说明】

本方法孔雀石绿的残留量测定结果系指孔雀石绿和它的代谢物隐色孔雀石绿残留量之和，以孔雀石绿表示。结晶紫的残留量测定结果系指结晶紫和它的代谢物隐色结晶紫残留量之和，以结晶紫表示。

孔雀石绿、隐色孔雀石绿、结晶紫、隐色结晶紫的检测限均为 0.5 μg/kg。

五、动物性水产品卫生标准理化指标

动物性水产干制品的理化指标(GB 10144—2005)见表 8-17。

表 8-17 动物性水产干制品的理化指标

项　目	指标	项　目	指标
无机砷/(mg/kg)：贝类及虾蟹类	≤1.0	酸价(以脂肪计)(KOH)/(mg/g)	≤0.130
铅(Pb)/(mg/kg)：鱼类	≤0.5	过氧化值(以脂肪计)/(g/100 g)	≤0.60

鲜、冻动物性水产品的理化指标(GB 2733—2005)见表 8-18。

表 8-18 鲜、冻动物性水产品的理化指标

项　目	指标	项　目	指标
挥发性盐基氮[a]/(mg/100 g)		无机砷/(mg/kg)	
海水鱼、虾、头足类	≤30	鱼类	≤0.1
海蟹	≤25	其他动物性水产品	≤0.5
淡水鱼、虾	≤20	甲基汞/(mg/kg)	
海水贝类	≤15	食肉鱼(鲨鱼、旗鱼、金枪鱼、梭子鱼等)	≤1.0
湟鱼、牡蛎	≤10		
组胺[a](mg/100 g)		其他动物性水产品	≤0.5
鲐鱼	≤100	镉(Cd)(mg/kg)	
其他鱼类	≤30	鱼类	≤0.1
铅(Pb)/(mg/kg)			
鱼类	≤0.5		

a 不适用于活的水产品。

第七节 蜂产品的理化检验

一、蜂 蜜

(一)水分的测定(SN-T 0852—2000)

【仪器】

(1)阿贝折光计。

(2)超级恒温器。

【试样制备】

未结晶的样品将其用力搅拌均匀。有结晶析出的样品,可将样品瓶盖塞紧后,置于不超过 60 ℃的水浴中温热,待样品全部融化后,搅匀,迅速冷却至室温以备检验用。在融化时必须注意防止水分侵入。

【操作程序】

(1)将阿贝折光计与超级恒温器连接好,并将超级恒温器的温度调至所需的温度。

(2)在测定样品折光指数前,先用新鲜的蒸馏水按表 8-19 校正折光计的折光指数。

表 8-19 蒸馏水折光指数

温度/℃	折光指数	温度/℃	折光指数
14	1.333 5	25	1.332 5
16	1.333 3	26	1.332 4
18	1.333 2	28	1.332 2
20	1.333 0	30	1.331 9
22	1.332 8	38	1.330 8
24	1.332 6	40	1.330 5

调节通过折光计的水流温度恰为 40 ℃。分开折光计两面棱镜,用脱脂棉蘸蒸馏水拭净(必要时可蘸二甲苯或乙醚拭净)。然后用干净的脱脂棉(或擦镜纸)拭干,待棱镜完全干燥后,用玻璃棒蘸取蒸馏水 1~2 滴,滴于下面的棱镜上,迅速闭合棱镜,对准光源,由目镜观察,旋转手轮,使标尺上的折光指数恰好为 40 ℃时水的折光指数,观察望远镜内明暗分界线是否在接物镜十字线中间。若有偏差,则用附件方孔调节扳手转动示值调节螺丝,使明暗分界线调到中央,调整完毕后,

在测定样品时，不允许再转动调节好的螺钉。

【测定方法】

在测定前先将棱镜擦洗干净，以免留有其他物质影响测定精度。用玻璃棒蘸取混匀的试样 1～2 滴，滴于下面的棱镜上，迅速闭合棱镜，静置数秒钟，以待样品达到 40 ℃。对准光源，由目镜观察，转动补偿器螺旋，使明暗分界线清晰；转动标尺指针螺旋，使其明暗分界线恰好通过接物镜上十字线的交点，读取标尺上的折光指数，同时核对温度，应恰为 40 ℃。

【计算】

水分按下式计算：

$$X_1 = 100 - [78 + 390.7(n - 1.476\,8)]$$

式中：X_1 为试样中水分含量，%；n 为试样在 40 ℃时的折光指数。

平行试样的允许误差为 0.2%。

如在 20 ℃测读折光指数，可按表 8-20 换算为水分的百分率。在室温时测读折光指数时，可按下式换算到 20 ℃的折光指数：

$$X_2 = n + 0.000\,23(t - 20)$$

式中：X_2 为 20 ℃时折光指数；n 为在室温 t 时的折光指数；t 为读取折光指数时的温度，℃。

注：如有争议，用在 40 ℃测定折光指数的方法检验。

表 8-20 折光指数与水分换算表

折光指数(20 ℃)	水分/%	折光指数(20 ℃)	水分/%	折光指数(20 ℃)	水分/%
1.504 4	13.0	1.493 5	17.2	1.483 0	21.4
1.503 8	13.2	1.493 0	17.4	1.482 5	21.6
1.503 3	13.4	1.492 5	17.6	1.482 0	21.8
1.502 8	13.6	1.492 0	17.8	1.481 5	22.0
1.502 3	13.8	1.491 5	18.0	1.481 0	22.2
1.501 8	14.0	1.491 0	18.2	1.480 5	22.4
1.501 2	14.2	1.490 5	18.4	1.480 0	22.6
1.500 7	14.4	1.490 0	18.6	1.479 5	22.8
1.500 2	14.6	1.489 5	18.8	1.479 0	23.0
1.499 7	14.8	1.489 0	19.0	1.478 5	23.2
1.499 2	15.0	1.488 5	19.2	1.478 0	23.4
1.498 7	15.2	1.488 0	19.4	1.477 5	23.6
1.498 2	15.4	1.487 5	19.6	1.477 0	23.8
1.497 6	15.6	1.487 0	19.8	1.476 5	24.0

续表 8-20

折光指数(20 ℃)	水分/%	折光指数(20 ℃)	水分/%	折光指数(20 ℃)	水分/%
1.497 1	15.8	1.486 5	20.0	1.476 0	24.2
1.496 6	16.0	1.486 0	20.2	1.475 5	24.4
1.496 1	16.2	1.485 5	20.4	1.475 0	24.6
1.495 6	16.4	1.485 0	20.6	1.474 5	24.8
1.495 1	16.6	1.484 5	20.8	1.474 0	25.0
1.494 6	16.8	1.484 0	21.0		
1.494 0	17.0	1.483 5	21.2		

(二)酸度的测定

酸度指中和每 100 g 试样所需 1 mol/L 氢氧化钠的毫升数。

【试样制备】

同(一)水分的测定。

【试剂和材料】

除另有规定外,所用试剂均为分析纯,水为蒸馏水。

(1) 0.1 mol/L 氢氧化钠标准溶液:溶解 4 g 氢氧化钠于 1 L 经煮沸后冷却的水中,用邻苯二甲酸氢钾(基准试剂)按下法标定其规定浓度。

称取预先在 125 ℃时干燥过的邻苯二甲酸氢钾(基准试剂 0.8~0.9 g,精确至 0.000 2 g),置于 250 mL 锥形瓶中,用 50 mL 经煮沸后冷却的水溶解,加入 2~3 滴 1%酚酞指示剂,用氢氧化钠溶液滴定至溶液呈粉红色,以在 10 s 内不退色为终点。

按下式计算氢氧化钠标准溶液的浓度:

$$c=\frac{m}{V\times 0.2042}$$

式中:c 为氢氧化钠标准溶液的浓度,mol/L;m 为邻苯二甲酸氢钾的质量,g;V 为滴定时所消耗氢氧化钠标准溶液的体积,mL; 0.204 2 为与每毫升氢氧化钠[c(NaOH)=1.000 mol/L]标准溶液相当的邻苯二甲酸氢钾的质量,g。

(2)酚酞指示剂:1%乙醇溶液。

【测定方法】

称取试样 10 g(精确至 0.001 g),溶于 75 mL 经煮沸后冷却的水中,加入 2~3 滴酚酞指示剂,用氢氧化钠标准溶液滴定至溶液呈粉红色,在 10 s 内不退色为终点。

【计算】

按下式计算试样的酸度：

$$X=\frac{V\times c}{m}\times 100\%$$

式中：X 为试样的酸度，%；V 为滴定所耗氢氧化钠标准溶液的体积，mL；c 为氢氧化钠标准溶液的浓度，mol/L；m 为试样的质量，g。

平行试验结果的允许误差为0.1。

【注意】

如蜂蜜颜色过深，可称取试样5 g，或者用百里酚蓝指示剂代替酚酞指示剂。

（三）淀粉酶值的测定（GB/T 18932.16—2003）

将淀粉溶液加入蜂蜜样品溶液中，部分淀粉被蜂蜜中所含的淀粉酶水解后，剩余的淀粉与加入的碘反应而产生蓝紫色，随着反应的进行，其蓝紫色反应逐渐消失。用分光光度计于660 nm波长处测定其达到特定吸光度所需要的时间。换算出1 g蜂蜜在1 h内水解1%淀粉的毫升数。

【试剂】

除另有说明外，所有试剂均为分析纯，水为GB/T 6682规定的一级水。

(1)碘。

(2)碘化钾。

(3)乙酸钠($CH_3COONa \cdot 3H_2O$)。

(4)冰乙酸。

(5)氯化钠。

(6)可溶性淀粉。

(7)碘储备液：称取8.8 g碘于含有22 g碘化钾的30～40 mL水中溶解，用水定容至1 000 mL。

(8)碘溶液：称取20 g碘化钾，用水溶解，再加入5.0 mL碘储备液，用水定容至500 mL。每两天制备一次。

(9)乙酸盐缓冲液(pH 5.3)(1.59 mol/L)：称取87 g乙酸钠于400 mL水中，加入10.5 mL冰乙酸，用水定容至500 mL。必要时，用乙酸钠或冰乙酸调节pH值至5.3。

(10)0.5 mol/L 氯化钠溶液：称取14.5 g氯化钠，用水溶解并定容至500 mL。

(11)淀粉溶液：溶解2.000 g可溶性淀粉于90 mL水中，迅速煮沸后再微沸

3 min至室温后，移至 100 mL 容量瓶中并定容。

【仪器】

(1)分光光度计。

(2)恒温水浴锅。

【测定方法】

(1)试样制备。无论有无结晶的实验室样品都不要加热。将样品搅拌均匀，分出 0.5 kg 作为试样。制备好的试样置于样品瓶中，密封，并加以标识。将样品于常温下保存。

(2)淀粉溶液标定。吸取 5.0 mL 淀粉溶液和 10.0 mL 水，分别置于 40 ℃水浴中 15 min。将淀粉溶液倒入 10.0 mL 水中并充分混合后，取 1.0 mL 加到 10.0 mL 的碘溶液中，混匀，用一定体积的水稀释后，以水为空白对照，用分光光度计于 660 nm 波长处测定吸光度，确定产生 0.760±0.02 吸光度所需稀释水的体积数，并以此体积数作为样品溶液的稀释系数。当淀粉来源改变时，应重新进行标定。

(3)样品处理。称取 5.0 g 试样，精确到 0.01 g ，置于 20 mL 烧杯中，加入 15 mL 水和 2.5 mL 乙酸盐缓冲液后，移入含有 1.5 mL 氯化钠溶液的 25 mL 容量瓶中并定容(样品溶液应先加缓冲液后再与氯化钠溶液混合)。

(4)吸取 5.0 mL 淀粉溶液、10.0 mL 样品溶液和 10.0 mL 碘溶液，分别置于 40 ℃水浴中 15 min。将淀粉溶液倒入样品溶液中并以前后倾斜的方式充分混合后开始计时。

(5)5 min 时取 1.0 mL 样品混合溶液加入 10.0 mL 的碘溶液中，再用淀粉溶液标定时确定的稀释水的体积数进行稀释并用前后倾斜的方式充分混匀后，以水为空白对照，用分光光度计于 660 nm 波长处测定吸光度。

(6)如吸光度大于 0.235(特定吸光度)，应继续按步骤(5)重复操作，直至吸光度小于 0.235 为止。

(7)待测期间，样品混合溶液、碘溶液和水应保存在 40 ℃水浴中。吸光度与终点值对应的时间如表 8-21 所示。

表 8-21　吸光度与终点值对应的时间

吸光度	终点值/min	吸光度	终点值/min
0.70	>25	0.55	11～13
0.65	20～25	0.50	9～10
0.60	15～18	0.45	7～8

【计算】

以吸光度(%)为纵坐标,时间(min)为横坐标,将所测的吸光度与其相对应的时间在对数坐标纸上标出,连接各点划一直线。从直线上查出样品溶液的吸光度与 0.235 交叉点上的相对应时间,结果按下式计算:

$$X = \frac{300}{t}$$

式中:X 为样品溶液中的淀粉酶值,mL/(g·h);t 为相对应时间,min。

计算结果表示到小数点后一位。

【说明】

如 5 min 时初测的数据已接近吸光度 0.235,而另一测定数据又很快达到吸光度 0.200 左右,说明该样品的淀粉酶值含量高[大于 35 mL/(g·h)]。但为了结果的准确,应重复测定,即从开始计时起,每分钟测定一次;对于淀粉酶值含量低的样品,应每 10 min 测定一次,通过若干个数据划线即可预测其终点值,但 5 min时初测的数据不能用于终点值的预测。

【精密度】

本部分的精密度数据是按照 GB/T 6379 的规定确定的,其重复性和再现性的值是以 95%的可信度来计算。

(1)重复性　在重复性条件下,获得的 2 次独立测试结果的绝对差值不超过重复性限(r)。本部分的重复性限按下述方程式计算:

$$r = 0.550\,8m - 5.785\,4$$

式中:r 为重复性限;m 为 2 次测定值的平均值,mL/(g·h)。

如果 2 次测定值的差值超过重复性限,应舍弃试验结果并重新完成 2 次单个试验的测定。

(2)再现性　在再现性条件下,获得的 2 次独立测试结果的绝对差值不超过再现性限(R)。再现性限按下述方程式计算:

$$R = -0.197\,4m + 5.992\,7$$

式中:R 为再现性限;m 为 2 次测定值的平均值,mL/(g·h)。

(四)蜂蜜中果糖、葡萄糖、蔗糖和麦芽糖含量的测定

液相色谱示差折光检测法(GB/T 18932.22—2003)适用于蜂蜜中果糖、葡萄糖、蔗糖和麦芽糖含量的测定。检出限:果糖、葡萄糖、麦芽糖为 0.5%,蔗糖为 0.2%。

【试剂】

(1)乙腈:色谱纯。

(2)水:GB/T 6682 规定的一级水。

(3)果糖、葡萄糖、蔗糖和麦芽糖标准物质:纯度≥99%。

(4)果糖、葡萄糖标准储备液:准确称取 5 g 果糖标准物质和 4 g 葡萄糖标准物质,精确至 0.000 1 g,放入同一个 100 mL 容量瓶中,加入 60 mL 水溶解,用乙腈定容至体积,摇匀。

(5)蔗糖、麦芽糖标准储备液:分别称取 2 g 蔗糖和 2 g 麦芽糖标准物质,精确至 0.000 1 g ,放入同一个 100 mL 容量瓶中,加入 60 mL 水溶解,用乙腈定容至体积,摇匀。

(6)果糖、葡萄糖、蔗糖和麦芽糖标准工作溶液:吸取不同体积的果糖、葡萄糖标准储备液和蔗糖、麦芽糖标准储备液,用乙腈+水(40+60)稀释至体积,配成不同浓度的果糖、葡萄糖、蔗糖和麦芽糖标准工作溶液,用于绘制标准工作曲线。每种标准储备溶液的用量和定容体积如表 8-22 所示。

表 8-22　标准储备溶液用量和定容体积

序号	果糖、葡萄糖储备液体积/mL	蔗糖、麦芽糖储备液体积/mL	定容体积/mL	标准工作溶液浓度/(g/100 mL)			
				果糖	葡萄糖	蔗糖	麦芽糖
1	2.0	0.250	10	1.00	0.80	0.050	0.050
2	3.0	0.500	10	1.50	1.20	0.100	0.100
3	4.0	1.0	10	2.00	1.60	0.20	0.20
4	5.0	2.0	10	2.50	2.00	0.40	0.40
5	15.0	7.0	25	3.00	2.40	0.60	0.60

【仪器】

(1)高效液相色谱仪:配有示差折光检测器。

(2)分析天平:感量 0.1 mg 和 0.001 g 各一台。

(3)注射器 10 mL。

(4)有机相过滤膜 0.45 μm。

(5)样品瓶 1.5 mL。

(6)容量瓶 10,25,50,100 mL。

【色谱条件】

色谱柱:碳水化合物分析柱 10 μm,300 mm×3.9 mm(i.d)。

流动相:乙腈+水(77+23)。

流速:1.0 mL/min。

柱温:25 ℃。

检测器池温度:35 ℃。

进样量:15 μL。

【测定方法】

(1)试样的制备　对无结晶的实验室样品,将其搅拌均匀。对有结晶的样品,在密闭情况下,置于不超过 60 ℃的水浴中温热,振荡,待样品全部融化后搅匀,冷却至室温。分出 0.5 kg 作为试样。制备好的试样置于样品瓶中,密封,并做上标记。将试样于常温下保存。

(2)提取　称取 5.00 g 试样,精确至 0.001 g,置于 100 mL 烧杯中,加入 30 mL 水,用玻璃棒搅拌使试样完全溶解,转移至 100 mL 容量瓶中,然后再用 10 mL 水洗烧杯 3 次并转移至上述 100 mL 容量瓶中,用乙腈定容至体积,混匀。用 0.45 μm 滤膜将样液过滤入样品瓶中供液相色谱测定。

(3)液相色谱测定　用配制的果糖、葡萄糖、蔗糖和麦芽糖标准工作溶液测定,绘制以峰高为纵坐标、工作溶液浓度为横坐标的标准工作曲线,保证样品溶液中果糖、葡萄糖、蔗糖和麦芽糖的响应值均在标准工作曲线的线性范围内,样品溶液与标准工作溶液等体积进样进行测定。在上述色谱条件下,果糖、葡萄糖、蔗糖和麦芽糖的分离度应大于 1.5,其参考保留时间见表 8-23。

表 8-23　参考保留时间

糖类名称	保留时间/min	糖类名称	保留时间/min
果糖	7.804	蔗糖	12.521
葡萄糖	8.973	麦芽糖	15.177

(4)平行试验　按以上步骤,对同一试样进行平行试验测定。

(5)空白试验　除不称取样品外,均按上述步骤进行。

【计算】

$$X = c \cdot \frac{V}{m}$$

式中:X 为 100 g 试样中被测组分含量,g;c 为从标准工作曲线上得到的被测组分溶液浓度,g/100 mL;V 为样品溶液定容体积,mL;m 为所称试样的质量,g。

注:计算结果应扣除空白值。

【精密度】

精密度数据是按照 GB/T 6379 的规定确定的,其重复性和再现性的值是以 95%的可信度来计算。

(1)重复性　在重复性条件下,获得的 2 次独立测试结果的绝对差值不超过重复性限(r)，蜂蜜中果糖、葡萄糖、蔗糖和麦芽糖含量范围及重复性方程见表8-24。

表 8-24　100 g 蜂蜜中糖的含量范围及重复性和再现性方程

名称	含量范围/g	重复性限 r	再现性限 R
果糖	21.31～39.62	$r=-0.0095m+0.5420$	$\lg R=0.4529\lg m-0.5978$
葡萄糖	20.54～36.15	$r=-0.0094m+0.4127$	$\lg R=0.0905\lg m-0.4236$
蔗糖	0.22～5.95	$r=-0.0115m+0.1579$	$R=0.0011m+0.2149$
麦芽糖	0.98～6.99	$r=-0.0047m+0.1623$	$\lg R=0.1474\lg m-0.8122$

如果差值超过重复性限(r)，应舍弃试验结果并重新完成 2 次单个试验的测定。

(2)再现性　在再现性条件下，获得的 2 次独立测试结果的绝对差值不超过再现性限(R)，蜂蜜中果糖、葡萄糖、蔗糖、麦芽糖的含量范围及再现性方程见表8-24。

(五)蜂蜜中羟甲基糠醛含量的测定液相色谱-紫外检测法(GB/T 18932.18—2003)

蜂蜜样品中的羟甲基糠醛经 HPLC 反相色谱柱分离，用液相色谱仪紫外检测器检测。用标准曲线外标法定量，检出限为 1.0 mg/kg。

【试剂】

(1)水：GB/T 6682 规定的一级水。

(2)甲醇：色谱纯。

(3)甲醇溶液(10%)：吸取 100 mL 的甲醇到 1 000 mL 的容量瓶中，用水稀释至刻度。

(4)标准物质：羟甲基糠醛纯度≥99%。

(5)标准储备液：准确称取适量的羟甲基糠醛标准物质于 100 mL 容量瓶，用 10 mL 甲醇溶解，用水稀释至刻度，配成 0.20 mg/mL 的标准储备液。此溶液可在温度低于 4 ℃冰箱中冷藏保存 2 个月。

(6)标准工作溶液：分别吸取适量的羟甲基糠醛标准储备溶液至 100 mL 容量瓶中，用 10%甲醇溶液稀释至刻度，配成 0.10，0.20，1.0，2.0，4.0，6.0 μg/mL 和 10 μg/mL 标准工作溶液，当天新鲜配制。

【仪器】

(1)高效液相色谱仪：配有紫外检测器。

(2)分析天平：感量 0.01 g。

(3)注射器:10 mL。

(4)过滤膜:0.45 μm。

【色谱条件】

色谱柱:Diamonsil C_{18},5 μm,250 mm×4.6 mm(i.d)或相当者。

流动相:甲醇+水(10+90)。

流速:1.0 mL/min。

检测波长:285 nm。

柱温:300 ℃。

进样量:10 μL。

【测定方法】

(1)试样制备　无论有无结晶的实验室样品,都不要加热。将其搅拌均匀,分出0.5 kg作为试样。制备好的试样置于样品瓶中,密封,并做上标记。将试样于室温下保存。

(2)试样处理　称取10.00 g试样,精确至0.01 g,置于100 mL烧杯中,加入10 mL甲醇,用玻璃棒轻轻搅拌均匀,使试样完全溶解。转移至100 mL容量瓶中,用水稀释至刻度,充分混匀。用0.45 μm的滤膜过滤,滤液用于液相色谱仪紫外检测器测定。

(3)液相色谱测定　首先测定7个标准工作溶液在上述色谱条件下的峰面积,以峰面积对相应浓度绘制标准工作曲线,然后测定未知样品,用标准工作曲线对样品进行定量。样品溶液中羟甲基糠醛的响应值应在仪器的线性范围内。在上述色谱条件下,羟甲基糠醛的参考保留时间约为12 min。

(4)平行试验　按上述步骤,对同一试样进行平行试验测定。

(5)空白试验　按上述步骤,对10%的甲醇溶液进行测定。

(6)添加试验　每批样品应至少进行一个样品的添加试验。称取10.0 g试样,精确至0.01 g,添加1.0 mL羟甲基糠醛标准储备液,加9.9 mL甲醇溶解,其他步骤按试样处理步骤进行。

【计算】

$$X=\frac{cV}{m}\times\frac{1\ 000}{1\ 000}$$

式中:X为试样中羟甲基糠醛含量,mg/kg;c为从标准工作曲线上得到的被测组分溶液浓度,μg/mL;V为定容体积,mL;m为样液所代表试样的质量,g。

注:计算结果应扣除空白值。

【精密度】

精密度数据是按照 GB/T 6379 的规定确定的，其重复性和再现性的值是以95%的可信度来计算。

(1)重复性　在重复性条件下，蜂蜜中羟甲基糠醛的含量在 2.0～40 mg/kg 范围内，2 次独立测试结果的绝对差值不超过重复性限(r)。重复性限按下式计算：

$$\lg r = 0.6495 \lg m - 1.3043$$

式中：r 为重复性限；m 为 2 次测定值的平均值，mg/kg。

如果 2 次测定值的差值超过重复性限，应舍弃试验结果并重新完成 2 次单个试验的测定。

(2)再现性　在再现性条件下，蜂蜜中羟甲基糠醛的含量在 2.0～40 mg/kg 范围内，2 次独立测试结果的绝对差值不超过再现性限(R)。再现性限按下式计算：

$$R = 0.0682m + 0.1243$$

式中：R 为再现性限；m 为 2 次测定值的平均值，mg/kg。

(六)蜂蜜卫生标准理化指标(GB 18796—2005)

蜂蜜的卫生标准理化指标见表 8-25。

表 8-25　蜂蜜卫生标准理化指标

项　目	一级品	二级品
水分/%		
除下款以外的品种	≤20	≤24
荔枝蜂蜜、龙眼蜂蜜、柑橘蜂蜜、鹅掌柴蜂蜜、乌桕蜂蜜	≤23	≤26
果糖和葡萄糖含量/%	≥60	
蔗糖含量/%		
除下款以外的品种		≤5
桉树蜂蜜、柑橘蜂蜜、紫苜蓿蜂蜜		≤10
酸度(1 mol/L 氢氧化钠)/(mL/kg)		≤40
羟甲基糠醛/(mg/kg)		≤40
淀粉酶活性(1%淀粉溶液)/[mL/(g·h)]		
除下款以外的品种		≥4
荔枝蜂蜜、龙眼蜂蜜、柑橘蜂蜜、鹅掌柴蜂蜜		≥2
灰分/%		≤0.4

二、其他蜂产品

其他蜂产品如蜂王浆、蜂胶、蜂花粉的理化指标见表8-26至表8-28。

表8-26 蜂王浆理化指标(GB 19330—2003)

项　目	指标	项　目	指标
水分/%	65.0～69.0	总糖(以葡萄糖计)/%	≤15
蛋白质/%	11～14	淀粉	不得检出
酸度/(mL/100 g)	≤30～53	10-羟基-2-癸烯酸/%	≥1.4
灰分/%	≤1.5		

表8-27 蜂胶理化指标(NY 5136—2002)

项　目	指标	项　目	指标
总黄酮含量/%	≥8	75%乙醇提取物含量/%	≥55
氧化时间/s	≤22	蜂蜡和75%乙醇不溶物含量/%	≤45

表8-28 蜂花粉理化指标(NY/T 752—2003)

项　目	指标	项　目	指标
水分/%	≤10	灰分/%	≤4
蛋白质/%	≥15	杂质/%	≤1.0

第九章 其他食品的理化检验

第一节 调味品的理化检验

一、酱油(GB 5009.39—2003)

酱油一般是指以富含蛋白质的豆类和富含淀粉的谷类及其副产品为主要原料,在微生物酶的催化作用下分解制成并经浸滤提取的调味汁液。按生产工艺分为酿造酱油和配制酱油,按食用方法分为烹调酱油和餐桌酱油。

(一)相对密度

将相对密度计洗净擦干,缓缓放入盛有酱油试样的适当量筒中,勿使碰及容器四周及底部,保持试样温度在 20 ℃。待其静止后,再轻轻按下少许,然后让其自然上升,静止且无气泡冒出后,从水平位置观察密度计与液面相交处的刻度,即为试样的相对密度。

说明:酱油的相对密度一般在 1.14～1.20 之间,不低于 1.10。相对密度的大小可说明样品中可溶性物质的多少,其中除食盐占很大一部分外,主要是可溶性的蛋白质、氨基酸、糖类和酸类等营养物质。

(二)总酸

酱油中含有多种有机酸,其含量可用氢氧化钠标准溶液滴定,以酸度计测定终点,结果以乳酸表示。

【试剂】

0.050 mol/L 氢氧化钠标准溶液。

【测定方法】

同第二章第二节中氨基酸的测定方法,量取 80 mL 水,同时作试剂空白试验。

【计算】

$$X = \frac{(V_1 - V_2) \times c \times 0.090}{5 \times V_3 / 100} \times 100$$

式中:X为 100 mL 样品中总酸含量(以乳酸计),g;V_1为测定用样品稀释液消耗氢氧化钠标准溶液的体积,mL;V_2为试剂空白消耗氢氧化钠标准溶液的体积,mL;V_3为样品稀释液取用量,mL;c为氢氧化钠标准溶液的浓度,mol/L;0.090 为与 1.00 mL 氢氧化钠标准溶液[c(NaOH)=1.000 mol/L]相当的乳酸的质量,g。

(三)铵盐

采用半微量凯氏定氮法。样品在碱性溶液中加热蒸馏,使氨游离蒸出,被硼酸溶液吸收,然后用盐酸标准溶液滴定计算含量。

【试剂】

(1)1%氧化镁混悬液。

(2)2%硼酸溶液(20 g/L)。

(3)盐酸标准溶液(0.100 mol/L)。

(4)混合指示液:甲基红-乙醇溶液(2 g/L)1 份与溴甲酚绿-乙醇溶液(2 g/L)5 份,临用时混匀。

【测定方法】

吸取 2.0 mL 样品,置于 500 mL 蒸馏瓶中,加约 150 mL 水及约 1 g 氧化镁,连接好蒸馏装置,并使冷凝管下端连接弯管伸入接收瓶液面下,接收瓶内盛有 10 mL 硼酸溶液及 2~3 滴混合指示液。加热蒸馏,由沸腾开始计时约 30 min 即可。用少量水冲洗弯管,以盐酸标准溶液滴定至终点。取同量水、氧化镁、硼酸溶液等按同样方法做试剂空白试验。

【计算】

$$X = \frac{(V_1 - V_2) \times c \times 0.017}{V_3} \times 100$$

式中:X为 100 mL 样品中铵盐含量(以氨计),g;V_1为测定用样品稀释液消耗盐酸标准溶液的体积,mL;V_2为试剂空白消耗盐酸标准溶液的体积,mL;V_3为样品体积,mL;c为盐酸标准溶液的浓度,mol/L;0.017 为与 1.00 mL 盐酸标准溶液[c(HCl)=1.00 mol/L]相当的铵盐(以氨计)的质量,g。

二、酱(GB 5009.40—2003)

酱是指以粮食和油料为原料,经发酵作用制成的一种半流动态黏稠的调味品。酱的品种很多,主要的有面酱和豆酱两种。

(一)氨基酸态氮

【试剂】和**【仪器】**参见第二章第二节中氨基酸的测定。

【测定方法】

称取约 5.0 g 已研磨均匀的样品置于 100 mL 烧杯中，加 50 mL 水，充分搅拌（必要时加热），移入 100 mL 容量瓶中，用少量水分数次洗涤烧杯，洗液并入容量瓶中，加水至刻度，混匀。吸取 10 mL 样品稀释液，置于 200 mL 烧杯中，加 60 mL 水，以下自第二章第二节三（一）的测定方法中“开动磁力搅拌器”起依法操作。

【计算】

同第二章第二节三（一）中计算方法。

（二）总酸

【试剂】和**【仪器】**参见第二章第二节中氨基酸的测定。

【测定方法】

吸取 10 mL 上述样品稀释液，按酱油总酸的测定方法操作。量取 70 mL 水，做试剂空白试验。

【计算】

同酱油总酸测定。

三、食醋（GB 5009.41—2003）

食醋是指以粮食、果实、酒类等为原料，经微生物发酵酿造而成的酸性调味料，它不仅营养丰富，而且具有一定的风味和色泽。

（一）总酸

食醋中主要成分是乙酸，含有其他少量有机酸，用氢氧化钠标准溶液滴定，以酸度计测定 pH 8.2 为终点，结果以乙酸表示。

【试剂】和**【仪器】**同酱油总酸测定。

【测定方法】

吸取 10 mL 样品，按酱油总酸测定方法操作。

【计算】

$$X=\frac{(V_1-V_2)\times c\times 0.060}{V\times 10/100}\times 100$$

式中：X 为 100 mL 样品中总酸含量（以乙酸计），g；V_1 为测定用样品稀释液消耗氢氧化钠标准溶液的体积，mL；V_2 为试剂空白消耗氢氧化钠标准溶液的体积，mL；V 为样品稀释液取用量，mL；c 为氢氧化钠标准溶液的浓度，mol/L；0.060 为 1 mL 氢氧化钠标准溶液[$c(NaOH)=1.0$ mol/L]相当的乙酸的质量，g。

(二)游离矿酸

游离矿酸(硫酸、硝酸、盐酸等)存在时,氢离子浓度增大,可改变指示剂颜色。

【试剂】

(1)百里草酚蓝试纸:取 0.1 g 百里草酚蓝,溶于 50 mL 乙醇中,再加 6 mL 氢氧化钠(4 g/L),加水至 100 mL。将滤纸浸透此液后晾干,储存备用。

(2)甲基紫试纸:称取 0.1 g 甲基紫,溶于 100 mL 水中,将滤纸浸于此液中,取出晾干、备用。

【测定方法】

用毛细管或玻璃棒沾少量样品,点在百里草酚蓝试纸上,观察其变化情况。若试纸变为紫色斑点或紫色环(中心淡紫色),表示有游离矿酸存在,最低检出量为 5 μg。

用甲基紫试纸沾少许样品,若试纸变为蓝色、绿色,表示有游离矿酸存在。

四、食盐(GB 5009.42—2003)

食盐因来源不同可分为海盐、湖盐、矿盐和井盐,我国以海盐为主。食盐主要成分是氯化钠,氯化钠含量越高,食盐质量越好。

(一)水不溶物

【试剂】

硝酸银溶液(50 g/L)。

【测定方法】

取 ϕ12.5 cm(或 9 cm)新华快速定量滤纸,折叠后置高型称量瓶中,滤纸连同称量瓶在(100±5)℃烘至恒重。称取 25 g 样品,置于 400 mL 烧杯中,加 200 mL 水,置沸水浴上加热,用玻璃棒搅拌使全部溶解。将样品溶液通过滤纸过滤,滤液收集于 500 mL 容量瓶中,用热水反复冲洗沉淀及滤纸至无氯离子反应为止(加 1 滴硝酸银溶液检查无白色混浊为止)。加水至刻度,混匀,此液留做其他项目测定用。将沉淀及滤纸置于已干燥恒重的高型称量瓶中,在(100±5)℃烘至恒重,首次干燥 1 h,以后每次 0.5 h,取出放干燥器中冷却,称量,至前后两次质量之差不超过 1 mg。

【计算】

$$X = \frac{m_1 - m_2}{m_3} \times 100$$

式中:X 为 100 g 样品中水不溶物的含量,g; m_1 为称量瓶和带有水不溶物的滤纸质量,g; m_2 为称量瓶加滤纸质量,g; m_3 为样品质量,g。

(二)硫酸盐

铬酸钡溶解于稀盐酸中,可与样品中硫酸盐生成硫酸钡沉淀。溶液中和后,多余的铬酸钡及生成的硫酸钡呈沉淀状态,过滤后滤液中则含有为硫酸根所取代出的铬酸离子,与标准系列比较定量。

【试剂】

(1)铬酸钡混悬液:称取 19.44 g 铬酸钾与 24.44 g 氯化钡($BaCl_2 \cdot 2H_2O$)分别溶于 1 000 mL 水中,加热至沸腾。将两液共同倾入 3 000 mL 烧杯中,生成黄色铬酸钡沉淀。待沉淀沉降后,倾出上层液体,然后每次用 1 000 mL 水冲洗沉淀 5 次左右。最后加水至 1 000 mL,成混悬液,每次使用前混匀。

(2)硫酸盐标准溶液:准确称取 1.478 7 g 干燥过的无水硫酸钠或 1.814 1 g 干燥过的无水硫酸钾,溶于水后定容至 1 000 mL,此溶液每毫升含 1 mg 硫酸根。

(3)盐酸(1+4)。

(4)氨水(1+2)。

【测定方法】

吸取 10～20 mL(一)【测定方法】中的滤液,置于 150 mL 锥形瓶中,加水至 50 mL。吸取 0,0.5,1,3,5,7 mL 硫酸盐标准溶液(相当于 0,0.5,1,3,5,7 mg 硫酸根),分别置于 150 mL 锥形瓶中,各加水至 50 mL。于每瓶中加入 3 粒玻璃珠及 1 mL 盐酸(1+4),加热煮沸 5 min。再分别加入 2.5 mL 铬酸钡混悬液,再煮沸 5 min 左右,使铬酸钡和硫酸盐生成硫酸钡沉淀。取下锥形瓶放冷,于每瓶内逐滴加入氨水(1+2),中和至呈柠檬黄色为止。再分别过滤于 50 mL 具塞比色管中(滤液应透明),用水洗涤 3 次,洗液收集于此比色管中,最后加水至刻度。用1 cm比色杯以零管调节零点,于波长 420 nm 处测定吸光度,绘制标准曲线比较,得出测定用样品相当硫酸盐的质量。

【计算】

$$X = \frac{m_1}{m_2 \times \frac{V}{500} \times 1\,000} \times 100$$

式中:X 为 100 g 样品中硫酸盐含量(以硫酸根计),g; m_1 为测定用样品相当硫酸盐的质量,mg; m_2 为样品质量,g; V 为测定时样品稀释液体积,mL。

(三)镁(滴定法)

钙、镁离子可与乙二胺四乙酸二钠生成可溶性铬合物,铬黑T指示剂与钙、镁离子生成酒石红色。当滴定至终点时,乙二胺四乙酸二钠和钙、镁络合成无色络合物而使铬黑T游离,溶液即由红色变为亮蓝色,根据溶液pH值不同及用不同指示剂分别测出钙、镁总量及钙量,两者之差即为镁含量。

【试剂】

(1)乙二胺四乙酸二钠标准滴定溶液[$c(C_{10}H_{14}N_2O_8Na_2 \cdot 2H_2O)=0.010$ mol/L]。

(2)紫尿酸铵混合指示剂(2%):取10 g干燥氯化钠及0.2紫尿酸铵于玻璃乳钵中混合,研细,储存于棕色广口瓶中备用。

(3)氢氧化钠溶液(80 g/L):取8 g氢氧化钠溶于水并稀释至100 mL。

(4)氨缓冲溶液:取20 g氯化铵溶于300 mL水中,加100 mL氨水,再加水稀释至1 000 mL,储存于棕色广口瓶中。

(5)铬黑T混合指示剂(1%):取10 g干燥氯化钠研细,加0.10 g铬黑T于玻璃乳钵中,混合研细,储存于棕色广口瓶中备用。

【仪器】

10 mL微量滴定管。

【测定方法】

吸取50 mL(一)【测定方法】中的滤液,置于250 mL锥形瓶中。加入2 mL氢氧化钠溶液和约5 mg紫尿酸铵混合指示剂,搅拌溶解后,立即用乙二胺四乙酸二钠标准溶液滴定,至溶液由红色变成蓝紫色为止,记录消耗溶液毫升数。再吸取50 mL上述滤液,置于250 mL锥形瓶中,加5 mL氨缓冲溶液和约5 mg铬黑T混合指示剂,搅拌溶解后立即以乙二胺四乙酸二钠标准溶液滴定,至溶液由酒石红色变为亮蓝色为止。记录消耗溶液毫升数。

【计算】

$$X=\frac{(V_1-V_2)\times c\times 0.0243}{m\times\frac{50}{500}}\times 100$$

式中:X为100 g试样中镁的含量,g;V_1为滴定钙离子消耗乙二胺四乙酸二钠标准滴定溶液的体积,mL;V_2为滴定钙镁离子总量消耗乙二胺四乙酸二钠标准滴定溶液的体积,mL;c为乙二胺四乙酸二钠标准滴定溶液的浓度,mol/L;m为试样质量,g。0.024 3为与1 mL乙二胺四乙酸二钠标准滴定溶液(0.010 mol/L)相当的镁的质量,g。

(四)钡

钡离子与硫酸根生成硫酸钡,浑浊,利用比浊做限量测定。

【试剂】

(1)稀硫酸:量取 5.7 mL 硫酸,倒入 50 mL 水中,再加水稀释至 100 mL。

(2)钡标准溶液:准确称取 1.788 7 g 氯化钡($BaCl_2 \cdot 2H_2O$),溶于水,移入 100 mL容量瓶中,加水至刻度,此溶液每毫升相当于 10 mg 钡。

(3)钡标准使用液:吸取 1.0 mL 钡标准溶液,置于 100 mL 容量瓶中,加水稀释至刻度,此溶液每毫升相当于钡 0.10 mg。

【测定方法】

称取 50.00 g 试样,加水溶解至 500 mL,过滤,弃去初滤液,量取 50 mL 滤液于 50 mL 比色管中。另取 1 mL 钡标准使用液置于比色管中,加水至刻度,混匀。于两管中各加 2 mL 稀硫酸,摇匀,放置 2 h,试样管不得比标准管浑浊,即≤20 mg/kg 的钡。

(五)亚铁氰化钾(硫酸亚铁法)

亚铁氰化钾在酸性条件下与硫酸亚铁生成蓝色复盐,与标准比较定量。最低检出浓度为 1.0 mg/kg。

【试剂】

(1)硫酸亚铁溶液(80 g/L)。

(2)稀硫酸:量取 5.7 mL 硫酸,倒入 50 mL 水中,冷却再加水至 100 mL。

(3)亚铁氰化钾标准溶液:准确称取 0.100 0 g 亚铁氰化钾,溶于少量水,移入 100 mL 容量瓶中,加水稀释至刻度。此溶液每毫升相当 1.0 mg 亚铁氰化钾。

(4)亚铁氰化钾标准使用液:吸取 10.0 mL 亚铁氰化钾标准液,置于 100 mL 容量瓶中,加水稀释至刻度,此溶液每毫升相当 0.10 mg 亚铁氰化钾。

【仪器】

分光光度计。

【测定方法】

称取 10.00 g 试样溶于水,移入 50 mL 容量瓶中,加水至刻度,混匀,过滤,弃去初滤液,然后吸取 25.0 mL 滤液于比色管中。

吸取 0,0.1,0.2,0.3,0.4 mL 亚铁氰化钾使用液(相当 0,10.0,20.0,30.0,40.0 μg 亚铁氰化钾),分别置于 25 mL 比色管中,各加水至 25 mL。

试样管与标准管各加 2 mL 硫酸亚铁溶液(80 g/L)及 1 mL 稀硫酸,混匀,

20 min后，用3 cm比色杯，以零管调节零点，于波长670 nm处测吸光度，绘制标准曲线，试样从曲线上查出含量，或与标准色列目测比较。

【计算】

$$X=\frac{m_1\times 1\ 000}{m_2\times\frac{25}{500}\times 1\ 000\times 1\ 000}$$

式中：X为试样中亚铁氰化钾的含量，g/kg；m_1为测定用样液中亚铁氰化钾的质量，μg；m_2为试样质量，g。

（六）碘（加碘食盐）

试样中的碘化物在酸性条件下用饱和溴水氧化成碘酸钾，在此条件下进一步氧化而游离出碘，以淀粉做指示剂，用硫代硫酸钠标准溶液滴定，计算含量。

【试剂】

(1)磷酸。

(2)碘化钾溶液(50 g/L)：临用时配制。

(3)饱和溴水。

(4)淀粉指示液：可溶性淀粉0.5 g，加少量水搅匀后，倒入50 mL沸水中，煮沸，临用现配。

(5)硫代硫酸钠标准溶液[$c(Na_2S_2O_3)=0.100$ mol/L]，临用时准确稀释50倍，浓度为0.002 0 mol/L。

【测定方法】

称取10.00 g试样，置于250 mL锥形瓶中，加水溶解，加1 mL磷酸摇匀。滴加饱和溴水至溶液呈浅黄色，边滴边振摇至黄色不退为止(约6滴)，溴水不宜过多，在室温放置15 min，在放置期内，如发现黄色退去，应再滴加溴水至淡黄色。

放入玻璃珠4～5粒，加热煮沸至黄色退去，再继续煮沸5 min，立即冷却。加2 mL碘化钾溶液(50 g/L)，摇匀，立即用硫代硫酸钠标准溶液(0.002 0 mol/L)滴定至浅黄色，加入1 mL淀粉指示剂(5 g/L)，继续滴定至蓝色刚消失即为终点。

如盐样含杂质过多，应先取盐样加水150 mL溶解，过滤100 mL滤液至250 mL锥形瓶中，然后进行操作。

【计算】

$$X=\frac{V\times c\times 21.15\times 1\ 000}{m}$$

式中：X为试样中碘的含量，mg/kg；V为测定用试样消耗硫代硫酸钠标准溶液体积，mL；c为硫代硫酸钠标准滴定溶液浓度，mol/L；m为试样质量，g；21.15为

1.0 mL硫代硫酸钠标准溶液[$c(Na_2S_2O_3)$= 1.000 mol/L]相当的碘质量,mg。

五、味精(GB 5009.43—2003)

味精是指以碳水化合物(淀粉、大米和糖蜜等)为原料,经微生物(谷氨酸棒杆菌等)发酵、提取、中和和结晶,制成的具有特殊鲜味的白色结晶或粉末。谷氨酸钠具有旋光性,有 L 型和 D 型两种光学异构体,用发酵法生产的谷氨酸钠为 L 型。谷氨酸钠分子具有旋光性,通过旋光计可以测定其含量。

【仪器】

旋光计。

【试剂】

盐酸溶液(1+1)。

【测定方法】

称取约 5.00 g 样品,置于烧杯中,加 20～30 mL 水,再加 16 mL 盐酸溶液(1+1),溶解后移入 50 mL 容量瓶中,加水至刻度。将该溶液放入 2 dm 旋光管内观察旋光度,同时需测定管内溶液的温度。如温度低于或高于 20 ℃,需要校正后计算。

【计算】

当温度为 20 ℃时直接按式(1)计算:

$$X_1 = \frac{d_{20} \times 50 \times 187.13}{5 \times 2 \times 32 \times 147.13} \times 100 \tag{1}$$

式中:X_1 为 100 g 样品中谷氨酸钠含量(含 1 分子结晶水),g;d_{20} 为 20 ℃观察所得的旋光度;32 为纯谷氨酸在 20 ℃时的比旋光度;187.13 为谷氨酸钠含 1 分子结晶水的分子量;147.13 为谷氨酸的分子量;2 为旋光管的长度,dm。

如果温度不是 20 ℃,则按式(2)计算:

$$X_2 = \frac{d_t \times 50 \times 1\,000}{5 \times 2 \times [25.16 + 0.047(20 - t)]} \tag{2}$$

式中:X_2为 100 g 样品中谷氨酸钠的含量(含 1 分子结晶水),g;d_t为 t(℃)时观察所得的旋光度;t 为测定时温度,℃。

另外,谷氨酸钠的测定还可以采用酸度计法,具体操作可参考氨基酸总量的测定。

六、部分调味品的理化及卫生指标

部分调味品的理化及卫生指标(GB 2717—2003,GB 2718—2003,GB 2719—

2003,GB 2720—2003,GB 2721—1996)见表 9-1 和表 9-2。

表 9-1 部分调味品的理化及卫生指标

项目	酱油	酱	食醋	味精
氨基酸态氮/(g/100 mL)	≥0.4	黄酱≥0.6,甜面酱≥0.3		
谷氨酸钠/%				≥80%
总酸/%	≤2.5[a](以乳酸计)	≤2(以乳酸计)	≥3.5(以醋酸计)	
食盐		黄酱≥12,甜面酱≥7		
游离矿酸			不得检出	
砷(以 As 计)/(mg/kg)	≤0.5	≤0.5	≤0.5	≤0.5
铅(Pb)/(mg/kg)	≤1	≤1	≤1	≤1
锌(Zn)/(mg/kg)				≤5
黄曲霉毒素 B_1/(μg/L)	≤5	≤5	≤5	

a 仅用于烹调酱油。

表 9-2 食盐的卫生理化指标

项目		指标	项目	指标
氯化钠(以干基计)/%		≥97	铅(Pb)/(mg/kg)	≤2
水不溶物/%	普通盐	≤0.4	铜(Cu)/(mg/kg)	≤2
	精制盐	≤0.1	镉(Cd)/(mg/kg)	≤0.5
硫酸盐(以 SO_4^{2-} 计)/%		≤2	总汞(以 Hg 计)/(mg/kg)	≤0.1
亚硝酸盐(以 $NaNO_2$ 计)/(mg/kg)		≤2	钡(Ba)/(mg/kg)	≤15
砷(以 As 计)/(mg/kg)		≤0.5	氟(F)/(mg/kg)	≤2.5

第二节 酒的理化检验

酒是含酒精(乙醇)饮料的统称。根据其生产工艺不同可分为蒸馏酒、发酵酒和配制酒等 3 类。蒸馏酒是指以含糖或淀粉的原料(主要是粮食),经糖化、发酵、蒸馏制得的白酒。这类酒的酒度较高,其他固形物含量较少,如白酒、伏特加、威士忌和白兰地等。发酵酒又称酿造酒,是指用含糖或淀粉的原料如水果、麦芽等,经糖化和发酵后,直接提取或压榨制得的酒。这类酒的酒度较低,含固形物较多,如啤酒、葡萄酒、黄酒、清酒和果酒等。配制酒又名再制酒,是指以发酵酒或蒸馏酒为酒基,配加一定比例的可食用辅料(如着色剂、甜味剂、香精、花果和药材等)而制成的酒,如桂花酒、橘子酒和人参酒等。

酒的主要成分是乙醇和水,还有少量的酸类、酯类、醛类等物质。如果生产过程不合理，则甲醇、高级醇等物质的含量会增加。另外，在生产过程中添加的物质含有锰、二氧化硫，由于设备的原因会污染铅等，由于原料品种不同而有时含有氰化物等有害物质。

一、蒸馏酒及配制酒(GB 5009.48—2003)

(一)乙醇(相对密度计法)

【仪器】

酒精相对密度计。

【测定方法】

吸取100 mL样品于250 mL或500 mL全玻璃蒸馏器中，加50 mL水，再加入玻璃珠数粒，蒸馏，用100 mL容量瓶收集馏出液100 mL。将馏出液倒入量筒中，将洗净擦干的酒精计慢慢沉入量筒中，静止后再轻轻按下少许，待其上升静止后，从水平位置观察其与液面相交处的刻度，即为乙醇浓度。同时测定温度，根据测定的温度与浓度，查酒精计温度浓度换算表(见附录四)换算成20 ℃时的乙醇体积分数。

(二)高级醇类(气相色谱法)

利用不同醇类在氢火焰中的化学电离进行检测，根据峰高与标准比较定量。检出限：正丙醇、正丁醇0.2 ng；异戊醇、正戊醇0.15 ng；仲丁醇、异丁醇0.22 ng。

【试剂】

(1)甲醇、正丙醇、正丁醇、异戊醇、仲丁醇、异丁醇和乙酸乙酯均为色谱纯。

(2)无甲醇、无杂醇油乙醇：按下面(四)【试剂】(2)“无杂醇油的乙醇”操作，并测其酒精浓度，取0.5 μL进样无杂峰出现即可。

(3)标准溶液：分别称取甲醇、正丙醇、正丁醇、异戊醇、仲丁醇、异丁醇各600 mg及乙酸乙酯800 mg，以少量水洗入100 mL容量瓶中，并加水至刻度，置冰箱中保存。

(4)标准使用液：吸取10 mL标准溶液于100 mL容量瓶中，加入一定量上述无甲醇、无杂醇油乙醇定容后，控制乙醇含量在60%，加水至刻度。此溶液储存于冰箱备用(或根据仪器灵敏度配制)。

【仪器】

气相色谱仪(具有氢火焰离子化检测器)；微量进样注射器：1 μL、50 μL。

【色谱条件】

色谱柱：长 2 m，内径 4 mm，玻璃柱或不锈钢柱；固定相：GDX-102(60～80 目)；气化室温度 190 ℃，检测器温度 190 ℃，柱温 170 ℃；N_2流速 40 mL/min，H_2流速 40 mL/min，空气流速 450 mL/min；进样量 0.5 μL。

【测定方法】

(1)定性　以各组分保留时间定性。进标准使用液和样液各 0.5 μL，分别测得保留时间，样品与标准峰时间对照而定性。

(2)定量　进 0.5 μL 标准使用液，制得色谱图，分别量取各组分峰高。进 0.5 μL样品，制得色谱图，分别量取峰高，与标准峰高比较计算。

【计算】

杂醇油以异丁醇、异戊醇总量计算。

$$X=\frac{h_1\times A\times V_1}{h_2\times V_2\times 1\,000}\times 100$$

式中：X 为 100 mL 样品中某组分的含量，g；h_1为样品中某组分的峰高，mm；h_2为标准中某组分的峰高，mm；A 为进样标准中某组分的含量，mg/mL；V_2为样品液进样量，μL；V_1为标准液进样量，μL。

(三)甲醇

甲醇经氧化成甲醛后，与品红亚硫酸作用生成蓝紫色化合物，与标准系列比较定量。

【试剂】

(1)高锰酸钾-磷酸溶液：称取 3 g 高锰酸钾，加入 15 mL 磷酸(85%)与 70 mL 水的混合液中，溶解后加水至 100 mL。储存于棕色瓶内，防止氧化能力下降。保存时间不宜过长。

(2)草酸-硫酸溶液：称取 5 g 无水草酸或 7 g 含 2 分子结晶水的草酸，溶于硫酸(1+1)中至 100 mL。

(3)品红-亚硫酸溶液：称取 0.1 g 碱性品红研细后，分次加入共 60 mL 80 ℃的水，边加水边研磨使其溶解。用滴管吸取上层溶液滤于 100 mL 容量瓶中，冷却后加 10 mL 亚硫酸钠溶液(100 g/L)、1 mL 盐酸，再加水至刻度，充分混匀，放置过夜。如溶液有颜色，可加少量活性炭搅拌后过滤，储存于棕色瓶中，置暗处保存。溶液呈红色时应弃去重新配制。

(4)甲醇标准溶液：称取 1.000 g 甲醇，置于 100 mL 容量瓶中，加水至刻度。此溶液每毫升相当于 10 mg 甲醇，置低温保存。

(5)甲醇标准使用液:取 10 mL 甲醇标准溶液,置于 100 mL 容量瓶中,加水至刻度。再取 25 mL 稀释液于 50 mL 容量瓶中,加水至刻度。此溶液每毫升相当于 0.5 mg 甲醇。

(6)无甲醇的乙醇溶液:取 0.3 mL 按操作方法检查,加入品红-亚硫酸后不应显色,如显色需进行处理。取 300 mL 乙醇(95%),加高锰酸钾少许,蒸馏,收集馏出液。在馏出液中加入硝酸银溶液(取 1 g 硝酸银溶于少量水中)和氢氧化钠溶液(取 1.5 g 氢氧化钠溶于少量水中),摇匀,取上清液蒸馏,弃去最初 50 mL 馏出液,收集中间馏出液约 200 mL,用酒精计测其浓度,然后加水配成无甲醇的乙醇(体积分数 60%)。

(7)亚硫酸钠溶液(100 g/L)。

【仪器】

分光光度计。

【测定方法】

根据样品中乙醇浓度适当取样(乙醇浓度 30%取 1 mL,40%取 0.8 mL,50%取 0.6 mL,60%取 0.5 mL),置于 25 mL 具塞比色管中。着色或浑浊的蒸馏酒和配制酒按乙醇浓度测定的操作方法处理后,再按上述取样体积取样。吸取 0、0.1、0.2、0.4、0.6、0.8、1.0 mL 甲醇标准使用液分别置于 25 mL 具塞比色管中,并加入 0.5 mL 无甲醇和乙醇。

于样品管和标准管中各加水至 5 mL,再依次加入 2 mL 高锰酸钾-磷酸溶液,混匀,放置 10 min。各加 2 mL 草酸-硫酸溶液,混匀使之退色。再各加 5 mL 品红-亚硫酸溶液,混匀,于 20 ℃以上静置 0.5 h,用 2 cm 比色杯,以零管调节零点,于波长 590 nm 处测吸光度,绘制标准曲线,或与标准系列目测比较。

【计算】

$$X = \frac{m}{V \times 1\ 000} \times 100$$

式中:X 为 100 mL 样品中甲醇含量,g;m 为测定样品中甲醇的质量,g;V 为样品体积,mL。

(四)杂醇油

杂醇油成分复杂,有正乙醇、正/异戊醇、正/异丁醇、丙醇等。本法测定标准以异戊醇和异丁醇表示。异戊醇和异丁醇在硫酸作用下生成戊烯和丁烯,再与对二甲氨基苯甲醛作用显橙黄色,与标准系列比较定量。

【试剂】

(1)对二甲氨基苯甲醛-硫酸溶液(5 g/L):取 0.5 g 对二甲氨基苯甲醛,加硫酸溶解至 100 mL。

(2)无杂醇油的乙醇:取 0.1 mL 按分析步骤检查不显色,如显色需进行处理。取甲醇测定项中无甲醇的乙醇溶液中间馏出液,加 0.25 g 盐酸间苯二胺,加热回流 2 h,用分馏柱控制沸点进行蒸馏,收集中间馏出液 100 mL。再取 0.1 mL,按分析步骤测定不显色即可。

(3)杂醇油标准溶液:准确称取 0.08 g 异戊醇和 0.02 g 异丁醇于 100 mL 容量瓶中,加无杂醇油的乙醇 50 mL,再加水稀释至刻度。此溶液每毫升相当于 1 mg 杂醇油,置低温保存。

(4)杂醇油标准使用液:吸取杂醇油标准溶液 5 mL 于 50 mL 容量瓶中,加水稀释至刻度。此溶液每毫升相当于 0.1 mg 杂醇油。

【仪器】

分光光度计。

【测定方法】

吸取 1.0 mL 试样于 10 mL 容量瓶中,加水至刻度,混匀后,吸取 0.3 mL,置于 10 mL 比色管中。含糖着色、沉淀、浑浊的蒸馏酒和配制酒应按乙醇浓度测定的操作处理,取其蒸馏液作为试样。吸取 0、0.1、0.2、0.3、0.4、0.5 mL 杂醇油标准使用液,置于 10 mL 比色管中。

于试样管及标准管中各准确加水至 1 mL,摇匀,放入冷水中冷却,沿管壁加入 2 mL 对二甲氨基苯甲醛-硫酸溶液,使其沉至管底,再将各管同时摇匀,放入沸水浴中加热 15 min 后取出,立即放入冰浴中冷却,并立即各加 2 mL 水,混匀,冷却。10 min 后用 1 cm 比色杯以零管调节零点,于波长 520 nm 处测吸光度,绘制标准曲线比较,或与标准系列目测比较定量。

【计算】

$$X = \frac{m}{V_2 \times V_1/10 \times 1\,000} \times 100$$

式中:X 为 100 mL 试样中杂醇油的含量,g;m 为测定试样稀释液中杂醇油的质量,mg;V_2 为试样体积,mL;V_1 为测定用试样稀释体积,mL。

(五)锰(比色法)

试样经消化后在酸性条件下二价锰被过碘酸钾氧化成七价锰,呈紫红色,与标准比较定量。

【试剂】

(1)硫酸。

(2)磷酸。

(3)过碘酸钾。

(4)硝酸。

(5)锰标准溶液：精密称取 0.274 6 g 经 400～700 ℃灼烧至恒重的硫酸锰，或精密称取 0.307 3 g 含 1 分子水的硫酸锰，或 0.405 5 g 含 4 分子水的硫酸锰，加水溶解后移入 100 mL 容量瓶中，加入 3 滴硫酸，再加水稀释至刻度。此溶液每毫升相当于 1 mg 锰。

(6)锰标准使用液：吸取 1 mL 锰标准溶液，置于 100 mL 容量瓶中，加水稀释至刻度。再吸取此液 10 mL，用水稀释至 50 mL。此溶液每毫升相当于 2 μg 锰。临用前配制。

【仪器】

分光光度计。

【测定方法】

(1)试样消化　参见第三章。

(2)测定　吸取 10.0 mL 试样消化液(相当于原试样 4 mL)于 100 mL 锥形瓶中，加水至总体积为 22 mL，混匀(试样消化液中含 2 mL 硫酸液量，如不足 2 mL，应加到 2 mL)。吸取 0，1.0，2.0，3.0，4.0，5.0 mL 锰标准使用液，分别置于 100 mL 锥形瓶中，加水至总体积 20 mL，再加 2 mL 硫酸，混匀。于试样及标准液锥形瓶中分别加入 1.5 mL 磷酸和 0.3 g 过碘酸钾，混匀，于小火煮沸 5 min，然后移入 25 mL 比色管中。以少量水洗涤锥形瓶，洗液一并移入比色管中，加水至刻度，混匀。用 3 cm 比色杯，以标准零管调节零点，于波长 530 nm 处测吸光度，绘制标准曲线比较，或与标准系列目测比较定量。

【计算】

$$X = \frac{m \times 1\,000}{V_1 \times V_3 / V_2 \times 1\,000}$$

式中：X 为试样中锰的含量，mg/L；m 为测定试样消化液中锰的质量，μg；V_1 为试样体积，mL；V_2 为试样消化液总体积，mL；V_3 为测定用消化液体积，mL。

【说明】

锰也可用原子吸收光谱法进行测定，其操作方法参见第三章。

(六)氰化物

氰化物在酸性溶液中蒸出后被吸收于碱性溶液中,在 pH 7 溶液中,用氯胺 T 将氰化物转变为氯化氰,再与异烟酸-吡唑酮作用,生成蓝色染料,与标准系列比较定量。本方法取样量为 10 g 时,检出限为 0.015 mg/kg。

【试剂】

(1)甲基橙指示液(0.5 g/L),乙酸锌溶液(100 g/L),酒石酸,氢氧化钠溶液(10 g/L),氢氧化钠溶液(2 g/L),氢氧化钠溶液(1 g/L),乙酸(1+6),酚酞-乙醇指示液(10 g/L)。

(2)磷酸盐缓冲溶液(0.5 mol/L,pH 7):称取 34.0 g 无水磷酸二氢钾和 35.5 g 无水磷酸氢二钠,溶于水并稀释至 1 000 mL。

(3)试银灵(对二甲氨基亚苄基罗丹宁)溶液:称取 0.02 g 试银灵,溶于 100 mL 丙酮中。

(4)异烟酸-吡唑酮溶液:称取 1.5 g 异烟酸溶于 24 mL 氢氧化钠溶液(20 g/L)中,加水至 10 mL。另称取 0.25 g 吡唑酮,溶于 20 mL N-二甲基甲酰胺中。合并上述两种溶液,混匀。

(5)氯胺 T 溶液:称取 1 g 氯胺 T(有效氯含量应在 11%以上),溶于 100 mL 水中,临用时现配。

(6)氰化钾标准溶液:称取 0.25 g 氰化钾,溶于水中,并稀释至 1 000 mL,此溶液每毫升约相当于 0.1 mg 氰化物,其准确含量在使用前用下法标定。

取上述溶液 10.0 mL,置于锥形瓶中,加 1 mL 氢氧化钠溶液(10 g/L),使 pH 值为 11 以上。加 0.1 mL 试银灵溶液,用硝酸银标准溶液(0.02 mol/L)滴定至橙红色,1 mL 硝酸银标准溶液(0.02 mol/L)相当于 1.08 mg 氢氰酸。

(7)氰化钾标准使用液:根据氰化钾标准溶液的浓度吸取适量,用氢氧化钠溶液(1 g/L)稀释成每毫升相当于 1 μg 氢氰酸。

【仪器】

250 mL 玻璃水蒸气蒸馏装置;分光光度计。

【测定方法】

样品处理方法一:吸取 1.0 mL 试样于 10 mL 具塞比色管中,加 2 g/L 氢氧化钠溶液至 5 mL,放置 10 min。

样品处理方法二:若酒样浑浊或有色,取 25 mL 试样于 250 mL 全玻璃蒸馏装置中,加 5 mL 2 g/L 氢氧化钠溶液,碱解 10 min,加饱和酒石酸溶液使呈酸性,进行水蒸气蒸馏。以 10 mL 2 g/L 氢氧化钠溶液吸收,收集馏出液至 50 mL。取 2

mL 馏出液于 10 mL 具塞比色管中，加 2 g/L 氢氧化钠溶液至 5 mL。

分别吸取 0，0.5，1.0，1.5，2.0 mL 氰化物标准使用液于 10 mL 具塞比色管中，加 2 g/L 氢氧化钠溶液至 5 mL。于试样及标准管中分别加入 2 滴酚酞指示剂，然后加入乙酸(1+6)调至红色退去，再用氢氧化钠溶液调至近红色。然后加 2 mL磷酸盐缓冲溶液、0.2 mL 10 g/L 氯胺 T 溶液，混匀后于 25～30 ℃放置 5 min。然后准确加入 2 mL 异烟酸-吡唑酮溶液，加水至刻度，摇匀，在 25～30 ℃放置 30 min。取出，用 1 cm 比色杯，以零管调节零点，于波长 638 nm 处测吸光度，绘制标准曲线比较。

【计算】

按样品处理方法一操作，则

$$X_1 = \frac{m_1 \times 1\ 000}{V_1 \times 1\ 000}$$

式中：X_1 为试样中氰化物的含量(按氢氰酸计)，mg/L；m_1 为测定用试样中氢氰酸的质量，μg；V_1 为试样体积，mL。

按样品处理方法二操作，则

$$X_2 = \frac{m_2 \times 1\ 000}{V_2 \times \frac{2}{50} \times 1\ 000}$$

式中：X_2 为试样中氰化物的含量(按氢氰酸计)，mg/L；m_2 为测定用试样馏出液中氢氰酸的质量，μg；V_2 为试样体积，mL。

二、发酵酒(GB 5009.49—2003)

(一)甲醛

甲醛在过量乙酸铵的存在下，与乙酰丙酮和氨离子生成黄色的 3,5-二乙酰基-1,4-二氢吡啶化合物，在波长 415 nm 处有最大吸收，颜色的深浅与甲醛的含量成正比。

【试剂】

(1)乙酰丙酮溶液：称取 0.4 g 新蒸馏乙酰丙酮、25 g 乙酸铵及 3 mL 乙酸溶于水中，定容至 200 mL 备用(用时配制)。

(2)36%～38%甲醛。

(3)0.1 mol/L 硫代硫酸钠标准溶液。

(4)0.1 mol/L 碘标准溶液。

(5)50 g/L 淀粉指示剂。

(6)1 mol/L 硫酸溶液。

(7)1 mol/L 氢氧化钠溶液。

(8)200 g/L 磷酸溶液。

(9)甲醛标准溶液:吸取 36%～38%甲醛溶液 7 mL,加入 1 mol/L 硫酸 0.5 mL,用水稀释至 250 mL。吸此溶液于 100 mL 容量瓶中,加水定容。再吸 10 mL稀释液于 250 mL 碘量瓶中,加 90 mL 水、20 mL 0.1 mol/L 碘溶液和 15 mL 1 mol/L氢氧化钠溶液,摇匀,放置 15 min。然后加入 20 mL 1 mol/L硫酸溶液酸化,用 0.1 mol/L 硫代硫酸钠标准溶液滴定至淡黄色,然后加约 1 mL 淀粉指示剂,继续滴定至蓝色退去即为终点。同时做试剂空白试验。

$$X=(V_1-V_2)\times c_1\times 15$$

式中:X 为甲醛标准溶液的浓度,mg/mL;V_1 为空白试验所消耗的硫代硫酸钠标准溶液的体积,mL;V_2 为滴定甲醛溶液所消耗的硫代硫酸钠标准溶液的体积,mL;c_1 为硫代硫酸钠标准溶液的浓度,mol/L;15 为与 1 mL 碘标准溶液(1 mol/L)相当的甲醛的质量,g。

用上述已标定甲醛浓度的溶液,用水配制成含甲醛 1 μg/mL 的甲醛标准溶液。

【仪器】

分光光度计;水蒸气蒸馏装置;500 mL 蒸馏瓶。

【测定方法】

吸取已除去二氧化碳的啤酒 25 mL 移入 500 mL 蒸馏瓶中,加 20 mL 200 g/L磷酸溶液于蒸馏瓶内,连接水蒸气蒸馏装置,蒸馏,收集馏出液于 100 mL 容量瓶中,在约 100 mL 时,冷却后加水稀释至刻度。

精密吸取 0,0.5,1.0,2.0,3.0,4.0,8.0 mL 1 μg/mL 的甲醛标准溶液于 25 mL比色管中,加水至 10 mL。吸取样品馏出液 10 mL 移入 25 mL 比色管中。标准系列和样品的比色管中,各加入 2 mL 乙酰丙酮溶液,摇匀后在沸水浴中加热 10 min,取出冷却,于波长 420 nm 处测定吸光度,绘制标准曲线。从标准曲线上查出试样的含量。

【计算】

$$X=A/V$$

式中:X 为试样中甲醛的含量,mg/L;A 为从标准曲线上查出的相当的甲醛的质量,μg;V 为测定样液中相当的试样体积,mL。

(二)二氧化硫

此方法操作简单、快速,灵敏度高,再现性良好。

【试剂】

(1)20 g/L 氧氧化钠溶液,硫酸溶液(1+17),12 g/L 氨基磺酸铵溶液。

(2)四氯汞钠吸收液:称取 13.6 g 氯化高汞及 6 g 氯化钠,溶于水中并稀释至 1 000 mL,放置过夜,过滤后备用。

(3)甲醛溶液:吸取 0.55 mL 无聚合沉淀的 36%甲醛,加水 99.45 mL 稀释,混匀。

(4)淀粉指示液:称取 1 g 可溶性淀粉,用少量水调成糊状,缓缓倾入 100 mL 沸水中,边加边搅拌,煮沸,放冷备用。此溶液临用时现配。

(5)盐酸副玫瑰苯胺溶液:称取 0.1 g 盐酸副玫瑰苯胺($C_{19}H_{18}N_3Cl \cdot 4H_2O$)于研钵中,加少量水研磨使溶解并稀释至 100 mL。取出 20 mL,置 100 mL 容量瓶中,加 6 mol/L 盐酸溶液,充分摇匀后使溶液由红色变黄色,如不变黄色,再滴加少量盐酸至出现黄色。加水稀释至刻度,混匀备用(如无盐酸副玫瑰苯胺,可用盐酸品红代替)。

盐酸副玫瑰苯胺的精制方法:称取 20 g 盐酸副玫瑰苯胺于 400 mL 水中,用 50 mL 2 mol/L 盐酸溶液酸化,徐徐搅拌。加 4～5 g 活性炭,加热煮沸 2 min。将混合物倒入大漏斗中,过滤(用保温漏斗趁热过滤)。滤液放置过夜,出现结晶,然后再用布氏漏斗抽滤,将结晶再悬浮于 1 000 mL 乙醚/乙醇(10/1)的混合液中,振摇 3 min,以布氏漏斗抽滤,再用乙醚反复洗涤至醚层不带色为止。于硫酸干燥器中干燥,研细后储存于棕色瓶中保存。

(6)碘溶液:$c(1/2\ I_2) = 0.1$ mol/L。

(7)硫代硫酸钠标准滴定溶液:$c(Na_2S_2O_3) = 0.100\ 0$ mol/L。

(8)二氧化硫标准储备溶液:称取 0.5 g 亚硫酸氢钠,溶于 200 mL 四氯汞钠吸收液中,放置过夜。上清液用定量滤纸过滤备用。

吸取 10 mL 亚硫酸氢钠-四氯汞钠溶液于 250 mL 碘量瓶中,加 100 mL 水,准确加入 20 mL 0.1 mol/L 碘溶液和 5 mL 冰乙酸,摇匀,放置暗处 2 min 后,迅速以 0.1 mol/L 硫代硫酸钠标准滴定溶液滴定至淡黄色。加 0.5 mL 淀粉指示液,继续滴至无色。另取 100 mL 水,准确加入 20 mL 0.1 mol/L 碘溶液和 5 mL 冰乙酸,按同一方法做空白试验。

【计算】

$$X = (V_2 - V_1) \times c \times 32.03/10$$

式中:X 为二氧化硫标准溶液浓度,mg/mL;c 为硫代硫酸钠标准滴定溶液的浓度,mol/L;V_1 为测定用二氧化硫标准溶液消耗硫代硫酸钠标准滴定溶液体积,mL;V_2 为试剂空白消耗硫代硫酸钠标准滴定溶液体积,mL;32.03 为与 1 mL 硫代硫酸钠标准滴定溶液[$c(Na_2S_2O_3)$ = 1.000 mol/L]相当的二氧化硫的质量，mg。

(9)二氧化硫标准使用溶液：临用前将二氧化硫标准储备溶液以四氯汞钠吸收液稀释成每毫升含2 μg二氧化硫。

【仪器】

分光光度计。

【测定方法】

直接吸取5.0～10.0 mL液体样品(如葡萄酒等)，置于100 mL容量瓶中，以少量水稀释，加20 mL四氯汞钠吸收液，最后加水到刻度，摇匀，必要时过滤备用。

吸取0.5～5.0 mL上述样品处理液于25 mL具塞比色管中。另取0，0.2，0.4，0.6，0.8，1.0，1.5，2.0 mL二氧化硫标准使用溶液(相当于0，0.4，0.6，0.8，1.2，1.6，2.0，3.0，4.0 μg二氧化硫)，分别置于25 mL具塞比色管中。于样品及标准管中各加入四氯汞钠吸收液至10 mL，然后各加入1 mL 12 g/L氨基磺酸铵溶液、1 mL甲醛溶液及1 mL盐酸副玫瑰苯胺溶液，摇匀，放置20 min。用1 cm比色杯，以零管调节零点，于波长550 nm处测吸光度，绘制标准曲线。

【计算】

$$X=\frac{A\times 1\,000}{m\times \frac{V}{100}\times 1\,000\times 1\,000}$$

式中：X为样品中二氧化硫的含量，g/kg；A为测定用样液中二氧化硫的质量，μg；m为样品质量，g；V为测定用样品体积，mL。

【说明】

(1)盐酸副玫瑰苯胺中盐酸使用量对显色有影响，加入盐酸量多则显色浅，量少则显色深。

(2)二氧化硫标准溶液的浓度随放置时间逐渐降低，必须临用前用新标定的二氧化硫标准储备溶液稀释。

(3)亚硫酸易与食品中的醛(乙醛等)、酮(酮戊二酸、丙酮酸)和糖(葡萄糖、果糖、甘露糖)相结合，以结合形式的亚硫酸存在于食品中。加碱是将食品中的二氧化硫释放出来，加硫酸是为了中和碱，这是因为总的显色反应是在微酸性条件下进行的。

(4)亚硝酸对本法有干扰，故加入氨基磺酸铵，使亚硝酸分解。

(5)直接比色法，显色时间和温度对显色有影响，所以在显色时要严格控制显色时间和温度一致。显色时间10～30 min内稳定；温度10～25 ℃显色稳定，高于30 ℃测定值偏低。

(6)颜色较深的样品需用活性炭脱色。

(7)样品中加入四氯汞钠吸收液后,溶液中的二氧化硫含量在 24 h 内稳定,测定需在 24 h 内进行。

(8)盐酸副玫瑰苯胺加入盐酸调节成黄色,必须放置过夜后使用,以空白管不显色为宜,否则需重新用盐酸调节。

三、酒的卫生理化指标

蒸馏酒、配制酒和发酵酒的卫生理化指标(GB 2757—1981,GB 2758—2005)见表 9-3 和表 9-4。

表 9-3　蒸馏酒及配制酒的卫生(理化)指标

项　目	指　标[a]
甲醇/(g/100 mL)	以谷类为原料者≤0.04 以薯干及代用品为原料者≤0.12
杂醇油(以异丁醇和异戊醇计)/(g/100 mL)	≤0.2
氰化物(以 HCN 计)/(mg/L)	以木薯为原料者≤5 以代用品为原料者≤2
锰(以 Mn 计)/(mg/L)	≤2
铅(以 Pb 计)/(mg/L)	≤1

a 表中指标系指以 60°蒸馏酒的标准,高于或低于 60°者均按 60°折算,即测定结果乘以 $60/n$,n 为样品的乙醇浓度。

表 9-4　发酵酒的卫生(理化)指标

项　目	指标	项　目	指标
二氧化硫残留(以游离 SO_2 计)/(g/kg)	≤0.05	铅(以 Pb 计)/(mg/L)	≤0.5
黄曲霉毒素 B_1/(μg/kg)	≤5	N-二甲基亚硝胺(啤酒中)/(μg/L)	≤3

第三节　粮食及其制品的理化检验

一、原粮和成品粮(GB 5009.36—2003)

(一)磷化物

磷化物遇水和酸放出磷化氢,蒸出后吸收于酸性高锰酸钾溶液中被氧化成磷酸，与钼酸铵作用生成磷钼酸铵，遇氯化亚锡还原成蓝色化合物钼蓝，与标准系列比较定量。本方法取样量为 50 g 时，检出限 0.02 mg/kg。

【试剂】

(1)高锰酸钾溶液(16.5 g/L)：称取 16.5 g 高锰酸钾，加水溶解后稀释至 1 000 mL，静置 3 d 或加热煮沸 3 min，冷却，放置过夜，用玻璃棉或石棉过滤备用。

(2)高锰酸钾溶液(3.3 g/L)：将高锰酸钾溶液(16.5 g/L)用水稀释 5 倍。

(3)硫酸(1＋17)；硫酸(1＋5)；钼酸铵溶液(50 g/L)；盐酸(1＋1)；饱和硝酸汞溶液；饱和硫酸肼溶液。

(4)酸性高锰酸钾溶液：高锰酸钾溶液(16.5 g/L)和硫酸(2 mol/L)等量混合。

(5)饱和亚硫酸钠溶液：取 28.5 g 无水亚硫酸钠，加约 70 mL 水，微热溶解后放冷，稀释至 1 000 mL。

(6)氯化亚锡溶液：取 0.1 g 氯化亚锡，溶于 5 mL 盐酸中。临用时现配。

(7)磷化物标准溶液：准确称取 0.04 g 经 105 ℃干燥过的无水磷酸二氢钾，溶于水，移入 100 mL 容量瓶中，加水至刻度(可加 1 滴三氯甲烷以增加保存时间)，此溶液每毫升相当于 0.1 mg 磷化氢。

(8)磷化物标准使用液：吸取 10 mL 磷化物标准溶液，置于 100 mL 容量瓶中，加水至刻度，混匀。此溶液每毫升相当于 10 μg 磷化氢。

【仪器】

如图 9-1 所示。

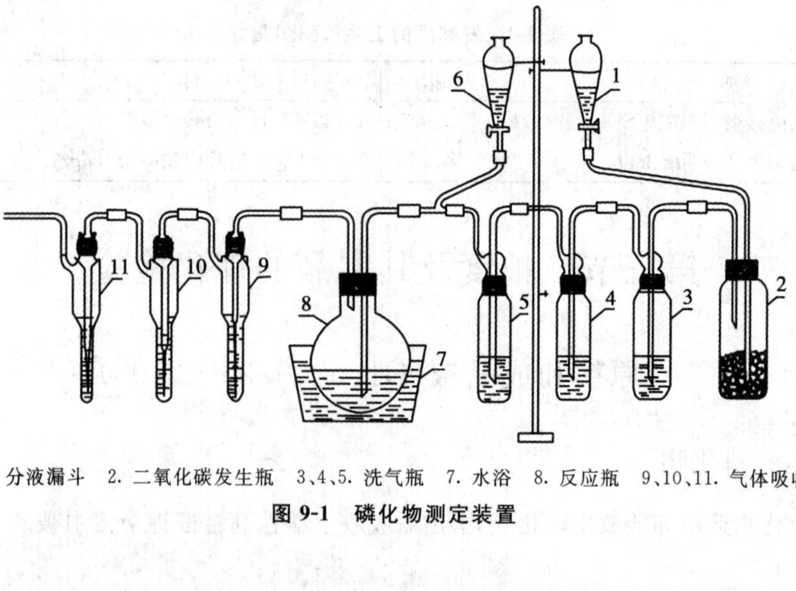

1、6. 分液漏斗　2. 二氧化碳发生瓶　3、4、5. 洗气瓶　7. 水浴　8. 反应瓶　9、10、11. 气体吸收管

图 9-1　磷化物测定装置

【测定方法】

试样测定：于3个串联的气体吸收管中各加5 mL高锰酸钾溶液(3.3 g/L)和1 mL硫酸(1+17)，二氧化碳发生瓶中装大理石碎块。从分液漏斗1中加适量的盐酸(1+1)，作为二氧化碳发生器。二氧化碳气体顺序经装有饱和硝酸汞溶液、酸性高锰酸钾溶液、饱和硫酸肼溶液的洗气瓶洗涤后，进入反应瓶中(如用氮气代替二氧化碳，可只通过硫酸肼溶液安全瓶直接进入反应瓶)。预先通二氧化碳(或氮气)5 min，打开反应瓶的塞子，迅速投入称好的50 g试样，立即塞好瓶塞，加大抽气速度使分液漏斗6中的5 mL硫酸(1+17)和80 mL水加至反应瓶中，然后减小抽气和二氧化碳(或氮气)气流速度，将放置反应瓶的水浴加热至沸30 min，并继续通入二氧化碳(或氮气)。反应完毕后，先除去气体吸收管进气的一端，再除去抽气管的一端，取下3个气体吸收管，分别滴加饱和亚硫酸钠溶液使高锰酸钾溶液退色，合并吸收管中的溶液至50 mL比色管中。气体吸收管用少量水洗涤，洗液并入比色管中，加4.4 mL硫酸(1+5)和2.5 mL钼酸铵熔液(50 g/L)，混匀。

吸取0，0.1，0.2，0.3，0.4，0.5 mL磷化物标准使用液，分别放入50 mL比色管中，加30 mL水、5.4 mL硫酸(1+5)和2.5 mL钼酸铵溶液(50 g/L)，混匀。于试样及标准管中各加水至50 mL，混匀，再各加0.1 mL氯化亚锡溶液，混匀。15 min后，用3 cm比色杯，以零管调节零点，于波长680 nm处测吸光度，绘制标准曲线比较。取与处理试样量相同的试剂，按同一操作方法做试剂空白试验。

【计算】

$$X=\frac{(A_1-A_2)\times 1\,000}{m\times 1\,000}$$

式中：X为试样中磷化物的含量(以磷化氢计)，mg/kg；A_1为测定用试样磷化物的质量，μg；A_2为试剂空白中磷化物的质量，μg；m为试样质量，g。

以空气代替二氧化碳，空气顺序经装有酸性高锰酸钾溶液、碱性焦性没食子酸溶液(5 g焦性没食子酸溶于15 mL水，48 g氢氧化钾溶于32 mL水中，将两液混合)的洗气瓶洗涤后进入反应瓶。以下操作同上。其装置如图9-2所示。

(二)氰化物

【试剂】和**【仪器】**参见本章第二节。

【测定方法】

迅速称取10.0 g试样，放置于250 mL蒸馏瓶中，加适量水使试样全部浸没。加20 mL乙酸锌溶液，加1～2 g酒石酸，迅速连接好全部装置，冷凝管下端插入盛有5 mL氢氧化钠溶液(10 g/L)的100 mL容量瓶的液面下，缓缓加热，通水蒸

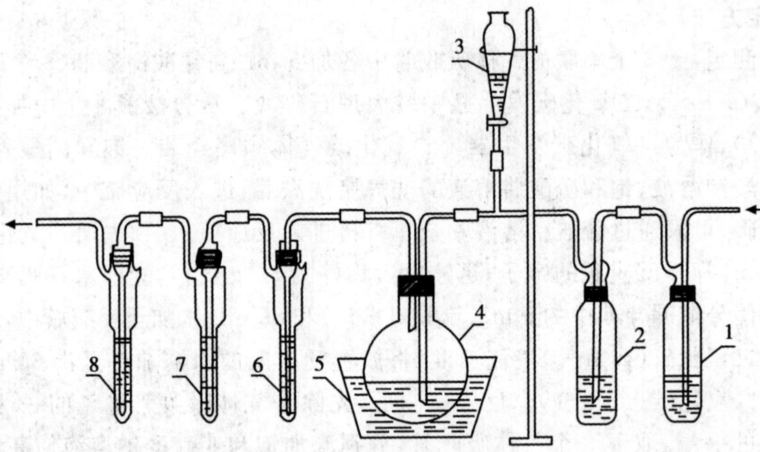

1、2. 洗气瓶 3. 分液漏斗 4. 反应瓶 5. 水浴 6、7、8. 气体吸收管

图 9-2 磷化物测定装置

气进行蒸馏。收集馏出液近 100 mL，取下容量瓶，加水至刻度，混匀。取 10 mL 馏出液于 25 mL 比色管中。

吸取 0、0.3、0.6、0.9、1.2、1.5 mL 氰化物标准使用液，分别置于 25 mL 比色管中，各加水至 10 mL。于试样管及标准溶液管中各加 1 mL 氢氧化钠溶液(10 g/L)和 1 滴酚酞指示液，用乙酸(1+24)调至红色刚刚消失。加 5 mL 磷酸盐缓冲溶液，加温至 37 ℃左右，再加入 0.25 mL 氯胺 T 溶液。加塞混合，放置 5 min，然后加入 5 mL 异烟酸-吡唑酮溶液，加水至 25 mL，混匀。于 25～40 ℃放置 40 min，用 2 cm 比色杯，以零管调节零点，于波长 638 nm 处测吸光度，绘制标准曲线比较定量。

【计算】

$$X = \frac{A \times 1\,000}{m \times \frac{V_2}{V_1} \times 1\,000}$$

式中：X 为试样中氰化物(以氢氰酸计)的含量，mg/kg；A 为测定用试样液氢氰酸的质量，μg；m 为试样质量，g；V_1 为试样蒸馏液总体积，mL；V_2 为测定用蒸馏液体积，mL。

(三)氯化苦

氯化苦可被乙醇钠分解形成亚硝酸盐，在弱酸性溶液中与氨基苯磺酸进行重氮化，然后再与 N-1-萘基乙二胺盐酸偶合生成紫红色，与标准系列比较定量。本方法取样量 20 g 时，检出限为 0.05 mg/kg。

【试剂】

(1)乙醇钠溶液：取金属钠，先用滤纸将表面煤油吸干，并用小刀切去表面被氧化部分(切下表面部分，务必放回煤油中，切勿与水接触)，然后取 5 g 切成碎片。量取 1 000 mL 无水乙醇，置于大烧杯中，将切好的金属钠立即分次加入，待作用完毕，杯中不再有气体发生时，移入棕色瓶中备用。

(2)对氨基苯磺酸溶液(4 g/L)：称取 0.4 g 对氨基苯磺酸，溶于 100 mL 盐酸(1+1)中，储存于棕色瓶中。

(3)N-1-萘基乙二胺溶液(2 g/L)：称取 0.2 g N-1-萘基乙二胺，溶于 100 mL 水中，储存于棕色瓶中。

(4)氯化苦标准储备液：量取约 20 mL 无水乙醇，置于 50 mL 容量瓶中，准确称量后，加入 2 滴氯化苦，再准确称量，两次的差即为氯化苦质量，加无水乙醇至刻度，混匀。

(5)氯化苦标准使用液：吸取适量氯化苦标准储备液，置于 50 mL 容量瓶中，加无水乙醇至刻度，储存于冰箱中。此溶液每毫升相当于 0.02 mg 氯化苦。

【仪器】

分光光度计。

【测定方法】

称取约 20.00 g 试样，置于 100 mL 具塞锥形瓶中，加 20 mL 乙醇钠溶液，盖好，放置暗处 8～10 h 或过夜。过滤，量取 5 mL 滤液，置于 10 mL 比色管中。

吸取 5 mL 氯化苦标准使用液，置于 50 mL 容量瓶中，加 20 mL 乙醇钠溶液，放置暗处 8～10 h 或过夜，再加无水乙醇稀释至刻度。然后吸取 0，1，2，3，4，5 mL 此液(相当于 0，2，4，6，8，10 μg 氯化苦)，分别置于 10 mL 比色管中，再各加无水乙醇至 5 mL，加 36%乙酸 1 mL。

于试样及标准管中各加 1 mL 对氨基苯磺酸溶液，混匀，静置 3～5 min 后，各加入 0.5 mL N-1-萘基乙二胺溶液，加无水乙醇至刻度，混匀后放置 20 min，用 1 cm比色杯，以零管调节零点，于波长 538 nm 处测吸光度，绘制标准曲线比较。

【计算】

$$X = \frac{A \times 1\,000}{m \times V_2 / V_1 \times 1\,000}$$

式中：X 为试样中氯化苦的含量，mg/kg；A 为测定用试样中氯化苦的质量，μg；V_1 为试样中加入乙醇钠总体积，mL；V_2 为测定用试样滤液的体积，mL；m 为试样质量，g。

(四)二硫化碳

二硫化碳与二乙胺作用生成二乙胺磺酸,再与铜盐反应生成黄色复盐,与标准系列比较定量。本方法取样量为 25 g 时,检出限为 0.2 mg/kg。

【试剂】

(1)二乙胺-乙醇溶液(10 g/L)。

(2)乙酸铜-乙醇溶液(0.5 g/L)。

(3)硫酸铜溶液(50 g/L)。

(4)95%乙醇。

(5)二硫化碳标准储备溶液:量取约 20 mL 二乙胺-乙醇溶液,置于 50 mL 容量瓶中,准确称量后加入 2 滴二硫化碳,再准确称量,两次的差即为二硫化碳质量。加二乙胺-乙醇溶液至刻度,混匀。

(6)二硫化碳标准使用液:吸取适量二硫化碳标准储备溶液,置于 50 mL 容量瓶中,加二乙胺-乙醇溶液稀释至刻度。此溶液每毫升相当于 0.02 mg 二硫化碳。

【仪器】

如图 9-3 所示测定装置;分光光度计。

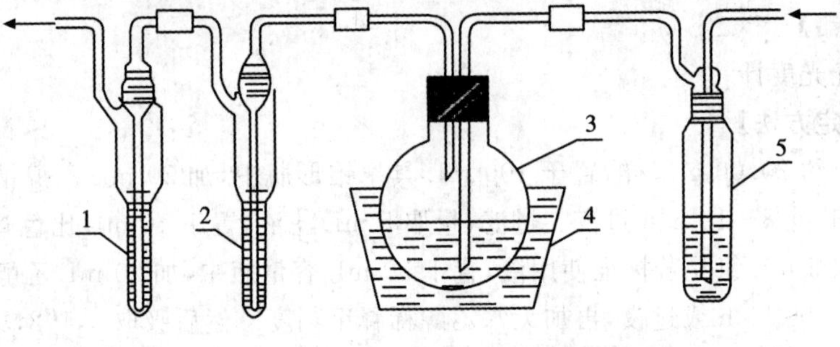

1、2. 气体吸收管 3. 圆底烧瓶 4. 水浴 5. 洗气瓶

图 9-3 二硫化碳测定装置

【测定方法】

称取约 25.00 g 试样,置于 500 mL 圆底烧瓶中,加入水适量至浸没试样,于气体吸收管内各加入 10 mL 二乙胺-乙醇溶液,洗气瓶中加入 50 mL 硫酸铜溶液,以除去空气中的硫化物。再将圆底烧瓶置于 70 ℃左右的水浴锅中,按图 9-3 连接好洗气瓶、吸收管、抽气装置,缓缓抽气 2 h 后,取下气体吸收管,停止加热和抽气。

将气体吸收管中吸收液倒入 50 mL 容量瓶中,用少量二乙胺-乙醇溶液洗气体吸收管 2～3 次,洗液并入容量瓶中,再用二乙胺-乙醇溶液加至刻度,混匀。吸取 5 mL 置于 25 mL 比色管中。吸取 0,0.5,1.0,1.5,2.0,2.5 mL 二硫化碳标准使用液,分别置于试样及标准管中,再加二乙胺-乙醇溶液至 10 mL,混匀。于试样及标准管中各加 1 mL 乙酸铜-乙醇溶液,再加乙醇至刻度,混匀。用 1 cm 比色杯,以零管调节零点,于波长 400 nm 处测吸光度,绘制标准曲线比较定量。

【计算】

$$X = \frac{A \times 1\ 000}{m \times V_2 / V_1 \times 1\ 000}$$

式中:X 为试样中二硫化碳的含量,mg/kg;A 为测定用吸收稀释液中二硫化碳的质量,μg;m 为试样质量,g;V_1 为试样吸收稀释液总体积,mL;V_2 为测定用试样吸收稀释液体积,mL。

(五)二溴乙烷(蒸馏法-SGS 法)

【试剂】

(1)己烷:重蒸,使用前以气相色谱法检验,应无干扰峰。

(2)去泡剂(baker antifoam B)。

(3)无水硫酸钠。

(4)二溴乙烷(EDB)标准使用液:用己烷配制成含 1.0,2.5,5.0,10.0 ng/mL EDB 标准使用液。

【仪器】

气相色谱仪,附有电子捕获检测器;蒸馏装置。

【色谱条件】

色谱柱:2 m×3 mm(内径)不锈钢柱,内装涂有 10%Squalene 的 80～100 目 Chromosorb W HP。

柱温:75 ℃。

检测器:275 ℃或 300 ℃。

进样口:200 ℃。

氮气:50 mL/min。

【测定方法】

(1)试样处理　快速称取 50.00 g 试样(储存于 5 ℃以下)于 1 000 mL 圆底烧瓶中,加 300 mL 水和 10 mL 己烷,连接烧瓶、接收管、冷凝管,放在加热器上缓缓加热,用去泡剂避免过多的发泡。加热到己烷全部蒸出,水分开始在己烷层下集聚,移去加热器,待其冷却后,记下回收的己烷毫升数,并转入具塞试管内,加 2～3 g 无水硫酸钠脱水,供气相色谱测定。

(2)测定　准确吸取2 μL样液及不同浓度EDB标准使用液，注入气相色谱仪中，每个试样重复2次，取平均峰高，以标准浓度值对相应的色谱峰高作EDB标准曲线，再以样液峰高与标准曲线比较定量。

【计算】

$$X=\frac{A\times 1\,000}{m\times V_1/V_2\times 1\,000\times 1\,000}$$

式中：X为试样中二溴乙烷的含量，μg/kg；A为进样样液相当二溴乙烷的质量，ng；V_1为试样进样体积，μL；V_2为收集的乙烷蒸馏液的体积，mL；m为试样质量，g。

(六)粮食卫生标准的理化指标

粮食卫生标准的理化指标见表9-5。

表9-5　粮食卫生标准的理化指标　mg/kg

项　目	指标	项　目	指　标
马拉硫磷(以原粮计)	≤3	磷化物(以PH_3计，以原粮计)	≤0.05
对硫磷(以原粮计)	≤0.1	氰化物(以HCN计，以原粮计)	≤5
甲拌磷(谷类，以原粮计)	≤0.02	氯化苦(以原粮计)	≤2
杀螟硫磷(谷类，以原粮计)	≤5	二硫化碳(以原粮计)	≤10
倍硫磷(谷类，以原粮计)	≤0.05	二溴乙烷(μg/kg，以原粮计)	≤10
敌敌畏(以原粮计)	≤0.1	砷(以As计，以原粮计)	≤0.7
乐果(以原粮计)	≤0.05	汞(以Hg计，以成品粮计)	≤0.02
艾氏剂(以原粮计)	≤0.02	镉	大米≤0.2，面粉≤0.1
狄氏剂(以原粮计)	≤0.02	氟(大米、面粉)	≤1
七氯(以原粮计)	≤0.02	黄曲霉毒素B_1(μg/kg)	玉米≤20，大米≤10

二、食用植物油(GB 5009.37—2003)

(一)酸价

植物油中的游离脂肪酸用氢氧化钾标准溶液滴定，每克植物油消耗氢氧化钾的毫克数称为酸价。

【试剂】

(1)乙醚-乙醇混合液：按乙醚-乙醇(2+1)混合。用氢氧化钾溶液(3 g/L)中和至酚酞指示液呈中性。

(2)氢氧化钾标准滴定溶液[$c(KOH)=0.050$ mol/L]。

(3)酚酞指示液:10 g/L 乙醇溶液。

【测定方法】

称取 3.00～5.00 g 混匀的试样,置于锥形瓶中,加入 50 mL 中性乙醚-乙醇混合液,振摇使油溶解,必要时可置热水中,温热促其溶解。冷至室温,加入酚酞指示液 2～3 滴,以氢氧化钾标准滴定溶液(0.050 mol/L)滴定,至初现微红色,且 0.5 min 内不退色为终点。

【计算】

$$X = V \times c \times 56.11/m$$

式中:X 为试样的酸价(以氢氧化钾计,mg/g);V 为试样消耗氢氧化钾标准滴定溶液体积,mL;c 为氢氧化钾标准滴定溶液的实际浓度,mol/L;m 为试样质量,g;56.11 为与 1.0 mL 氢氧化钾标准滴定溶液[c(KOH)=1.000 mol/L]相当的氢氧化钾毫克数。

(二)游离棉酚——紫外分光光度法

游离棉酚经丙酮提取后,在 378 nm 有最大吸收,其吸收值与棉酚量在一定范围内成正比,与标准系列比较定量。本法适用于棉籽油。

【仪器】

紫外分光光度计。

【试剂】

(1)丙酮(70%):将 350 mL 丙酮加水稀释至 500 mL。

(2)棉酚标准溶液:准确称取 0.1 g 棉酚,用 70%丙酮溶解并定容至100 mL,此溶液每毫升相当于 1 mg 棉酚。

(3)棉酚标准使用液:吸取棉酚标准溶液 5 mL,用 70%丙酮溶解并定容至 100 mL,此溶液每毫升相当于 50 μg 棉酚。

【测定方法】

称取 1.00 g 精制棉油或 0.20 g 粗棉油,置于 100 mL 具塞锥形瓶中,加入 20 mL 丙酮(70%),并加入玻璃珠 3～5 粒,在电动振荡器上振荡 30 min,然后在冰箱中放置过夜。取此提取液之上清液,过滤。滤液供测定用。

吸取 0,0.1,0.2,0.4,0.8,1.6,2.4 mL 棉酚标准使用液,分别置于 10 mL 具塞试管中。各加入丙酮(70%)至 10 mL,混匀,静置 10 min。取试样滤液及标准液于 1 cm 石英比色杯中,以丙酮(70%)调节零点,于 378 nm 波长处测吸光度,绘制标准曲线比较。

【计算】

$$X = \frac{m_1}{m_2 \times 1\,000 \times 1\,000} \times 100 \times 2$$

式中：X 为 100 g 试样中游离棉酚的含量，g；m_1 为测定用样液中游离棉酚的质量，μg；m_2 为试样质量，g。

（三）油中非食用油的鉴别

1. 桐油

①三氯化锑-三氯甲烷界面法：取油样 1 mL 移入试管中，沿试管壁加 1 mL 三氯化锑-三氯甲烷溶液（10 g/L），使试管内溶液分成两层，然后在水浴中加热约 10 min。如有桐油存在，则溶液两层分界面上出现紫红色至深咖啡色环。

②亚硝酸法：适用于豆油、棉籽油等深色油中桐油的检出，但不适用于菜籽油或芝麻油中桐油的检出。取试样 5～10 滴于试管中，加 2 mL 石油醚，使油溶解，有沉淀物时过滤一次。然后加入结晶亚硝酸钠少许，并加入 1 mL 硫酸（1＋1）摇匀，静置。如有桐油存在，油液浑浊，并有絮状沉淀物，开始呈白色，放置后变黄色。

③硫酸法：取试样数滴，置白瓷板之上，加硫酸 1～2 滴。如有桐油存在，则出现深红色并且凝成固体，颜色渐加深，最后成炭黑色。

2. 矿物油

取 1 mL 试样，置于锥形瓶中，加入 1 mL 氢氧化钾溶液（600 g/L）和 25 mL 乙醇，接空气冷凝管回流皂化约 5 min，皂化时应振摇使加热均匀。皂化后加 25 mL 沸水，摇匀，如浑浊或有油状物析出，表示有不能皂化的矿物油存在。

3. 大麻油

取试样和对照大麻油各 10 μL，点样于硅胶 G 薄层板，此薄层板厚 0.25～0.3 mm，105 ℃下活化 30 min。油太黏稠则用 5 倍苯稀释，再进行点样，点样量稍多一点，10～20 μL。展开剂用苯，显色剂为牢固蓝盐 B 溶液（1.5 g/L）（临用配制）。当斑点和对照颜色及比移值相当时表示有大麻油。胡麻油、芝麻油与牢固蓝盐 B 也呈红色，但在薄层板上比移值较小。

（四）食用植物油的卫生理化指标（GB 2716—88）

食用植物油的卫生理化指标见表 9-6。

表 9-6　食用植物油的卫生理化指标

项　目	指　标	项　目	指　标
酸价/(KOH,mg/g)	≤3	砷(As)/(mg/kg)	≤0.1
过氧化值/(g/100 g)	≤0.25	铅(Pb)/(mg/kg)	≤0.1
棉籽油中游离棉酚/%	≤0.02	苯并(a)芘/(μg/kg)	≤10
浸出油溶剂残留量/(mg/kg)	≤50	黄曲霉毒素 B_1/(μg/kg)	花生油、玉米胚油≤20,其他油≤10

三、糕点(GB 5009.56—2003)

(一)取样方法

含油脂较多的试样称取 0.5 kg,面包、饼干等含脂肪少的试样取 1 kg,然后用对角线取 2/4 或 2/6 或根据试样情况取有代表性试样,在玻璃乳钵中研碎,混合均匀后放置广口瓶内保存于冰箱中。

(二)试样处理

(1)含油脂高的试样(如桃酥等)　称取混合均匀的试样 50 g,置于 250 mL 具塞锥形瓶中,加 50 mL 石油醚(30～60 ℃),放置过夜,用快速滤纸过滤后,减压回收溶剂,得到油脂供测定酸价、过氧化值用。

(2)含油脂中等的试样(如蛋糕、江米条等)　称取混合均匀后的试样 100 g 左右,置于 500 mL 具塞锥形瓶中,加 100～200 mL 石油醚,以下按(1)自“放置过夜”起依法操作。

(3)含油脂少的试样(如面包、饼干等)　称取混合均匀后的试样 250～300 g 于 500 mL 具塞锥形瓶中,加入适量石油醚浸泡试样,以下按(1)自“放置过夜”起依法操作。

(三)测定

酸价、过氧化值、砷、铅、食品添加剂的测定参见相关章节。测定酸价时,如油脂量少,可改用氢氧化钾标准滴定溶液[c(KOH)=0.05 mol/L]滴定。如无氢氧化钾标准溶液,改用氢氧化钠溶液滴定时,系数仍乘 56.11。

四、淀粉类制品(GB 5009.53—2003)

这里介绍淀粉酸度的测定。

淀粉酸度以10 g样品消耗0.1 mol/L氢氧化钠溶液的毫升数表示。

【试剂】

(1)0.1 mol/L氢氧化钠标准溶液。

(2)酚酞指示液(1%乙醇溶液)。

【测定方法】

称取5.0 g经研磨均匀的样品,置于250 mL锥形瓶中。加30～40 mL水,摇匀,使成糊状。加5滴酚酞指示液,用氢氧化钠标准溶液滴定至初现粉红色且30 s不退色即为终点。

【计算】

$$X = V \times 2 \times c/0.1$$

式中:X为样品酸度,°T;V为样品消耗氢氧化钠标准溶液的体积,mL;c为氢氧化钠标准溶液的浓度,mol/L。

五、非发酵性豆制品及面筋(GB 5009.51—2003)

这里介绍总酸的测定。

豆制品含有多种有机酸,用氢氧化钠标准溶液标定,以乳酸计算。

【试剂】

(1)0.05 mol/L氢氧化钠标准溶液。

(2)酚酞指示液(1%乙醇溶液)。

【测定方法】

(1)样品制备　称取5.00～10.00 g经切碎、研磨、均匀的样品,置于150 mL烧杯中,加80 mL水,煮沸浸泡30 min。冷后移入100 mL容量瓶中,加水至刻度,混匀。用滤纸或脱脂棉过滤,滤液备用。

(2)酸度计法　吸取样品滤液10～20 mL于150 mL锥形瓶中,加80 mL水,开动磁力搅拌器,用氢氧化钠标准溶液滴定至pH值为8.2。同时量取90～100 mL水做空白试验。

(3)酚酞指示液滴定法　吸取样品滤液10.0～20.0 mL于150 mL锥形瓶中,加50 mL水,加3滴酚酞指示液,用氢氧化钠标准溶液滴定至初现粉红色且30 s不退色即为终点。同时量取60～70 mL水做试剂空白试验。

【计算】

同酱油总酸的测定。

六、发酵性豆制品

发酵性豆制品的理化检验参见相关章节。糕点、淀粉类制品、豆制品的卫生理化指标(GB 7009—2003,GB 2713—1996,GB 2712—2003)见表 9-7。

表 9-7　糕点、淀粉制品、豆制品的卫生理化指标

项　目	糕点	淀粉制品	非发酵性豆制品及面筋	发酵性豆制品
酸价(以脂肪计)/(KOH,mg/g)	≤5			
过氧化值(以脂肪计)/(g/100 g)	≤0.25			
总砷(以 As 计)/(mg/kg)	≤0.5	≤0.5	≤0.5	≤0.5
铅(Pb)/(mg/kg)	≤0.5	≤1	≤1	≤1
黄曲霉毒素 B_1/(μg/kg)	≤5	≤5		≤5

第四节　蔬菜水果的理化检验

(一)甲基托布津、多菌灵(GB 5009.188—2003)

用甲醇自试样中提取出甲基托布津,在 pH 1～2 时,用二氯甲烷提取,甲基托布津经闭环反应转变为多菌灵,提纯后用紫外分光光度法进行定量测定。多菌灵经提取后可直接测定吸光度而进行定量。定量时为了排除各种作物中的干扰影响,采用作图法求得校正吸光度,再根据校正吸光度和甲基托布津或多菌灵的关系绘制成标准曲线。

【试剂】

(1)甲醇,二氯甲烷,三氯甲烷,石油醚(沸程 30～60 ℃)。

(2)盐酸(1+11),氢氧化钠溶液(80 g/L),氯化钠溶液(100 g/L)。

(3)乙酸-乙酸铜溶液:称取 2 g 乙酸铜,加 100 mL 冰乙酸,稍加热溶解,用水稀释至 200 mL。

(4)氢氧化铵溶液(1+7):量取氨水 10 mL,加水稀释至 80 mL。

(5)甲基托布津标准液:准确称取 50 mg 甲基托布津,置于烧杯中,用三氯甲烷溶解并移至 50 mL 容量瓶中,稀释至刻度。此溶液每毫升相当于 1 mg 甲基托布津。

(6)甲基托布津标准使用液:吸取 10 mL 甲基托布津标准液置于 100 mL 容量

瓶中,加三氯甲烷稀释至刻度。此溶液每毫升相当于 100 μg 甲基托布津。

(7)多菌灵标准溶液:准确称取 50 mg 多菌灵置于烧杯中,用盐酸(1+11)溶解后移入 50 mL 容量瓶中,并稀释至刻度。此溶液每毫升相当于 1 mg 多菌灵。

(8)多菌灵标准使用液,吸取 10 mL 多菌灵标准溶液,置于 100 mL 容量瓶中,加盐酸(1+11)稀释至刻度。此溶液每毫升相当于 100 μg 多菌灵。

【仪器】

紫外分光光度计;空气冷凝管,或用 60 cm 长的玻璃管(自制)。

【测定方法】

(1)标准曲线的制备

①甲基托布津标准曲线:吸取 0,0.1,0.3,0.5 mL 甲基托布津标准使用液,分别置于 30 mL 圆底离心管中,挥干溶剂后,各加 10 mL 乙酸-乙酸铜溶液及 2 粒玻璃珠,接上空气冷凝管,小火缓缓煮沸 0.5 h。取下,用 20 mL 盐酸(1+11)从冷凝管顶端洗涤冷凝管和圆底离心管,并移入 125 mL 分液漏斗中。用二氯甲烷提取 2 次,每次 10 mL,弃去二氯甲烷层,酸溶液中加 25 mL 氢氧化钠溶液(80 g/L)至 pH 6.0~6.5。用二氯甲烷提取 2 次,每次 20 mL,合并二氯甲烷提取液,用10 mL 水洗涤 1 次。静置分层后,将二氯甲烷层分入另一个干的分液漏斗中,准确加入 10 mL 盐酸(1+11),振摇 5 min。静置分层后,盐酸提取液用 1 cm 石英比色杯,以盐酸(1+11)调节分光光度计零点,测读 250~300 nm 的吸光度,以波长为横坐标,吸光度为纵坐标,绘制吸收图谱。将图谱上 260 nm 和 290 nm 吸光度读数点连成直线,设直线上 282 nm 的吸光度为 A',吸收图谱上 282 nm 的吸光度为 A,两者之差为 ΔA($\Delta A = A - A'$,为校正吸光度)。再以校正吸光度为纵坐标,甲基托布津的含量为横坐标,绘制各甲基托布津标准点 ΔA 值的标准曲线。

②多菌灵标准曲线:吸取 0,0.1,0.3,0.5 mL 多菌灵标准使用液,置于盛有 20 mL盐酸(1+11)的分液漏斗中,分别用二氯甲烷提取 2 次,每次 10 mL。弃去二氯甲烷层,水溶液用氢氧化铵(1+7)中和至 pH 值为 6.0~6.5。用二氯甲烷提取 2 次,每次 20 mL,提取液用 10 mL 水洗涤一次,以下按"①甲基托布津标准曲线"中自"将二氯甲烷层分入另一个干的分液漏斗中,准确加入 10 mL 盐酸"起依法操作,并绘制吸收图谱,计算出 ΔA 值后,绘制多菌灵的标准曲线。

(2)试样的提取和分离　称取 50.00 g 切碎、混匀的试样,加 50 mL 甲醇振摇 30 min,用布氏漏斗抽滤,容器和滤器用甲醇洗涤 2 次,每次 15~20 mL。抽干后,滤液移入烧杯中,抽滤瓶用约 10 mL 水洗涤,洗液并入滤液内。在水浴上用空气流吹去部分甲醇后,移入分液漏斗中,加 30 mL 氯化钠溶液(100 g/L),用石油醚振摇提取 2 次,每次 25 mL。弃去石油醚,加盐酸酸化至 pH 值为 1~2,用二氯甲烷提取 2 次,每次 25 mL。合并二氯甲烷提取液,用 25 mL 水洗涤 1 次,分出二氯甲烷层留作甲基托布津测定用。水洗涤液合并入水层，留作多菌灵测定用。

(3)甲基托布津的测定　二氯甲烷提取液自然挥干后，用 10 mL 乙酸-乙酸铜溶液分次溶解残渣，并移入 30 mL 圆底离心管中，加 2 粒玻璃珠，以下按“①甲基托布津标准曲线”中自“接上空气冷凝管”起依法操作，计算出试样的 ΔA 值，再与甲基托布津的标准曲线比较，计算试样中的含量。

(4)多菌灵的测定　取(2)中留作多菌灵测定的水溶液，用氢氧化铵(1+7)中和至 pH 值为 6.0～6.5，然后按“②多菌灵标准曲线”中自“用二氯甲烷提取 2 次”起依法操作，计算出试样中的 ΔA 值，再与多菌灵标准曲线比较，计算试样中的含量。

甲基托布津在植物中的主要代谢物是多菌灵，由甲基托布津水解和闭环所形成，因而目前甲基托布津的残留量是以测得的这两个化合物残留量之和表示。

【计算】

$$X=\frac{(m_1+m_2)\times 1\,000}{m\times 1\,000}$$

式中：X 为试样中甲基托布津和多菌灵含量，mg/kg；m_1 为测定用试样中甲基托布津的质量，μg；m_2 为测定用试样中多菌灵的质量，μg；m 为试样的质量，g。

（二）卫生理化指标

蔬菜和水果的卫生理化指标见表 9-8。果蔬类罐头的卫生理化指标为：锡≤200 mg/kg，铜≤5 mg/kg，铅≤1 mg/kg，砷≤0.5 mg/kg。

表 9-8　蔬菜和水果的卫生理化指标　mg/kg

项目	指标	项目	指标	项目	指标
汞	≤0.01	六六六	≤0.2	马拉硫磷	不得检出
镉	≤0.05(菜)，0.03(果)	DDT	≤0.1	对硫磷	不得检出
氟	≤1(菜)，0.5(果)	杀螟硫磷	≤0.4	稀土	≤0.7
铅	≤0.2	倍硫磷	≤0.05	甲萘威	≤2(菜)，2.5(果)
砷	≤0.5	敌敌畏	≤0.2	多菌灵	≤0.5
铬	≤0.5	乐果	≤1	亚硝酸盐	≤4(菜)

第五节　冷饮茶叶酱腌菜的理化检验

一、冷饮食品(GB 5009.50—2003)

砷、铅、铜、防腐剂、着色剂的测定参见相关章节。冷饮食品的卫生理化指标为：铜≤5 mg/kg，铅≤0.3 mg/kg，砷≤0.2 mg/kg。

二、茶叶(GB 5009.57—2003)

砷、铅、铜、滴滴涕、三氯杀螨醇的测定参见相关章节。茶叶的卫生理化指标为：铜≤60 mg/kg，铅≤2 mg/kg，砷≤0.5 mg/kg，滴滴涕≤0.2 mg/kg。

三、酱腌菜(GB 5009.54—2003)

砷、铅、防腐剂、甜味剂、着色剂、食盐、亚硝酸盐、氨基酸态氮的测定参见相关章节；水分测定采用直接干燥法；总酸的测定同非发酵豆制品总酸的测定。

酱腌菜的卫生理化指标为：铅≤1 mg/kg，砷≤0.5 mg/kg，亚硝酸盐(以亚硝酸钠计)≤20 mg/kg。

附　录

附录一

相当于氧化亚铜质量的葡萄糖、乳糖、转化糖质量表　　mg

氧化亚铜	葡萄糖	果糖	乳糖（含水）	转化糖	氧化亚铜	葡萄糖	果糖	乳糖（含水）	转化糖
11.3	4.6	5.1	7.7	5.2	33.8	14.3	15.8	23.0	15.3
12.4	5.1	5.6	8.5	5.7	34.9	14.8	16.3	23.8	15.8
13.5	5.6	6.1	9.3	6.2	36.0	15.3	16.8	24.5	16.3
14.6	6.0	6.7	10.0	6.7	37.2	15.7	17.4	25.3	16.8
15.8	6.5	7.2	10.8	7.2	38.3	16.2	17.9	26.1	17.3
16.9	7.0	7.7	11.5	7.7	39.4	16.7	18.4	26.8	17.8
18.0	7.5	8.3	12.3	8.2	40.5	17.2	19.0	27.6	18.3
19.1	8.0	8.8	13.1	8.7	41.7	17.7	19.5	28.4	18.9
20.3	8.5	9.3	13.8	9.2	42.8	18.2	20.1	29.1	19.4
21.4	8.9	9.9	14.6	9.7	43.9	18.7	20.6	29.9	19.9
22.5	9.4	10.4	15.4	10.2	45.0	19.2	21.1	30.6	20.4
23.6	9.9	10.9	16.1	10.7	46.2	19.7	21.7	31.4	20.9
24.8	10.4	11.5	16.9	11.2	47.3	20.1	22.2	32.2	21.4
25.9	10.9	12.0	17.7	11.7	48.4	20.6	22.8	32.9	21.9
27.0	11.4	12.5	18.4	12.3	49.5	21.1	23.3	33.7	22.4
28.1	11.9	13.1	19.2	12.8	50.7	21.6	23.8	34.5	22.9
29.3	12.3	13.6	19.9	13.3	51.8	22.1	24.4	35.2	23.5
30.4	12.8	14.2	20.7	13.8	52.9	22.6	24.9	36.0	24.0
31.5	13.3	14.7	21.5	14.3	54.0	23.1	25.4	36.8	24.5
32.6	13.8	15.2	22.2	14.8	55.2	23.6	26.0	37.5	25.0

续表

氧化亚铜	葡萄糖	果糖	乳糖（含水）	转化糖	氧化亚铜	葡萄糖	果糖	乳糖（含水）	转化糖
56.3	24.1	26.5	38.5	25.5	90.1	39.0	42.8	61.3	41.0
57.4	24.6	27.1	39.1	26.0	91.2	39.5	43.4	62.1	41.5
58.5	25.1	27.6	39.8	26.5	92.3	40.0	43.9	62.8	42.0
59.7	25.6	28.2	40.6	27.0	93.4	40.5	44.5	63.6	42.6
60.8	26.1	28.7	41.4	27.6	94.6	41.0	45.0	64.6	43.1
61.9	26.5	29.2	42.1	28.1	95.7	41.5	45.6	65.1	43.6
63.0	27.0	29.8	42.9	28.6	96.8	42.0	46.1	65.9	44.1
64.2	27.5	30.3	43.7	29.1	97.9	42.5	46.7	66.7	44.7
65.3	28.0	30.9	44.4	29.6	99.1	43.0	47.2	67.4	45.2
66.4	28.5	31.4	45.2	30.1	100.2	43.5	47.8	68.2	45.7
67.6	29.0	31.9	46.0	30.6	101.3	44.0	48.3	69.0	46.2
68.7	29.5	32.5	46.7	31.2	102.5	44.5	48.9	69.7	46.7
69.8	30.0	33.0	47.5	31.7	103.6	45.0	49.4	70.5	47.3
70.9	30.5	33.6	48.3	32.2	104.7	45.5	50.0	71.3	47.8
72.1	31.0	34.1	49.0	32.7	105.8	46.0	50.5	72.1	48.3
73.2	31.5	34.7	49.8	33.2	107.0	46.5	51.1	72.8	48.8
74.3	32.0	35.2	50.6	33.7	108.1	47.0	51.6	73.6	49.4
75.4	32.5	35.8	51.3	34.3	109.2	47.5	52.2	74.4	49.9
76.6	33.0	36.3	52.1	34.8	110.3	48.0	52.7	75.1	50.4
77.7	33.5	36.8	52.9	35.3	111.5	48.5	53.3	75.9	50.9
78.8	34.0	37.4	53.6	35.8	112.6	49.0	53.8	76.7	51.5
79.9	34.5	37.9	54.4	36.3	113.7	49.5	54.4	77.4	52.0
81.1	35.0	38.5	55.2	36.8	114.8	50.0	54.9	78.2	52.5
82.2	35.5	39.0	55.9	37.4	116.0	50.6	55.5	79.0	53.0
83.3	36.0	39.6	56.7	37.9	117.1	51.1	56.0	79.7	53.6
84.4	36.5	40.1	57.5	38.4	118.2	51.6	56.6	80.5	54.1
85.6	37.0	40.7	58.2	38.9	119.3	52.1	57.1	81.3	54.6
86.7	37.5	41.2	59.0	39.4	120.5	52.6	57.7	82.1	55.2
87.8	38.0	41.7	59.8	40.0	121.6	53.1	58.2	82.8	55.7
88.9	38.5	42.3	60.5	40.5	122.7	53.6	58.8	83.6	56.2

续表

氧化亚铜	葡萄糖	果糖	乳糖（含水）	转化糖	氧化亚铜	葡萄糖	果糖	乳糖（含水）	转化糖
123.8	54.1	59.3	84.4	56.7	157.6	69.5	76.0	107.5	72.7
125.0	54.6	59.9	85.1	57.3	158.7	70.0	76.6	108.3	73.2
126.1	55.1	60.4	85.9	57.8	159.9	70.5	77.1	109.0	73.8
127.2	55.6	61.0	86.7	58.3	161.0	71.1	77.7	109.8	74.3
128.3	56.1	61.6	87.4	58.9	162.1	71.6	78.3	110.6	74.9
129.5	56.7	62.1	88.2	59.4	163.2	72.1	78.8	111.4	75.4
130.6	57.2	62.7	89.0	59.9	164.4	72.6	79.4	112.1	75.9
131.7	57.7	63.2	89.8	60.4	165.5	73.1	80.0	112.9	76.5
132.8	58.2	63.8	90.5	61.0	166.6	73.7	80.5	113.7	77.0
134.0	58.7	64.3	91.3	61.5	167.8	74.2	81.1	114.4	77.6
135.1	59.2	64.9	92.1	62.0	168.9	74.7	81.6	115.2	78.1
136.2	59.7	65.4	92.8	62.6	170.0	75.2	82.2	116.0	78.6
137.4	60.2	66.0	93.6	63.1	171.1	75.7	82.8	116.8	79.2
138.5	60.7	66.5	94.4	63.6	172.3	76.3	83.3	117.5	79.7
139.6	61.3	67.1	95.2	64.2	173.4	76.8	83.9	118.3	80.3
140.7	61.8	67.7	95.9	64.7	174.5	77.3	84.4	119.1	80.8
141.9	62.3	68.2	96.7	65.2	175.6	77.8	85.0	119.9	81.3
143.0	62.8	68.8	97.5	65.8	176.8	78.3	85.6	120.6	81.9
144.1	63.3	69.3	98.2	66.3	177.9	78.9	86.1	121.4	82.4
145.2	63.8	69.9	99.0	66.8	179.0	79.4	86.7	122.2	83.0
146.4	64.3	70.4	99.8	67.4	180.1	79.9	87.3	122.9	83.5
147.5	64.9	71.0	100.6	67.9	181.3	80.4	87.8	123.7	84.0
148.6	65.4	71.6	101.3	68.4	182.4	81.0	88.4	124.5	84.6
149.7	65.9	72.1	102.1	69.0	183.5	81.5	89.0	125.3	85.1
150.9	66.4	72.7	102.9	69.5	184.5	82.0	89.5	126.0	85.7
152.0	66.9	73.2	103.6	70.0	185.8	82.5	90.1	126.8	86.2
153.1	67.4	73.8	104.4	70.6	186.9	83.1	90.6	127.6	86.8
154.2	68.0	74.3	105.2	71.1	188.0	83.6	91.2	128.4	87.3
155.4	68.5	74.9	106.0	71.6	189.1	84.1	91.8	129.1	87.8
156.5	69.0	75.5	106.7	72.2	190.3	84.6	92.3	129.9	88.4

续表

氧化亚铜	葡萄糖	果糖	乳糖（含水）	转化糖	氧化亚铜	葡萄糖	果糖	乳糖（含水）	转化糖
191.4	85.2	92.9	130.7	88.9	225.2	101.1	110.0	153.9	105.4
192.5	85.7	93.5	131.5	89.5	226.3	101.6	110.6	154.7	106.0
193.6	86.2	94.0	132.2	90.0	227.4	102.2	111.1	155.5	106.5
194.8	86.7	94.6	133.0	90.6	228.5	102.7	111.7	156.3	107.1
195.9	87.3	95.2	133.8	91.1	229.7	103.2	112.3	157.0	107.6
197.0	87.8	95.7	134.6	91.7	230.8	103.8	112.9	157.8	108.2
198.1	88.3	96.3	135.3	92.2	231.9	104.3	113.4	158.6	108.7
199.3	88.9	96.9	136.1	92.8	233.1	104.8	114.0	159.4	109.3
200.4	89.4	97.4	136.9	93.3	234.2	105.4	114.6	160.2	109.8
201.5	89.9	98.0	137.7	93.8	235.3	105.9	115.2	160.9	110.4
202.7	90.4	98.6	138.4	94.4	236.4	106.5	115.7	161.7	110.9
203.8	91.0	99.2	139.2	94.9	237.6	107.0	116.3	162.5	111.5
204.9	91.5	99.7	140.0	95.5	238.7	107.5	116.9	163.3	121.1
206.0	92.0	100.3	140.8	96.0	239.8	108.1	117.5	164.0	112.6
207.2	92.6	100.9	141.5	96.6	240.9	108.6	118.0	164.8	113.2
208.3	93.1	101.4	142.3	97.1	242.1	109.2	118.6	165.6	113.7
209.4	93.6	102.0	143.1	97.7	243.1	109.7	119.2	166.4	114.3
210.5	94.2	102.6	143.9	98.2	244.3	110.2	119.8	167.1	114.9
211.7	94.7	103.1	144.6	98.8	245.4	110.8	120.3	167.9	115.4
212.8	95.2	103.7	145.4	99.3	246.6	111.3	120.9	168.7	116.0
213.9	95.7	104.3	146.2	99.9	247.7	111.9	121.5	169.5	116.5
215.0	96.3	104.8	147.0	100.4	248.8	112.4	122.1	170.3	117.1
216.2	96.8	105.4	147.7	101.0	249.9	112.9	122.6	171.0	117.6
217.3	97.3	106.0	148.5	101.5	251.1	113.5	123.2	171.8	118.2
218.4	97.9	106.6	149.3	102.1	252.2	114.0	123.8	172.6	118.8
219.5	98.4	107.1	150.1	102.6	253.3	114.6	124.4	173.4	119.3
220.7	98.9	107.7	150.8	103.2	254.4	115.1	125.0	174.2	119.9
221.8	99.5	108.3	151.6	103.7	255.6	115.7	125.5	174.9	120.4
222.9	100.0	108.8	152.4	104.3	256.7	116.2	126.1	175.7	121.0
224.0	100.5	109.4	153.2	104.8	257.8	116.7	126.7	176.5	121.6

续表

氧化亚铜	葡萄糖	果糖	乳糖（含水）	转化糖	氧化亚铜	葡萄糖	果糖	乳糖（含水）	转化糖
258.9	117.3	127.3	177.3	122.1	292.7	133.8	144.8	200.7	139.1
260.1	117.8	127.9	178.1	122.7	293.8	134.3	145.2	201.4	139.7
261.2	118.4	128.4	178.8	123.3	295.0	134.9	145.9	202.2	140.3
262.3	118.9	129.0	179.6	123.8	296.1	135.4	146.5	203.0	140.8
263.4	119.5	129.6	180.4	124.4	297.2	136.0	147.1	203.8	141.4
264.6	120.0	130.2	181.2	124.9	298.3	136.5	147.7	204.6	142.0
265.7	120.6	130.8	181.9	125.5	299.5	137.1	148.3	205.3	142.6
266.8	121.1	131.3	182.7	126.1	300.6	137.7	148.9	206.1	143.1
268.0	121.7	131.9	183.5	126.6	301.7	138.2	149.5	206.9	143.7
269.1	122.2	132.5	184.3	127.2	302.9	138.8	150.1	207.7	144.3
270.2	122.7	133.1	185.1	127.8	304.0	139.3	150.6	208.5	144.8
271.3	123.3	133.7	185.8	128.3	305.1	139.9	151.2	209.6	145.4
272.5	123.8	134.2	186.6	128.9	306.2	140.4	151.8	210.0	146.0
273.6	124.4	134.8	187.4	129.5	307.4	141.0	152.4	210.8	146.6
274.7	124.9	135.4	188.2	130.0	308.5	141.6	153.0	211.6	147.1
275.8	125.5	136.0	189.0	130.6	309.6	142.1	153.6	212.4	147.7
277.0	126.0	136.6	189.7	131.2	310.7	142.7	154.2	213.2	148.3
278.1	126.6	137.2	190.5	131.7	311.9	143.2	154.8	214.0	148.9
279.2	127.1	137.7	191.3	132.3	313.0	143.8	155.4	214.7	149.4
280.3	127.7	138.3	192.1	132.9	314.1	144.4	156.0	215.5	150.0
281.5	128.2	138.9	192.9	133.4	315.2	144.9	156.5	216.3	150.6
282.6	128.8	139.5	193.6	134.0	316.4	145.5	157.1	217.1	151.2
283.7	129.3	140.1	194.4	134.6	317.5	146.0	157.7	217.9	151.8
284.8	129.9	140.7	195.2	135.1	318.6	146.6	158.3	218.7	152.3
286.0	130.4	141.3	196.0	135.7	319.7	147.2	158.9	219.4	152.9
287.1	131.0	141.8	196.8	136.3	320.9	147.7	159.5	220.2	173.5
288.2	131.6	142.4	197.5	136.8	322.0	148.3	160.1	221.0	154.1
289.3	132.1	143.0	198.3	137.4	323.1	148.8	160.7	221.8	154.6
290.5	132.7	143.6	199.1	138.0	324.2	149.4	161.3	222.6	155.2
291.6	133.2	144.2	199.9	138.6	325.4	150.0	161.9	223.3	155.8

续表

氧化亚铜	葡萄糖	果糖	乳糖（含水）	转化糖	氧化亚铜	葡萄糖	果糖	乳糖（含水）	转化糖
326.5	150.5	162.5	224.1	156.4	360.3	167.6	180.4	247.7	173.9
327.6	151.1	163.1	224.9	157.0	361.4	168.3	181.0	248.5	174.5
328.7	151.7	163.7	225.7	157.5	362.5	168.8	181.6	249.2	175.1
329.9	152.2	164.3	226.5	158.1	363.6	169.3	182.2	250.0	175.7
331.0	152.8	164.9	227.3	158.7	364.8	169.9	182.8	250.8	176.3
332.1	153.4	165.4	228.0	159.3	365.9	170.5	183.4	251.6	176.9
333.3	153.9	166.0	228.8	159.9	367.0	171.7	184.0	252.4	177.5
334.4	154.5	166.6	229.6	160.5	368.2	171.6	184.6	253.2	178.1
335.5	155.1	167.2	230.4	161.0	369.3	172.2	185.2	253.9	178.7
336.6	155.6	167.8	231.2	161.6	370.4	172.8	185.8	254.7	179.2
337.8	156.2	168.4	232.0	162.6	371.5	173.4	186.4	255.5	179.8
338.9	156.8	169.0	232.7	162.8	372.7	173.9	187.0	256.3	180.4
340.0	157.3	169.6	233.5	163.4	373.8	174.5	187.6	257.1	181.0
341.1	157.9	170.2	234.3	164.0	374.9	175.1	188.2	257.9	181.6
342.3	158.5	170.8	235.1	164.5	376.0	175.7	188.8	258.7	182.2
343.4	159.0	171.4	235.9	165.1	377.2	176.3	189.4	259.4	182.8
344.5	159.6	172.0	236.7	165.7	378.3	176.8	190.1	260.2	183.4
345.6	160.2	172.6	237.4	166.3	379.4	177.4	190.7	261.0	184.0
346.8	160.7	173.2	238.2	166.9	380.5	178.0	191.3	261.8	184.6
347.9	161.3	173.8	239.0	167.5	381.7	178.6	191.9	262.6	185.2
349.0	161.9	174.4	239.8	168.0	382.8	179.2	192.5	263.4	185.8
350.1	162.5	175.0	240.9	168.6	383.9	179.7	193.1	264.2	186.4
351.3	163.0	175.6	241.4	169.2	385.0	180.3	193.7	265.0	187.0
352.4	163.6	176.2	242.2	169.8	386.2	180.9	194.3	265.8	187.6
353.5	164.2	176.8	243.0	170.4	387.3	181.5	194.9	266.6	188.2
354.6	164.7	177.4	243.7	171.0	388.4	182.1	195.5	267.4	188.8
355.8	165.3	178.0	244.5	171.6	389.5	182.7	196.1	268.1	189.4
356.9	165.9	178.6	245.3	172.2	390.7	183.2	196.7	268.9	190.0
358.0	166.5	179.2	246.1	172.8	391.8	183.8	197.3	269.7	190.6
359.1	167.0	179.8	246.9	173.3	392.9	184.4	197.9	270.5	191.2

续表

氧化亚铜	葡萄糖	果糖	乳糖（含水）	转化糖	氧化亚铜	葡萄糖	果糖	乳糖（含水）	转化糖
394.0	185.0	198.5	271.3	191.8	427.6	202.7	217.0	295.0	209.9
395.2	185.6	199.2	272.1	192.4	428.9	203.3	217.6	295.8	210.5
396.3	186.2	199.8	272.9	193.0	430.1	203.9	218.2	296.6	211.1
397.4	186.8	200.4	273.3	193.6	431.2	204.5	218.8	297.4	211.8
398.5	187.3	201.0	274.4	194.2	432.3	205.1	219.5	298.2	212.4
399.7	187.9	201.6	275.2	194.8	433.5	205.1	220.3	299.0	213.1
400.8	188.5	202.2	276.0	195.4	434.6	206.3	220.7	299.8	213.6
401.9	189.1	202.8	276.8	196.0	435.7	206.9	221.3	300.6	214.2
403.1	189.7	203.4	277.6	196.6	436.8	207.5	221.9	301.4	214.8
404.2	190.3	204.0	278.4	197.2	438.0	208.1	222.6	302.2	215.4
405.3	190.9	204.7	279.2	197.8	439.1	208.7	232.2	303.0	216.0
406.4	191.5	205.3	280.0	198.4	440.2	209.3	223.8	303.8	216.7
407.6	192.0	205.9	280.8	199.0	441.2	209.9	224.4	304.6	217.3
408.7	192.6	206.5	281.6	199.6	442.5	210.5	225.1	305.4	217.9
409.8	193.2	207.1	282.4	200.2	443.6	211.1	225.7	306.2	218.5
410.9	193.8	207.7	283.2	200.8	444.7	211.7	226.3	307.0	219.1
412.1	194.4	208.3	284.0	201.4	445.8	212.3	226.9	307.8	219.8
413.2	195.0	209.0	284.8	202.0	447.0	212.9	227.6	308.6	220.4
414.3	195.6	209.6	285.6	202.6	448.1	213.5	228.2	309.4	221.0
415.4	196.2	210.2	286.3	203.2	449.2	214.1	228.8	310.2	221.6
416.6	196.8	210.8	287.1	203.8	450.3	214.7	229.4	311.0	222.2
417.7	197.4	211.4	287.9	204.4	451.5	215.3	230.1	311.8	222.9
418.8	198.0	212.0	288.7	205.0	452.6	215.9	230.7	312.6	223.5
419.9	198.5	212.6	289.5	205.7	453.7	216.5	231.3	313.4	222.4
421.1	199.1	213.3	290.3	206.3	454.8	217.1	232.0	314.2	224.7
422.2	199.7	213.9	291.1	206.9	456.0	217.8	232.6	315.0	225.4
423.3	200.3	214.5	291.9	207.5	457.1	218.4	233.2	315.9	226.0
424.4	200.9	215.1	292.7	208.1	458.2	219.0	233.9	316.7	226.6
425.6	201.5	215.7	293.5	208.7	459.3	219.6	234.5	317.5	227.2
426.7	202.1	216.3	294.3	209.3	460.5	220.2	235.1	318.3	227.9

续表

氧化亚铜	葡萄糖	果糖	乳糖（含水）	转化糖	氧化亚铜	葡萄糖	果糖	乳糖（含水）	转化糖
461.6	220.8	235.8	319.1	228.5	477.4	229.5	244.9	330.8	237.5
462.7	221.4	236.4	319.9	229.1	478.5	230.1	245.6	331.7	238.1
465.0	222.6	237.7	321.6	230.4	479.6	230.7	246.3	332.6	238.8
466.1	223.3	238.4	322.4	231.0	480.7	231.4	247.0	333.5	239.5
467.2	223.9	239.0	323.2	231.7	481.9	232.0	247.8	334.4	240.2
468.4	224.5	239.7	324.0	232.3	483.0	232.7	248.5	335.3	240.8
469.5	225.1	240.3	324.9	232.9	484.1	233.3	249.2	336.3	241.5
470.6	225.7	241.0	325.7	233.6	485.2	234.0	250.0	337.3	242.3
471.7	226.3	241.6	326.5	234.2	486.4	234.7	250.8	338.3	243.0
472.9	227.0	242.2	327.4	234.8	487.5	235.3	251.6	339.4	243.8
474.0	227.6	242.9	328.2	235.5	488.6	236.1	252.7	340.7	244.7
475.1	228.2	243.6	329.1	236.1	489.7	236.9	253.7	342.0	245.8
476.2	228.8	244.3	329.9	236.8					

附录二

食品动物禁用的兽药及其他化合物清单

序号	兽药及其他化合物名称	禁止用途	禁用动物
1	兴奋剂：β-兴奋剂类：克仑特罗 Clenbuterol、沙丁胺醇 Salbutamol、西马特罗 Cimaterol 及其盐、酯及制剂	所有用途	所有食品动物
2	性激素类：己烯雌酚 Diethylstilbestrol 及其盐、酯及制剂	所有用途	所有食品动物
3	具有雌激素样作用的物质：玉米赤霉醇 Zeranol、去甲雄三烯醇酮 Trenbolone、醋酸甲孕酮 Mengestrol-Acetate 及制剂	所有用途	所有食品动物
4	氯霉素 Chloramphenicol 及其盐、酯（包括：琥珀氯霉素 Chloramphenicol-Succinate）及制剂	所有用途	所有食品动物
5	氨苯砜 Dapsone 及制剂	所有用途	所有食品动物
6	硝基呋喃类：呋喃唑酮 Furazolidone、呋喃它酮 Furaltadone、呋喃苯烯酸钠 Nifurstyrenate-sodium 及制剂	所有用途	所有食品动物
7	硝基化合物：硝基酚钠 Sodium-nitrophenolate、硝呋烯腙 Nitrovin 及制剂	所有用途	所有食品动物
8	催眠、镇静类：安眠酮 Methaqualone 及制剂	所有用途	所有食品动物
9	林丹（丙体六六六）Lindane	杀虫剂	所有食品动物
10	毒杀芬（氯化烯）Camahechlor	杀虫剂 清塘剂	所有食品动物
11	呋喃丹（克百威）Carbofuran	杀虫剂	所有食品动物
12	杀虫脒（克死螨）Chlordimeform	杀虫剂	所有食品动物
13	双甲脒 Amitraz	杀虫剂	水生食品动物
14	酒石酸锑钾 Antimony-potassium-tartrate	杀虫剂	所有食品动物
15	锥虫胂胺 Tryparsamide	杀虫剂	所有食品动物
16	孔雀石绿 Malachite-green	抗菌 杀虫剂	所有食品动物
17	五氯酚酸钠 Pentachlorophenol-sodium	杀螺剂	所有食品动物
18	各种汞制剂：氯化亚汞（甘汞）Calomel、硝酸亚汞 Mercurous-nitrate、醋酸汞 Mercurous-acetate、吡啶基醋酸汞 Pyridyl-mercurous-acetate	杀虫剂	所有食品动物

续表

序号	兽药及其他化合物名称	禁止用途	禁用动物
19	性激素类：甲基睾丸酮 Methyltestosterone、丙酸睾酮 Testosterone-Propionate 苯丙酸诺龙 Nandrolone-Phenylpropionate、苯甲酸雌二醇 Estradiol-Benzoate 及其盐、酯及制剂	促生长	所有食品动物
20	催眠、镇静类：氯丙嗪 Chlorpromazine、地西泮（安定）Diazepam 及其盐、酯及制剂	促生长	所有食品动物
21	硝基咪唑类：甲硝唑 Metronidazole、地美硝唑 Dimetronidazole 及其盐、酯及制剂	促生长	所有食品动物

附录三

一、酶联免疫法测定乳品中氨苄西林钠抗体的制备

(1)免疫抗原合成制备　Am 15 mg 溶于 pH 值为 6.8 的磷酸盐缓冲液(A 液),取 BSA(或 OA)30 mg 溶于磷酸盐缓冲液(B 液)。将 A 液与 B 液混合,滴加 2.5%戊二醛,在密闭系统中搅拌反应 3 h,移至透析袋,于 pH 值为 7.0 的磷酸盐缓冲液透析 36 h,收集合成 BSA-Am 抗原或 OA-Am 抗原,4 ℃下贮存。

(2)抗 Am 血清制备　取合成 BSA-Am 抗原 0.5 mg 于完全福氏佐剂 1 mL 中,乳化均匀,在白兔背部皮内多点注射,25 d 后再同样加强注射 1 次。然后取合成 BSA-Am 抗原 0.5 mg 于不完全福氏佐剂,乳化均匀,在白兔后腿肌肉注射,共强化 4 次,每次间隔 30 d。最后经 ELISA 检测,从兔颈动脉采集符合要求的血液,37 ℃、1 h 分离抗血清,4 ℃保存。

(3)抗血清纯化　抗血清用饱和$(NH_4)_2SO_4$ 纯化,最后过 Sephadex G-25 柱,获抗 Am IgG。

(4)合成 BSA-Am 抗原中结合比检测　取蛋白溶液(0.1 mg/mL)0.1～0.4 mL,用 0.15 mol/L NaCl 定容至 1.6 mL,加考马斯亮蓝试剂 2.4 mL,用分光光度计波长 595 nm 检测吸光度。

二、酶标记羊抗兔 IgG 的制备

(1)SMD-SA 的制备　取 SMD 标准品 1.33 g、SA 2.67 g 于烧杯中,加吡啶 15 mL 溶解,室温反应 24 h,移入分液漏斗中,用水 20 mL 洗烧杯,并入分液漏斗中,加二氯甲烷 50 mL×3,分 3 次萃取于锥形瓶中,用 0.1 mol/L HCl 5 mL×3,分 3 次洗分液漏斗,再用水 5 mL 洗,一并收入,经无水 Na_2SO_4 脱水于烧杯中,加甲苯20 mL,混匀,置真空干燥器(50 ℃)中烘干,再置水中重结晶,为 SMD-SA 纯品。

(2)SMD-SA-BSA(或 OA)偶联　取 SMD-SA 10.4 mg、EDC 11.0 mg 于烧杯中,加 N,N′-二甲基甲酰胺 1 mL,滴入含 BSA 或 OA 缓冲液 1 mL,再加 6 mol/L NaOH 液 20 μL,搅匀反应 6 h,加 EDC 10.7 mg,混匀,室温过夜,经缓冲液(pH 值 7.2)透析,透析液 4 ℃保存。

(3)合成抗原鉴定　SMD-BSA、SMD-OA 抗原用聚丙烯酰胺凝胶电泳和光谱扫描鉴定。

(4)抗血清制备与纯化　取 SMD-BSA 抗原 100 μg，加福氏佐剂 1 mL 乳化后给兔背部皮内散点注射。4 周后，取抗原 100 μg，加不完全福氏佐剂 1 mL 乳化后给兔后腿肌注射，共强化免疫 4 次，每次间隔 4 周，待血清滴度符合要求后采血，所得抗血清加等体积缓冲液，用饱和$(NH_4)_2SO_4$法纯化。

(5)酶标记羊抗兔 IgG 制备与鉴定　用改良高碘酸钠法，用 HRP 标记羊抗兔 IgG。$[HRP]/(g/L) = A_{402} \times 0.4$（$A$ 为吸光度），$[IgG]/(g/L) = (A_{280} - A_{403} \times 0.34) \times 0.62$，物质的量比值$=\{[HRP]/[IgG]\} \times 4$。用 ELISA 检测 HRP 标记羊抗兔 IgG 工作浓度。

附录四

酒精计温度、浓度换算表

溶液温度/℃	酒精计示值 70.0	69.5	69.0	68.5	68.0	67.5	67.0	66.5	66.0	65.5	65.0	64.5	64.0	63.5	63.0	62.5	62.0	61.5	61.0	60.5
	温度 20 ℃时乙醇的体积分数/%																			
35	65.0	64.5	64.0	63.4	62.9	62.4	61.9	61.4	60.9	60.4	59.9	59.4	58.9	58.4	57.8	57.2	56.7	56.2	55.8	55.2
34	65.3	64.8	64.3	63.8	63.2	62.7	62.2	61.7	61.2	60.7	60.2	59.7	59.2	58.6	58.1	57.6	57.1	56.6	56.1	55.6
33	65.7	65.2	64.6	64.1	63.6	63.1	62.6	62.1	61.6	61.1	60.6	60.1	59.6	59.0	58.5	58.0	57.4	57.0	56.5	55.9
32	66.0	65.5	65.0	64.4	63.9	63.4	62.9	62.4	61.9	61.4	60.9	60.4	59.9	59.4	58.8	58.3	57.8	57.3	56.8	56.2
31	66.4	65.9	65.4	64.8	64.3	63.8	63.3	62.8	62.3	61.8	61.3	60.8	60.3	59.8	59.2	58.6	58.1	57.6	57.2	56.6
30	66.7	66.2	65.7	65.2	64.6	64.1	63.6	63.1	62.6	62.1	61.6	61.1	60.6	60.0	59.5	59.0	58.5	58.0	57.5	57.0
29	67.0	66.5	66.0	65.5	65.0	64.5	64.0	63.4	62.9	62.4	61.9	61.4	60.9	60.4	59.9	59.4	58.8	58.3	57.8	57.3
28	67.4	66.8	66.3	65.8	65.3	64.8	64.3	63.8	63.3	62.8	62.3	61.8	61.2	60.7	60.2	59.7	59.2	58.7	58.2	57.7
27	67.7	67.2	66.7	66.2	65.7	65.2	64.6	64.1	63.6	63.1	62.6	62.1	61.6	61.1	60.6	60.1	59.6	59.0	58.5	58.0
26	68.0	67.5	67.0	66.5	66.0	65.5	65.0	64.5	64.0	63.5	63.0	62.4	61.9	61.4	60.9	60.4	59.9	59.4	58.9	58.4
25	68.4	67.8	67.3	66.8	66.3	65.8	65.3	64.8	64.3	63.8	63.3	62.8	62.3	61.8	61.3	60.8	60.3	59.8	59.2	58.7
24	68.7	68.2	67.7	67.2	66.7	66.2	65.6	65.1	64.6	64.1	63.6	53.1	62.6	62.1	61.6	61.1	60.6	60.1	59.6	59.1
23	69.9	68.5	68.0	67.5	67.0	66.5	66.0	65.5	65.0	64.5	64.0	63.5	63.0	62.5	62.0	61.5	61.0	60.4	60.0	59.4
22	69.3	68.8	68.3	67.8	67.3	66.8	66.3	65.8	65.3	64.8	64.3	63.8	63.3	62.8	62.3	61.8	61.3	60.8	60.3	59.8
21	69.7	69.2	68.7	68.2	67.7	67.2	66.7	66.2	65.7	65.2	64.6	64.2	63.6	63.2	62.6	62.2	61.6	61.2	60.6	60.1
20	70.0	69.5	69.0	68.5	68.0	67.5	67.0	66.5	66.0	65.5	65.0	64.5	64.0	63.5	63.0	62.5	62.0	61.5	61.0	60.5
19	70.3	69.8	69.3	68.8	68.3	67.8	67.3	66.8	66.3	65.8	65.3	64.8	64.3	63.8	63.3	62.8	62.3	61.8	61.3	60.8
18	70.6	70.2	69.6	69.2	68.7	68.2	67.7	67.2	66.7	66.2	65.7	65.2	64.7	64.2	63.7	63.2	62.7	62.2	61.7	61.2
17	71.0	70.5	70.0	69.5	69.0	68.5	68.0	67.5	67.0	66.5	66.0	65.5	65.0	64.5	64.0	63.5	63.0	62.5	62.0	61.5
16	71.3	70.8	70.3	69.8	69.3	68.8	68.3	67.8	67.3	66.8	66.3	65.8	65.4	64.8	64.4	63.9	63.4	62.9	62.4	61.9
15	71.6	71.1	70.6	70.1	69.6	69.1	68.6	68.2	67.7	67.2	66.7	66.2	65.7	65.2	64.7	64.2	63.7	63.2	62.7	62.2
14	72.0	71.4	71.0	70.5	70.0	69.5	69.0	68.5	68.0	67.5	67.0	66.5	66.0	65.5	65.0	64.6	64.1	63.6	63.1	62.6
13	72.3	71.8	71.3	70.8	70.3	69.8	69.3	68.8	68.3	67.8	67.4	66.8	66.4	65.9	65.4	64.9	64.4	63.9	63.4	62.9
12	72.6	72.1	71.6	71.1	70.6	70.1	69.6	69.2	68.7	68.2	67.7	67.2	66.7	66.2	65.7	65.2	64.7	64.2	63.8	63.3
11	72.9	72.4	71.9	71.4	71.0	70.5	70.0	69.3	69.0	68.5	68.0	67.5	67.0	66.5	66.0	65.6	65.1	64.6	64.1	63.6
10	73.2	72.7	72.2	71.8	71.3	70.8	70.3	69.8	69.3	68.8	68.3	67.8	67.4	66.9	66.4	65.g	65.4	64.9	64.4	63.9

续表

溶液温度/℃	酒精计示值																			
	60.0	59.5	59.0	58.5	58.0	57.5	57.0	56.5	56.0	55.5	55.0	54.5	54.0	53.5	53.0	52.5	52.0	51.5	51.0	50.5
	温度 20 ℃时乙醇的体积分数/%																			
35	54.6	54.1	53.6	53.1	52.6	52.1	51.6	51.0	50.5	50.0	49.5	49.0	48.5	48.0	47.4	46.8	46.3	45.8	45.3	44.8
34	55.0	54.5	54.0	53.5	53.0	52.4	51.9	51.4	50.8	50.3	49.8	49.3	48.8	48.3	47.8	47.2	46.7	46.2	45.7	45.2
33	55.3	54.8	54.3	53.8	53.3	52.8	52.3	51.8	51.2	50.7	50.2	49.7	49.2	48.7	48.2	47.6	47.1	46.6	46.1	45.6
32	55.7	55.2	54.7	54.2	53.7	53.2	52.7	52.2	51.6	51.1	50.6	50.1	49.6	49.0	48.5	48.0	47.4	46.9	46.4	45.9
31	56.1	55.5	55.0	54.5	54.0	53.5	53.0	52.4	51.9	51.4	50.9	50.4	49.9	49.4	48.9	48.4	47.8	47.3	46.8	46.3
30	56.4	55.9	55.4	54.9	54.4	53.9	53.4	52.9	52.3	51.8	51.3	50.8	50.3	49.8	49.3	48.8	48.2	47.7	47.2	46.7
29	56.8	56.3	55.8	55.3	54.8	54.2	53.7	53.2	52.7	52.2	51.7	51.2	50.7	50.2	49.6	49.1	48.6	48.1	47.6	47.1
28	57.2	56.6	56.1	55.6	55.1	54.6	54.1	53.6	53.1	52.6	52.1	51.5	51.0	50.5	50.0	49.5	49.0	48.5	48.0	47.5
27	57.5	57.0	56.5	56.0	55.5	55.0	54.5	54.0	53.4	52.9	52.4	51.9	51.4	50.9	50.4	49.9	49.4	48.8	48.3	47.8
26	57.9	57.4	56.9	56.4	55.8	55.3	54.8	54.3	53.8	53.3	52.8	52.3	51.8	51.3	50.8	50.2	49.7	49.2	48.7	48.2
25	58.2	57.7	57.2	56.7	56.2	55.7	55.2	54.7	54.2	53.7	53.2	52.6	52.2	51.6	51.1	50.6	50.1	49.6	49.1	48.6
24	58.6	58.1	57.6	57.1	56.6	56.1	55.6	55.0	54.5	54.0	53.5	53.0	52.5	52.0	51.5	51.0	50.5	50.0	49.5	49.0
23	58.9	58.4	57.9	57.4	56.9	56.4	55.9	55.4	54.9	54.4	53.9	53.4	52.9	52.4	51.9	51.4	50.9	50.4	49.9	49.4
22	59.3	58.8	58.3	57.8	57.3	56.8	56.3	55.8	55.3	54.8	54.3	53.8	53.3	52.8	52.2	51.8	51.2	50.7	50.2	49.7
21	59.6	59.1	58.6	58.1	57.6	57.1	56.6	56.1	55.6	55.1	54.6	54.1	53.6	53.1	52.6	52.1	51.6	51.1	50.6	50.1
20	60.0	59.5	59.0	58.5	58.0	57.5	57.0	56.5	56.0	55.5	55.0	54.5	54.0	53.5	53.0	52.5	52.0	51.5	51.0	50.5
19	60.4	59.8	59.4	58.8	58.4	57.8	57.4	56.9	56.4	55.9	55.4	54.9	54.4	53.9	53.4	52.9	52.4	51.9	51.4	50.9
18	60.7	60.2	59.7	59.2	58.7	58.2	57.7	57.2	56.7	56.2	55.7	55.2	54.7	54.2	53.7	53.2	52.7	52.2	51.7	51.2
17	61.0	60.5	60.0	59.6	59.1	58.6	58.1	57.6	57.1	56.6	56.1	55.6	55.1	54.6	54.1	53.6	53.1	52.6	52.1	51.6
16	61.4	60.9	60.4	59.9	59.4	58.9	58.4	57.9	57.4	56.9	56.4	56.0	55.5	55.0	54.5	54.0	53.5	53.0	52.5	52.0
15	61.7	61.2	60.8	60.2	59.8	59.3	58.8	58.3	57.8	57.3	56.8	56.3	55.8	55.3	54.8	54.4	53.9	53.4	52.9	52.4
14	62.1	61.6	61.1	60.6	60.1	59.6	59.1	58.6	58.2	57.7	57.2	56.7	56.2	55.7	55.2	54.7	54.2	53.7	53.2	52.7
13	62.4	61.9	61.4	61.1	60.5	60.0	59.5	59.0	58.5	58.0	57.5	57.0	56.5	56.0	55.6	55.1	54.6	54.1	53.6	53.1
12	62.8	62.3	61.8	61.3	60.8	60.3	59.8	59.4	58.9	58.4	57.9	57.4	56.9	56.4	55.9	55.4	55.0	54.5	54.0	53.5
11	63.1	62.6	62.1	61.6	61.2	60.7	60.2	59.7	59.2	58.7	58.2	57.7	57.2	56.8	56.3	55.8	55.3	54.8	54.3	53.8
10	63.5	63.0	62.5	62.0	61.5	61.0	60.5	60.0	59.6	59.1	58.6	58.1	57.6	57.1	56.6	56.2	55.7	55.2	54.7	54.2

续表

溶液温度/℃	酒精计示值																			
	50.0	49.5	49.0	48.5	48.0	47.5	47.0	46.5	46.0	45.5	45.0	44.5	44.0	43.5	43.0	42.5	42.0	41.5	41.0	40.5
	温度 20 ℃时乙醇的体积分数/%																			
35	44.3	43.8	43.3	42.8	42.3	41.8	41.2	40.7	40.2	39.6	39.0	38.6	38.1	37.6	37.0	36.5	36.0	35.5	35.0	34.5
34	44.7	44.2	43.7	43.2	42.7	42.1	41.5	41.0	40.5	40.0	39.5	39.0	38.5	38.0	37.4	36.9	36.4	35.9	35.4	34.9
33	45.0	44.6	44.1	43.6	43.1	42.5	41.9	41.4	40.9	40.4	39.9	39.4	38.9	38.4	37.8	37.3	36.8	36.3	35.8	35.3
32	45.4	44.9	44.4	43.9	43.4	42.8	42.3	41.8	41.3	40.8	40.3	39.8	39.3	38.8	38.2	37.7	37.2	36.7	36.2	35.7
31	45.8	45.3	44.8	44.3	43.8	43.2	42.7	42.2	41.7	41.2	40.7	40.2	39.7	39.2	38.6	38.1	37.6	37.1	36.6	36.1
30	46.2	45.7	45.2	44.7	44.2	43.6	43.1	42.6	42.1	41.6	41.0	40.6	40.1	39.5	39.0	38.5	38.0	37.5	37.0	36.5
29	46.6	46.1	45.6	45.0	44.5	44.0	43.5	43.0	42.5	42.0	41.5	41.0	40.4	39.9	39.4	38.9	38.4	37.9	37.4	36.9
28	47.0	46.4	45.9	45.4	44.9	44.4	43.9	43.4	42.9	42.4	41.9	41.4	40.8	40.3	39.8	39.3	38.8	38.3	37.8	37.3
27	47.3	46.8	46.3	45.8	45.3	44.8	44.3	43.8	43.3	42.8	42.3	41.8	41.2	40.7	40.2	39.7	39.2	38.7	38.2	37.7
26	47.7	47.2	46.7	46.2	45.7	45.2	44.7	44.2	43.7	43.2	42.7	42.2	41.6	41.1	40.6	40.1	39.6	39.1	38.6	38.1
25	48.1	47.6	47.1	46.6	46.1	45.6	45.1	44.6	44.1	43.6	43.0	42.5	42.0	41.5	41.0	40.5	40.0	39.5	39.0	38.5
24	48.5	48.0	47.5	47.0	46.4	46.0	45.4	44.9	44.4	43.9	43.4	42.9	42.4	41.9	41.4	40.9	40.4	39.9	39.4	38.9
23	48.9	48.4	47.8	47.3	46.8	46.3	45.8	45.3	44.8	44.3	43.8	43.3	42.8	42.3	41.8	41.3	40.8	40.3	39.8	39.3
22	49.2	48.7	48.2	47.7	47.2	46.7	46.2	45.7	45.2	44.7	44.2	43.7	43.2	42.7	42.2	41.7	41.2	40.7	40.2	39.7
21	49.6	49.1	48.6	48.1	47.6	47.1	46.6	46.1	45.6	45.1	44.6	44.1	43.6	43.1	42.6	42.1	41.6	41.1	40.6	40.1
20	50.0	49.5	49.0	48.5	48.0	47.5	47.0	46.5	46.0	45.5	45.0	44.5	44.0	43.5	43.0	42.5	42.0	41.5	41.0	40.5
19	50.4	49.9	49.4	48.9	48.4	47.9	47.4	46.9	46.4	45.9	45.4	44.9	44.4	43.9	43.4	42.9	42.4	41.9	41.4	40.9
18	50.7	50.2	49.8	49.3	48.8	48.3	47.8	47.3	46.8	46.3	45.8	45.3	44.8	44.3	43.8	43.3	42.8	42.3	41.8	41.3
17	51.1	50.6	50.1	49.6	49.2	48.7	48.2	47.7	47.2	46.7	46.2	45.7	45.2	44.7	44.2	43.7	43.2	42.7	42.2	41.7
16	51.5	51.0	50.5	50.0	49.5	49.0	48.6	48.0	47.6	47.1	46.6	46.1	45.6	45.1	44.6	44.1	43.6	43.1	42.6	42.1
15	51.9	51.4	50.9	50.4	49.9	49.4	48.9	48.4	47.9	47.4	47.0	46.4	46.0	45.5	45.0	44.5	44.0	43.5	43.0	42.5
14	52.2	51.8	51.3	50.8	50.3	49.8	49.3	48.8	48.3	47.8	47.3	46.8	46.4	45.8	45.4	44.9	44.4	43.9	43.4	42.9
13	52.6	52.1	51.6	51.2	50.7	50.2	49.7	49.2	48.7	48.2	47.7	47.2	46.7	46.2	45.8	45.3	44.8	44.3	43.8	43.3
12	53.0	52.5	52.0	51.6	51.0	50.6	50.1	49.6	49.1	48.6	48.1	47.6	47.1	46.6	46.1	45.6	45.2	44.7	44.2	43.7
11	53.4	52.9	52.4	51.9	51.4	50.9	50.4	50.0	49.5	49.0	48.5	48.0	47.5	47.0	46.5	46.0	45.6	45.1	44.6	44.1
10	53.7	53.2	52.8	52.3	51.8	51.3	50.8	50.3	49.8	49.4	48.9	48.4	47.9	47.4	46.9	46.4	46.0	45.5	45.0	44.5

续表

溶液温度/℃	酒精计示值																			
	40.0	39.5	39.0	38.5	38.0	37.5	37.0	36.5	36.0	35.5	35.0	34.5	34.0	33.5	33.0	32.5	32.0	31.5	31.0	30.5
	温度 20 ℃时乙醇的体积分数/%																			
35	34.0	33.5	33.0	32.5	32.0	31.5	31.0	30.5	30.0	29.4	28.8	28.3	27.8	27.3	26.8	26.4	26.0	25.5	25.0	24.6
34	34.4	33.9	33.4	32.9	32.4	31.9	31.4	30.9	30.4	29.8	29.3	28.8	28.3	27.8	27.3	26.8	26.4	25.9	25.4	25.0
33	34.8	34.3	33.8	33.3	32.8	32.3	31.8	31.3	30.8	30.2	29.7	29.2	28.7	28.2	27.7	27.2	26.8	26.3	25.8	25.4
32	35.2	34.7	34.2	33.7	33.2	32.7	32.2	31.7	31.2	30.6	30.1	29.6	29.1	28.6	28.1	27.6	27.2	26.7	26.2	25.8
31	35.6	35.1	34.6	34.1	33.6	33.1	32.6	32.1	31.6	31.0	30.5	30.0	29.5	29.0	28.5	28.0	27.6	27.1	26.6	26.2
30	36.0	35.5	35.0	34.5	34.0	33.5	33.0	32.4	32.0	31.4	30.9	30.4	29.9	29.4	28.9	28.4	28.0	27.5	27.0	26.5
29	36.4	35.9	35.4	34.9	34.4	33.9	33.4	32.8	32.3	31.8	31.3	30.8	30.3	29.8	29.4	28.8	28.4	27.9	27.4	26.9
28	36.8	36.3	35.8	35.3	34.8	34.3	33.8	33.2	32.8	32.2	31.7	31.2	30.7	30.2	29.7	29.2	28.8	28.3	27.8	27.3
27	37.2	36.7	36.2	35.7	35.2	34.7	34.2	33.7	33.2	32.7	32.2	31.6	31.2	30.6	30.2	29.6	29.2	28.7	28.2	27.7
26	37.6	37.1	36.6	36.1	35.6	35.1	34.6	34.1	33.6	33.1	32.6	32.0	31.6	31.0	30.6	30.0	29.6	29.1	28.6	28.1
25	38.0	37.5	37.0	36.5	36.0	35.5	35.0	34.5	34.0	33.5	33.0	32.5	32.0	31.5	31.0	30.5	30.0	29.5	29.0	28.5
24	38.4	37.9	37.4	36.9	36.4	35.9	35.4	34.9	34.4	33.9	33.4	32.9	32.4	31.9	31.4	30.9	30.4	29.9	29.4	28.9
23	38.8	38.3	37.8	37.3	36.8	36.3	35.8	35.3	34.8	34.3	33.8	33.3	32.8	32.3	31.8	31.3	30.8	30.3	29.8	29.3
22	49.2	38.7	38.2	37.7	37.2	36.7	36.2	35.7	35.2	34.7	34.2	33.7	33.2	32.7	32.2	31.7	31.2	30.7	30.2	29.7
21	49.6	39.1	38.6	38.1	37.6	37.1	36.6	36.1	35.6	35.1	34.6	34.1	33.6	33.1	32.6	32.0	31.6	31.1	30.6	30.1
20	40.0	39.5	39.0	38.5	38.0	37.5	37.0	36.5	36.0	35.5	35.0	34.5	34.0	33.5	33.0	32.5	32.0	31.5	31.0	30.5
19	40.4	39.9	39.4	38.9	38.4	37.9	37.4	36.9	36.4	35.9	35.4	34.9	34.4	33.9	33.4	32.9	32.4	31.9	31.4	30.9
18	40.8	40.3	39.8	39.3	38.8	38.3	37.8	37.3	36.8	36.3	35.8	35.3	34.8	34.3	33.8	33.3	32.8	32.3	31.8	31.3
17	41.2	47.7	40.2	39.7	39.2	38.7	38.2	37.7	37.2	36.7	36.2	35.7	35.2	34.7	34.2	33.7	33.2	32.7	32.2	31.7
16	41.6	41.1	40.6	40.1	39.6	39.1	38.6	38.1	37.6	37.1	36.6	36.1	35.6	35.1	34.6	34.1	33.6	33.1	32.6	32.1
15	42.0	41.5	41.0	40.5	40.0	39.5	39.0	38.5	38.0	37.5	37.0	36.5	36.0	35.5	35.0	34.5	34.0	33.5	33.0	32.5
14	42.4	41.9	41.4	40.9	40.4	39.9	39.4	38.9	38.4	37.9	37.4	36.9	36.4	35.9	35.4	35.0	34.4	34.0	33.5	33.0
13	42.8	42.3	41.8	41.3	40.8	40.3	39.8	39.3	38.8	38.3	37.8	37.3	36.8	36.4	35.9	35.4	34.9	34.4	33.9	33.4
12	43.2	42.7	42.2	41.7	41.2	40.7	40.2	39.7	39.2	38.7	38.2	37.8	37.3	36.8	36.3	35.8	35.3	34.8	34.3	33.8
11	43.6	43.1	42.6	42.1	41.6	41.1	40.6	40.2	39.6	39.2	38.7	38.2	37.7	37.2	36.7	36.2	35.7	35.2	34.7	34.2
10	44.0	43.5	43.0	42.5	42.0	41.6	41.0	40.6	40.1	39.6	39.1	38.6	38.1	37.6	37.1	36.6	36.1	35.6	35.1	34.6

续表

溶液温度/℃	酒精计示值																			
	30.0	29.5	29.0	28.5	28.0	27.5	27.0	26.5	26.0	25.5	25.0	24.5	24.0	23.5	23.0	22.5	22.0	21.5	21.0	20.5
	温度 20 ℃时乙醇的体积分数/%																			
35	24.2	23.7	23.2	22.8	22.3	21.8	21.3	20.8	20.4	20.0	19.6	19.2	18.8	18.4	17.9	17.4	16.9	16.4	16.0	15.6
34	24.5	24.0	23.5	23.1	22.7	22.2	21.7	21.2	20.8	20.4	20.0	19.6	19.1	18.6	18.2	17.7	17.2	16.8	16.4	16.0
33	24.9	24.4	23.9	23.5	23.1	22.6	22.0	21.6	21.2	20.8	20.3	19.8	19.4	19.0	18.6	18.1	17.6	17.2	16.7	16.2
32	25.3	24.8	24.3	23.8	23.4	22.9	22.4	22.0	21.6	21.2	20.7	20.2	19.8	19.4	18.9	18.4	17.9	17.4	17.0	16.6
31	25.7	25.2	24.7	24.2	23.8	23.3	22.8	22.4	21.9	21.4	21.0	20.6	20.2	19.8	19.3	18.8	18.3	17.8	17.4	17.0
30	26.1	25.6	25.1	24.6	24.2	23.7	23.2	22.8	22.3	21.9	21.4	20.9	20.5	20.0	19.6	19.1	18.6	18.2	17.7	17.3
29	26.4	26.0	25.5	25.0	24.6	24.1	23.6	23.2	22.7	22.2	21.8	21.3	20.8	20.4	19.9	19.4	19.0	18.5	18.0	17.6
28	26.8	26.4	25.9	25.4	24.9	24.4	24.0	23.5	23.0	22.6	22.1	21.6	21.2	20.7	20.2	19.8	19.3	18.8	18.4	17.9
27	27.2	26.7	26.3	25.8	25.3	24.8	23.4	23.9	23.4	22.9	22.5	22.0	21.5	21.0	20.6	20.1	19.6	19.2	18.7	18.2
26	27.6	27.1	26.6	26.2	25.7	25.2	24.7	24.2	23.8	23.3	22.8	22.4	21.9	21.4	20.9	20.5	20.0	19.5	19.0	18.6
25	28.0	27.5	27.0	26.6	26.1	25.6	25.1	24.6	24.1	23.7	23.2	22.7	22.2	21.8	21.3	20.8	20.3	19.8	19.4	18.9
24	28.4	27.9	27.4	26.9	26.4	26.0	25.5	25.0	24.5	24.0	23.5	23.1	22.6	22.1	21.6	21.1	20.7	20.2	19.7	19.2
23	28.8	28.3	27.8	27.2	26.8	26.3	25.8	25.4	24.9	24.4	23.9	23.4	22.9	22.4	22.0	21.5	21.0	20.5	20.0	19.5
22	29.2	28.7	28.2	27.7	27.2	26.7	26.2	25.8	25.3	24.8	24.3	23.8	23.3	22.8	22.3	21.8	21.3	20.8	20.4	19.9
21	29.6	29.1	28.6	28.1	27.6	27.1	26.6	26.1	25.6	25.1	24.6	24.1	23.6	23.1	22.6	22.2	21.7	21.2	20.7	20.2
20	30.0	29.5	29.0	28.5	28.0	27.5	27.0	26.5	26.0	25.5	25.0	24.5	24.0	23.5	23.0	22.5	22.0	21.5	21.0	20.5
19	30.4	29.9	29.4	28.9	28.4	27.9	27.4	26.9	26.4	25.9	25.4	24.8	24.4	23.8	23.3	22.8	22.3	21.8	21.3	20.8
18	30.8	30.3	29.8	29.3	28.8	28.3	27.8	27.2	26.7	26.2	25.7	25.2	24.7	24.2	23.7	23.2	22.6	22.1	21.6	21.1
17	31.2	30.7	30.2	29.7	29.2	28.6	28.1	27.6	27.1	26.6	26.1	25.6	25.1	24.5	24.0	23.5	23.0	22.5	22.0	21.4
16	31.6	31.1	30.6	30.1	29.5	29.0	28.5	28.0	27.5	27.0	26.5	25.9	25.4	24.9	24.4	23.8	23.3	22.8	22.3	21.8
15	32.0	31.5	31.0	30.5	29.9	29.5	28.9	28.4	27.9	27.4	26.8	26.3	25.8	25.3	24.7	24.2	23.7	23.1	22.6	22.1
14	32.4	31.9	31.4	30.9	30.4	29.9	29.3	28.8	28.3	27.8	27.2	26.7	26.2	25.6	25.1	24.6	24.0	23.5	23.0	22.4
13	32.8	32.3	31.8	31.2	30.8	30.3	29.7	29.2	28.7	28.2	27.6	27.1	26.5	26.0	25.4	24.9	24.4	23.8	23.3	22.7
12	33.3	32.8	32.2	31.6	31.2	30.7	30.2	29.6	29.1	28.5	28.0	27.4	26.9	26.4	25.8	25.3	24.7	24.2	23.6	23.0
11	33.7	33.2	32.7	32.0	31.6	31.1	30.6	30.0	29.5	28.9	28.4	27.8	27.3	26.7	26.2	25.6	25.0	24.5	23.9	23.4
10	30.1	33.6	33.1	32.5	32.0	31.5	31.0	30.4	29.9	29.3	28.8	28.2	27.7	27.1	26.6	26.0	25.4	24.8	24.3	23.7

续表

溶液温度/℃	酒精计示值																			
	20.0	19.5	19.0	18.5	18.0	17.5	17.0	16.5	16.0	15.5	15.0	14.5	14.0	13.5	13.0	12.5	12.0	11.5	11.0	10.5
	温度 20 ℃时乙醇的体积分数/%																			
35	15.2	14.8	14.5	14.0	13.6	13.2	12.8	12.4	12.1	11.6	11.2	10.8	10.4	10.0	9.6	9.2	8.7	8.3	7.9	7.4
34	15.5	15.2	14.8	14.4	13.9	13.5	13.1	12.3	12.4	12.0	11.5	11.0	10.6	10.2	9.8	9.4	8.9	8.5	8.1	7.6
33	15.8	15.4	15.1	14.6	14.2	13.8	13.4	13.0	12.6	12.2	11.8	11.4	10.9	10.4	10.0	9.6	9.1	8.7	8.3	7.8
32	16.2	15.8	15.4	15.0	14.5	15.0	13.6	13.2	12.9	12.4	12.0	11.6	11.0	10.6	10.2	9.8	9.4	9.0	8.5	8.0
31	16.5	16.1	15.7	15.2	14.8	14.4	13.9	13.5	13.1	12.6	12.2	11.8	11.4	11.0	10.5	10.0	9.6	9.2	8.7	8.2
30	16.8	16.4	16.0	15.5	15.1	14.7	14.2	13.8	13.4	12.9	12.5	12.0	11.6	11.1	10.7	10.2	9.8	9.3	8.9	8.4
29	17.2	16.7	16.3	15.8	15.4	15.0	14.5	14.1	13.6	13.2	12.7	12.3	11.8	11.4	10.9	10.5	10.0	9.5	9.1	8.6
28	17.5	17.0	16.6	16.1	15.7	15.2	14.8	14.4	13.9	13.4	13.0	12.6	12.1	11.6	11.2	10.7	10.3	9.8	9.3	8.9
27	17.8	17.3	16.9	16.4	16.0	15.5	15.1	14.6	14.2	13.7	13.2	12.8	12.3	11.9	11.4	10.9	10.5	10.0	9.5	9.1
26	18.1	17.6	17.2	16.7	16.3	15.8	15.4	14.9	14.4	14.0	13.5	13.0	12.6	12.1	11.7	11.2	10.7	10.2	9.8	9.3
25	18.4	18.0	17.5	17.0	16.6	16.1	15.6	15.2	14.7	14.2	13.8	13.3	12.8	12.4	11.9	11.4	10.9	10.4	10.0	9.5
24	18.7	18.3	17.8	17.3	16.9	16.4	15.9	15.4	15.0	14.5	14.0	13.5	13.1	12.6	12.1	11.6	11.2	10.7	10.2	9.7
23	19.0	18.6	18.1	17.6	17.1	16.6	16.2	15.7	15.2	14.7	14.3	13.8	13.3	12.8	12.3	11.8	11.4	10.9	10.4	9.9
22	19.4	18.9	18.4	17.9	17.4	17.0	16.5	16.0	15.5	15.0	14.5	145.0	13.6	13.1	12.6	12.1	11.6	11.1	10.6	10.1
21	19.7	19.2	18.7	18.2	17.7	17.2	16.7	16.2	15.7	15.2	14.8	14.3	13.8	13.3	12.8	12.3	11.8	11.3	10.8	10.3
20	20.0	19.5	19.0	18.5	18.0	17.5	17.0	16.5	16.0	15.5	15.0	14.5	14.0	13.5	13.0	12.5	12.0	11.5	11.0	10.5
19	20.3	19.8	19.3	18.8	18.3	17.8	17.3	16.8	16.3	15.8	15.2	14.7	14.2	13.7	13.2	12.7	12.2	11.7	11.2	10.7
18	20.6	20.1	19.6	19.1	18.6	18.1	17.6	17.0	16.5	16.0	15.5	15.0	14.4	13.9	13.4	12.9	12.4	11.9	11.4	10.9
17	20.9	20.4	19.9	19.4	18.9	18.3	17.9	17.3	16.8	16.2	15.7	15.2	14.7	14.1	13.6	13.1	12.6	12.1	11.5	11.0
16	21.2	20.7	20.2	19.7	19.2	18.6	18.1	17.5	17.0	16.5	15.9	15.4	14.9	14.3	13.8	13.3	12.8	12.2	11.7	11.2
15	21.6	21.0	20.5	20.0	19.4	18.9	18.3	17.8	17.2	16.7	16.2	15.6	15.1	14.5	14.0	13.5	12.9	12.4	11.9	11.3
14	21.9	21.3	20.8	20.2	19.7	19.1	18.6	18.0	17.5	16.9	16.4	15.8	15.3	14.7	14.2	13.6	13.1	12.5	12.0	11.5
13	22.2	21.6	21.1	20.5	20.0	19.4	18.8	18.3	17.7	17.2	16.6	16.0	15.5	14.9	14.4	13.8	13.2	12.7	12.2	11.6
12	22.5	21.9	21.4	20.8	20.2	19.7	19.1	18.5	18.0	17.4	16.8	16.2	15.7	15.1	14.5	14.0	13.4	12.8	12.3	11.8
11	22.8	22.2	21.7	21.1	20.5	20.0	19.4	18.8	18.2	17.6	17.0	16.4	15.8	15.3	14.7	14.1	13.6	13.0	12.4	11.9
10	23.1	22.5	22.0	21.4	20.8	20.2	19.6	19.0	18.4	17.8	17.2	16.6	16.0	15.4	14.9	14.3	13.7	13.1	12.6	12.0

续表

溶液温度/℃	酒精计示值																			
	10.0	9.5	9.0	8.5	8.0	7.5	7.0	6.5	6.0	5.5	5.0	4.5	4.0	3.5	3.0	2.5	2.0	1.5	1.0	0.5
	温度 20 ℃时乙醇的体积分数/%																			
35	6.8	6.4	6.0	5.6	5.2	4.8	4.3	3.8	3.3	2.8	2.4	2.0	1.6	1.1	0.6					
34	7.1	6.6	6.2	5.8	5.3	4.9	4.5	4.0	3.5	3.0	2.6	2.2	1.8	1.3	0.8					
33	7.3	6.8	6.4	6.0	5.5	5.1	4.7	4.2	3.7	3.2	2.8	2.4	1.9	1.4	0.9					
32	7.5	7.0	6.6	6.2	5.7	5.2	4.8	4.3	3.8	3.4	3.0	2.6	2.1	1.6	1.1	0.6	0.1			
31	7.7	7.2	6.8	6.4	5.9	5.4	5.0	4.5	4.0	3.6	3.1	2.6	2.2	1.7	1.2	0.7	0.2			
30	7.9	7.5	7.0	6.6	6.1	5.6	5.2	4.7	4.2	3.8	3.3	2.8	2.4	1.9	1.4	0.9	0.4	0.1		
29	8.2	7.7	7.2	6.8	6.3	5.8	5.4	4.9	4.4	4.0	3.5	3.0	2.5	2.1	1.6	1.1	0.6	0.2		
28	8.4	7.9	7.5	7.0	6.5	6.1	5.6	5.1	4.6	4.2	3.7	3.2	2.7	2.2	1.8	1.3	0.8	0.3		
27	8.6	8.1	7.7	7.2	6.7	6.3	5.8	5.3	4.8	4.3	3.9	3.4	2.9	2.4	1.9	1.4	1.0	0.4		
26	8.8	8.3	7.9	7.4	6.9	6.4	6.0	5.5	5.0	4.5	4.0	3.6	3.1	2.6	2.1	1.6	1.1	0.6	0.1	
25	9.0	8.6	8.1	7.6	7.1	6.6	6.2	5.7	5.2	4.7	4.2	3.7	3.2	2.8	2.3	1.8	1.3	0.8	0.3	
24	9.2	8.8	8.3	7.8	7.3	6.8	6.3	5.8	5.4	4.9	4.4	3.9	3.4	2.9	2.4	1.9	1.4	0.9	0.4	
23	9.4	8.9	8.4	8.0	7.5	7.0	6.5	6.0	5.5	5.0	4.6	4.1	3.6	3.1	2.6	2.1	1.6	1.1	0.6	0.1
22	9.6	9.1	8.6	8.2	7.7	7.2	6.7	6.2	5.7	5.2	4.7	4.2	3.7	3.2	2.7	2.2	1.7	1.2	0.7	0.2
21	9.8	9.3	8.8	8.3	7.8	7.3	6.8	6.3	5.8	5.4	4.8	4.4	3.9	3.4	2.9	2.4	1.9	1.4	0.9	0.4
20	10.0	9.5	9.0	8.5	8.0	7.5	7.0	6.5	6.0	5.5	5.0	4.5	4.0	3.5	3.0	2.5	2.0	1.5	1.0	0.5
19	10.2	9.7	9.2	8.7	8.2	7.6	7.2	6.6	6.1	5.6	5.1	4.6	4.1	3.6	3.1	2.6	2.1	1.6	1.1	0.6
18	10.4	9.8	9.3	8.8	8.3	7.8	7.3	6.8	6.3	5.8	5.3	4.8	4.2	3.7	3.2	2.7	2.2	1.7	1.2	0.7
17	10.5	10.0	9.5	9.0	8.5	8.0	7.4	6.9	6.4	5.9	5.4	4.9	4.4	3.9	3.4	2.8	2.3	1.8	1.3	0.8
16	10.7	10.2	9.6	9.1	8.6	8.1	7.6	7.0	6.5	6.0	5.5	5.0	4.5	4.0	3.4	2.9	2.4	1.9	1.4	0.9
15	10.8	10.3	9.8	9.3	8.8	8.2	7.7	7.1	6.6	6.1	5.6	5.1	4.6	4.1	3.6	3.0	2.5	2.0	1.5	1.0
14	11.0	10.4	9.9	9.4	8.9	8.3	7.8	7.2	6.7	6.2	5.7	5.2	4.7	4.2	3.6	3.1	2.6	2.1	1.6	1.1
13	11.1	10.6	10.0	9.5	9.0	8.4	7.9	7.4	6.8	6.3	5.8	5.3	4.8	4.2	3.7	3.2	2.7	2.2	1.7	1.2
12	11.2	10.7	10.1	9.6	9.1	8.5	8.0	7.4	6.9	6.4	5.9	5.4	4.8	4.3	3.8	3.3	2.8	2.2	1.8	1.2
11	11.3	10.8	10.2	9.7	9.2	8.6	8.1	7.6	7.0	6.5	6.0	5.4	4.9	4.4	3.9	3.3	2.8	2.3	1.8	1.3
10	11.4	10.9	10.3	9.8	9.3	8.7	8.2	7.6	7.1	6.5	6.0	5.5	5.0	4.4	3.9	3.4	2.9	2.4	1.8	1.3

参考文献

[1] 陈明勇.动物性食品卫生学实验教程[M].北京:中国农业大学出版社,2005.

[2] 侯玉泽,李道敏,董铁有.食品理化检验[M].北京:中国轻工业出版社,2003.

[3] 靳敏,夏玉宇.食品检验技术[M].北京:化学工业出版社,2003.

[4] 李成明,李金龙,徐世文.兽药残留分析技术[J].黑龙江畜牧兽医,2005(12):40-42.

[5] 刘兴友,刁有祥.食品理化检验学[M].北京:北京农业大学出版社,1995.

[6] 刘兴友,魏云汉.食品卫生检验学[M].北京:北京农业大学出版社,1996.

[7] 孟凡乔.食品安全性[M].北京:中国农业大学出版社,2005.

[8] 马成林.动物性食品理化检验学.北京:中国人民解放军兽医大学出版社,1988.

[9] 南京药学院.分析化学[M].北京:人民卫生出版社,1979.

[10] 天津轻工业学院,大连轻工业学院,等.工业发酵分析[M].北京:中国轻工业出版社,1994.

[11] 汪茂田,谢培山,王忠东,等.天然有机化合物提取分离与结构鉴定[M].北京:化学工业出版社,2004.

[12] 吴永宁.现代食品安全科学[M].北京:化学工业出版社,2003.

[13] 许牡丹,毛跟年.食品安全性与分析检测[M].北京:化学工业出版社,2003.

[14] 杨惠芬,李明元,沈文.食品理化检验标准手册[M].北京:中国标准出版社,1998.

[15] 姚继承,杨林.分析化学[M].北京:中国农业出版社,1998.

[16] 张深固.食品毒理学[M].西安:陕西科学技术出版社,1994.

[17] 张水华.食品分析[M].北京:中国轻工业出版社,2004.

[18] 张彦明,贾靖国,刘安典,等.动物性食品卫生检验技术[M].西安:西北大学出版社,1995.

[19] 中华人民共和国国家标准.食品卫生检验方法　理化部分(一)、(二)[S].北京:中国标准出版社,2004.

[20] 中华人民共和国国家标准.食品中农药最大残留限量[S].北京:中国标准出版社,2005.

[21] 中国标准出版社第一编辑室.农兽药残留标准汇编[M].北京:中国标准出版社,2004.
[22] 朱坚,汪国权,陈正夫,等.食品中危害残留物的现代分析技术[M].上海:同济大学出版社,2003.
[23] 郝利平,夏延斌,陈永泉,等.食品添加剂[M].北京:中国农业大学出版社,2002.
[24] 薛慧文.肉品卫生监督与检验手册[M].北京:金盾出版社,2003.
[25] 周光宏.畜产品加工学[M].北京:中国农业出版社,2002.
[26] 杨祖英.食品检验[M].北京:化学工业出版社,2001.
[27] 史贤明.食品安全与卫生学[M].北京:中国农业出版社,2003.
[28] 苏苹.食品污染与人类健康[J].环境保护,2000(5):47-48.
[29] 王叔淳.食品卫生检验技术手册[M].北京:化学工业出版社,2002.
[30] 钟耀广.食品安全学[M].北京:化学工业出版社,2005.

图书在版编目(CIP)数据

食品理化检验学/刘兴友,刁有祥主编. 2版. —北京:中国农业大学出版社,2008.6(2016.8重印)

ISBN 978-7-81117-418-2

Ⅰ. 食…　Ⅱ. ①刘… ②刁…　Ⅲ. ①食品检验　Ⅳ. TS207.3

中国版本图书馆CIP数据核字(2007)第202365号

书　名　食品理化检验学(第2版)

作　者　刘兴友　刁有祥　主编

策划编辑　赵　中　　**责任编辑**　李秉真　洪重光

封面设计　郑　川　　**责任校对**　陈　莹　王晓凤

出版发行　中国农业大学出版社

社　址　北京市海淀区圆明园西路2号　　**邮政编码**　100193

电　话　发行部 010-62818525,8625　　读者服务部 010-62732336

编辑部 010-62732617,2618　　出　版　部 010-62733440

网　址　http://www.cau.edu.cn/caup　　**e-mail** cbsszs@cau.edu.cn

经　销　新华书店

印　刷　北京鑫丰华彩印有限公司

版　次　2008年6月第2版　2016年8月第2次印刷

规　格　787×980　16开本　27.75印张　509千字

定　价　38.00元